U0311684

Shanghai
Landscaping
Soil

# 上海园林绿化土壤

方海兰　钱杰　梁晶　伍海兵　周丕生　等 ◉ 著

中国林业出版社

**图书在版编目（CIP）数据**

上海园林绿化土壤／方海兰等著. — 北京：中国
林业出版社，2016. 12

ISBN 978-7-5038-8880-9

Ⅰ. ①上… Ⅱ. ①方… Ⅲ. ①园艺土壤-研究-上海
Ⅳ. ①S155. 4

中国版本图书馆 CIP 数据核字（2017）第 322837 号

**中国林业出版社·环境园林出版分社**
**策划、责任编辑：贾麦娥**
**电话：**（010）83143562

出版发行  中国林业出版社（100009  北京市西城区德内大街刘海胡同 7 号）
http：//lycb. forestry. gov. cn
经　销  新华书店
印　刷  固安县京平诚乾印刷有限公司
版　次  2016 年 12 月第 1 版
印　次  2016 年 12 月第 1 次印刷
开　本  787mm×1092mm  1/16
印　张  20. 5
字　数  492 千字
定　价  108. 00 元

未经许可，不得以任何方式复制或抄袭本书之部分或全部内容。

**版权所有　侵权必究**

# 主要著者名单

主　　　著：方海兰
主要作者：钱　杰　　梁　晶　　伍海兵　　周丕生

谈文奇　　郝冠军　　周建强　　彭红玲

徐福银　　崔心红　　殷　杉　　郝瑞军

吕子文　　俞杨浏　　朱　丽　　王若男

本专著是二十余年对上海园林绿化土壤实地踏勘、检测分析和科学研究工作的系统总结，既有每年对新建绿地以及开发地块的原始数据积累，也有不同时期对上海绿地土壤的专题调查研究，还有自2007年起对全市开展的园林绿化土壤定期普查，涵盖历年来30余万份土壤各种性质的数据积累。

本书首次根据园林绿化土壤人为影响大的特点，系统分析了上海园林绿化土壤成土条件，阐明不同时空演替下上海园林绿化土壤基本理化性质、肥力特征、生物习性、重金属和典型有机污染分布和累积特征、盐碱化形成特点和潜在毒害元素分布规律；揭示了影响上海园林绿化土壤的环境因子；初步探明上海园林绿化土壤碳循环、氮循环、温室气体排放和水分、水库特征；简要介绍本书数据所采用的土壤调查方法、分析方法和评价标准。同时建立上海地区不同监测点体系、时空体系、指标体系、绿地类型体系和应用体系五位一体的园林绿化土壤数据库，绘制了上海地区1∶36万的园林绿化土壤系列专题图，填补了上海乃至我国园林绿化土壤质量图件的空白。

本书不仅可以作为上海园林绿化部门和土地、环保、农业相关部门的重要资料，也可以作为我国其他城市相关部门的参考资料，可供园林、环境、土壤、生态、信息及管理等领域的科研、教学、检测、工程技术和管理人员参考。

# 目录

CONTENTS

# 第 1 章　上海园林绿化土壤成土条件、主要类型和分布

　　土壤是指能够支持植物生长的陆地表面的疏松表层，是生物、气候、母质、地形、时间等自然因素和人类活动综合作用下的产物；不仅具有自己的发生发展历史，还是一个形态、组成、结构和功能上可以剖析的物质实体。地球表面之所以存在着性质各异的土壤，主要是在不同时间和空间位置上，成土因素不同造成的。

　　园林绿化土壤并不是土壤分类学上的术语，到目前为止，对园林绿化土壤尚未有明确的概念。通常，园林绿化土壤主要指用于种植花卉、草坪、地被、灌木、乔木、藤本等植物所使用的自然土壤或人工配制土壤。由于人为干扰严重，大部分园林绿化土壤不具备自然土壤地带性特点，根据其受人为活动的影响不同，可分为自然土壤、人工配制土或外来客土等。

　　园林绿化土壤虽然不直接进入食物链，却是与市民接触最为紧密的土壤类型，是市民休憩和城市动物栖息的重要场所；它不仅是园林植物生长的直接载体，直接决定园林植物长势和城市生态景观效果发挥；而且对城市水源涵养、污染物净化也起重要调节作用。园林绿化土壤作为城市中唯一贯通地下水的下垫面，是城市生态系统重要组成要素，直接决定城市生态安全和环境质量。尤其对上海这样一座特大型的国际性大都市，人口高度密集，城市生态环境容量非常有限，园林绿化土壤的重要性尤显突出。

## 第一节　上海园林绿化土壤成土因素

　　土壤成土因素，是影响土壤形成和发育的基本因素，是一种物质、力、条件等共同作用的产物。土壤形成和发育与动植物不同，不受"基因"控制，主要受"外部因素"制约，其形成过程相对漫长。研究表明，在地球表面形成 1cm 厚的土壤，一般需要 100~400 年，而石灰岩发育的土壤，则需要 1000 多年。

　　早在土壤学形成时期，人们就认识到了土壤与形成环境条件的关系，但大多对土壤的认识都局限于把它孤立地与某一环境因素联系起来，直到 19 世纪俄国著名土壤学家 B. B. 道库恰耶夫创立了气候、母质、生物、地形和时间五大成土因素学说后，才将土壤作为一个独立的自然体看待。

　　按照园林绿化土壤主要类型，上海园林绿化土壤也分成自然形成土壤、人工配制土壤和外来客土三种主要类型，不同类型土壤成土因素也不同；也有不少园林绿化土壤可能还不是单一的成土因素，是多种类型的混合体。

## 一、自然土壤成土因素

根据俄国著名土壤学家 B. B. 道库恰耶夫土壤形成因素学说,土壤是在气候、生物、母质、地形和时间五大成土因素综合作用下形成的;是自然成土因素的函数,即土壤随自然成土因素的变化而变化;各成土因素在土壤形成中的作用都是重要和不可代替的。因此上海自然形成的园林绿化土壤与上海当地的立地条件、气候等因素直接相关,也就是所谓的上海"本底土"。这些园林绿化的"本底土"与上海传统的农田或者林地土壤的成土因素基本一致,只不过由于种植植物不同,加上养护等人为干扰方式的长期差异,才造成自然形成的园林绿化土壤同其他类型自然土壤的差异。

### (一)气候

气候是影响土壤形成方向和强度的基本因素之一,直接影响土壤的水热状况,影响土壤中矿物质、有机质及其产物的转化、迁移、淋溶和淀积过程。不同的气候带中水热状况及其配比不同,决定土壤具有不同的物理、化学和生物的作用过程及其变化。

温度和降水量是影响土壤形成的最主要气候因素。首先温度和水分会直接参与母质的风化过程和物质的地质淋溶等地球化学过程;其次温度和降水量控制着植物和微生物的生命活动,影响着土壤有机质积累和分解,决定着营养物质生物学小循环的速度和范围。如在降水量和其他条件保持不变时,土壤有机质含量随着温度的增加而减少;而当温度和其他条件保持不变时,土壤有机质含量会随着降水量的减少而降低。

上海濒临东海,地处长江三角洲东端,属北亚热带东亚季风气候,温和湿润,其主要特征有:

#### 1. 冬冷夏热,四季分明,并呈上升趋势

上海市区平均气温 15.8℃,郊区 15.2~15.7℃。7 月最热,平均气温市区 27.8℃,郊区 27.4~27.7℃。1 月最冷,平均气温市区 3.6℃,郊区 3~3.7℃。上海有系统、规范化的气温观测记录始于清同治十二年(1873 年),至 1990 年累年平均气温为 15.5℃。

在全球气候变暖的背景下,上海地区气候资源也在发生变化。上海市气温上升的趋势很明显,由图 1-1 上海 1960—2010 年平均气温变化趋势可看出,上海市总体气温呈现"下降—上升—下降—上升"的大趋势,50 年代末期到 60 年代末期温度呈逐渐下降的趋势,60 年代末期到 70 年代中期呈现上升的趋势,70 年代中期到 70 年代末期又呈现下降的趋势,70 年代末期以后,气温则呈现非常明显的上升趋势,并持续至今。

上海地区年均气温差异不大,崇明、嘉定两县略偏低,分别为 15.2℃和 15.4℃,与温度偏高的宝山区和上海市区比较,相差不超过 0.5℃。

#### 2. 降雨充沛

大气降水是水分资源的重要组成部分,降水量的多少,决定了一个地区的干湿程度。在相同的光照、热量条件下,降水量的多少对土壤形成具有重要作用。上海降水集中在汛期(6~9 月),年内各月降水差异较大,6 月最多,12 月最少。由图 1-2 上海 1960—2010 年平均降水量趋势可知,上海市近 60 年降水序列呈微弱上升趋势,上海市年降水序列呈现出 4 个分段的"下降—上升"趋势,50 年代到 60 年代中期降水呈逐渐下降的趋势,60 年代中期

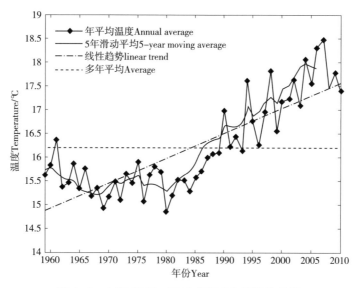

图 1-1　上海 1960—2010 年平均气温变化趋势

到 70 年代中期呈现上升的趋势，70 年代中期到 70 年代末期又呈现下降的趋势，70 年代末期到 80 年代中期呈现出上升的趋势，80 年代中期到 90 年初期气温相对稳定，90 年代初期之后，以 5 年为波动周期交替出现上升和下降的趋势，并持续至今。

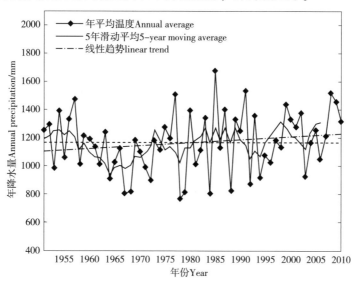

图 1-2　上海 1960—2010 年平均降水量趋势

## （二）生物

生物是影响土壤发生、发育最活跃的因素。通过生物的作用，才使岩石圈、大气圈、水圈的营养元素向土壤聚集，从而形成能够支持植物生长的陆地表面疏松表层。生物因素主要包括植物、动物和微生物。

### 1. 植物

植物作为土壤有机质的初始生产者，能有选择地吸收分散于母质、水圈和大气中的营养元素，利用太阳能进行光合作用制造有机质。掉落在地表的枯枝落叶和有机残体是土壤有机质的主要来源，大部分植物有机质集中于土壤表层，但也有相当数量的生物有机质集中于土壤的 30~50cm 处。在总植物量中，根部有机物质占 20%~30% 左右。由于植被类型不同，植物生长方式和植物残体结合进土壤中的方式不同，植被类型对土壤有机质数量和分布影响也不同，如草本植物根系浅，而且生命周期短，每年死亡的根系都会给土壤补充大量有机质，而相比草本植物，乔灌木的根系深，且生命周期长，所需的营养也多，有机质的积累相对较缓慢。

上海植物区系，既具有中国—日本森林植物亚区的许多特征，又有其本身的特点。上海地带性植被为中亚热带常绿阔叶林，由于上海地处中亚热带北缘，崇明等部分地区属北亚热带，上海植被呈现常绿、落叶阔叶混交林的过渡性植被特征。由于人为活动频繁，城市化程度高、原生森林植被消失殆尽，地带性植被仅零星保存于佘山等山丘以及海岛上，这些区域均为低山丘陵，海拔最高只有 102m，山麓与山顶的气候相差极微，其垂直带谱特点变化不明显，甚至没有。主要树种包括红楠、苦槠、青冈、大叶冬青、柞木、胡颓子等常绿树种以及白栎、麻栎、朴树、榆树、榔榆、糙叶树、苦楝、枫香、三角枫、臭椿、垂柳等落叶树种。

虽然上海自然森林植被保留甚少，但伴随城市化的快速发展，上海的城市绿化发展迅速。近 20 年来，城区绿地和郊区林地面积迅速扩增，人工植被分布广、面积大，截至 2015 年底，上海建成区绿化覆盖率达到 38.5%，森林覆盖率 15.0%。同时，通过大规模引进适生绿化植物和改良绿地生境条件，上海绿化植物的多样性也得到明显提高。

在道路绿地方面，应用抗逆性强、枝叶茂密、树干通直和萌蘖力强的树种，应用较多的树种有香樟、女贞、广玉兰、雪松、石楠、桂花、秃瓣杜英等常绿树种以及悬铃木、复羽叶栾树、合欢、银杏、垂柳、朴树、珊瑚朴、榉树、无患子、枫香、北美枫香、水杉、池杉、墨杉、鹅掌楸等落叶树种。

在公园绿地和居住区绿地方面，应用的植物最为丰富，除了道路绿地常用的香樟等树种之外，香橼、厚皮香、银荆、乐昌含笑、杨梅、南方红豆杉、柿树等树种也应用广泛。近年来，春花秋色树种应用越来越普遍，如樱花类、海棠类、梅花类、玉兰类、荚蒾类、八仙花类、木槿类、石榴等观花植物，秋色叶树种还有红枫、三角枫、红花槭等槭树类，纳塔栎、柳叶栎等栎类，枫香、北美枫香等枫香类以及乌桕、黄连木、红叶李等。

在郊区林地方面，常用的绿化树种与城区绿地比较接近，主要树种包括香樟、女贞、秃瓣杜英、广玉兰、雪松、石楠、椤木石楠、复羽叶栾树、合欢、银杏、乌桕、垂柳、朴树、珊瑚朴、榉树、榔榆、无患子、枫香、北美枫香、水杉、池杉、墨杉、柳杉、鹅掌楸、重阳木、棕榈、丝绵木、苦楝、梧桐、香椿、臭椿、柿树和刺槐等。

园林绿化植物种类的不同再加上人为干扰方式不同，对土壤的影响也不一样。如草坪根系发达，生命周期短，可能有机质容易累积，但由于人为践踏严重，导致土壤严重压实，土壤物理性质容易退化；而灌木由于人为践踏少，土壤物理性质相对较好；乔木由于扎根深，因此深层土壤相对比草坪土壤要疏松。再如植被下枯枝落叶不清扫的，经过长年累积，其土壤肥力明显要比那些枯枝落叶清扫的植被好。

### 2. 微生物

土壤微生物是指土壤中肉眼无法辨认的微小有机体，包括细菌、真菌、放线菌、藻类和原生动物五大类群。微生物在土壤中的作用是多方面的，对土壤的形成和发育、有机质的矿质化和腐殖化、养分的转化和循环、氮素的生物固定、植物的根部营养等有重大影响。

土壤中存在有大量微生物，微生物可通过其自身新陈代谢在有机质的矿化、腐殖质的形成和分解、植物营养的转化等诸多过程中起着不可替代的作用。如微生物能分解动植物的有机体，合成土壤腐殖质，其后再进行分解，是土壤物质生物循环的重要一环，改造了母质，推动了成土过程。

上海近自然林土壤微生物数量特征为土壤细菌多于放线菌多于真菌，细菌占总生物量的 99.40%~99.93%，放线菌占总生物量的 0.07%~0.74%，真菌占总生物量的 0~0.05%。且由于真菌强烈受到枯枝落叶中木质素、纤维素的影响，土壤表面枯枝落叶层 0~10cm 土层真菌数量显著多于 10~20cm 层。放线菌的数量主要与土壤 pH 和可利用碳源有关。

上海自然林土壤细菌数量小于常见绿化土壤，细菌数量与易分解的简单有机养料有密切关系。

在城市绿化中，定期施加有机肥料会使细菌的数量维持在一个较高的数量水平上；在自然林地中，有机养分主要来自枯枝落叶的分解，枯枝落叶经过土壤动物、真菌等类群的分解之后得到的易分解的简单有机养料必然是远少于人工施肥，因而细菌数量会显著小于常见类型城市绿地。但对好氧自生固氮菌而言，则存在常见绿化土壤低于近自然林地的现象。真菌的数量主要受到土壤中枯枝落叶（主要是其中木质素、纤维素）数量的影响，常见类型城市绿地从美观角度考虑，常常采用人为扫除枯枝落叶的做法，这样使得枯枝落叶的数量小于近自然林地，不利于真菌的增殖，从而使得常见类型城市绿地土壤中真菌数量小于近自然林地，近自然森林建成年份越短，真菌数量越少。

### 3. 动物

土壤动物的种类、数量繁多，动物的有机残体也是土壤有机质来源，参与了土壤腐殖质的形成过程。此外，动物对土壤的组成、形态特征也有很大作用。例如，每公顷土壤中蚯蚓数量可由 25 万到 100 万条以上，一年内平均翻动土壤约 20t/hm²，并通过它们的消化系统，使土壤中一些复杂的有机质转变为简单而有效的营养物质，然后排泄到土壤中，改善了土壤结构，提高了肥力。土壤中动物的挖掘活动造成许多大小不同的孔穴，增强了土壤的透水性、通气性和松紧度。

上海市不同绿地生境中大型土壤动物群落优势类群为：中腹足目、等足目、后孔寡毛目、膜翅目，常见类群为鞘翅目、近孔寡毛目、半翅目、蜘蛛目、石蜈蚣目，其余均为稀有类群。

俄国土壤学家 B.P. 威廉斯继承和发展了道库恰耶夫土壤形成因素学说，认为生物是土壤形成的主导因素，并指出土壤的本质特性是肥力，而肥力是土壤形成过程中由生物（主要指绿色植物和微生物）创造的。

### （三）母质

地壳表层的岩石经过风化，变为疏松的风化壳，而母质则是风化壳的表层，是指原生基岩经过风化、搬运、堆积等过程与地表形成的一层疏松、最年轻的地质矿物质层，是形成土壤的物质基础，是土壤的前身。在气候和生物的作用下，由母质表层开始逐渐形成土壤。母质的矿物、化学组成，对土壤的形成、性状和肥力有一定影响，尤其是对风化和成土过程处于初级阶段的土壤，可加速或延缓土壤的形成过程。不同成土母质形成的土壤，养分含量不同，如钾长石风化所形成的土壤有较多的钾。母质的机械组成直接影响土壤的质地。非均质母质造成水分在土壤中运行状况不均一性，影响土壤中物质的淋溶和淀积过程。

上海成土母质大多为长江冲积物，但因沉积环境条件不同，各地母质情况有些差异。根据沉积环境不同，分为湖泊沉积、河湖交互、河流沉积和江海沉积4种类型。如位于上海典型城郊结合部的闵行，地处长江三角洲平原东端，地势平坦，成土母质起源于湖泊沉积、河流沉积、江海沉积物，有明显腐殖质层、埋藏泥炭或腐泥层。而上海最东南端的浦东新区和奉贤区由于临近东海，则是典型的江海沉积母质。

### （四）地形

地形是影响土壤和环境之间进行物质、能量交换的一个重要条件。在成土过程中，地形不提供任何新的物质，它们主要是通过影响母质、气候、生物等其他成土因素从而影响土壤形成。

上海境内除西南部有少数丘陵山脉外，全为坦荡低平的平原，是长江三角洲冲积平原的一部分，陆地地势总趋势是中部地区最高，向西、向东均缓缓降低，平均海拔高度为4m左右。

#### 1. 影响母质形成

不同的地形部位可有不同类型的成土母质，如山地上部或台地上，母质主要是残积物；坡地和山麓的母质多为坡积物；山前平原的冲积锥或洪积扇，成土母质为洪积物；在河流阶地、泛滥平原、冲积平原、湖泊周围和海滨附近地区，相应的母质为冲积物、湖积物和海积物。

#### 2. 影响水热分配

地形影响水热状况和物质的再分配。在坡度较陡的山地，降水大部分成为地表径流，从高处流向低处，土壤遭受侵蚀；在地势平坦或低洼处，降水多渗入土壤，常发生物质堆积。不同地形部位，对太阳辐射的吸收和地面辐射也不同，影响地表温度。

#### 3. 影响土壤发育

由于山地地势高、坡度大，特殊的水热状况形成了与平地不同的土壤类型。上海西部地区，河湖密布、芦苇丛生，是上海地势最低的部分，海拔一般在2.2~3.5m之间，这一地区是上海较早成陆的地区，发育的是湖沼平原，属于太湖平原的一部分。而且本地区因地势高低、受古东江影响和受海侵影响的不同，也形成了如今3个不同地区的不同地貌类型发育，最西部的湖滨平原区、中部的湖沼洼地区和东部的海积—湖积平原。其中湖滨平原区地下水位高，埋深0.2~0.3m，组成物质以粗粉砂和黏土质粉砂为主。湖沼洼地区位于湖滨平原的东侧，为全市地势最低的地方，海拔高度一般小于3m，最低处不足2m，古东江流过的线形低地，大水时淹没，沉积黏质物质，因此在这条线形洼地里，沉积物质比周围要细，沉积物主要由黏土质粉砂组成。海积—湖积平原位于湖沼洼地的外缘，其地势沉陷速度比较快，又受到第四纪海侵影响，但是较东部滨海平原地区来说，它受海侵的程度明显小得多，地势略高，海拔高度3.5m左右，发育了黑泥头、黄泥头和青紫泥。

东部地区，发育的是三角洲的伴生体系——滨海平原，本区地势较高，平均海拔高度多在4m以上，主要有黄泥土、夹沙泥、潮汐泥、沟干泥等土壤组成。东、南部沿海地区，有着显著的潮汐作用，面向广阔大海的低波能缓坡带以及长江丰富的黏土和粉砂供应，因此，在这一带地区发育了潮坪。东北部地区，地势低平，平均海拔高度3.5~4.0m，地下水位埋深0.6~0.7m，主要是由沙洲逐渐发育成河口沙岛。

**（五）时间**

时间对土壤形成没有直接的影响，但时间可体现土壤的不断发展，是决定土壤形成的母质、气候、生物和地形等因素作用的强弱的制约因素。地表岩石转变为母质，形成土壤需要一定的时间。在地球表面形成1cm厚的土壤，一般需要100~400年。但母质和环境条件的差异又会影响风化作用和土壤形成的速率。上海由于是典型的冲积土壤，自西而东，成土年龄呈降低趋势，但现今的土壤并非昔日的成土环境。西部许多地区的古土壤，距今最长的已有5000~6000年，而且还经历过由于地面沉降而沦为湖沼泽国；而东部成陆较晚的地区，仅有几百年的光景。

而园林绿化土壤由于人为干扰严重，成土时间无明显的时间界限，特别是人为配制土壤，成土时间一般和种植土施工时间一致，即和绿地建成时间相当；而有些绿地在养护过程中由于土壤扰动很大，成土时间更难统计。因此成土时间对园林绿化土壤影响不像自然土壤那么明显，土体发育的时空特征也不明显。

## 二、人为成土因素

人类活动作为土壤成土因素中一主要因素，对土壤的影响与其他成土因素有着本质上的不同，对土壤的形成既可以产生正效应（土壤熟化），也可能产生破坏性的负效应（土壤退化）。园林绿化土壤由于人为干扰严重，对土壤影响也更大。

### （一）产生正效应（土壤熟化）的因素

#### 1. 施肥或添加改良材料

为园林造景需要，一般绿化种植或者养护时会根据土壤本底情况，科学地施肥或添加土壤改良材料，不仅可以提高土壤肥力，而且还可以改善土壤物理性状。如针对园林绿化土壤偏碱性的特性，可添加过磷酸钙、硫酸钙、磷石膏、硫黄粉、黄铁矿粉渣等，用以降低土壤pH；添加有机肥、有机基质、土壤结构凝结剂等可改善土壤结构，协调土壤"固、气、液"三相比。

#### 2. 园林绿化土壤排灌系统

按规定园林绿化施工时应建立相应的排灌系统，并和市镇管网连接，结合土方地形，不但能起到及时排放雨水的目的，还可改善土壤的水、气、热条件，促进土壤熟化。反之，若绿地建设中不注重对排水管网的设计和安装，不但直接影响绿地排水，而且由于积水等原因影响土壤水、肥、气、热平衡，长此以往，再好的土壤其质量也会发生退化。

### 3. 适地适树

土壤作为植物生长的基础，植物和土壤之间处于相互依赖、相互作用状态，植物在改善土壤肥力、结构方面具有不可替代的作用。因此，科学地进行植物配置，适地适树，充分发挥"根系"、"根际微生物"等对土壤的改善作用，另外也可通过合理配置一些具有培肥土壤的地被植物，如紫花苜蓿、白花三叶草、苕子、小冠花等来熟化土壤。

### 4. 落叶归根

自然林地土壤一般不会施肥，为什么植物能茁壮生长，主要是自然林地有枯枝落叶的"自肥"效应。城市绿地中除了自然产生的枯枝落叶的自然覆盖，或是利用人工修剪、间伐或养护作业产生各种植物性废弃物进行有机覆盖，均具有增加土壤有机质、养分、水分以及改善土壤物理性质等作用。因此，除了安全隐患等不可抗拒的原因外，尽量不要清扫园林绿化土壤上的落叶，促使园林土壤—植物形成一个肥力自循环的生态系统。

### (二)破坏性负效应(土壤退化)的因素

#### 1. 压实

在城市中，由于机械压实、人为践踏等的影响，导致园林绿化土壤的物理性质退化严重，土壤密度增加、通气和持水孔隙度降低、土壤结构受到严重破坏。土壤物理性质的恶化不仅直接影响植物生长，还影响土壤水分运移，并降低土壤入渗能力，裸露的土壤表面受到压实往往会形成阻止水分渗透的结壳层，显著提高地表径流，从而导致降雨集中时短时间内洪涝，也是限制上海绿地雨水蓄积功能发挥的主要障碍因子。这部分内容将在第11章中详细分析。

相对其他土壤性质，土壤压实导致的土壤物理性质退化是园林绿化主要限制因子，也是引起上海新建绿地中植物长势不佳甚至死亡的主要原因，在上海绿地建设中很常见。

#### 2. 污染物的排放

城市快速发展的同时，也给园林土壤造成一定污染。如城市工业排放出的废气、废渣和废液，汽车废气、道路尘土等均含有部分金属化合物，这些金属化合物能随着自然沉降和雨淋沉降进入土壤，因此道路隔离绿化带、工厂附属绿地中的园林绿化土壤重金属累积程度高。此外，农药和肥料的不合理施用也给土壤带来潜在污染风险，如以畜禽粪便为原料研制的有机肥中铜、锌等重金属含量超标。

# 第二节　上海园林绿化土壤主要类型

上海园林绿化土壤大多是从农业土壤、自然土壤演变而来，但随着城市绿化的快速扩张和发展，由于受人为活动影响严重，或按照园林规划堆山挖湖，或在主体工程如道路及各类建筑垃圾的"夹缝"里堆、填出来，或为园林造景需要从异地引进的客土，这些人工土壤与自然土壤有明显差异。因此就成土因素，上海园林绿化土壤主要分自然形成土壤、人工土壤以及以上两种土壤混合的3种类型。

## 一、自然形成土壤

自然形成的上海园林绿化本底土壤主要有黄棕壤、灰潮土和滨海盐土 3 种类型。

### (一) 黄棕壤

黄棕壤属于上海地区典型的地带性土壤，是在亚热带生物气候条件下，土壤处于脱铝脱硅的弱富铝化过程中所形成的，一般具有腐殖质层、铁锰淀积层和母质层。黄棕壤在上海市土壤中所占比例极小，只分布于冲积平原的剥落残丘，如佘山诸峰(见图 1-3)和杭州湾三岛上。

图 1-3　上海辰山植物园自然
林带分布的黄棕壤

#### 1. 黄棕壤的形成条件

气候：北亚热带湿润气候。

植被：常绿和落叶阔叶混交林。

地形：多为低山丘陵。

母质：白垩纪燕山运动时发生多次岩浆喷出和侵入，堆积而成。

#### 2. 黄棕壤的形成过程

(1) 弱富铝化过程

含钾矿物快速风化，$SiO_2$ 也开始部分淋溶；铁明显释放，形成相当数量的针铁矿或赤铁矿为主的游离氧化铁；因为铁的水化度较高，因此呈棕色；土体中的铁、锰形成胶膜或结核，聚集在结构体面上，接近地表的结核较软，易碎，而下层则较坚硬。

(2) 黏化过程

由于具有较高的温度和雨量，原生矿物变成黏土矿物的过程较快，处于脱钾和脱硅阶段，黏粒含量高，形成了黏重的心土层，土体结构体面上可见明显的黏粒淀积胶膜，不仅具有残积黏化，而且以淋溶黏化为主。

(3) 腐殖质积累过程

由于温度较高、雨量较多，生物循环比较强烈，自然植被下形成的枯枝落叶，经微生物分解，可积聚成薄而不连续的残落物质，其下即为亮棕色土层。

#### 3. 黄棕壤的剖面形态特征

黄棕壤在上述的成土因素条件下，经过一系列的成土过程，其剖面形态特征多为 $O-A_h-B_{ts}-C$ 或 $A_h-B_t-C$，其中：

O 层——植物残体不能分解而大量在地表累积形成的一种有机物质层，即残落物层。

$A_h$ 层——矿质土层，有机质腐殖质化，以细颗粒的形式分散于矿质颗粒中，或者与矿质颗粒包被在一起形成的有机、无机复合体，呈棕色，质地多为壤质土，疏松，根系多，向下逐渐过渡。

$B_{ts}$ 层——矿质层，在该土层，母质的特征已经消失或仅微弱可见，呈亮棕色，由于黏粒的聚积，质地一般较黏重。

C 层——母质层。

### （二）灰潮土

灰潮土属于潮土的一个亚类，土壤有机质含量较潮土高。潮土是一种受地下潜水影响和作用形成的具有腐殖质层、氧化还原层及母质层等剖面构型的半水成土壤。上海大部分园林绿化土壤的本底土为灰潮土。

#### 1. 灰潮土的形成条件

气候：温暖带半干旱半湿润。

植被：自然植被为草甸植被。

地形：平坦，地下水埋深较浅。

母质：多为近代河流冲积物。

#### 2. 灰潮土的形成过程

（1）潴育化过程

潴育化过程的影响因素是上层滞水和地下潜水。土体下部常年在地下潜水干湿季节周期性升降运动的作用下，铁、锰等化合物的氧化还原过程交替进行，并移动与淀积。土层内呈现出锈黄色和灰白色的斑纹层，常有铁锰斑点与软的结核，在氧化还原层下也可以见到砂姜，多为地下水的产物。

（2）腐殖质积累过程

自然灰潮土有机质积累并不多，表层颜色较淡。

#### 3. 灰潮土的剖面形态特征

灰潮土在上述的成土因素条件下，经过一系列的成土过程，其剖面形态特征多为 $A_{P1}$-$Ap_2$-$BC_g$-$C_g$，其中：

$A_{P1}$ 层——腐殖质层，多为人工耕作熟化表土层，颜色较浅，壤质土。

$Ap_2$ 层——过渡层或氧化还原层，在犁底层之下，壤质土。

$BC_g$ 层——锈色斑纹层（经氧化还原过程形成）。

$C_g$ 层——母质层（由于地下潜水作用，母质层也经历了部分氧化还原过程）。

### （三）滨海盐土

滨海盐土是受海水直接影响形成的土壤，盐分组成与海水成分有关。是盐土的一种亚类。其剖面上下均匀分布氯化物盐类，主要分布于临近东海的浦东新区临港地区以及奉贤、金山、崇明等地。

#### 1. 滨海盐土的形成条件

气候：除滨海地带外，滨海盐土多出现在干旱、半干旱、半湿润气候区。

植被：滨海盐土主要植被有碱蓬、地枣等。在滨海盐土的形成过程中，植物对盐分在土壤中的累积具有重要作用，由于盐生植物有吮盐和泌盐的生理功能，植物机体死亡后，其体内残留大量盐分，直接参与土壤生物积盐过程，成为表层土壤盐分来源之一。

地形：是影响土壤盐渍化的形成条件之一。地形高低起伏和物质组成的不同直接影响到地面和地下水径流的运动，也影响土体中盐分的运动。

母质：多为近代或古代沉积物，如河湖沉积物、海相沉积物、洪积物和风积物等，这些母质多含一定可溶性盐分。

### 2. 滨海盐土的形成过程

（1）积盐过程

这是滨海盐土的基本发生特征。因长期或间歇遭受海水的浸渍及高矿化潜水的共同作用，使土体积盐，含盐层的盐分含量高，积盐层深厚。上海滨海盐土以氯化物为主，其中氯离子约占阴离子的 50% 以上，甚至大于 90%；阳离子中钠离子占 15%～50% 左右。

（2）其他附加过程

是滨海盐土形成发育的主要特征土层的标志，也是区别于内陆盐土的重要特征。主要有：

①潮化过程特征：剖面中、下层较湿润，锈纹、锈斑明显。

②生草化过程特征：有机质积累，出现富含根系层，似团粒结构。

③沼泽化过程特征：出现潜育及腐殖质累积特征。

### 3. 滨海盐土的剖面形态特征

滨海盐土的剖面形态由积盐层、生草层、沉积层、潮化层和潜育层等明显特征层次组成。滨海盐土在其形成发育过程中，受综合自然条件和人为活动的影响，导致土壤盐分在剖面中的积累和分异发生差异，因而形成表土层积盐、心土层积盐和底土层积盐 3 种基本积盐动态模式，或组合成复式积盐模式。

因此，滨海盐土剖面积盐的形成特点主要为：剖面中积盐层可以只有一层，也可以是多层；不仅积盐层盐分含量高，而且层位深厚。

## 二、人工土壤

### （一）人工土壤主要类型

园林绿化人工土壤虽然属于土壤学范畴，但与传统意义上的自然土壤又有很大的不同。园林绿化人工土壤是经过人类活动的长期干扰，并在城市特殊的环境背景下发育起来的独特土壤，其特性不同于一般的自然土或农田土。由于上海本地土壤资源缺乏，而且本底基础土壤又存在质地黏重、碱性强等缺陷，因此许多园林绿化人工土壤主要为客土、人工吹填成土以及添加大量的土壤改良材料的人工配制土壤，也可能是以上几种类型的混合体，很难简单区分。

### 1. 客土

上海园林绿化客土主要来源有以下几个方面：

（1）深层土。上海新建绿地中很大一部分是来自上海当地土建、市政施工的基坑土，这部分土壤大多为深层土，理论上还不能称之为土壤，不但养分贫瘠，而且土壤结构板结，质地黏重，也是制约上海园林绿化质量水平提高的最主要障碍因子之一。也有部分深层土是因为现场施工不注重保护表土，不注重施工工序，将深层土翻上来成为绿化种植土。

（2）淤泥。理论上淤泥不经改良是不能直接用于绿化种植的，但由于缺少土方来源，加上场地平整时清淤需要，大量淤泥存在处理处置难题，因此许多施工现场将淤泥堆放晾晒后直接用于绿化种植。淤泥可能养分含量相对较高，主要缺陷是质地黏重，影响排水和植物根系发根，另外还可能存在重金属、有机污染物含量超标的风险。

（3）山泥。主要来自浙江一带，由于质地良好、肥沃的表层土壤有限，因此上海绿地中所应用的大部分所谓山泥基本是深层土，除了pH酸性外，土壤肥力和结构未必好，对土壤的改良效果也不佳。

### 2. 人工吹填成土

在上海老港、临港、崇明等近海地区，为增加陆地面积，每年吹填成土面积非常大。因为是人工吹填堆积形成，这部分土壤盐碱程度比自然形成的滨海盐土盐碱程度更高，应该还不能称之为土壤，是土壤形成的初级阶段，有些土壤连极耐盐碱的碱蓬也不能生长，但由于上海绿化造林任务以及区域经济发展需要，这部分土壤也成为绿化主要土源之一，高盐分、高pH及质地过黏或粉砂含量过高是这类土壤的主要障碍因子。

### 3. 人工配制土壤

为园林绿化造景需要，上海园林绿化中有许多人工配制的土壤，其中最为典型的就是上海国际旅游度假区核心区——上海迪士尼及其周边地区绿化全部使用人工配制的有机砂壤土，上海其他许多新建、改建绿地或者绿化养护中或多或少使用各种类型不一的人工配制土壤，尤其是种植大规格或高品质的树种，都使用人工配制的肥沃土壤。根据种植植物种类或不同立地条件而配制的人工土，不但有效改善上海本底土壤存在的质地黏重、养分贫瘠、pH碱性等缺陷，也提高了上海园林绿化植物长势和绿化景观，也是提升上海绿化种植技术和土壤质量的有效手段。土壤改良材料应用比较多的是利用醋渣、中药渣、菇渣、绿化植物废弃物粉碎物等有机废弃物研制的有机基质（也有称之为绿化介质、营养土），也有少量使用草炭、有机肥，还有少量使用黄砂、硫黄、硫酸亚铁、过磷酸钙等无机的改良材料。

由于园林绿化人工配制土受人为成土因素的影响较大，在一定程度上被改变，如挖掘、压实、扰乱、混合等，且未经历明显的成土过程，不再拥有自然的土壤性质和特征，园林绿化人工配制土较典型地带性自然土壤在剖面形态特征上有以下特点：

（1）腐殖质层不明显

为了城市的清洁卫生，大多枯枝落叶被清扫，而且除专类园外，园林绿化土壤很少长期施用有机肥、介质等改良材料，因此，大部分园林绿化土壤几乎没有腐殖质层积累的过程。

（2）垂直和空间变异性大

园林绿化人工配制土不同于自然土壤，由于在城市建设过程中挖掘、搬运、堆积、混合和大量废弃物填充等原因，其结构和剖面发育层次十分混乱，土层分异不连续，许多土层之间没有发生学上的联系，土层缺失且没有统一的发生规律。有的甚至发生土层倒置现象，即A层在下，B层在上；或古土壤层在上，新土壤层在下；有的混入建筑垃圾（图1-4），有的严重压实后上下土层没有差别（图1-5）；有的由于客土或者添加改良材料导致土体上下差别很大（图1-6）；有的由于积水导致土壤出现潜育层（图1-7）。

（3）土壤类型千差万别

园林绿化人工配制土通常为当地土壤或购买客土添加改良基质混合而成。一方面，很多从别处运来的土壤，来源杂芜，即使同一片绿地其土壤类型或性质也不同，甚至近在咫尺，土壤也差异较大。尤其一些市政建工项目的附属绿地，多为主体工程的废弃土，市政工程的

图1-4　园林绿化土壤中混入建筑垃圾

图1-5　严重压实导致上下土层紧致无差别

图1-6　客土或者添加改良材料导致土体上下差别很大

**图1-7 土壤严重积水在底部形成潜育层**

底土、僵土、淤泥、建筑地基深层生土以及一些不宜于做路基和建筑基槽的劣质土，都成为园林绿化土壤。另一方面，改良材料的种类较多，如泥炭（草炭、泥煤）、河沙、珍珠岩、蛭石、沸石、砻糠、陶粒以及椰糠、木屑、树皮等木质发酵物；草本植物秸秆、稻壳、麦糠等；风化煤及炉渣；各种有机粒子如聚氯酯、酚醛泡沫、糠醛、苯乙烯泡沫、脲醛等，且添加量差异较大，还受城市建筑垃圾、生活垃圾、酸雨、汽车尾气、工业废气等影响，因此，园林绿化人工配制土的类型千差万别。

# 第三节 上海园林绿化土壤分布

截至2015年年底，上海市绿地面积共有127332.25hm²，其中公园绿地18395.27hm²（图1-8和表1-1），郊区绿地面积大于中心城区，且郊区绿地面积成林成片，相对而言中心城区绿地面积狭小。绿地面积中除了部分建筑小品、道路、水体外，园林绿化土壤分布面积和绿地分布面积大致相当。就整个上海市园林绿化土壤分布而言，略低于绿地分布面积。由于上海地下水位高，除一些地形抬高区域，上海园林绿化土壤地下水位基本在0.5~1.0m之间。

理论上，上海除西部的松江诸峰分布有黄棕壤以及浦东新区、奉贤区、金山区和崇明区靠近东海区域分布较多的滨海盐土，上海大部分区域分布的多为灰潮土。而园林绿化土壤由于受人为活动影响大，一些种植喜酸性植物区域零星分布有来自江浙一带客土——山泥，不少改良程度较高区域还分布有其他类型的客土或改良材料；而有些建成时间较长和养护比较精细的老公园，特别是常年枯枝落叶覆盖区域，土壤明显酸化、富含有机质，土壤性质已发生演替变化。

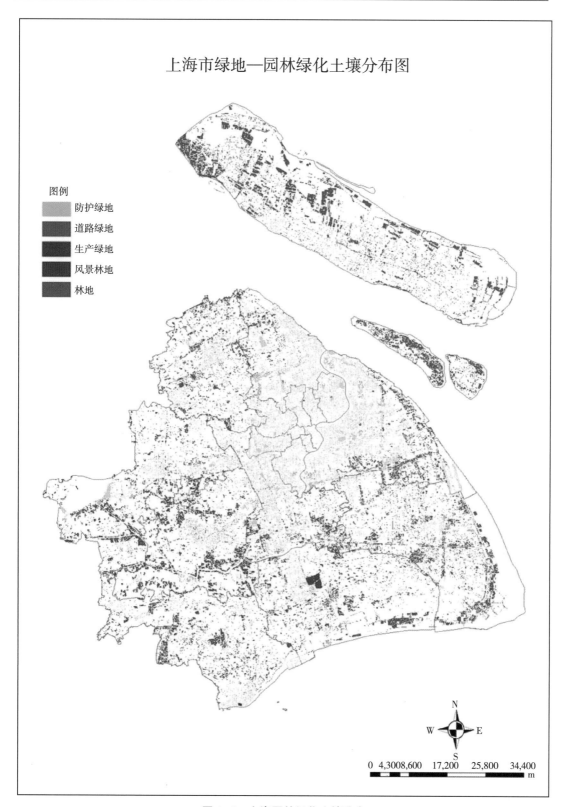

图1-8　上海园林绿化土壤分布

表1-1 上海绿化情况

| 行政区 | 绿地面积(hm²) | 公园绿地(hm²) | 城市公园(个) |
|---|---|---|---|
| 总计 | 127332.25 | 18395.27 | 165 |
| 黄浦区 | 270.22 | 170.41 | 12 |
| 徐汇区 | 1317.39 | 531.06 | 11 |
| 长宁区 | 1049.96 | 461.08 | 13 |
| 原静安区 | 111.51 | 50.11 | 3 |
| 普陀区 | 1285.37 | 608.93 | 18 |
| 原闸北区 | 643.60 | 238.88 | 7 |
| 虹口区 | 410.08 | 154.69 | 9 |
| 杨浦区 | 1386.97 | 471.66 | 15 |
| 浦东新区 | 27200.13 | 6392.00 | 26 |
| 闵行区 | 8509.81 | 2362.17 | 10 |
| 奉贤区 | 10208.58 | 455.82 | 2 |
| 金山区 | 8888.56 | 633.88 | 7 |
| 松江区 | 12498.07 | 1093.48 | 5 |
| 青浦区 | 10368.68 | 795.92 | 3 |
| 嘉定区 | 8510.47 | 1333.33 | 6 |
| 宝山区 | 6700.32 | 2306.11 | 15 |
| 崇明区 | 27972.53 | 335.74 | 3 |

# 参 考 文 献

[1] 储纪芳. 上海市城市绿地土壤特点与改良对策[J]. 中国城市林业，2010，8(1)：47-49.

[2] 方海兰，梁晶，郝冠军，等. 城市土壤生态功能与有机废弃物循环利用[M]. 上海：上海科学技术出版社.

[3] 傅明华，戴朱恒，承友松，等. 上海土壤形成过程的特点[J]. 土壤，1983，6：215-220.

[4] 侯传庆. 上海土壤[M]. 上海：上海科学技术出版社，1992

[5] 黄昌勇. 土壤学[M]. 北京：中国农业出版社，2000.

[6] 李芰洵，张顺然. 城市园林绿化的土壤困境及突围[J]. 园林，2015(6)，58-61.

[7] 王晨曦. 人为干扰下上海佘山地区植被研究[D]. 华东师范大学 2008 届硕士学位论文.

[8] 王军. 园林土壤质量管理的探讨[J]. 城市地理，2015(4)，129.

[9] 王丽. 上海地区气象变化特征的分析与研究[D]. 安徽农业大学硕士学位论文，2013.

[10] 杨贺，潘娜. 绿化树木树势衰弱复壮技术措施[J]. 中国园艺文摘，2014，7：57-58，85.

[11] 张凤荣. 土壤地理学[M]. 北京：中国农业出版社，2002.

# 第2章 土壤基本理化性质和肥力特征

为全面了解全市土壤理化基本性质和肥力总体特征，总结了自1999—2015年之间上海2万余处新建绿地20余万份数据以及2002年、2004年、2006年、2007年、2008年、2010年、2012年、2014年和2015年等不同时间段对上海不同类型绿地8万余份的土壤调查数据积累，在对全市园林绿化土壤基本理化性质分析的基础上，再针对不同绿地类型、不同区域、不同土壤剖面、不同植被类型、不同建成年限等不同时空演替下以及不同养护措施下土壤理化性质和综合肥力进行总体分析。

## 第一节 土壤基本理化性质

### 一、pH

土壤pH是土壤酸、碱性的简称，是土壤重要的基本性质之一，不同园林植物生长发育需要不同pH，pH对园林植物生长影响要远大于农田作物，因此pH是判断园林土壤理化性质最重要的指标之一。《中国土壤》根据酸碱性强弱将土壤pH分为5级：强酸性，pH≤5；酸性，pH5.0~6.5；中性，pH6.5~7.5；碱性，pH7.5~8.5；强碱性，pH≥8.5。

#### 1. 全市pH总体概况

对全市21378个园林绿化土壤pH的分析结果显示，上海市园林绿化土壤pH分布范围在4.24~8.90之间，平均值8.23±0.41。pH分布频率见图2-1，有0.53%的土壤样品pH≤5.0，为强酸性；0.84%的土壤样品pH在5.0~6.5之间，为酸性；0.81%的土壤样品pH在6.5~7.5之间，为中性；77.03%的土壤

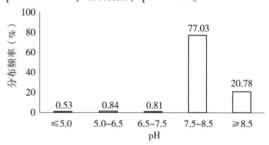

图2-1　上海园林绿化土壤pH的分布频率

样品pH在7.5~8.5之间，为碱性，其中，66.90%的土壤样品pH在8.0~8.5之间；还有20.08%的土壤样品pH≥8.5，为强碱性。

总体而言，受上海冲积土壤的成土因素以及建筑垃圾等的影响，上海园林绿化土壤基本以碱性和强碱性为主；部分表现为中性或者酸性的土壤，主要来自松江部分小山丘发育的黄棕壤，或有部分是为种植喜酸性园林植物或土壤改良时采用了酸性的草炭、山泥、有机基质等改良材料，也有可能施用了硫黄、硫酸亚铁、过磷酸钙等酸性改良剂。虽然使用过磷酸钙等酸性的无机改良材料在短期内降低土壤pH效果较好，但受上海碱性和强碱性本底土壤的影响，一段时间后土壤pH又呈上升趋势，相对而言，使用酸性有机改良材料对降低土壤

pH 效果更好。

由于大部分园林植物适宜在中性偏酸性土壤中生长，因此高 pH 是上海园林绿化土壤的主要障碍因子之一。但园林植物本身也有很好的适应性，只要土壤结构好，养分充足，香樟、广玉兰等喜酸性植物在 pH8.3~8.5 之间的土壤也能生长很好，但对于紫鹃等嗜酸性植物在碱性土壤中长势普遍不佳。

### 2. 不同类型绿地

公园绿地土壤样品的 pH 范围为 4.20~8.69，平均值为 8.21±0.52。

公共绿地土壤样品的 pH 范围为 6.25~8.70，平均值为 8.30±0.29。

道路绿地土壤样品的 pH 范围为 5.98~8.67，平均值为 8.29±0.34。

pH 大小依次为：公共绿地>道路绿地>公园绿地，但差异不显著。

### 3. 不同区域

上海中心城区园林绿化土壤的 pH 范围为 4.39~8.79，平均值为 8.27±0.34。郊区绿地土壤的 pH 范围为 4.21~8.75，平均值为 8.21±0.65。中心城区的 pH 大于郊区，这可能与中心城区建筑水泥等碱性材料影响直接相关。郊区以松江区和青浦区的园林绿化土壤 pH 较低；闵行、嘉定次之；而近海的金山、浦东新区、奉贤和崇明等地的园林绿化土壤 pH 相对略高。中心城区土壤 pH 和养护等方式直接相关，其中原静安区由于土壤改良力度较大，pH 平均值略低。

### 4. 不同土壤剖面

分 0~20cm、20~40cm 和 40~90cm 3 个层次采集不同建成年限、不同区县、不同绿地类型的剖面样点 60 个，分析结果显示随着土壤深度加深，土壤 pH 呈增加趋势。其中 0~20cm 层次的土壤样品 pH 在 4.41~8.57 之间，平均值为 8.08±0.71；20~40cm 层次样品 pH 在 4.31~8.67 之间，平均值为 8.11±0.64；40~90cm 层次样品 pH 在 4.46~9.09 之间，平均值为 8.19±0.64。其中第一层（0~20cm）和第二层（20~40cm）差异不显著，但和第三层（40~90cm）差异显著，说明园林植物生长以及绿化养护对上海碱性土壤有一定改善作用。

### 5. 不同建成年限

对不同建成年限典型公园绿地的 pH 调查结果显示（图 2-2），随着建成年限的增加，土壤 pH 呈降低的趋势，原因可能是上海为典型沉积和海蚀土壤，土壤中钙离子长时间淋溶有关；而新建绿地不少是深层土或土壤熟化程度不够，钙离子活度高，因此 pH 相对比较高，基本没有酸性土壤；而建成年限较长的公园，受常年养护以及土壤高度熟化的影响，部分已演变为酸性土壤。

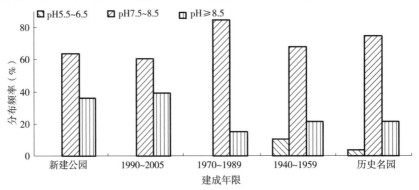

图 2-2  不同建成年限公园土壤 pH 分布频率

对于新建绿地，前期进行土壤改良，能有效降低土壤 pH；但随着时间延长，土壤 pH 又呈上升趋势(图 2-3)。主要是因为上海本底土壤为碱性或强碱性，缓冲能力较强，由此可见，降低土壤 pH 是一个漫长的过程。

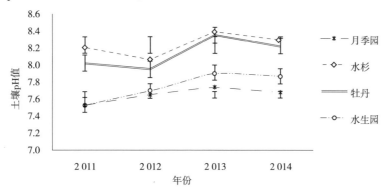

图 2-3　辰山植物园专类园改良后土壤 pH 随时间变化趋势

## 二、电导率(EC 值)

土壤中可溶性盐分含量按照测定方法分为质量含量和电导率，由于电导率法相对简单快速，该方法应用更普遍，测定结果一般用 EC 值来表示，单位为毫西门子每厘米(mS/cm)，EC 值是园林绿化土壤质量评价的重要指标之一。土壤电导率和土壤中可溶性盐分含量成正比，电导率太高，植物会受到盐分毒害；电导率太低则表明土壤中可供植物吸收利用的可溶性养分少；电导率太高太低都不适宜植物生长。当土壤电导率在 0.15～0.9mS/cm 之间，一般不会对植物生长造成危害；电导率在 0.35～0.9mS/cm 则有利于植物生长；当土壤电导率高于 0.9mS/cm 时，就存在土壤盐渍化可能；当土壤电导率高于 1.5mS/cm 时，除耐盐植物外，大多数植物生长会受到明显抑制。根据电导率对植物生长的影响程度，土壤电导率的区间划分为 ≤0.15mS/cm、0.15～0.35mS/cm、0.35～0.9mS/cm、0.9～1.5mS/cm、≥1.5mS/cm。

### 1. 全市 EC 值总体概况

对全市 21378 个园林绿化土壤 EC 的分析结果显示，上海市园林绿化土壤 EC 的范围为 0.026～6.54mS/cm，平均值为 0.19±0.49mS/cm，变幅较大。EC 分布频率见图 2-4，上海市园林绿化土壤中，67.30% 的土壤样品 EC ≤ 0.15mS/cm，偏低；28.27% 的土壤样品 EC 在 0.15～0.35mS/cm 之间，有利于植物生长；1.64% 的土壤样品 EC 在 0.35～0.9mS/cm 之间，不会对植物

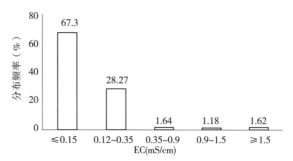

图 2-4　上海园林绿化土壤 EC 的分布频率

生长造成危害；1.18% 的土壤样品 EC 在 0.9～1.5mS/cm 之间，不会对耐盐植物生长造成危害；还有 1.62% 的土壤样品 EC ≥1.5mS/cm，抑制植物生长。整体来看，全市绿地土壤的 EC 偏低，说明土壤存在盐分毒害可能性较小，但也说明整个上海市园林绿化土壤的速效养分含量较低。

### 2. 不同类型绿地

公园绿地土壤样品的 EC 范围为 0.024~1.71mS/cm，平均值为 0.12±0.075mS/cm。

公共绿地土壤样品的 EC 范围为 0.051~0.32mS/cm，平均值为 0.13±0.051mS/cm。

道路绿地土壤样品的 EC 范围为 0.031~6.57mS/cm，平均值为 0.32±0.59mS/cm，变幅较大。

EC 值大小依次为：道路绿地>公共绿地>公园绿地。其中道路显著高于公园和公共绿地（$P<0.01$），这也是和道路绿化带土壤可溶性氯、交换性钠含量相对比较高直接相关(详见第5章)。

### 3. 不同区域

上海中心城区园林绿化土壤的 EC 在 0.063~5.61mS/cm 之间，平均值为 0.15±0.37mS/cm，变幅较大；郊区园林绿化土壤的 EC 在 0.023~0.41mS/cm 之间；平均值为 0.12±0.031mS/cm。土壤 EC 值中心城区>郊区，可能和中心城区绿化养护相对精细，施肥多有一定关系。而中心城区各区的园林绿化土壤 EC 值虽然不存在显著差异，但也以原静安区相对略高，也与其土壤改良和施肥力度较大直接相关。当然这里郊区不包括临港、金山等地区盐碱程度较高的盐碱土，主要指郊区建成时间较长的熟化土壤。

### 4. 不同土壤剖面

选择全市不同建成年限、不同区县、不同绿地类型的 60 个典型剖面样点，分 0~20cm、20~40cm 和 40~90cm 共 3 个层次采集土样，分析结果显示随着土壤深度加深，土壤 EC 值变化趋势没有显著差异。

其中 0~20cm 土壤样品 EC 范围为 0.023~0.36mS/cm，平均值为 0.13±0.021mS/cm。

20~40cm 土壤样品 EC 范围为 0.022~0.31mS/cm，平均值为 0.14±0.031mS/cm。

40~90cm 土壤样品 EC 范围为 0.038~0.54mS/cm，平均值为 0.15±0.075mS/cm。

整体上，3 个层次的土壤样品 EC 值偏低，都低于植物生长较适宜的 EC 值范围的下限（0.15~0.9mS/cm），从侧面说明上海园林绿化土壤速效养分总体贫瘠。

### 5. 不同建成年限

对不同建成年限典型公园绿地的 EC 值调查结果显示(图 2-5)，随着公园建成年限的增加，土壤 EC 值差异不显著，但 EC 值<0.15mS/cm 呈降低趋势，说明上海绿地养护中施肥力度不够。

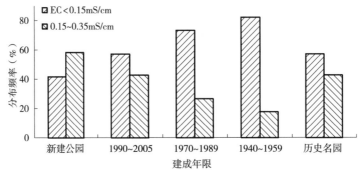

图 2-5 不同建成年限公园土壤 EC 分布频率

对于新建绿地，前期进行土壤改良，能有效提高土壤 EC 值；但土壤中速效养分会被植物吸收或者淋溶，土壤 EC 值呈降低趋势（图 2-6）。可见，定期施肥对提高 EC 值的重要性。

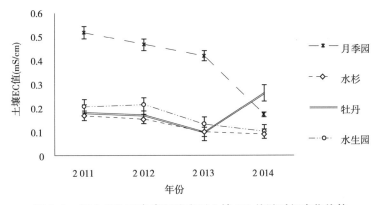

图 2-6　辰山植物园专类园改良后土壤 EC 值随时间变化趋势

## 三、土壤质地

对土壤中不同粗细的土粒（黏粒、粉粒、砂粒）组成比例综合度量，称为土壤质地（soil texture），通常有砂土、壤土和黏土 3 种类型。对全市 532 个园林绿化土壤质地的分析结果显示，上海市园林绿化土壤粒径组成见表 2-1。其中黏粒（<0.002mm）含量在 5.16% ~ 56.4% 之间，平均值为 36.5%±5.17%；粉砂粒（0.002 ~ 0.05mm）含量在 31.9% ~ 77.4% 之间，平均值为 59.7%±7.15%；砂粒（0.05 ~ 2mm）含量在 0.23% ~ 18.4% 之间，平均值为 4.9%±1.35%。粉砂粒所占比例最大，其次为黏粒，砂粒所占比例最低。

表 2-1　上海园林绿化土壤粒径组成

| 粒径大小 | 最小值 | 最大值 | 平均值 | 中位数 | 标准差 | 变异系数 | 偏度 | 峰度 |
| --- | --- | --- | --- | --- | --- | --- | --- | --- |
| | % | % | % | % | % | % | - | - |
| 黏粒（<0.002mm） | 5.16 | 56.4 | 35.5 | 35.8 | 5.17 | 0.25 | 0.12 | 2.71 |
| 粉砂粒（0.002~0.05mm） | 31.9 | 77.4 | 59.3 | 60.4 | 7.15 | 0.12 | -0.81 | 4.12 |
| 砂粒（0.05~2mm） | 0.23 | 18.4 | 4.92 | 3.72 | 1.35 | 0.83 | 1.44 | 1.72 |

上海园林绿化土壤质地黏重，质地分布概率见图 2-7。有 1.68% 的土壤质地为黏土；5.50% 的土壤质地为粉（砂）质黏土；77.42% 的土壤质地为粉（砂）质黏壤土；15.18% 的土壤质地为粉（砂）壤土；0.25% 的土壤为壤质砂土。质地类型以粉（砂）质黏壤土为主。

上海不同绿地类型、不同区域、不同植被类型、不同剖面之间土壤粒径组成和质地类型没有显著差异，基本是以粉（砂）质黏壤土为主，其中个别壤质砂土主要为人为添加的黄砂样品，黏土主要为没有经过改良的深层土。

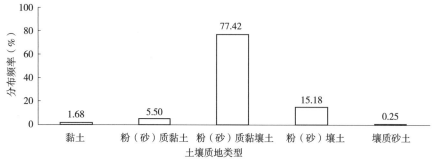

**图2-7 上海园林绿化土壤质地分布频率**

## 四、土壤密度

土壤密度（soil density）又称"土壤容重"、"土壤体积质量"，是指单位容积的土壤质量，单位为兆克每立方米（$Mg/m^3$）或克每立方厘米（$g/cm^3$）。土壤密度过大，会直接影响植物根系的生长；同一质地的土壤密度变小，说明土壤变得疏松，对一些草本和小灌木非常适宜种植，但太低的密度不利于固定高大植物，因此土壤密度不是越低越好。其中住建部标准《绿化种植土壤》将密度设置为小于 $1.35Mg/m^3$，认为密度大于 $1.35Mg/m^3$ 会影响植物根系生长；土壤密度 $1.4Mg/m^3$ 已经成为根系生长的限制值；当土壤密度 $> 1.6Mg/m^3$ 时根系几乎不能生长。

园林植物喜欢疏松土壤，综合考虑，将园林绿化土壤密度分级标准定为：$<1.00Mg/m^3$，过松，不适宜种植高大植物；$1.00 \sim 1.35Mg/m^3$，适宜；$1.35 \sim 1.50Mg/m^3$，较高；$>1.50Mg/m^3$，很高。

### 1. 全市土壤密度概况

对全市5478个园林绿化土壤密度的分析结果显示，上海市园林绿化土壤密度的变化范围为 $0.81 \sim 1.59Mg/m^3$，平均值为 $1.33 \pm 0.13Mg/m^3$。土壤密度的分布概率见图2-8，只有 0.92% 的土壤密度 $<1.00Mg/m^3$；50.14% 的土壤密度在 $1.00 \sim 1.35Mg/m^3$ 范围内，为适宜；46.78% 的土壤密度在 $1.35 \sim 1.50Mg/m^3$ 之间，为压实，不适宜植物生长；还有 2.25% 的土壤容重 $>1.50Mg/m^3$，为严重压实，已阻碍植物根系生长发育。

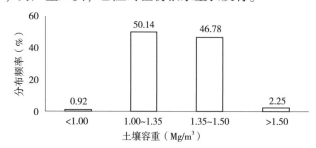

**图2-8 全市绿地土壤容重分布频率**

总体而言，上海园林绿化土壤密度总体偏高，受内、外因素影响。其中内因主要是土壤本身质地黏重；外因主要是绿地压实严重，包括绿地建设过程中大量使用大型机械，以及绿地建成后人为践踏严重。

## 2. 不同类型绿地

不同绿地类型土壤容重存在差异，其组成和分布概率见图2-9。

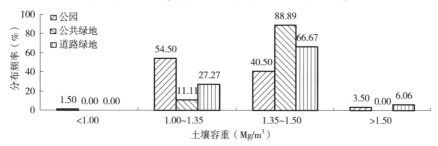

图2-9　上海市不同绿地类型土壤容重分布频率

公园绿地土壤容重的变化范围为 0.81～1.59Mg/m³，平均值为 1.33±0.12Mg/m³。有 1.50% 的土壤容重<1.00Mg/m³，过松；54.50% 的土壤容重在 1.00～1.35Mg/m³ 范围内，为适宜；40.50% 的土壤容重在 1.35～1.50Mg/m³ 之间，为压实，不适宜植物生长；还有 3.50% 的土壤容重>1.50Mg/m³，为严重压实，已阻碍植物生长发育。

公共绿地土壤容重的变化范围为 1.29～1.51Mg/m³，平均值为 1.42±0.059Mg/m³。11.11% 的土壤容重在 1.00～1.35Mg/m³ 之间，为适宜；还有 88.89% 的土壤容重在 1.35～1.50Mg/m³ 之间，为压实，不适宜植物生长。

道路绿地土壤容重的变化范围为 1.15～1.61Mg/m³，平均值为 1.37±0.12Mg/m³。27.27% 的土壤容重在 1.00～1.35Mg/m³ 之间，为适宜；66.67% 的土壤容重在 1.35～1.50Mg/m³ 之间，为压实，不适宜植物生长；还有 6.06% 的土壤容重>1.50Mg/m³，为严重压实，已阻碍植物根系生长发育。

就上海不同的绿地类型而言，土壤密度大小依次为：公共绿地>道路绿地>公园绿地。其中公共绿地之所以土壤密度高可能跟公共绿地是开放式绿地，人为践踏更为严重直接相关。

## 3. 不同植被类型

不同植被类型的园林绿化土壤密度存在差异（图2-10）。以上海辰山植物园几种典型植被类型为例，土壤密度大小为裸地>草地>竹林地>乔木地>灌木地。其中灌木地土壤密度最小，平均为 1.26Mg/m³，符合绿化种植土壤密度小于 1.35Mg/m³ 的技术要求；灌木地与草地、乔木地、竹林地以及裸地差异极显著（$P<0.01$）。裸地土壤密度最大，平均 1.64Mg/m³，与乔木地、灌木地密度差异极显

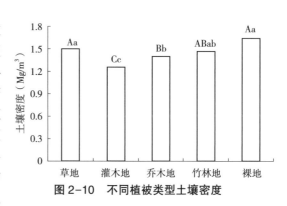

图2-10　不同植被类型土壤密度

著（$P<0.01$），但与草地和竹林地的差异不显著。由于辰山植物园建成年限短，植物对土壤物理性质的影响比较少，不同植物类型土壤密度的差别应与不同植被人为干扰程度不同有关。一般草地和裸地人为践踏严重，辰山植物园最大的人流量达 20 万人/月，而灌木丛和乔木相对人为干扰少，因此密度低。

### 4. 不同区域

中心城区与郊区绿地土壤密度差异不显著。其中中心城区园林绿化土壤密度的变化范围为 $1.05 \sim 1.59 Mg/m^3$，平均值为 $1.31 \pm 0.13 Mg/m^3$；郊区土壤密度的变化范围为 $0.81 \sim 1.59 Mg/m^3$，平均值为 $1.34 \pm 0.15 Mg/m^3$；中心城区与郊区土壤密度相当。

### 5. 不同剖面

不同剖面绿地土壤密度存在一定的差异，以上海 3 块典型绿地——上海辰山植物园、上海植物园和西郊宾馆为例，分析 4 个土层深度（$0 \sim 20 cm$、$20 \sim 40 cm$、$40 \sim 60 cm$、$60 \sim 80 cm$）的土壤密度。不同剖面土壤密度如图 2-11 所示，其中 $20 \sim 40 cm$ 土层密度最大，为 $1.54 \pm 0.10 Mg/m^3$；$40 \sim 60 cm$ 土层密度最小，为 $1.49 \pm 0.14 Mg/m^3$；但不同深度土壤密度差异不显著（$P > 0.05$）。

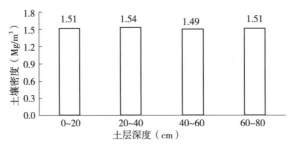

**图 2-11　不同剖面土壤密度**

进一步分析 3 块绿地不同剖面土壤密度变化规律，从图 2-12 看出，相同土层以新建绿地上海辰山植物园土壤密度最大，而上海植物园和西郊宾馆林地土壤密度相差不大，这与辰山植物园在建设过程中大量使用机械导致土壤严重压实有关。另外上海辰山植物园和上海植物园由于游人密度大，人为践踏严重，不同深度土壤密度差异显著，尤其是辰山植物园，由于建成时间短，植物根系生长以及对土壤改良作用有限，加上新建过程中机械严重压实以及建成后人为践踏严重，表层土壤密度要显著高于深层土壤密度；而西郊宾馆由于绿地建成时间长，人为干扰少，已经发育成类似人工自然林，因此不同深度土壤密度差异不显著。

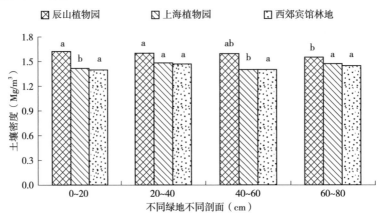

**图 2-12　不同绿地不同剖面土壤密度变化**

## 五、土壤孔隙度

土壤孔隙度是指单位容积土体内，孔隙所占的百分数称为土壤总孔隙度。土壤总孔隙包括毛管孔隙和通气孔隙。其中毛管孔隙主要指当量孔径为 0.002～0.02mm 的孔隙；一般充满毛管水，起保水作用。土壤中直径大于 0.1mm 的孔隙没有毛管作用，充满空气，称非毛管孔隙，也就是俗称的通气孔隙，用百分率（%）表示。通气孔隙占总孔隙的比例，称为通气孔隙度。一般是空气和多余水分通道，起通气作用。对大部分园林土壤而言，土壤通气孔隙数量不足，影响空气的供应，势必影响植物根系的生长。

### （一）总孔隙度

#### 1. 全市土壤总孔隙度概况

对全市 5478 个园林绿化土壤总孔隙度的分析结果显示，上海市园林绿化土壤总孔隙度在 37.98%～61.75% 之间，平均值为 48.37%±3.89%。土壤总孔隙度分布频率见图 2-13，0.45% 的土壤总孔隙度<40%，极低；17.54% 的土壤总孔隙度在 40%～45% 之间，偏低；75.52% 的土壤总孔隙度在 45%～55% 之间，和最理想的总孔隙度为 50% 左右的水平相当；有 6.49% 的土壤总孔隙度>55%。

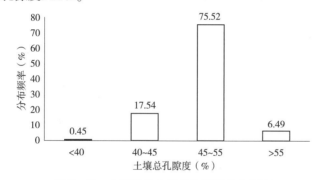

图 2-13 全市绿地土壤总孔隙度分布频率

#### 2. 不同类型绿地

不同绿地类型土壤总孔隙度存在差异，详见图 2-14。

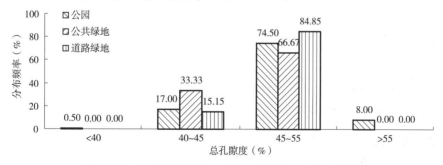

图 2-14 上海市不同绿地类型土壤总孔隙度分布频率

公园绿地土壤总孔隙度变化范围为 39.89%～60.37%，平均值为 49.76%±3.89%。0.50% 的土壤总孔隙度<40%，极低；17.00% 的土壤总孔隙度在 40%～45% 之间，偏低；74.50% 的土壤总孔隙度在 45%～55% 之间，为适宜水平；8.50% 的土壤总孔隙度>55%。

公共绿地土壤总孔隙度变化范围为 44.35%～49.11%，平均值为 46.48%±1.86%。33.33%的土壤总孔隙度在 40%～45% 之间，偏低；66.67%的土壤总孔隙度在 45%～55% 之间，为适宜水平。

道路绿地土壤总孔隙度变化范围为 40.87%～53.98%，平均值为 48.11%±3.09%。15.15%的土壤总孔隙度在 40%～45% 之间，偏低；84.85%的土壤总孔隙度在 45%～55% 之间，为适宜水平。

不同绿地类型中，公园绿地和道路绿地的孔隙度相当，以公共绿地最低；这也是与公共绿地密度最高，人为践踏最为严重直接相关。

### 3. 不同植被类型

不同植被类型的土壤孔隙也存在差别。其中灌木地土壤总孔隙度最大，平均为 51.83%（图 2-15）；其次为乔木地，为 47.25%；最小是裸地，为 39.98%。灌木地土壤总孔隙度分别与草地、乔木地、竹林地和裸地差异极显著（$P<0.01$），草地分别与灌木地和乔木地差异极显著（$P<0.01$），裸地分别与灌木地和乔木地差异极显著（$P<0.01$）。

### 4. 不同区域

中心城区与郊区绿地土壤总孔隙度差异不显著：中心城区土壤总孔隙度变化范围为 39.91%～57.34%，平均值为 48.69%±3.55%；郊区土壤总孔隙度变化范围为 41.44%～60.34%，平均值为 48.32%±4.36%；两者相当。

### 5. 不同土壤剖面

不同剖面绿地土壤总孔隙度存在一定的差异，以 3 块上海典型绿地——上海辰山植物园、上海植物园、西郊宾馆为例，结果表明（图 2-16）：底层 40～60cm 和 60cm 土壤总孔隙度相对较大，分别为 44.81%±3.23% 和 44.76%±3.98%；而表层 0～20cm 和 20～40cm 总孔隙度相对较小，分别为 43.77%±4.43% 和 43.20%±2.90%，这可能是表层土壤受人为机械压实、人为践踏等人为干扰所致，而底层土壤受人为干扰相对较小。

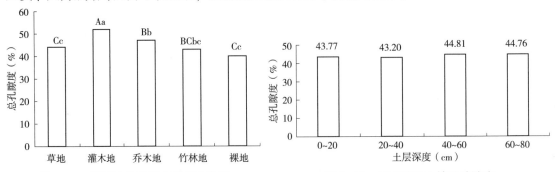

图 2-15　不同植被类型土壤总孔隙度　　　图 2-16　不同剖面土壤总孔隙度

进一步分析 3 块绿地不同剖面土壤总孔隙度变化规律，从图 2-17 可以看出，相同土层以新建绿地上海辰山植物园土壤总孔隙度最小，上海植物园和西郊宾馆林地相对较大。辰山植物园和上海植物园绿地剖面土壤总孔隙度存在差异，其中辰山植物园表层土壤孔隙度显著小于底层土壤总孔隙度（$P<0.05$），而西郊宾馆的人工自然林地则不同剖面土壤总孔隙度差异不显著。

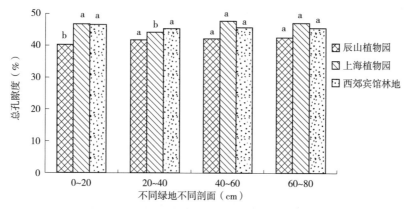

图 2-17 不同绿地不同剖面土壤总孔隙度变化

### (二)非毛管孔隙度

非毛管孔隙度又称通气孔隙度,直接关系到植物根系的呼吸和生长,直接关系到园林植物的成活率,是评价园林绿化土壤质量的重要指标。最理想的土壤物质组成是固:气:水 = 2:1:1,即土壤固相体积占 50%,液相 25%、气相 25%,也即通气孔隙度为 25%;住建部标准《绿化种植土壤》要求土壤通气孔隙度>5%。

#### 1. 全市非毛管孔隙度分布

对全市 5478 个园林绿化土壤非毛管孔隙度的分析结果显示,上海市园林绿化土壤非毛管孔隙度变化范围为 1.00%~11.21%,平均值为 3.05%±1.65%,土壤非毛管孔隙度总体偏低。土壤非毛管孔隙度分布频率见图 2-18,91.57%的土壤非毛管孔隙度<5%,偏低;仅有 8.43%的土壤非毛管孔隙度大于 5%,符合标准要求。

#### 2. 不同类型绿地

不同绿地类型土壤非毛管孔隙度见图 2-19。

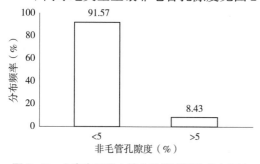

图 2-18 上海市绿地土壤非毛管孔隙度分布频率
图 2-19 全市不同绿地类型土壤非毛管孔隙度 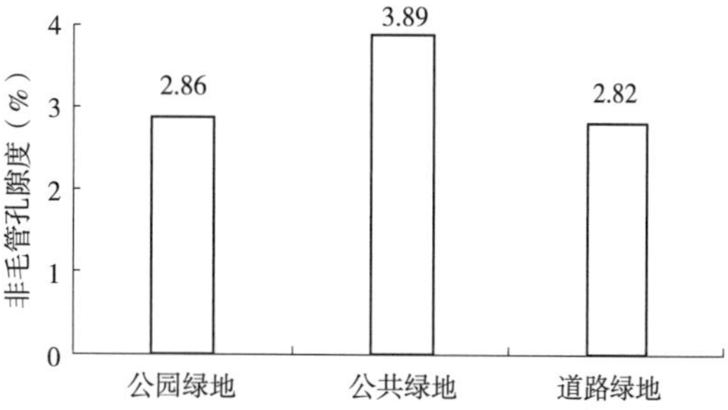

公园绿地土壤非毛管孔隙度变化范围为 1.25%~11.25%,平均值为 2.86%±1.38%。

公共绿地土壤非毛管孔隙度变化范围为 2.33%~9.10%,平均值为 3.89%±2.12%。

道路绿地土壤非毛管孔隙度变化范围为 1.53%~9.59%,平均值为 2.82%±1.69%。土壤非毛管孔隙度大小依次为:公共绿地>公园绿地>道路绿地。

不同绿地类型土壤非毛管孔隙度分布频率见图 2-20。土壤非毛管孔隙度较低,<5%的土样以公园比例最高,公共绿地和道路绿地相当;反之,土壤非毛管孔隙度达到中等水平,

在5%~15%之间的比例以道路绿地最高,公共绿地次之,以公园绿地最低。其中公园绿地非毛管孔隙最低,可能也是与公园中游人密度大,人为践踏严重直接相关。

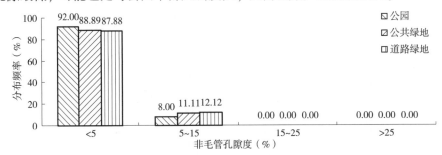

图2-20　全市不同绿地类型土壤非毛管孔隙度分布频率

### 3. 不同植被类型

不同植被类型的园林绿化土壤非毛管孔隙度存在差异,以上海辰山植物园几种典型植被类型为例(图2-21),土壤非毛管孔隙度大小为灌木地>竹林地>乔木地>草地>裸地。其中灌木地土壤非毛管孔隙度最大,为5.01%,裸地最小,为2.24%,仅为灌木地的44.71%。灌木地土壤非毛管孔隙度与乔木地、草地、裸地差异显著($P<0.05$),而竹林地、乔木地、草地、裸地差异显著($P>0.05$)。灌木之所以非毛管孔隙度大,跟灌木地人为践踏压实少直接相关。

### 4. 不同区域

上海中心城区土壤非毛管孔隙度变化范围为1.26%~9.55%,平均值为2.77%±1.32%。郊区土壤非毛管孔隙度变化范围为1.56%~11.21%,平均值为3.09%±1.70%。

郊区的非毛管孔隙度大于中心城区,这也是与中心城区绿地游人密度大,人为践踏和土壤压实更为严重直接相关。

### 5. 不同土壤剖面

不同剖面绿地土壤非毛管孔隙度存在差异,以3块上海典型绿地——上海辰山植物园、上海植物园、西郊宾馆为例,结果表明(图2-22):60~80cm土层土壤非毛管孔隙度相对较大,为3.19%±1.58%;而20~40cm土层非毛管孔隙度最小,仅为2.60%±0.76%;这两层土壤非毛管孔隙度差异显著,而其他层土壤差异不显著。

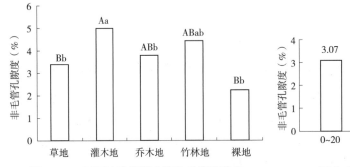

图2-21　不同植被类型土壤非毛管孔隙度

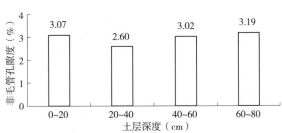

图2-22　不同剖面土壤非毛管孔隙度

进一步分析3块绿地不同剖面土壤非毛管孔隙度变化规律,从图2-23可以看出,相同土层以新建绿地上海辰山植物园土壤非毛管孔隙度最小,上海植物园和西郊宾馆林地相对较大,这与辰山植物园土壤压实最为严重直接相关。辰山植物园和西郊宾馆林地不同剖面土壤非毛管孔隙度差异不显著($P>0.05$),而植物园不同剖面有一定差异,其中最底层与 $20\sim40cm$ 土层差异显著($P<0.05$),其他各层彼此间差异不显著($P>0.05$)。

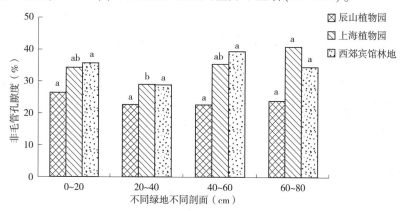

图2-23　三块绿地不同剖面土壤非毛管孔隙度变化

# 第二节　上海园林绿化土壤肥力单因子评价

## 一、有机质

土壤有机质是土壤中所有含碳有机物质的总称,包括土壤中各种动植物残体、微生物体及其分解和合成的各种有机物质。土壤有机质含量从高到低可分为6个等级,从第一级到第六级分别为:$>40g/kg$、$30\sim40g/kg$、$20\sim30g/kg$、$10\sim20g/kg$、$6\sim10g/kg$、$<6g/kg$,分别代表很肥沃、肥沃、较肥沃、一般、贫瘠、很贫瘠。

### 1. 全市土壤有机质概况

对全市 21378 个表层园林绿化土壤有机质的分析结果显示,上海市园林绿化土壤有机质含量范围为 $4.40\sim86.5g/kg$,平均值为 $21.7\pm8.96g/kg$。上海市园林绿化土壤有机质含量的分布频率见图2-24。0.09%的土壤样品(1个土壤样品)有机质含量低于6g/kg,为六级,很贫瘠;3.16%的土壤样品有机质含量在$6\sim10g/kg$之间,为五级,贫瘠;46.41%的土壤样品有机质含量在 $10\sim20g/kg$ 之间,为四级,一般;36.49%的土壤样品有机质含量在 $20\sim30g/kg$ 之间,为三级,较肥沃;9.76%的土壤样品有机质含量在 $30\sim40g/kg$ 之间,为二级,肥沃;有 4.10%的土壤样品有机质含量$>40g/kg$,为一级,很肥沃。全市大部分园林绿化土壤有机质含量为四级水平和三级水平,大部分土壤有

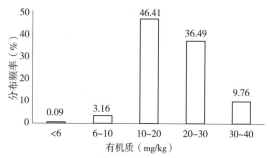

图2-24　上海市园林绿化土壤有机质分布频率

机质含量一般，只有少部分园林绿化土壤有机质含量略高，与建设和养护过程中施用有机肥、有机改良基质等有机材料有关，也与有些绿地中枯枝落叶的自然覆盖相关。

### 2. 不同类型绿地

公园绿地土壤样品有机质含量范围为 7.51～86.54g/kg，平均值为 22.85±9.14g/kg。

公共绿地土壤样品有机质含量范围为 4.37～29.97g/kg，平均值为 18.36±5.61g/kg。

道路绿地土壤样品有机质含量范围为 7.15～48.73g/kg，平均值为 18.95±7.61g/kg。上海不同类型园林绿化土壤有机质含量大小依次为：公园绿地＞道路绿地＞公共绿地。

### 3. 不同区域

中心城区绿地土壤有机质含量范围为 7.15～86.50g/kg，平均含量为 22.68±9.02g/kg。郊区绿地土壤的有机质含量范围为 4.40～71.49g/kg，平均含量为 20.12±8.09g/kg。中心城区有机质含量略高于郊区，可能与中心城区绿地养护的施肥有关，也有可能与中心城区各种来源的碳沉积有一定关系。

### 4. 不同剖面

选择全市不同建成年限、不同区县、不同绿地类型的 60 个典型剖面样点，分 0～20cm、20～40cm 和 40～90cm 共 3 个层次采集土样，分析结果显示随着土壤深度加深，土壤有机质含量呈降低趋势。

其中 0～20cm 土壤样品有机质含量范围为 4.40～42.14g/kg，平均含量为 20.92±6.89g/kg；20～40cm 土壤样品有机质含量范围为 5.82～37.44g/kg，平均含量为 15.20±4.94g/kg；40～90cm 土壤样品有机质含量范围为 5.13～26.13g/kg，平均含量为 13.02±3.81g/kg。表层土壤有机质含量高与施肥或枯枝凋落物自然覆盖腐烂直接相关。

### 5. 不同建成年限

对不同建成年限公园的有机质调查结果显示(图 2-25)，随着公园建成年限的延长，土壤有机质平均含量呈增加的趋势，且有机质含量低的以新建公园所占比例相对较高，有机质含量高的以建成年限长的公园所占比例高，这是与公园长期养护以及枯枝落叶自然凋落自肥有直接关系。其中辰山植物园作为新建绿地，由于不断进行土壤改良，土壤有机质逐年累积明显(图 2-26)。

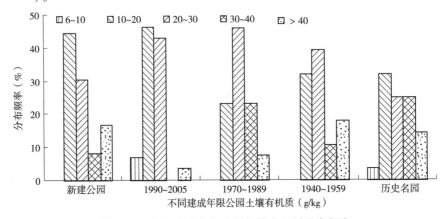

图 2-25　不同建成年限公园土壤有机质分布频率

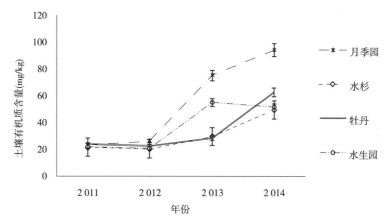

图 2-26　辰山植物园专类园土壤有机质随时间变化趋势

## 二、土壤阳离子交换量(CEC)

每千克土壤或胶体吸附或代换周围溶液中阳离子的厘摩尔数称为土壤阳离子交换量[厘摩尔每千克(cmol(+)/kg)],它是评价土壤保水保肥能力、缓冲能力的重要指标,同时也能反映土壤对酸雨的敏感程度。一般认为土壤的 CEC<10cmol(+)/kg 时,土壤保肥力比较弱,当 CEC 在 10~20cmol(+)/kg 之间时土壤肥力中等,当 CEC>20cmol(+)/kg 时土壤保肥能力强。

### 1. 全市阳离子交换量概况

对全市 584 个土样调查结果显示,上海市园林绿化土壤阳离子交换量在 2.21~43.15cmol(+)/kg 之间,平均值为 13.84±5.61cmol(+)/kg。上海市园林绿化土壤 CEC 含量的分布频率见图 2-27,从中可知上海市园林绿化土壤有 19.47% 土壤样品的 CEC 小于 10cmol(+)/kg;有 77.04% 的 CEC 在 10~20cmol(+)/kg 之间;只有约 3.49% 样品的 CEC 大于 20cmol(+)/kg,说明大部分上海绿地土壤的保肥保墒能力中等。

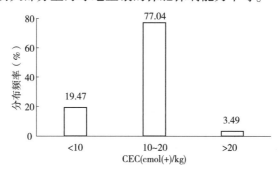

图 2-27　上海市园林绿化土壤 CEC 分布频率

### 2. 不同类型绿地

不同绿地类型,土壤 CEC 存在差异。其中公园土壤 CEC 平均值为 14.52±4.64cmol(+)/kg,大小分布在 5.80~43.20cmol(+)/kg 之间;道路绿地的 CEC 平均值为 12.63±3.15cmol(+)/kg,大小分布在 6.40~18.88cmol(+)/kg 之间。公园绿地的土壤 CEC 要比道路绿地的 CEC 略高,与公园绿地中施用有机肥等改良材料有直接关系。

### 3. 影响土壤 CEC 的因子分析

选择上海典型园林绿化土壤，进行土壤 CEC 和相关理化性质的分析，分析结果见表 2-2。

表 2-2　CEC 与土壤理化性质的相关关系（$n = 302$）

| 理化性质 | 回归方程 | r | 理化性质 | 回归方程 | r |
|---|---|---|---|---|---|
| pH | $y = -0.0299x + 8.8772$ | $-0.2354^{**}$ | 速效钾 | $y = 2.3245x + 108.07$ | $0.1105^{*}$ |
| EC | $y = -0.0074x + 0.3148$ | $0.1034$ | 黏粒 | $y = 1.106x + 5.7207$ | $0.6226^{**}$ |
| 有机质 | $y = 0.2734x + 9.4560$ | $0.7382^{**}$ | 土壤密度 | $y = -0.0239x + 1.535$ | $-0.4428^{**}$ |
| 水解性氮 | $y = 3.0178x - 3.6654$ | $0.2983^{**}$ | 通气孔隙度 | $y = 0.0749x + 4.0155$ | $0.1068^{*}$ |
| 有效磷 | $y = 0.1793x + 12.236$ | $0.05477$ | | | |

注：$*$：$P < 0.05$ 的显著水平；$**$：$P < 0.01$。

从表 2-2 可以看出，上海园林绿化土壤的 CEC 与有效磷和 EC 值没有相关性，但与 pH、有机质、水解性氮和黏粒含量呈显著正相关，与通气性、速效钾显著相关，和土壤密度达到极显著负相关。

其中 CEC 与有机质含量（$r = 0.7382$，$P < 0.01$）和黏粒含量（$r = 0.6226$，$P < 0.01$）相关系数相对最高，这是因为 CEC 大小是由土壤胶体的性质、种类和数量决定，由有机的胶粒和无机的胶粒所构成，前者主要是腐殖酸，后者主要是黏土矿物。它们形成的有机—无机复合体所吸附的阳离子总量包括交换性盐基离子和致酸性离子，两者的总和即为阳离子交换量。因此各种土壤理化性质中以有机质和黏粒含量和 CEC 的相关系数相对最高，呈极显著正相关。其中上海园林绿化土壤有机质含量相对不高，但黏粒含量相对较高，而黏粒具有较强的吸附能力，是土壤中主要的无机胶粒，因此土壤黏粒含量越高，土壤 CEC 值也越大，土壤保肥能力和缓冲能力也越强。这也正好解释公园绿地土壤和有机质、黏粒含量均大于道路绿地土壤，相应的 CEC 值也高的原因所在。

从表 2-2 可以看出，上海园林绿化土壤的 pH 和 CEC 达到极显著负相关（$r = -0.2354$，$P < 0.01$）。这说明对于上海土壤 CEC 越高，土壤 pH 越低。这可能是由于 CEC 越高，土壤中有机质和腐殖酸越多，从而导致 pH 的下降。

上海园林绿化土壤的土壤密度与 CEC 达到极显著负相关（$r = -0.4428$，$P < 0.01$）。说明 CEC 越高，土壤密度越小。这是由于上海土壤 CEC 的增加，可能是土壤中有机质含量的增加所致，而有机质疏松多孔的性质，降低了土壤密度。

上海园林绿化土壤的通气孔隙度与 CEC 的相关系数不高，只有 0.1068，但可能样本量较大，达到显著相关（$P < 0.05$）。这一正相关关系同样可能是有机质的增加，降低了土壤密度，增加了土壤通气孔隙度。

## 三、氮

### (一)全氮

氮是植物生长发育所必需的营养元素之一，也是土壤养分中最活跃元素，是植物生长过程中最重要的限制因子。植物缺氮时，蛋白质、叶绿素的形成受阻，细胞分裂减少，因此植物在不同生育时期表现出不同的缺氮症状。

目前，关于氮素供应的不足、正常或过多，还没有统一的标准，而是依一定条件而变化的，是一个相对的概念。《中国土壤》对土壤全氮含量分为6级标准，从低到高依次为：<0.5g/kg、0.5~0.75g/kg、0.75~1.0g/kg、1.0~1.5g/kg、1.5~2.0g/kg、>2g/kg。

对全市1365个园林绿化土壤全氮的分析结果显示，上海市园林绿化土壤全氮含量的变动范围在0.39~2.46g/kg之间，平均值为1.05±0.59g/kg。土壤全氮的分布频率见图2-28，从中可以看出，上海园林绿化土壤全氮含量主要分布在0.5~1.0g/kg和1.0~2.0g/kg之间，分别占土壤总数的48.58%和49.60%，而土壤全氮含量低于0.5g/kg和高于2.0g/kg的土壤极少，分别仅占1.21%和0.61%。可见，上海园林绿

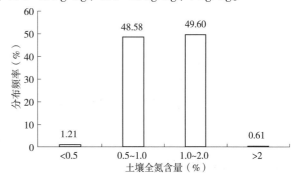

图2-28　上海园林绿化土壤全氮的分布频率

化土壤全氮含量普遍不高，施肥增加氮肥是以后绿化养护的重点。2011年建成的上海辰山植物园，前期由于施肥，土壤全氮含量较高，2013年施肥少，各专类园全氮含量明显降低，2014年土壤改良后，土壤全氮含量又明显增加（图2-29）。

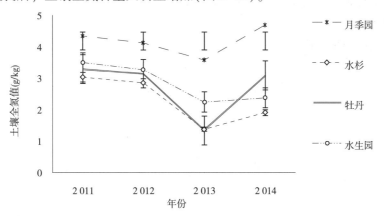

图2-29　辰山植物园专类园土壤全氮随时间变化趋势

## （二）水解性氮

水解性氮是指土壤中较易矿化和易被植物吸收的氮，又称土壤碱解氮，包括无机的矿物态氮（铵态氮、硝态氮）和易水解的有机态氮（氨基酸、酰胺和易水解的蛋白质氮）。《中国土壤》对土壤水解性氮含量分为6级标准，从低到高依次为：<30mg/kg、30~60mg/kg、60~90mg/kg、90~120mg/kg、120~150mg/kg、>150mg/kg。

### 1. 全市水解性氮的概况

对全市5241个园林绿化土壤水解性氮的分析结果显示，上海市园林绿化土壤水解性氮含量范围为1.43~1340mg/kg，变幅较大，平均值为76.4±79.4mg/kg，其分布频率见

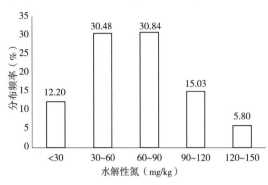

图 2-30 上海市园林绿化土壤水解性氮含量分布频率

图 2-30。12.20% 的土壤样品水解性氮含量 < 30mg/kg，为六级水平；30.48% 的土壤样品水解性氮含量在 30～60mg/kg 之间，为五级水平；30.84% 的土壤样品水解性氮含量在 60～90mg/kg 之间，为四级水平；15.03% 的土壤样品水解性氮含量在 90～120mg/kg 之间，为三级水平；5.80% 的土壤样品水解性氮含量在 120～150mg/kg 之间，为二级水平；5.65% 的土壤样品水解性氮含量 > 150mg/kg，为一级水平。全市园林绿化土壤水解性氮含量主要为四级和五级水平，相对比有机质含量水平略低，与园林绿化土壤施肥少直接相关。

### 2. 不同类型绿地

公园绿地土壤样品的水解性氮含量范围为 24.68～288mg/kg，平均值为 83.01±27.35mg/kg。公共绿地土壤样品的水解性氮含量范围为 17.17～169mg/kg，平均值为 68.92±23.21mg/kg。道路绿地土壤样品的水解性氮含量范围为 18.46～1332mg/kg，变幅较大，平均值为 83.42±34.51mg/kg。

其中公园和道路绿地的水解性氮含量相当，公共绿地相对偏低。

### 3. 不同区域

上海中心城区绿地土壤的水解性氮含量范围为 18.56～1332mg/kg，变幅较大，平均含量为 89.23±75.97mg/kg。郊区绿地土壤的水解性氮含量范围为 17.17～263mg/kg，平均含量为 71.05±32.01mg/kg。中心城区绿地的水解性氮含量大于郊区绿地，可能与中心城区绿化养护中施肥力度相对较大有关。

### 4. 不同剖面

选择全市不同建成年限、不同区县、不同绿地类型的 60 个典型剖面样点，分 0～20cm、20～40cm 和 40～90cm 共 3 个层次进行土样采集，分析结果显示随着土壤深度加深，土壤有机质含量呈降低趋势。

其中 0～20cm 土壤样品水解性氮含量范围为 4.89～181mg/kg，平均含量为 66.47±30.98mg/kg；20～40cm 土壤样品水解性氮含量范围为 5.61～146mg/kg，平均含量为 41.99±23.33mg/kg；40～90cm 土壤样品水解性氮含量范围为 4.86～69.08mg/kg，平均含量为 35.32±12.81mg/kg。整体上，水解性氮含量从上到下逐渐降低，这可能与表层土壤中施有机肥以及枯枝凋落物自然覆盖腐烂有一定关系。

### 5. 不同建成年限

对不同建成年限典型绿地的水解性氮的调查结果显示（图 2-31），随着公园建成年限的延长，土壤水解性氮平均含量呈增加的趋势，且水解性氮含量低的以新建公园所占比例相对较高，水解性氮含量高的以建成年限长的公园所占比例高，这与公园长期养护以及枯枝落叶自然凋落自肥直接相关。

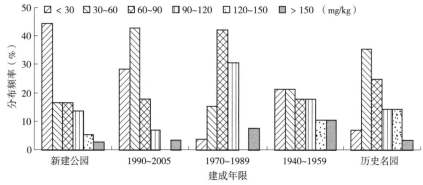

图 2-31 不同建成年限公园土壤水解性氮分布频率

## 四、磷

磷是植物生长的必需元素，是构成植物体内许多重要有机化合物的组成部分，许多生物反应过程中起催化作用的都是含磷有机物，土壤缺磷会导致一系列生理生化过程受抑。

### (一)全磷

土壤全磷包括迟效态磷和有效态磷，土壤中的磷素大部分为迟效态，但在一定条件下，迟效态的磷能转化为有效态磷，所以土壤全磷也可视为有效态磷储备。

对全市 1365 个园林绿化土壤全磷的分析结果显示，上海市园林绿化土壤全磷含量在 0.31~1.77g/kg 之间，平均值为 0.77±0.18g/kg。土壤全磷的分布频率见图 2-32，从中可以看出，含量为 0.5~0.75g/kg 的土壤占绝对优势，占 51.58%；含量为 0.75~1.0g/kg 的占 34.49%；含量大于 1.25g/kg 的仅占 1.58%；而含量在 1.0~1.25g/kg 的也有 8.23%；含量小于 0.5g/kg 的仅为 4.12%，说明上海园林绿化土壤全磷含量总体偏低。

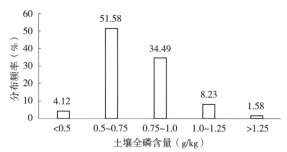

图 2-32 中心城区土壤全磷的分布频率

土壤全磷和有效磷含量之间相关性不显著，土壤全磷含量不能作为土壤供磷水平的确切指标，只能反映磷素的含量水平。但土壤全磷含量高至某一水平时，也可表现出磷素的供应水平较为丰富；反之，土壤全磷低至某一水平时，一般都表现出磷素供应不足。上海土壤中含有较多碳酸钙物质，容易与土壤中磷素结合形成移动性较差的难溶性物质，影响磷的植物有效性，因此应尽量使用有机磷肥，减少磷素的浪费。

### (二)有效磷

有效磷是指土壤中可被植物吸收的磷，一般包括土壤溶液中的离子态磷酸根，以及一些易溶的无机磷化合物和吸附态磷。《中国土壤》对土壤有效磷含量的 6 级分类从低到高依次为：<3mg/kg、3~5mg/kg、5~10mg/kg、10~20mg/kg、20~40mg/kg、>40mg/kg。

**1. 全市有效磷概况**

对全市 5241 个园林绿化土壤有效磷的分析结果显示，上海市园林绿化土壤有效磷含量范围为 1.05~336mg/kg，变幅较大，平均值为 29.93±34.91mg/kg，其分布频率见图 2-33。

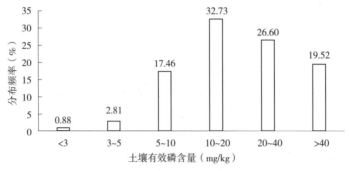

**图 2-33　上海园林绿化土壤有效磷含量的分布频率**

0.88% 的土壤样品有效磷含量 <3mg/kg，为六级水平；2.81% 的土壤样品有效磷含量在 3~5mg/kg 之间，为五级水平；17.46% 的土壤样品有效磷含量在 5~10mg/kg 之间，为四级水平；32.73% 的土壤样品有效磷含量在 10~20mg/kg 之间，为三级水平；26.60% 的土壤样品有效磷含量在 20~40mg/kg 之间，为二级水平；19.52% 的土壤样品有效磷含量 >40mg/kg，为一级水平。全市绿地土壤样品有效磷含量主要为三级水平和二级水平，相对其他养分而言，上海园林绿化土壤有效磷含量较丰富。

**2. 不同类型绿地**

公园绿地、公共绿地和道路绿地土壤样品有效磷含量主要为三级水平和二级水平，有效磷含量和分布频率略有不同(图 2-34)。

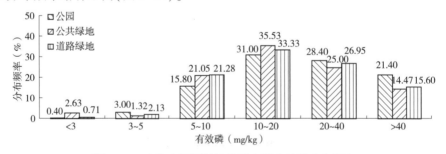

**图 2-34　上海市不同绿地类型土壤有效磷分布频率**

其中公园绿地土壤的有效磷含量范围在 2.43~336mg/kg 之间，平均含量为 32.78±42.58mg/kg。有 0.40% 的土壤样品有效磷含量 <3mg/kg，为六级水平；3.00% 的土壤样品有效磷含量在 3~5mg/kg 之间，为五级水平；15.80% 的土壤样品有效磷含量在 5~10mg/kg 之间，为四级水平；31.00% 的土壤样品有效磷含量在 10~20mg/kg 之间，为三级水平；28.40% 的土壤样品有效磷含量在 20~40mg/kg 之间，为二级水平；21.40% 的土壤样品有效磷含量 >40mg/kg，为一级水平。

公共绿地土壤有效磷含量范围在 1.03~172mg/kg 之间，平均含量为 24.42±42.64mg/kg。有 2.63%的土壤样品有效磷含量<3mg/kg，为六级水平；1.32%的土壤样品有效磷含量在 3~5mg/kg 之间，为五级水平；21.05%的土壤样品有效磷含量在 5~10mg/kg 之间，为四级水平；35.53%的土壤样品有效磷含量在 10~20mg/kg 之间，为三级水平；25.00%的土壤样品有效磷含量在 20~40mg/kg 之间，为二级水平；14.47%的土壤样品有效磷含量>40mg/kg，为一级水平。

道路绿地土壤有效磷含量在 2.95~288mg/kg 之间，平均含量为 26.97±31.59mg/kg。0.71%的土壤样品有效磷含量<3mg/kg，为六级水平；2.13%的土壤样品有效磷含量在 3~5mg/kg 之间，为五级水平；21.28%的土壤样品有效磷含量在 5~10mg/kg 之间，为四级水平；33.33%的土壤样品有效磷含量在 10~20mg/kg 之间，为三级水平；26.95%的土壤样品有效磷含量在 20~40mg/kg 之间，为二级水平；15.60%的土壤样品有效磷含量>40mg/kg，为一级水平。

有效磷含量大小依次为：公园绿地>道路绿地>公共绿地，以公园绿地土壤样品有效磷含量整体较高。

### 3. 不同区域

上海中心城区绿地土壤有效磷含量在 3.31~336mg/kg 之间，平均含量为 34.90±44.51mg/kg。郊区绿地土壤的有效磷含量在 1.05~272mg/kg 之间，平均含量为 25.06±29.77mg/kg。中心城区有效磷含量大于郊区，可能跟中心城区绿化养护中施肥力度相对较大有关。

### 4. 不同剖面

选择全市不同建成年限、不同区县、不同绿地类型的 60 个典型剖面样点，分 0~20cm、20~40cm 和 40~90cm 共 3 个层次采集土样，分析结果显示随着土壤深度加深，土壤有效磷含量呈降低趋势。

其中 0~20cm 土壤样品有效磷含量为 1.05~179mg/kg，变幅较大，平均含量为 24.01±18.81mg/kg；20~40cm 土壤样品有效磷含量为 0.00~69.87mg/kg，平均含量为 17.29±13.40mg/kg；40~90cm 土壤样品有效磷含量为 0.00~68.08mg/kg，平均含量为 15.91±15.00mg/kg。整体上 0~20cm 层次有效磷含量最高，这也与表层土壤中施有机肥以及枯枝凋落物自然覆盖腐烂有一定关系。

### 5. 不同建成年限

从图 2-35 可以看出，虽然新建公园中有效磷的平均含量相对较高，但也有部分土壤有效磷含量<3mg/kg，这种高低极端分布的方式，可能是部分土壤改良力度比较大，有效磷含量高，而部分土壤由于没有改良和熟化，有效磷含量极低。而其他几种类型公园基本是随着公园建成年限的延长，土壤有效磷平均含量呈增加的趋势，这也可能与公园长期养护以及枯枝落叶自然凋落自肥有直接关系。

另外土壤施肥能有效增加土壤中有效磷含量，从上海辰山植物园专类园土壤有效磷不同年度含量的变化情况可以看出，前期由于施肥，土壤有效磷含量呈逐年增加趋势（图 2-36）。

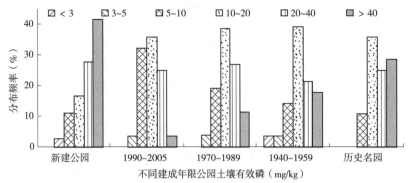

图 2-35　不同建成年限公园土壤有效磷分布频率

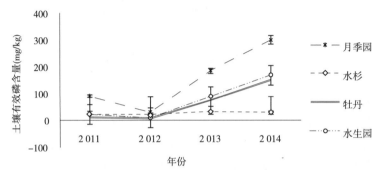

图 2-36　辰山植物园专类园土壤有效磷随时间变化趋势

## 五、钾

钾是植物生长所需要的三大大量元素之一。

### (一)全钾

土壤全钾即土壤中各种形态钾含量之总和，包括含钾矿物(难溶性钾)、非交换性钾(缓效性钾)、交换性钾(速效钾)和水溶性钾(速效钾)4 种类型。对全市 1365 个园林绿化土壤全钾的分析结果显示，上海市园林绿化土壤全钾含量在 10.86~24.19g/kg 之间，平均值为 17.13 ± 2.76g/kg。土壤全钾分布频率见图 2-37，以含量为 15~20g/kg 的土壤占绝对优势，占 62.97%，含量大于 20g/kg 的占 15.19%，含量小于 15g/kg 的占 21.84%。

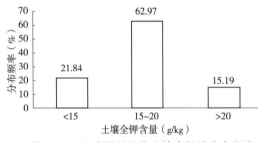

图 2-37　上海园林绿化土壤全钾的分布频率

土壤实际供钾水平，取决于土壤缓效钾和速效钾的含量；但全钾含量高，转化为缓效钾和速效钾的给源比较丰富。总体而言，上海土壤中钾素含量丰富，大多数绿地在养护中可不考虑施钾肥。这也是因为上海本底土壤中黏土矿物以水云母、蒙脱石为主，全钾含量较为丰富。

### (二) 速效钾

土壤速效钾是指易被植物吸收利用的钾，包括交换性钾和水溶性钾。《中国土壤》对土壤速效钾含量的6级分类从低到高依次为：<30mg/kg、30～50mg/kg、50～100mg/kg、100～150mg/kg、150～200mg/kg、>200mg/kg。

#### 1. 全市土壤速效钾概况

对全市5241个园林绿化土壤速效钾的分析结果显示，上海市园林绿化土壤速效钾含量范围为28.2～814mg/kg，变幅较大，平均值为181±102mg/kg，其含量分布频率见图2-38。0.07%的土壤样品速效钾含量小于30mg/kg，为六级水平；1.31%的土壤样品速效钾含量在30～50mg/kg之间，为五级水平；12.69%的土壤样品速效钾含量在50～100mg/kg之间，为四级水平；26.31%的土壤样品速效钾含量在100～150mg/kg之间，为三级水平；27.61%的土壤样品速效钾含量在150～200mg/kg之间，为二级水平；32.00%的土壤样品速效钾含量>200mg/kg，为一级水平。

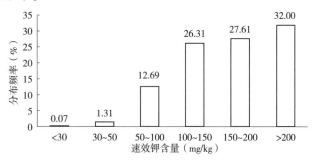

**图2-38 上海园林绿化土壤速效钾含量的分布频率**

总体而言，上海园林绿化土壤速效钾含量丰富，主要为一级水平、二级水平和三级水平，这与上海主要为冲积土壤的成土因素直接相关；只有极少数土样速效钾含量偏低，可能是外进客土或者其他因素导致的。

#### 2. 不同类型绿地

不同类型绿地土壤样品速效钾含量略有不同。其中公园绿地土壤速效钾含量为37.98～476mg/kg，平均含量为178±72.08mg/kg。

公共绿地土壤速效钾含量为61.75～340mg/kg，平均含量为188±69.07mg/kg。

道路绿地土壤速效钾含量为49.97～748mg/kg，平均含量为209±106mg/kg。

速效钾含量大小依次为：道路绿地>公共绿地>公园绿地；并以公共绿地和道路绿地土壤样品速效钾含量为一级水平的所占比例最大，公园相对较低(图2-39)。对于不同类型绿地，土壤速效钾不同于氮、磷含量，反而以公园含量最低。

#### 3. 不同区域

上海中心城区绿地土壤速效钾含量为38.01～748mg/kg，平均含量为189±84.25mg/kg。郊区绿地土壤速效钾含量为48.59～542mg/kg，平均含量为177±73.64mg/kg。中心城区速效钾含量略高于郊区，但差异不显著。

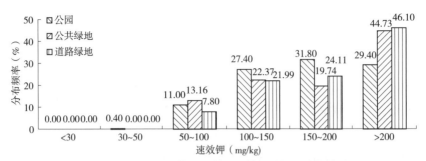

图2-39　上海不同绿地类型土壤速效钾分布频率

### 4. 不同剖面

选择全市不同建成年限、不同区县、不同绿地类型的60个典型剖面样点，分0～20cm、20～40cm和40～90cm共3个层次采集土样，分析结果显示随着土壤深度加深，土壤速效钾含量呈降低趋势。

0～20cm土壤样品速效钾含量范围为57.57～323mg/kg，平均含量为161±63.13mg/kg；20～40cm土壤样品速效钾含量范围为47.39～318mg/kg，平均含量为133±57.45mg/kg；40～90cm土壤样品速效钾含量范围为39.04～341mg/kg，平均含量为132±50.42mg/kg。整体上0～20cm层次速效钾含量最高，也可能与土壤施肥和植物根系活动有关。

### 5. 不同建成年限

不同建成年限公园土壤速效钾含量变化趋势不明显（图2-40），除部分土壤含量较低外，大部分公园的速效钾含量相对较高，这可能与上海本底土壤速效钾含量丰富有关。

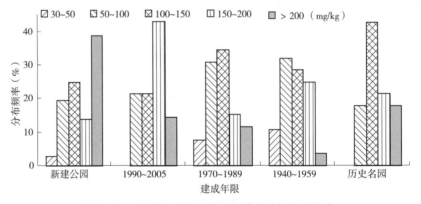

图2-40　不同建成年限公园土壤速效钾分布频率

当然对于新建绿地如果定期施肥养护，速效钾还是有增加趋势，具体见辰山植物园几个专类园土壤速效钾的变化趋势（图2-41），由此可见土壤培肥养护的重要性。

## 六、有效钙

钙是植物所需要的中量营养元素之一，《中国土壤》将土壤有效钙含量分为5级标准：有效钙含量>1000mg/kg属于一级水平；700～1000mg/kg属于二级水平；500～700mg/kg属于三级水平；300～500mg/kg属于四级水平；<300mg/kg属于五级水平。

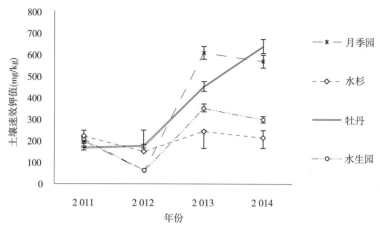

**图2-41　辰山植物园专类园速效钾含量随时间变化趋势**

### 1. 全市土壤有效钙概况

对全市1432个园林绿化土壤有效钙的分析结果显示，上海市园林绿化土壤有效钙含量范围为99.21~543mg/kg，平均值为333±45.12mg/kg，其分布频率见图2-42。15.75%的土壤样品有效钙含量低于300mg/kg，为五级水平；84.10%的土壤样品有效钙含量在300~500mg/kg之间，为四级水平；仅有0.15%（2个样品）土样的有效钙含量在500~700mg/kg之间，为三级水平。

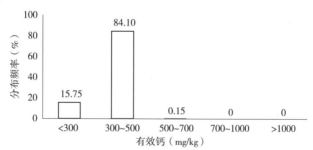

**图2-42　上海园林绿化土壤有效钙的分布频率**

总体而言，上海园林绿化土壤有效钙含量主要为四级水平，由于上海是冲积土壤，本底土壤碳酸钙沉积明显，之所以有效钙含量不是很高，与土壤pH高、钙活性低直接相关。

### 2. 不同类型绿地

公园绿地土壤的有效钙含量范围为99.21~455mg/kg，平均含量为332±44.21mg/kg。

公共绿地土壤的有效钙含量范围为213~427mg/kg，平均含量为330±35.38mg/kg。

道路绿地土壤的有效钙含量范围为193~418mg/kg，平均含量为335±36.10mg/kg。不同类型绿地之间土壤有效钙含量差异不显著。

### 3. 不同区域

上海中心城区绿地土壤的有效钙含量为150~454mg/kg，平均含量为335±36.92mg/kg；郊区绿地土壤的有效钙含量为99.23~431mg/kg，平均含量为330±46.87mg/kg；中心城区和郊区没有显著差异。

### 4. 不同剖面

选择全市不同建成年限、不同区县、不同绿地类型的 60 个典型剖面样点，分 0～20cm、20～40cm 和 40～90cm 共 3 个层次进行土样采集，分析结果显示：

0～20cm 土壤样品有效钙含量范围为 99.23～437mg/kg，平均含量为 333±54.36mg/kg；20～40cm 土壤样品有效钙含量范围为 141～420mg/kg，平均含量为 329±45.54mg/kg；40～90cm 土壤样品有效钙含量范围为 172～404mg/kg，平均含量为 332±45.09mg/kg。不同剖面层次土壤有效钙含量比较接近，可能与上海为典型沉积型土壤，本身钙含量较高直接相关。

## 七、有效镁

镁是植物所需要的中量营养元素之一，上海市地方标准《园林绿化工程种植土壤质量验收规范》(DB31/T 769—2013)要求有效镁的含量在 50～280mg/kg 之间。

### 1. 全市土壤有效镁概况

对全市 1432 个园林绿化土壤有效镁的分析结果显示，上海市园林绿化土壤有效镁含量范围为 9.04～519mg/kg，变幅较大，平均含量为 134±56.32mg/kg。有效镁分布频率见图 2-43，1.97% 的土壤样品有效镁含量<50mg/kg，低于标准下限；95.38% 的土壤样品有效镁含量在 50～280mg/kg 之间，满足标准要求；2.65% 的土壤样品有效镁含量>280mg/kg，超过标准上限。

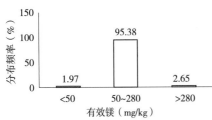

图 2-43　上海园林绿化土壤有效镁的分布频率

### 2. 不同类型绿地

公园绿地土壤样品的有效镁含量范围为 9.01～381mg/kg，变幅较大，平均含量为 130±59.01mg/kg。

公共绿地土壤的有效镁含量范围为 47.54～520mg/kg，变幅较大，平均含量为 143±77.82mg/kg。

道路绿地土壤的有效镁含量范围为 48.27～439mg/kg，变幅较大，平均含量为 151±64.79mg/kg。

有效镁含量大小依次为：道路绿地>公共绿地>公园绿地；但不同类型绿地有效镁分布频率基本相当(图 2-44)。

### 3. 不同区域

上海中心城区绿地土壤的有效镁含量范围为 31.79～439mg/kg，变幅较大，平均含量为 116±53.13mg/kg。

郊区绿地土壤的有效镁含量范围为 9.01～520mg/kg，变幅较大，平均含量为 159±67.43mg/kg。有效镁含量大小依次为：郊区>中心城区。

### 4. 不同剖面

选择全市不同建成年限、不同区县、不同绿地类型的 60 个典型剖面样点，分 0～20cm、

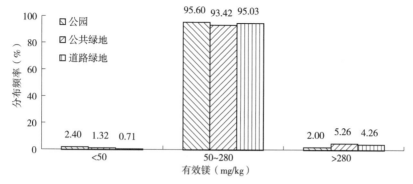

**图2-44　上海市不同分类绿地土壤有效镁分布频率**

20~40cm和40~90cm共3个层次进行土样采集，分析结果显示：

0~20cm土壤样品有效镁含量范围为9.01~519mg/kg，平均含量为144±81.69mg/kg。

20~40cm土壤样品有效镁含量范围为7.65~424mg/kg，平均含量为161±84.01mg/kg。

40~90cm土壤样品有效镁含量范围为6.51~383mg/kg，平均含量为191±81.79mg/kg。

整体上，有效镁含量从上到下呈现出逐渐增加的趋势，这可能是镁是植物生长所需要的中量营养元素，由于很少有外源镁，表层土壤中镁被植物吸收后，反而在土壤剖面层次中出现上层含量低下层含量高的现象。

## 八、有效硫

硫是除氮、磷、钾之外植物生长所需要的第四大营养元素，上海市地方标准《园林绿化工程种植土壤质量验收规范》（DB31/T 769—2013）要求有效硫的含量在25~500mg/kg之间。

### 1. 全市土壤有效硫概况

对全市1432个园林绿化土壤有效硫的分析结果显示，上海市园林绿化土壤有效硫含量最小值<5mg/kg，最大值为2980mg/kg，变幅很大。有效硫的分布频率见图2-45。16.73%的土壤样品有效硫含量<5mg/kg，72.30%的土壤样品有效硫含量在5~25mg/kg之间，即89.03%的土壤样品有效硫含量低于标准下限；8.48%的土壤样品有效硫含量在25~500mg/kg

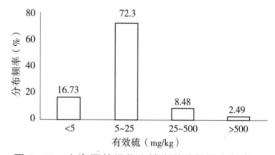

**图2-45　上海园林绿化土壤有效硫的分布频率**

之间，满足标准要求；2.49%的土壤样品有效硫含量>500mg/kg，超过标准上限，这可能与施用富含硫的有机肥等改良材料有一定关系，其中硫黄是常用的降低有机肥pH调理剂。

总体而言，上海园林绿化土壤普遍缺硫。

### 2. 不同类型绿地

公园绿地土壤有效硫含量最小值<5mg/kg，最大值为458mg/kg，平均值为14.25±20.98mg/kg。

公共绿地土壤的有效硫含量最小值<5mg/kg，最大值为115mg/kg，平均值为16.72±14.98mg/kg。

道路绿地土壤的有效硫含量最小值<5mg/kg，最大值为2980mg/kg，变幅很大，平均值为87.02±309mg/kg。

有效硫含量大小依次为：道路绿地>公共绿地>公园绿地。

其中道路绿地中有效硫含量明显高于公共绿地和公园，主要是部分道路样品中硫含量大于500mg/kg，拉高了道路绿地中有效硫的平均值，但大部分道路绿地有效硫的含量还是在5~25mg/kg之间，总体含量还是偏低（见图2-46）。

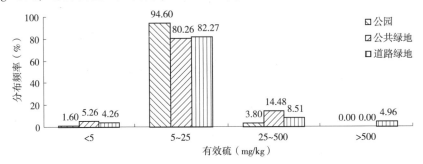

图2-46　不同绿地类型土壤有效硫分布频率

### 3. 不同区域

上海中心城区绿地土壤的有效硫含量最小值<5mg/kg，最大值为2980mg/kg，变幅很大，平均值为39.56±183mg/kg。郊区绿地土壤的有效硫含量最小值<5mg/kg，最大值为124mg/kg，平均值为13.51±12.43mg/kg。中心城区有效硫含量大于郊区，可能也与中心城区绿地土壤施用含硫量较高的有机肥有关。

### 4. 不同剖面

选择全市不同建成年限、不同区县、不同绿地类型的60个典型剖面样点，分0~20cm、20~40cm和40~90cm共3个层次进行土样采集，分析结果显示：

0~20cm土壤样品有效硫含量最小值<5mg/kg，最大值为43.84mg/kg，平均值为13.98±10.08mg/kg。

20~40cm土壤样品有效硫含量最小值<5mg/kg，最大值为52.45mg/kg，平均值为13.58±10.42mg/kg。

40~90cm土壤样品有效硫含量最小值<5mg/kg，最大值为128mg/kg，平均值为22.29±27.37mg/kg。

整体上以40~90cm土壤样品有效硫含量较高。这可能是硫元素是植物生长所需要第四大营养元素，虽然施用富含硫的有机肥会增加表层土壤中硫含量，但由于施肥力度不够，表层土壤中有限的硫元素被植物吸收后，反而在土壤剖面层次中出现上层含量低下层含量高的现象。

## 九、有效铁

铁是植物所需要的七大微量元素之一，上海市地方标准《园林绿化工程种植土壤质量验收规范》（DB31/T 769—2013）要求有效铁的含量在4~200mg/kg之间。

### 1. 全市土壤有效铁概况

对全市 1432 个园林绿化土壤有效铁的分析结果显示，上海市园林绿化土壤有效铁在 1.64～466mg/kg 之间，平均含量为 65.23±24.31mg/kg。有效铁含量分布频率见图 2-47。绝大部分（98.29%）上海园林绿化土壤有效铁含量在 4～200mg/kg 之间，满足标准要求；仅有 0.07% 的土壤样品有效铁含量低于标准最低限值 4mg/kg；有1.63% 的土壤样品有效铁含量>200mg/kg，超过标

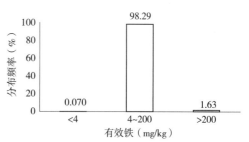

图 2-47　上海园林绿化土壤有效铁分布频率

准上限。上海园林绿化土壤测定的有效铁含量虽高，但上海园林植物仍然易缺铁，可能是上海本底土壤的高 pH 降低了铁的活性所致。

### 2. 不同类型绿地

上海公园绿地土壤有效铁含量范围为 19.63～467mg/kg，平均含量为 76.75±48.81mg/kg。

公共绿地土壤有效铁含量范围为 29.95～196mg/kg，平均含量为 72.04±35.21mg/kg。

道路绿地土壤有效铁含量范围为 17.49～376mg/kg，平均含量为 70.82±48.81mg/kg。

有效铁含量大小依次为：公园绿地>公共绿地>道路绿地；但不同类型绿地有效铁含量没有显著差异，而且分布频率也相当（见图 2-48）。

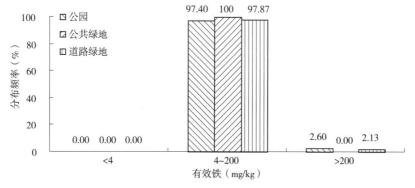

图 2-48　上海不同绿地类型土壤有效铁分布频率

### 3. 不同区域

上海中心城区绿地土壤有效铁含量范围为 28.97～413mg/kg，平均含量为 77.60±38.00mg/kg。郊区绿地土壤有效铁含量范围为 17.52～466mg/kg，平均含量为 71.61±58.21mg/kg。中心城区有效铁含量略高于郊区，但差异不显著。

### 4. 不同剖面

选择全市不同建成年限、不同区县、不同绿地类型的 60 个典型剖面样点，分 0～20cm、20～40cm 和 40～90cm 共 3 个层次进行土样采集，分析结果显示：

0～20cm 土壤样品有效铁含量范围为 25.69～426mg/kg，平均含量为 64.44±72.59mg/kg。

20～40cm 土壤样品有效铁含量范围为 23.05～298mg/kg，平均含量为 55.72±49.47mg/kg。

40～90cm 土壤有效铁含量范围为 23.08～250mg/kg，平均含量为 54.62±36.45mg/kg。

整体上 0～20cm 层次土壤有效铁含量高于其余 2 个层次，可能原因是上海为典型沉积型土壤，本身铁含量较高，而由于表层土壤 pH 相对较低，因此铁有效性较高。

## 十、有效锰

锰是植物所需要的微量元素之一，上海市地方标准《园林绿化工程种植土壤质量验收规范》(DB31/T 769—2013)要求有效锰的含量在 50～280mg/kg 之间。

### 1. 全市土壤有效锰概况

对全市 1432 个园林绿化土壤有效锰的分析结果显示，上海市园林绿化土壤在 0.24～73.5mg/kg 之间，平均含量为 5.47±5.58mg/kg。全市有效锰分布频率见图 2-49。1.67%的土壤样品有效锰含量<0.6mg/kg，低于标准要求下限；96.60%的土壤样品有效锰含量在 0.6～18mg/kg 之间，满足标准要求；还有 1.73%的土壤样品有效锰含量>18mg/kg，超过标准上限。

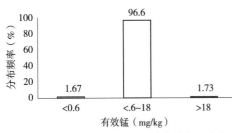

图 2-49　上海园林绿化土壤有效锰分布频率

### 2. 不同类型绿地

上海公园绿地土壤有效锰含量范围为 0.53～35.29mg/kg，平均含量为 6.67±4.41mg/kg。

公共绿地土壤有效锰含量范围为 0.75～17.21mg/kg，平均含量为 6.89±431mg/kg。

道路绿地土壤有效锰含量范围为 0.65～18.95mg/kg，平均含量为 5.82±3.48mg/kg。

有效锰含量大小依次为：公共绿地>公园绿地>道路绿地；但不同类型绿地之间差异不显著，而且分布频率也相当(图 2-50)。

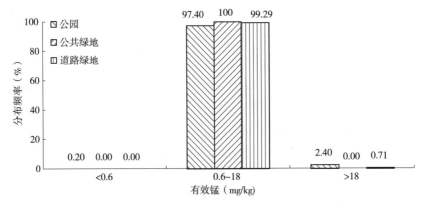

图 2-50　上海市不同绿地类型土壤有效锰分布频率

### 3. 不同区域

上海中心城区绿地土壤有效锰含量范围为 1.25～24.11mg/kg，平均含量为 7.41±

4.26mg/kg。郊区绿地土壤有效锰含量范围为 0.56～35.38mg/kg，平均含量为 5.26 ± 3.98mg/kg。中心城区有效锰含量大于郊区。

#### 4. 不同剖面

选择全市不同建成年限、不同区县、不同绿地类型的 60 个典型剖面样点，分 0～20cm、20～40cm 和 40～90cm 共 3 个层次进行土样采集，分析结果显示：

0～20cm 层次土壤样品有效锰含量范围为 0.45～23.88mg/kg，平均含量为 4.86 ± 4.94mg/kg；20～40cm 层次土壤样品有效锰含量范围为 0.33～17.89mg/kg，平均含量为 4.04 ±3.64mg/kg；40～90cm 层次土壤有效锰含量范围为 0.28～16.77mg/kg，平均含量为 3.76± 3.69mg/kg。

土层从上到下，土壤有效锰呈降低趋势，可能上海园林绿化本底土为典型沉积型土壤，本身锰含量较高，而表层土壤由于 pH 相对较低，因此锰有效性相对较高。

## 十一、有效钼

钼是植物所需要的七大微量元素之一，上海市地方标准《园林绿化工程种植土壤质量验收规范》(DB31/T 769—2013)要求有效钼的含量在 0.04～2mg/kg 之间。

#### 1. 全市土壤有效钼概况

对全市 1432 个园林绿化土壤有效钼的分析结果显示，上海市园林绿化土壤有效钼最小值<0.005mg/kg，最大值为 5.13mg/kg。有效钼含量分布频率见图 2-51。1.67%的土壤样品有效钼含量<0.005mg/kg，55.51%的土壤样品有效钼含量在 0.005～0.04mg/kg 之间，即 57.18%的土壤样品有效钼含量<0.04mg/kg；有 42.82%的土壤样品有效钼含量在 0.04～2mg/kg 之间，满足标准要求。

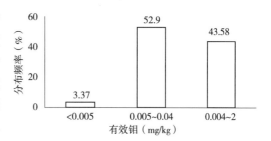

图 2-51 上海园林绿化土壤有效钼分布频率

总体而言，上海园林绿化土壤普遍缺钼。

#### 2. 不同类型绿地

上海公园绿地土壤的有效钼含量最小值<0.005mg/kg，最大值为 1.63mg/kg，平均值为 0.043±0.078mg/kg。

公共绿地样品的有效钼含量最小值<0.005mg/kg，最大值为 0.11mg/kg，平均值为 0.039±0.021mg/kg。

道路绿地土壤的有效钼含量最小值<0.005mg/kg，最大值为 0.34mg/kg，平均值为 0.051±0.042mg/kg。

不同类型绿地之间有效钼含量大小依次为：道路绿地>公园绿地>公共绿地，且道路绿地土壤有效钼含量达标的比例相对也较高(图 2-52)。

#### 3. 不同区域

上海中心城区绿地土壤的有效钼含量最小值<0.005mg/kg，最大值为 1.63mg/kg，平均值为 0.051±0.084mg/kg。郊区绿地土壤的有效钼含量最小值<0.005mg/kg，最大值为

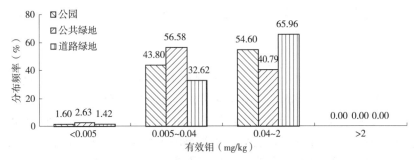

图2-52 上海市不同类型绿地土壤有效钼分布频率

0.23mg/kg，平均值为0.036±0.022mg/kg。中心城区有效钼含量略高于郊区，可能跟中心城区绿地施肥力度相对较大有关。

### 4. 不同剖面

选择全市不同建成年限、不同区县、不同绿地类型的60个典型剖面样点，分0~20cm、20~40cm和40~90cm共3个层次进行土样采集，分析结果显示：

0~20cm土壤样品有效钼含量最小值<0.005mg/kg，最大值为1.63mg/kg，平均值为0.084±0.29mg/kg；20~40cm土壤样品有效钼含量范围为0.0058~2.03mg/kg，平均含量为0.10±0.37mg/kg；40~90cm土壤样品有效钼含量范围为0.0092~2.54mg/kg，平均含量为0.12±0.46mg/kg。

总体而言，土壤不同剖面层次有效钼平均含量均较低，说明上海土壤整体缺钼；而表层土壤有效钼含量之所以低，也可能是与土壤中钼含量总体偏低，表层土壤中钼被植物吸收，因此土壤含量相对更低有关。

## 十二、有效铜

铜本身是植物生长需要的微量元素，同时也是易导致土壤超标的主要重金属类型之一。若铜作为营养元素，由于是微量营养元素，因此含量要求不高，上海市标准要求为0.3~8mg/kg之间。

### 1. 全市土壤有效铜概况

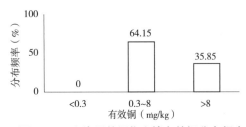

图2-53 上海园林绿化土壤有效铜分布频率

对全市1432个园林绿化土壤有效铜的分析结果显示，上海中心城区绿地土壤有效铜含量范围为1.05~42.13mg/kg，变幅较大，平均含量为9.24±5.37mg/kg。有效铜含量分布频率见图2-53。64.15%土样的有效铜含量在0.3~8mg/kg之间，满足标准要求；没有土样缺铜；但有35.85%土样铜含量超标。

### 2. 不同类型绿地

上海公园绿地土壤样品有效铜含量范围为1.94~236mg/kg，变幅较大，平均含量为11.05±14.79mg/kg。

公共绿地土壤样品有效铜含量范围为2.17~24.08mg/kg，平均含量为7.69±4.35mg/kg。

道路绿地土壤样品有效铜含量范围为 $2.21 \sim 63.01$mg/kg，平均含量为 $8.57 \pm 7.69$mg/kg。

有效铜含量大小依次为：公园绿地>道路绿地>公共绿地；且公园绿地有 46.20% 的土样有效铜含量超标（$> 8$mg/kg），超标率要高于公共绿地（31.58%）和道路绿地（32.62%）（图 2-54）。其中公园绿地之所以有效铜含量相对较高且超标比例也高，可能与公园养护相对比较精细、施有机肥和打农药的频率相对较高有关。由于铜元素是饲料的重要添加剂，我国有机肥普遍富含铜，这也是绿地中铜的主要污染来源之一。

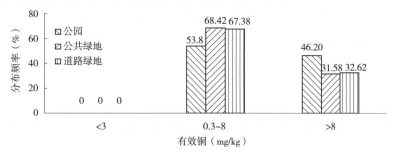

图 2-54　全市不同绿地类型土壤有效铜分布频率

### 3. 不同区域

上海中心城区绿地土壤有效铜含量范围为 $1.96 \sim 133$mg/kg，变幅较大，平均含量为 $12.43 \pm 11.99$mg/kg。

郊区绿地土壤有效铜含量范围为 $2.04 \sim 236$mg/kg，变幅较大，平均含量为 $7.18 \pm 13.73$mg/kg。

中心城区有效铜含量显著大于郊区，这也是与中心城区施有机肥和打农药频率相对较高有关，绿化养护不当会引起土壤中铜的累积。

### 4. 不同剖面

选择全市不同建成年限、不同区县、不同绿地类型的 60 个典型剖面样点，分 $0 \sim 20$cm、$20 \sim 40$cm 和 $40 \sim 90$cm 共 3 个层次进行土样采集，分析结果显示：

$0 \sim 20$cm 土壤样品有效铜含量范围为 $1.05 \sim 17.40$mg/kg，平均含量为 $7.00 \pm 2.82$mg/kg。

$20 \sim 40$cm 土壤样品有效铜含量范围为 $1.05 \sim 18.85$mg/kg，平均含量为 $6.72 \pm 2.72$mg/kg。

$40 \sim 90$cm 土壤样品有效铜含量范围为 $1.48 \sim 15.46$mg/kg，平均含量为 $6.60 \pm 2.92$mg/kg。

不同剖面层次从上至下土壤有效铜含量呈降低的趋势，验证绿地表层土壤容易累积铜，这也是与绿地养护施肥、打农药、铺设管道、喷涂油漆等人为活动带来铜的累积直接相关。

## 十三、有效锌

锌是植物生长所需要的微量元素之一，同时也是易导致土壤超标的主要重金属类型之一。若锌作为营养元素，由于是微量营养元素，因此含量要求不高，上海市标准要求为 $1 \sim 10$mg/kg 之间。

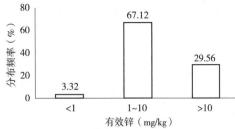

图2-55　上海园林绿化土壤有效锌分布频率

### 1. 全市土壤有效锌概况

对全市1432个园林绿化土壤有效锌的分析结果显示，上海心城区绿地土壤有效锌含量范围为0.48～315mg/kg，变幅较大，平均含量为9.70±15.68mg/kg。有效锌含量分布频率见图2-55。有3.32%的土壤样品有效锌含量<1mg/kg，低于标准要求的最低限值，可能是使用深层土有一定关系；67.12%的土壤样品有效锌含量在1～10mg/kg之间，符合标准要求；有29.56%的土壤样品有效锌含量>10mg/kg之间，超出标准的最高限值，说明园林绿化土壤锌存在不同程度的累积和超标。

### 2. 不同类型绿地

上海公园绿地土壤有效锌含量范围为0.72～219mg/kg，变幅较大，平均含量为10.91±13.85mg/kg。

公共绿地土壤有效锌含量范围为0.45～40.59mg/kg，变幅较大，平均含量为7.63±6.81mg/kg。

道路绿地土壤有效锌含量范围为1.10～104mg/kg，变幅较大，平均含量为8.81±10.79mg/kg。

有效锌含量大小依次为：公园绿地>道路绿地>公共绿地；其中公园绿地中土壤锌含量较高，可能公园施肥力度较大，而上海市面上许多有机肥一般富含锌。

### 3. 不同区域

上海中心城区绿地土壤有效锌含量范围为1.25～218mg/kg，变幅较大，平均含量为12.87±15.69mg/kg。

郊区绿地土壤有效锌含量范围为0.48～28.64mg/kg，平均含量为6.39±4.47mg/kg。

上海中心城区土壤有效锌含量要显著大于郊区，这与中心城区绿地土壤施肥、交通污染、喷涂油漆、铺设管道等人为活动带来的锌累积直接相关。

### 4. 不同剖面

选择全市不同建成年限、不同区县、不同绿地类型的60个典型剖面样点，分0～20cm、20～40cm和40～90cm共3个层次进行土样采集，分析结果显示：

0～20cm土壤样品有效锌含量范围为0.48～29.55mg/kg，平均含量为7.44±3.62mg/kg。

20～40cm土壤样品有效锌含量范围为0.67～32.49mg/kg，平均含量为6.63±3.07mg/kg。

40～90cm土壤样品有效锌含量范围为0.65～33.81mg/kg，平均含量为5.95±2.48mg/kg。

上海绿地土壤有效锌平均含量从上至下呈现逐渐降低的趋势，这也是与汽车轮胎摩擦、喷涂油漆、铺设管道以及施用富含锌的有机肥等人为干扰活动直接相关，导致绿地表层土壤锌的累积。

# 第三节 上海园林绿化土壤综合肥力评价

采用改进的内梅罗综合指数法进行土壤肥力指标综合评价，根据计算的综合肥力指数给出土壤的肥力评价为：P≥2.7很肥沃；2.7~1.8肥沃；1.8~0.9中等；<0.9贫瘠。

## 一、全市园林绿化土壤的综合肥力概况

分别选择6项、12项和15项不同的土壤理化指标，进行园林绿化土壤综合肥力的评价。

### 1. 主要养分综合肥力（6项指标）

选择pH、EC、有机质、水解性氮、有效磷和速效钾6项指标作为园林绿化土壤主要养分肥力对全市5241个园林绿化土壤进行主要养分综合肥力分析，结果表明上海市园林绿化土壤主要养分综合肥力指数在0.34~2.08之间，平均为1.07±0.13，土壤肥力总体属于"一般"。主要养分综合系数的频率分布见图2-56。全市所有园林绿化土壤样品养分综合系数均低于2.7，没有达到很肥沃水平；仅有0.72%土样的主要养分综合系数在1.8~2.7间，属于"肥沃"水平；64.47%的土壤养分综合系数在0.9~1.8间，属于"一般"水平；34.81%的土壤主要养分综合系数小于0.9，属于"贫瘠"水平。由此可见，主要养分综合肥力不足是限制上海园林绿化土壤的主要障碍因子之一，在绿地建设和养护过程中应注重土壤培肥。

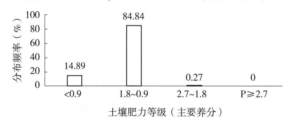

图2-56 上海园林绿化土壤主要养分综合肥力分布频率

### 2. 营养指标综合肥力（12项指标）

选择pH、EC、有机质、水解性氮、有效磷和速效钾6项常规指标，同时增加了有效钙（Ca）、有效硫（S）、有效镁（Mg）、有效锰（Mn）、有效铁（Fe）和有效钼（Mo）6个中、微量营养元素，共计12项指标作为土壤营养指标对全市1432个园林绿化土壤进行综合肥力评价。结果表明：上海市园林绿化土壤养分综合肥力指数在0.60~1.90，平均值为1.10±0.064，总体土壤肥力属于"一般"。养分综合肥力指数的频率分布见图2-57：全市所有园林绿化土壤样品养分综合系数均低于2.7，没有达到很肥沃水平；仅有0.35%土样的主要养分综合系数在1.8~2.7间，属于"肥沃"水平；84.81%的土壤养分综合系数在0.9~1.8间，属于"一般"水平；14.84%的土壤主要养分综合系数小于0.9，属于"贫瘠"水平。

相对6项主要养分的综合肥力指数，12项指标的综合肥力指数略高，并达到显著差异（P<0.05），是由上海冲积土壤的成土因素决定的。相对而言，钙、镁、锰等中、微量营养元素含量丰富，因此12项养分指标的综合肥力指数略高，因此应针对上海园林绿化土壤的特性，缺什么补什么，进行有针对性的施肥。

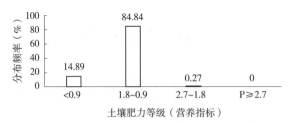

图 2-57　上海市园林绿化土壤综合肥力指数分布频率

### 3. 理化指标综合肥力（15 项指标）

选择土壤密度、非毛管孔隙度和总孔隙度 3 项主要的物理指标，和 pH、EC、有机质、水解性氮、有效磷和速效钾 6 项主要的养分指标，以及有效硫（S）、有效钼（Mo）、有效镁（Mg）、有效铁（Fe）、有效锰（Mn）和有效硼（B）6 项中微量营养元素指标，总计 15 项指标作为土壤理化指标对全市 1432 个园林绿化土壤进行综合肥力评价。

通过对上海典型园林绿化土壤样品进行分析，结果表明，上海绿地土壤肥力综合系数最小值为 0.63，最大值为 1.89，平均值为 1.05±0.14，土壤质量属于"中等"。土壤理化指标综合指数的分布频率见图 2-58，14.89% 的土壤肥力综合系数小于 0.9，土壤质量为"贫瘠"；84.87% 的土壤肥力综合系数在 0.9~1.8 之间，土壤质量为"中等"；还有 0.24% 的土壤肥力综合系数在 1.8~2.7 之间，土壤质量为"肥沃"。

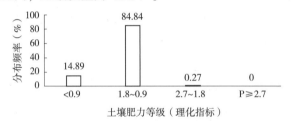

图 2-58　全市土壤综合肥力指数分布频率（理化指标）

## 二、不同类型绿地土壤肥力比较

公园、公共绿地和道路绿地等不同类型绿地的综合肥力存在差异，但差异不显著。

### 1. 主要养分综合肥力（6 项指标）

以 pH、EC、有机质、水解性氮、有效磷和速效钾 6 项指标作为主要养分分析不同类型绿地综合肥力指数：

公园绿地土壤质量主要养分综合指数范围为 0.54~1.67，平均值为 1.16±0.28。

公共绿地土壤质量主要养分综合指数范围为 0.60~1.75，平均值为 1.10±0.31。

道路绿地土壤质量主要养分综合指数范围为 0.56~1.92，平均值为 1.12±0.33。

三类绿地的主要养分综合肥力差异不显著。

### 2. 营养指标综合肥力（12 项指标）

以 pH、EC、有机质、水解性氮（N）、有效磷（P）、速效钾（K）、有效钙（Ca）、有效硫（S）、有效镁（Mg）、有效锰（Mn）、有效铁（Fe）和有效钼（Mo）12 项指标分析不同类型绿地综合肥力指数：

公园绿地土壤质量营养综合指数的范围为0.71~1.82，平均值为1.13±0.28。

公共绿地土壤质量营养综合指数的范围为0.76~1.56，平均值为1.11±0.20。

道路绿地土壤质量营养综合指数的范围为0.74~1.90，平均值为1.14±0.29。

三类绿地营养指标综合肥力差异不显著。

**3. 理化指标综合肥力(15项指标)**

选择土壤容重、非毛管孔隙度、总孔隙度、pH、EC、有机质、水解性氮、有效磷、速效钾、有效硫(S)、有效钼(Mo)、有效镁(Mg)、有效铁(Fe)、有效锰(Mn)和有效硼(B)15项指标分析不同类型绿地综合肥力指数：

公园绿地土壤理化综合指数范围为0.72~1.61，平均值为1.14±0.15。

公共绿地土壤理化综合指数范围为0.93~1.22，平均值为1.10±0.10。

道路绿地土壤理化综合指数范围为0.80~1.89，平均值为1.19±0.24。

三类绿地理化指标综合肥力差异不显著。

## 三、不同区域

### (一)中心城区和郊区

#### 1. 主要养分综合肥力(6项指标)

6项主要养分指标的综合肥力指数显示：中心城区主要养分综合肥力指数在0.58~1.92之间，平均值为1.19±0.23；郊区主要养分综合指数范围为0.54~1.67，平均值为1.08±0.21。

中心城区主要养分综合指数大于郊区，且中心城区主要养分相对贫瘠所占比例低，还有少部分样品达到中等肥力水平，而郊区相对来说有近1/4样品处于养分贫瘠，没有样品达到中等肥力水平(图2-59)。

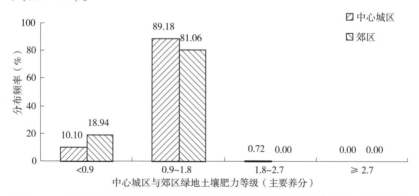

**图2-59 上海中心城区与郊区绿地土壤肥力综合肥力指数分布频率(主要养分)**

#### 2. 营养指标综合肥力(12项指标)

12项营养指标的综合肥力指数显示：中心城区绿地土壤营养综合指数范围为0.74~1.90，平均值为1.17±0.18。郊区绿地土壤营养综合指数范围为0.71~1.50，平均值为1.08±0.14。中心城区营养综合指数大于郊区，而且分布频率也是中心城区所占贫瘠比例低、部分达到中等肥力水平(图2-60)。

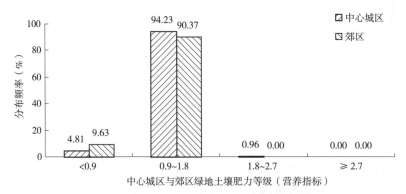

图2-60 上海中心城区与郊区绿地土壤肥力综合肥力指数分布频率（营养指标）

### 3. 理化指标综合肥力（15项指标）

15项理化指标的综合肥力指数显示：中心城区绿地土壤理化综合指数范围为0.80～1.89，平均值为1.17±0.17。郊区绿地土壤理化综合指数范围为0.72～1.44，平均值为1.09±0.15。中心城区理化综合指数大于郊区，而且分布频率也是中心城区所占贫瘠比例低、部分达到中等肥力水平（图2-61）。

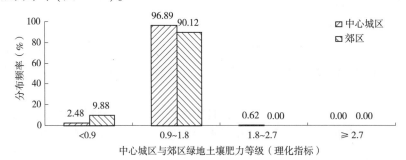

图2-61 上海中心城区与郊区绿地土壤肥力综合肥力指数分布频率（理化指标）

### （二）各行政区

#### 1. 主要养分综合肥力（6项指标）

6项主要养分指标的综合肥力指数显示：17个不同行政区的土壤主要养分存在差异（图2-62）。其中，原静安区和黄浦区的土壤主要养分综合指数值最大，分别为1.40和1.32；普陀区和奉贤区值最小，都是1.02。各行政区绿地土壤主要养分综合指数大小依次为：原静安区>黄浦区>虹口区>徐汇区＝杨浦区>长宁区>原闸北区>松江区>嘉定区>浦东新区>金山区>闵行区>宝山区>青浦区>崇明区>普陀区＝奉贤区，土壤主要养分综合指数均在0.9～1.8之间，土壤质量属于"中等"。

#### 2. 营养指标综合肥力（12项指标）

12项营养指标的综合肥力指数显示：17个不同行政区的土壤营养指标存在差异（图2-63）。同样的，原静安区和黄浦区的土壤营养综合指数最大，分别为1.39和1.24；闵行区和普陀区的值最小，分别为1.03和1.02。各行政区绿地土壤的营养综合指数大小依次为：原静安区>黄浦区>虹口区>杨浦区>长宁区>原闸北区>徐汇区>嘉定区>浦东新区＝崇明区>松江区>宝山区>青浦区>金山区＝奉贤区>闵行区>普陀区。各行政区土壤的营养综合指数均在 0.9~1.8 之间，土壤质量属于"中等"。

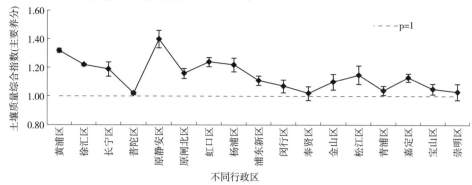

图 2-62　上海不同行政区园林绿化土壤综合肥力指数（主要养分）

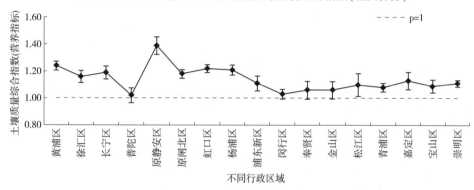

图 2-63　上海不同行政区土壤综合肥力指数（营养指标）

### 3. 理化指标综合肥力（15 项指标）

15 项理化指标的综合肥力指数显示：17 个不同行政区的绿地土壤理化指标存在差异（图 2-64）。同样，以原静安区和黄浦区的土壤综合指数最大，分别为 1.32 和 1.27；奉贤区和普陀区的最小，分别为 1.04 和 1.02。各行政区绿地土壤理化指标综合指数大小依次是：原静安区>黄浦区>杨浦区>原闸北区=虹口区>徐汇区=长宁区>崇明区>青浦区=松江区>浦东新区=金山区=嘉定区>宝山区>闵行区>奉贤区>普陀区，土壤综合指数均在 0.9~1.8 之间，土壤质量属于"中等"。

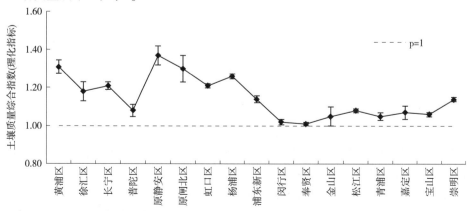

图 2-64　上海不同行政区土壤综合肥力指数（理化指标）

## 四、不同剖面

### 1. 主要养分综合肥力（6 项指标）

6 项主要养分指标的综合肥力指数显示：不同剖面绿地土壤主要养分综合肥力指数存在差异（图 2-65）。

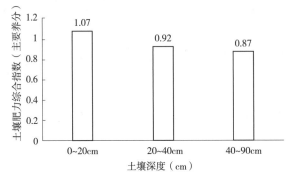

**图 2-65 不同深度绿地土壤剖面的综合肥力指数**（主要养分）

其中，表层土壤（0~20cm）的主要养分综合指数最大，为 1.07，土壤质量属于"中等"。

其次是中层土壤（20~40cm），为 0.92，土壤质量同样属于"中等"。

底层土壤（40~90cm）的综合指数值最小，为 0.87，土壤质量属于"贫瘠"。

土壤剖面从上至下，土壤主要养分综合指数呈逐渐降低的趋势，表层土壤的肥力较高，可能与植物的根系活动、植物的落叶覆盖或者养护施肥有关。

### 2. 营养指标综合肥力（12 项指标）

12 项营养指标的综合肥力指数显示：不同剖面绿地土壤主要养分综合肥力指数存在差异（图 2-66）。

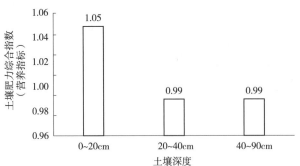

**图 2-66 不同深度绿地土壤剖面的综合肥力指数**（营养指标）

其中，表层土壤（0~20cm）的营养指标综合指数最大，为 1.05，土壤质量属于"中等"。

中层土壤（20~40cm）和底层土壤（40~90cm）的营养指标综合指数较其主要养分指数有所增加，均为 0.99，土壤质量属于"中等"。

对比图 2-65 和图 2-66 可以发现：土壤不同剖面上高下低的趋势在图 2-61 中比较明显，主要是因为前者是对 6 项指标进行的分析，表层土壤有机质、水解性氮和有效磷相对较为丰富，且土壤 pH 值相对较低；而后者是对 12 项指标进行的分析，由于上海是典型的沉积性土壤，铁、锰、镁等营养元素含量丰富，在不同剖面之间的差别不大。

# 参 考 文 献

[1] 方海兰，陈玲，黄懿珍，等.上海新建绿地的土壤质量现状和对策[J].林业科学，2007，43(增刊1)：89-94.

[2] 方海兰，金卫峰，谢剑刚，等.以上海辰山植物园为案例的绿化工程土壤质量控制对策[J].中国园林，2010(增刊)：1-6.

[3] 方海兰，徐忠，张浪，等.绿化种植土壤[S].中华人民共和国城镇建设行业标准(CJ/T 340—2016)，北京：中国标准出版社.

[4] 管群飞，方海兰，沈烈英，等.园林绿化工程种植土壤质量验收规范[S].上海市地方标准(DB31/T 769—2013)，北京：中国标准出版社.

[5] 郝冠军，郝瑞军，沈烈英，等.上海世博会规划区典型绿地土壤肥力特性研究[J].上海农业学报，2008，24(4)：14-19.

[6] 梁晶，胡永红，方海兰，等.上海植物园典型植物群落的土壤肥力特性探讨[J].上海交通大学学报：农业科学版，2010，28(2)：178-183.

[7] 彭红玲，方海兰，郝冠军，等.上海辰山植物园规划区水土质量现状[J].东北林业大学学报，2009，37(5)：43-47.

[8] 伍海兵，方海兰，彭红玲，等.典型新建绿地上海辰山植物园的土壤物理性质分析[J].水土保持学报，2012，26(6)：1-6.

[9] 项建光，方海兰，杨意，等.上海典型新建绿地的土壤质量评价[J].土壤，2004，36(4)424-429.

[10] 尹伯仁，周丕生，方海兰，等.上海大树移植的本底土质量调查与评价[J].上海交通大学学报：农业科学版，2004，22(4)：371-377.

[11] 张琪，方海兰，杨意，等.上海浦东公路绿地土壤肥力质量评价与管理对策[J].华中农业大学学报，2007，26(4)：491-495.

[12] 张琪，方海兰，黄懿珍，等.土壤阳离子交换量在上海城市土壤质量评价中的应用[J].土壤，2005，37(6)：679-682.

[13] 周建强，方海兰，郝冠军，等.上海典型新建园林绿化工程土壤质量调查分析[J].上海农业学报，2016，32(4)：71-75.

[14] 周建强，伍海兵，方海兰，等.AB-DTPA浸提法研究上海中心城区绿地土壤有效态养分特征[J].土壤，2016，48(5)：910-917.

[15] Arshad M A, Coen G M. Characterization and enhancement of soil quality: physical and chenmical criteria [J]. Am. J. Altern. Agric., 1992(7): 25-31.

[16] Doran J W, Parkin T B. Defining and asscssing soil quality. II: Doran JW. Defining soil Quality for a sustaining environment[M]. SSSA Spcc. Publ. 35. SSSA and ASA, Madison, WI, 1994: 3-21.

[17] Jim C Y. Physical and chemical properties of a Hong Kong roadside soil in relation to urban tree growth [J]. Urban Ecosystems, 1998(2): 171-181.

[18] Jim C Y. Soil characteristics and management in an urban park in Hong Kong[J]. Environmental Management, 1998, 22(5): 171-181.

[19] Reisinger T W, Simmons G L, Pope P E. The impact of timber harvesting on soil properties, and seeding growth in the south [J]. Southern Journal of Applied Foresting, 1988(12): 58-67.

[20] Zisa R P, Halverson H G, Stout B B. Establishment and early growth of conifers on compact soils in urban areas. Us Department of Agriculture Forest service, Northaster Experiment Station Research Paper NE - 451. Brorall, Pennsyvania, USA, 1980.

# 第 3 章 土壤生物学特征

土壤生物指标是评价土壤质量变化的敏感指标，是土壤质量演替、土壤质量健康评价优先考虑的指标之一，土壤生物学指标更能敏感反映土壤质量的微小变化，对评价不同管理方式对土壤质量的影响有重要意义。土壤生物指标很多，如有机碳、生物量、总生物量、细菌、真菌、酶、呼吸强度、脂肪酸分析、氨基酸分析等，本章主要介绍上海园林绿化土壤的酶学特性和微生物组成，其他诸如有机碳、呼吸强度将在后面章节中介绍。

## 第一节 土 壤 酶

土壤酶是由微生物、动植物活体分泌及由动植物残体、遗骸分解释放于土壤中的一类具有催化能力的生物活性物质，根据作用原理可以分为水解酶类、氧化还原酶类、转移酶类、裂合酶类4大类。其中水解酶包括羧基酯酶、芳基酯酶、酯酶、磷酸酯酶等具有水解酸酯等功能；氧化还原酶包括脱氢酶、葡萄糖氧化酶、醛氧化酶、尿酸氧化酶、联苯氧化酶等具有氧化脱氢作用；转移酶包括葡聚糖蔗糖酶、氢基转移酶等具有转移糖基或氨基作用；裂解酶包括天冬氨酸脱羧酶、谷氨酸脱羧酶等具有裂解氨基酸作用；至今发现的土壤酶有50～60种。

酶是土壤中最活跃的有机成分之一，驱动着土壤的代谢过程，土壤中的一切生物化学反应，实际都是在酶的参与下进行的。土壤酶活性反映了土壤中进行的物质转化、累积和分解等各种生物化学过程的动向和强度。土壤酶的活性与土壤肥力密切相关，是土壤肥力的重要指标之一；其活性能直接反映土壤生物化学的强度和方向，可以衡量土壤质量的变化。关于林地、农田或污染土地以及人工模拟条件下土壤生态系统的酶活性变化已有大量的研究报道，关于城市绿地系统酶活性缺少系统的研究。

### 一、上海园林绿化土壤酶活性分布特征

为了解上海园林绿化土壤的现状，选择上海钢铁厂、造船厂、试剂厂、交通区和居民区等不同利用方式下的典型园林绿化土壤43个，测定其氧化氢酶、碱性磷酸酶、脲酶和脱氢酶4种酶的活性。

#### 1. 土壤酶活性大小

上海典型园林绿化土壤酶活性分布特征如表3-1所示。由表3-1可见，调查区域土壤过氧化氢酶活性介于 $0.187 \sim 2.68 ml/(g \cdot h)$ 之间，平均值为 $1.81 ml/(g \cdot h) \pm 0.418 ml/(g \cdot h)$；碱性磷酸酶活性介于 $0.016 \sim 1.91 mg/(g \cdot d)$ 之间，平均值为 $0.307 ml/(g \cdot d) \pm 0.346 mg/(g \cdot d)$；脲酶活性介于 $0.627 \sim 8.31 mg/(g \cdot d)$ 之间，平均值为 $3.18 ml/(g \cdot d) \pm$

1.94mg/(g·d)；脱氢酶活性介于 $0 \sim 0.268$ mg/(g·d) 之间，平均值为 0.035ml/(g·d) ± 0.046mg/(g·d)。4 种土壤酶活性的平均值和中位数都比较接近，但碱性磷酸酶和脱氢酶的变异系数很大，分别为 113% 和 131%，可见该区域土壤碱性磷酸酶和脱氢酶活性空间差异性显著，受外界环境因子影响大。

表 3-1　上海典型园林绿化土壤酶活性

| 项目 | 过氧化氢酶 0.1mol/L KMnO₄[ml/(g·h)] | 碱性磷酸酶 Pheno [mg/(g·d)] | 脲酶 NH₄⁺-N [mg/(g·d)] | 脱氢酶 TPF [mg/(g·d)] |
|---|---|---|---|---|
| 平均值 | 1.82 | 0.307 | 3.18 | 0.035 |
| 中位数 | 1.86 | 0.210 | 2.60 | 0.021 |
| 标准差 | 0.418 | 0.346 | 1.94 | 0.046 |
| 最小值 | 0.187 | 0.016 | 0.627 | 0 |
| 最大值 | 2.68 | 1.91 | 8.31 | 0.268 |
| 变异系数 | 23.0% | 113% | 60.9% | 131% |

**2. 土壤性质对土壤酶活性的影响**

土壤酶是一类具有催化作用的蛋白质，酶参与土壤中的生物化学反应，并具有环境的统一性。酶活性能被某些物质激活，也能被某些物质抑制。各种土壤理化性质对土壤酶的影响不同，尤其是重金属对土壤酶的影响，土壤酶类对重金属的抑制或激活作用比较敏感，且其活性变化直接反映土壤肥力变化，从而影响土壤质量。

脱氢酶、脲酶、碱性磷酸酶和过氧化氢酶 4 种酶活性与黏粒含量、pH、CEC、容重、有机质、水解性氮、有效磷和速效钾 8 种土壤理化性质的相关系数见表 3-2。由表 3-2 可知，脱氢酶、脲酶和碱性磷酸酶与 CEC 和水解性氮呈极显著正相关关系，与体积质量呈极显著负相关关系；碱性磷酸酶与有机质含量呈显著正相关；过氧化氢酶与黏粒含量呈极显著正相关，与有机质含量呈极显著负相关。CEC、水解性氮和有效磷对脱氢酶、脲酶、碱性磷酸酶和过氧化氢酶 4 种酶的活性起到很强的激活作用，这说明土壤酶对土壤营养状况要求较高。

表 3-2　土壤酶活性与不同环境因子相关系数

| | 脱氢酶 | 脲酶 | 碱性磷酸酶 | 过氧化氢酶 | 黏粒含量 | pH | CEC | 容重 | 有机质 | 水解性氮 | 有效磷 | 速效钾 |
|---|---|---|---|---|---|---|---|---|---|---|---|---|
| 脱氢酶 | 1 | 0.493** | 0.756** | -0.037 | -0.118 | -0.216 | 0.672** | -0.777** | 0.252 | 0.640** | 0.110 | -0.068 |
| 脲酶 | | 1 | 0.629** | 0.087 | 0.107 | -0.149 | 0.606** | -0.499** | 0.278 | 0.610** | 0.010 | 0.271 |
| 碱性磷酸酶 | | | 1 | -0.028 | -0.066 | -0.209 | 0.806** | -0.765** | 0.388* | 0.856** | 0.278 | 0.272 |
| 过氧化氢酶 | | | | 1 | 0.492** | 0.149 | 0.355 | 0.271 | -0.623** | 0.193 | 0.192 | 0.320 |
| 黏粒含量 | | | | | 1 | 0.022 | 0.370* | 0.198 | -0.596** | 0.029 | -0.046 | 0.161 |
| pH | | | | | | 1 | -0.253 | 0.362 | -0.246 | -0.425* | 0.056 | -0.183 |
| CEC | | | | | | | 1 | -0.518** | 0.074 | 0.855** | 0.254 | 0.336 |

（续）

| | 脱氢酶 | 脲酶 | 碱性磷酸酶 | 过氧化氢酶 | 黏粒含量 | pH | CEC | 容重 | 有机质 | 水解性氮 | 有效磷 | 速效钾 |
|---|---|---|---|---|---|---|---|---|---|---|---|---|
| 容重 | | | | | | | | 1 | −0.320 | −.607** | −0.019 | 0.001 |
| 有机质 | | | | | | | | | 1 | 0.283 | 0.095 | −0.079 |
| 水解性氮 | | | | | | | | | | 1 | 0.368* | 0.473** |
| 有效磷 | | | | | | | | | | | 1 | 0.174 |
| 速效钾 | | | | | | | | | | | | 1 |

注：** 表示相关性达到 $P<0.01$ 显著水平，* 表示相关性达到 $P<0.05$ 显著水平（2-tailed），下表同。

脱氢酶、脲酶、碱性磷酸酶和过氧化氢酶 4 种酶活性与 Cu、Zn、Pb、Cd、Cr、Ni、Hg 7 种重金属总量的相关系数见表 3-3。由表 3-3 可知，Cu、Zn、Pb、Cd、Cr 和 Ni 对脱氢酶的活性有抑制作用，Hg 能激活脱氢酶的活性。脲酶与 Hg 呈显著正相关性，Hg、Zn 和 Pb 能激活脲酶活性，Cu、Cd、Cr 和 Ni 对脲酶活性有抑制效果，这与室内培养添加外源重金属对酶活性的影响结果相一致；Hg、Zn 和 Pb 在一定范围内可激活碱性磷酸酶活性；过氧化氢酶受重金属作用较敏感，与 Ni 和 Cr 极显著负相关，过氧化氢酶与 Pb 显著负相关，与 Cd 极显著正相关，Cd、Zn 和 Cu 对过氧化氢酶有激活作用，过氧化氢酶受重金属的影响很大。

**表 3-3　土壤酶活性与土壤重金属的相关系数**

| 土壤酶 | Ni | Cr | Cu | Zn | Pb | Cd | Hg |
|---|---|---|---|---|---|---|---|
| 脱氢酶 | −0.176 | −0.200 | −0.258 | −0.14 | −0.136 | −0.172 | 0.196 |
| 脲酶 | −0.268 | −0.293 | −0.083 | 0.124 | 0.043 | −0.045 | 0.468* |
| 碱性磷酸酶 | −0.137 | −0.164 | −0.032 | 0.158 | 0.200 | −0.030 | 0.325 |
| 过氧化氢酶 | −0.697** | −0.691** | 0.083 | 0.098 | −0.393* | 0.495** | −0.028 |

对土壤过氧化氢酶、碱性磷酸酶、脲酶和脱氢酶 4 种酶与 Cu、Zn、Pb、Cd、Cr、Ni、Hg 7 种重金属以及 pH、CEC、体积质量、有机质和水解性氮进行关联度分析，结果见表 3-4。灰色关联度分析的意义是指在系统发展过程中，如果两个因素变化的态势是一致的，即同步变化程度较高，则可认为两者关联度较大；反之，则两者关联度较小。分析步骤如下：

①确定参考序列和比较序列；

②作原始数据变换；

③求绝对差序列；

④计算关联系数；

⑤计算关联度；

⑥排关联序（数值大的关联度大）；

⑦列关联矩阵进行优势分析。

土壤基本理化性质和重金属等环境因子对不同酶影响方向和程度是不一样的，由表 3-4 可知：

表 3-4　土壤酶与不同环境因子的关联度分析

| 土壤酶 | 项目 | Cu | Zn | Pb | Cd | Cr | Ni | Hg | 有机质 | pH | 密度 | 水解性氮 | CEC |
|---|---|---|---|---|---|---|---|---|---|---|---|---|---|
| 过氧化氢酶 | 关联度值 | 0.970 | 0.970 | 0.964 | 0.823 | 0.994 | 0.991 | 0.942 | 0.970 | 0.998 | 0.998 | 0.987 | 0.997 |
| | 优势排序 | 7 | 8 | 10 | 12 | 4 | 5 | 11 | 9 | 2 | 1 | 6 | 3 |
| 碱性磷酸酶 | 关联度值 | 0.960 | 0.962 | 0.963 | 0.857 | 0.948 | 0.945 | 0.953 | 0.966 | 0.954 | 0.953 | 0.963 | 0.955 |
| | 优势排序 | 5 | 4 | 3 | 12 | 10 | 11 | 9 | 1 | 7 | 8 | 2 | 6 |
| 脱氢酶 | 关联度值 | 0.970 | 0.969 | 0.965 | 0.825 | 0.987 | 0.984 | 0.944 | 0.972 | 0.990 | 0.990 | 0.990 | 0.991 |
| | 优势排序 | 8 | 9 | 10 | 12 | 5 | 6 | 11 | 7 | 2 | 3 | 4 | 1 |
| 脲酶 | 关联度值 | 0.975 | 0.975 | 0.972 | 0.834 | 0.978 | 0.976 | 0.955 | 0.982 | 0.984 | 0.983 | 0.989 | 0.986 |
| | 优势排序 | 8 | 9 | 10 | 12 | 6 | 7 | 11 | 5 | 3 | 4 | 1 | 2 |

过氧化氢酶活性与土壤密度、pH、CEC 和 Cr 的关联系数最大,受土壤密度、pH、CEC 和 Cr 的影响也大;

碱性磷酸酶受有机质、水解性氮、Pb 和 Zn 的影响最大;

脱氢酶受 CEC、pH、密度和水解性氮的影响较大;

脲酶受水解性氮、CEC、pH 和密度的影响最大。

过氧化氢酶、碱性磷酸酶、脱氢酶和脲酶活性受土壤理化性质的影响较大,表明土壤酶对土壤的营养状况要求高;7 种重金属对土壤酶的影响相对较小,与已有报道的水稻土土壤酶活性相类似,也有可能与所研究的土壤样品本身重金属活性低、毒害小也有一定关系。有机质和水解性氮对碱性磷酸酶的影响较大,表明碱性磷酸酶对土壤的营养状况敏感。

土壤酶作为一类特殊的蛋白质,需要特定的重金属元素离子作为辅基,重金属能促进酶活性中心与底物间的配位结合,使酶分子与其活性中心保持特定的专性结构,改变酶促催化反应的平衡性质和酶蛋白的表面电荷,酶活性因此而变强,表现为一定的激活作用。重金属抑制酶活性的机理可能与酶分子中的活性部位巯基和含咪唑等配体结合,形成了较稳定的络合物,产生了与底物的竞争性抑制作用,或是因为重金属通过抑制土壤微生物的生长和繁殖,减少了体内酶的合成和分泌。在自然条件下土壤酶活性与土壤理化性质有密切联系,重金属复合污染对土壤酶的影响也变得更加复杂。

**3. 不同土地利用方式对土壤酶活性的影响**

不同土地利用方式土壤酶活性见表 3-5,从中可以看出,土地利用方式不同,土壤酶活性也不同。其中调查区域土壤过氧化氢酶整体含量都较高,在 1.67~1.86ml/(g·h) 之间,大小依次为造船厂>居民区>试剂厂>交通区>钢铁厂;钢铁厂、居民区和造船厂的碱性磷酸酶含量远低于试剂厂和交通区的含量,前者平均含量仅为后者一半左右;脲酶酶活性大小为交通区>试剂厂>造船厂>钢铁厂>居民区,其中交通区是居民区的 3.34 倍;土壤脱氢酶活性以交通区和试剂厂最高,其中交通区脱氢酶含量是居民区的 2.90 倍。在土壤酶中,脱氢酶是一类催化物质氧化还原反应的酶,脲酶是唯一对一种重要的矿质肥料——尿素的往后转化和作用具有重大影响的酶,其活性可表征土壤氮素供应状况。在不同土地利用方式中,以交通区的土壤酶活性总体最高,居民区相对较低,虽然理论上交通区的重金属累积严重,但由于前面研究已经证实重金属对绿地土壤酶活性的影响相对小，加上交通区绿地生态系统人为干扰少，土壤酶活性就高；而居民区绿地土壤虽然重金属累积相对轻，但由于人为践踏等干扰严重，土壤质量反而不好，也直接影响土壤酶活性。

表3-5  不同土地利用方式土壤酶活性

| 采样点 | 过氧化氢酶<br>0.1mol/L KMnO<br>[ml/(g·h)] | 碱性磷酸酶<br>Pheno<br>[mg/(g·d)] | 脲酶<br>NH$_4^+$-N<br>[mg/(g·d)] | 脱氢酶<br>TPF<br>[mg/(g·d)] |
|---|---|---|---|---|
| 钢铁厂 | 1.67 | 0.196 | 0.016 | 2.10 |
| 造船厂 | 1.86 | 0.263 | 0.023 | 2.76 |
| 试剂厂 | 1.80 | 0.454 | 0.047 | 3.85 |
| 交通区 | 1.74 | 0.43 | 0.075 | 5.63 |
| 居民区 | 1.83 | 0.199 | 0.026 | 1.69 |
| 世纪公园 | 1.58 | 0.25 | – | – |
| 崇明农场 | 1.21 | 0.459 | – | 1.10 |
| 崇明林地 | 0.86 | 0.492 | – | 2.38 |

将调查区域所代表的上海园林绿化土壤的酶活性与已有研究报道的上海郊区——崇明的农田和林地的土壤酶活性进行比较（表3-5），从中可以看出：上海园林绿化土壤的过氧化氢酶活性均高于郊区的农田和林地；碱性磷酸酶活性以农田和林地的高；农田和林地的脱氢酶活性相对偏低。

## 二、不同植被类型的土壤酶活性

选择上海市共青国家森林公园中建成年限相近，管理方式、开放程度相对一致的池杉（*Taxodium ascendens*）、香樟（*Cinnamomum camphora*）、桂花（*Osmanthus fragrans*）和竹林（*Bambusa*）4种群落，同时选择相邻的草坪（*Lolium perenne*）土壤作为对照，5种植物群落的土壤酶活性见表3-6。

表3-6  5种典型植物群落的土壤酶活性

| 植物群落 | 土壤深度（cm） | pH | 有机碳（g/kg） | 全氮（g/kg） | 速效氮（mg/kg） | 有效磷（mg/kg） | 脲酶[NH$_4^+$-N, mg/(kg·h)] | 转化酶[mg/(kg·h)] | 磷酸酶[PNP, mg/(kg·h)] |
|---|---|---|---|---|---|---|---|---|---|
| 池杉 | 0~20 | 7.99 | 16.55a | 1.35a | 97.75 | 19.00 | 42.61a | 215a | 21.22a |
|  | 20~40 | 8.08 | 10.20b | 0.82b | 41.12 | 14.13 | 16.53b | 67.34b | 6.17b |
|  | 40~60 | 8.09 | 5.03c | 0.45c | 25.44 | 11.63 | 7.89c | 11.30c | 1.23c |
| 香樟 | 0~20 | 8.14 | 14.97a | 1.13a | 67.95 | 27.13 | 27.30a | 225a | 19.30a |
|  | 20~40 | 8.19 | 11.24b | 0.90b | 39.90 | 33.88 | 22.29a | 154b | 8.57b |
|  | 40~60 | 8.17 | 8.16c | 1.02a | 44.26 | 23.00 | 27.24a | 149b | 11.10b |

（续）

| 植物群落 | 土壤深度（cm） | pH | 有机碳（g/kg） | 全氮（g/kg） | 速效氮（mg/kg） | 有效磷（mg/kg） | 脲酶 [$NH_4^+-N$, mg/(kg·h)] | 转化酶 [mg/(kg·h)] | 磷酸酶 [PNP, mg/(kg·h)] |
|---|---|---|---|---|---|---|---|---|---|
| 桂花 | 0~20 | 8.17 | 17.82a | 1.59a | 89.91 | 22.25 | 55.00a | 332a | 37.13a |
| | 20~40 | 8.19 | 12.08b | 1.07b | 73.53 | 12.38 | 36.91b | 149b | 17.50b |
| | 40~60 | 8.19 | 6.97c | 0.70c | 46.00 | 6.13 | 15.14c | 46.97c | 5.93c |
| 竹林 | 0~20 | 8.04 | 13.48a | 1.25a | 74.40 | 14.13 | 51.48a | 556a | 35.08a |
| | 20~40 | 7.97 | 8.27b | 0.70b | 35.89 | 13.31 | 24.94b | 77.53b | 8.57b |
| | 40~60 | 7.90 | 7.27b | 0.61b | 26.48 | 16.00 | 13.94c | 31.68c | 4.00b |
| 草坪 | 0~20 | 8.33 | 11.10a | 1.01a | 60.64 | 5.25 | 19.11a | 113a | 22.55a |
| | 20~40 | 8.32 | 6.66b | 0.64b | 24.39 | 2.38 | 4.66b | 21.49b | 5.68b |
| | 40~60 | 8.39 | 4.88b | 0.56b | 20.21 | 3.25 | 2.13b | 31.68b | 2.80b |

注：同一群落不同土层深度不同字母表示在0.05水平差异显著。

从表3-6可以看出：就表层土壤（0~20cm）而言，土壤脲酶活性大小依次为桂花>竹林>池杉>香樟>草坪。不同层次之间不同群落的脲酶活性不一样，其中桂花群落脲酶含量在0~20cm和20~40cm土层中最高，分别达55.00mg/（kg·h）和36.91mg/（kg·h）；最低为草坪，仅为桂花的34.75%和12.63%；40~60cm土壤中脲酶含量最高为香樟，最低仍为草坪。因为脲酶是土壤中唯一可催化有机氮转化为无机氮的酶类，其活性可以表征土壤氮营养水平，进一步分析几种植物群落脲酶活性与土壤全氮含量，发现两者达到显著线性相关（$y = 45.8x - 17.67$，$R^2 = 0.8455$，式中$y$为脲酶活性，$x$为全氮）。

从表3-6中可以看出，就表层土壤（0~20cm）而言，土壤转化酶活性大小依次为竹林>桂花>香樟>池杉>草坪，其中竹林和草坪两者相差4.92倍；20~40cm和40~60cm土壤中转化酶最高均为香樟，最低分别为草坪和池杉。一般情况下，有机碳含量高，则土壤中转化酶活性也较高，回归分析也表明，有机碳和转化酶存在显著线性关系，符合方程$y = 22.57x - 119.61$（$R^2 = 0.9325$，$p < 0.05$，$y$为转化酶，$x$为有机碳）。

从表3-6中可以看出，就表层土壤（0~20cm）而言，土壤磷酸酶活性大小依次为桂花>竹林>草坪>池杉>香樟。20~40cm土壤中最高为桂花，达17.50mg/（kg·h），其余4种群落磷酸酶活性变化范围为5.68~8.57mg/（kg·h），相互之间无明显差别，但均显著低于桂花，40~60cm土壤中磷酸酶最高为香樟，最低为池杉，两者相差近9倍。

总体来看，草坪土壤各层次的酶活性均较低，而香樟等深根性植物下层土壤中酶活性显著高于其他群落。此外，同一群落下3种酶活性均随深度逐渐下降，且0~20cm表层土壤酶活性远远高于20~40cm的亚表层和40~60cm的深层土壤，这与土壤养分的剖面分布规律基本一致。

另外这5个植物群落的土壤酶活性要比表3-1中上海典型园林绿化土壤酶活性要高，可能采样时直接采集植物群落根系周围样品，典型绿地则是面上分散布点采样。

### 三、与其他城市绿化土壤酶活性比较

为进一步了解上海园林绿化土壤酶活性大小，于2009年5~6月专门选择了上海周边城市南京和杭州，分别选择这2座城市有代表性的绿地和植物园，并和上海几座典型绿地土壤进行比较(表3-7)。

表3-7  土壤酶活性比较

| 采样点 | 脲酶 $[NH_4^+-N, mg/(g \cdot d)]$ | 转化酶 [葡萄糖计，$mg/(g \cdot d)$] | 磷酸酶 [苯酚计，$mg/(g \cdot d)$] |
|---|---|---|---|
| 中山植物园 | 0.32 | 246 | 1.36 |
| 南京农业大学 | 0.34 | 106 | 2.01 |
| 杭州植物园 | 0.39 | 189 | 0.25 |
| 西湖绿化带 | 0.37 | 322 | 0.38 |
| 上海植物园 | 0.14 | 28.18 | 1.62 |
| 上海世纪公园 | 0.21 | 81.76 | 1.43 |
| 上海桂林公园 | 0.26 | 65.75 | 1.79 |
| 上海辰山植物园 | 0.06 | 44.11 | 0.58 |

从表3-7可以看出，沪宁杭三地土壤3种酶活整体以南京和杭州较高，其中脲酶活性杭州>南京>上海，也从一个侧面说明上海园林绿化土壤质量相对较差，这也是和上海成土因素以及人为干扰更为严重直接相关。

进一步比较上海几座公园绿地的酶活性可以看出，上海植物园、世纪公园和桂林公园3座公园的酶活性大致相当，这也是和3座公园的肥力水平大致相当的情况一致的。而辰山植物园的3种酶活性明显要低，这可能是辰山植物园建成时间短，植物群落还没形成，土壤生物群落简单，酶活性还未充分激发。

### 四、提高土壤酶活性

相对林地或农田，园林绿化土壤酶活性普遍偏低，这也是与其土壤养分相对贫瘠直接相关的，为提高园林绿化土壤酶活性，可以通过提高土壤肥力来实现。表3-8是2007年12月24日在临港重装备地区建立的盐碱土土壤改良示范点，利用有机废弃物堆肥或者自然腐熟的有机改良材料设置不同的改良配方。其中处理1为对照；处理2为添加5%矿化垃圾；处理3为添加15%矿化垃圾；处理4为添加30%矿化垃圾；处理5为添加5%绿化植物废弃物堆肥；处理6为添加15%绿化植物废弃物堆肥；处理7为添加30%绿化植物废弃物堆肥；处理8为5%(矿化垃圾+绿化废弃物)；处理9为15%(矿化垃圾+绿化废弃物)；处理10为30%(矿化垃圾+绿化废弃物)。

从表3-8可以看出，原土(CK)的酶活性是比较低的，土壤改良后能有效提高土壤酶活性。

表3-8 不同处理在不同时期的土壤酶活性大小

| 土壤酶活性 | 处理 | 采样时间 | | | 平均值 |
|---|---|---|---|---|---|
| | | 3月12日 | 6月12日 | 9月11日 | |
| 脲酶<br>[mg/(100g·24h)] | 处理1 | 24.50±0.01f | 13.56±0.16e | 21.74±0.20f | 19.93 |
| | 处理2 | 36.90±0.14e | 24.14±0.36cd | 28.80±0.28ed | 29.95 |
| | 处理3 | 24.54±0.15f | 24.70±0.36cd | 43.00±0.88e | 30.75 |
| | 处理4 | 24.51±0.02f | 13.87±0.24e | 27.72±0.69c | 22.03 |
| | 处理5 | 24.62±0.03f | 20.59±1.12d | 35.11±0.97d | 26.77 |
| | 处理6 | 55.63±8.74cd | 23.33±0.61d | 44.44±1.21c | 41.13 |
| | 处理7 | 80.62±8.76b | 35.59±2.98b | 52.69±1.17b | 56.30 |
| | 处理8 | 48.69±1.43d | 27.11±0.20c | 59.69±1.13a | 45.16 |
| | 处理9 | 62.25±0.41c | 22.55±2.94d | 54.48±0.48b | 46.43 |
| | 处理10 | 104±8.53ac | 39.50±3.25a | 61.18±0.89a | 68.22 |
| 磷酸酶<br>[mg/(100g·24h)] | 处理1 | 4.39±0.52f | 9.41±0.27g | 15.77±0.35h | 9.86 |
| | 处理2 | 3.08±0.11g | 10.77±0.42fg | 16.88±0.22h | 10.24 |
| | 处理3 | 5.93±0.65e | 9.73±0.14g | 19.48±0.79g | 11.71 |
| | 处理4 | 4.91±0.25f | 13.68±0.14e | 33.69±0.13f | 14.09 |
| | 处理5 | 5.97±0.13e | 18.95±0.70d | 42.97±0.38f | 22.63 |
| | 处理6 | 12.08±0.38d | 11.86±0.29f | 67.85±0.91e | 30.60 |
| | 处理7 | 32.35±0.04b | 32.50±1.00b | 89.94±0.94b | 51.60 |
| | 处理8 | 14.45±0.13c | 39.47±1.01a | 80.59±0.92d | 44.84 |
| | 处理9 | 12.40±0.01d | 29.34±0.15c | 83.88±0.71c | 41.87 |
| | 处理10 | 35.77±0.38a | 40.18±0.53a | 103.62±2.19a | 59.86 |

注：表中数据为平均数±标准差，不同小写字母代表相同采样时间不同处理间土壤酶活性差异显著（$P<0.05$）。

## 1. 脲酶

由表3-8可知，不同处理在同一时期土壤脲酶活性差异明显。对照CK脲酶活性最低；施用矿化垃圾后土壤脲酶和原土差异不显著，但随着试验时间的延长，施用矿化垃圾中脲酶和原土差异显著（$P<0.05$）。相比较而言，绿化植物废弃物能显著增加土壤脲酶的活性，和对照相比，只要施加了绿化植物废弃物其土壤脲酶活性和对照之间差异显著（$P<0.05$），并随着其用量的增加土壤脲酶增加效果也越明显，以30%的绿化植物废弃物处理和30%（矿化垃圾+绿化植物废弃物）的处理的脲酶活性最大，分别为68.22mg/(100g·24h)和56.30mg/(100g·24h)。几种处理，以矿化垃圾、绿化废弃物和原土三者混合土壤脲酶的活性最强，其次为矿化垃圾和绿化废弃物两者混合，然后为矿化垃圾和原土两者混合，以原土对照最小。

不同的采样时间，土壤酶活性也有差异。除个别处理外，大部分处理均是3月份的土壤脲酶活性最强，这可能与植物种植产生大量根系，温度的上升加速了其中有机物质的矿化分解有关。6月份土壤脲酶活性有所降低，而在9月份脲酶活性又有所上升，脲酶总体呈现先降后升的趋势。

### 2. 碱性磷酸酶

磷酸酶是土壤中最活跃的酶类之一，是表征土壤生物活性的重要酶，在土壤磷素循环中起重要作用。土壤中大部分磷以有机磷化合物的形式存在，磷酸酶能促进磷酸单脂和磷酸二脂水解，可以表征土壤磷素有效化强度。

由表3-8可知，原土对照中的碱性磷酸酶活性平均为9.86mg/(100g·24h)，施用矿化垃圾后碱性磷酸酶活性为在10.24~14.09mg/(100g·24h)之间，矿化垃圾使碱性磷酸酶的活性有所增加，但总体差异不显著。而施用了绿化植物废弃物后，土壤碱性磷酸酶的活性显著增加，和原土对照CK和单纯施用矿化垃圾的处理之间存在显著差异($P<0.005$)，并随着其用量增加土壤碱性磷酸酶的活性也显著增加($P<0.005$)。处理10(30%(矿化垃圾+绿化植物废弃物))和处理7(+30%绿化植物废弃物)的土壤碱性磷酸酶的活性分别高达59.86mg/(100g·24h)和51.60mg/(100g·24h)；其次为处理8和处理9，含量分别为44.84mg/(100g·24h)和41.87mg/(100g·24h)；然后是处理6和处理5，含量分别是30.60mg/(100g·24h)和22.63mg/(100g·24h)。比较不同处理可以看出，不同处理碱性磷酸酶的变化趋势和脲酶活性及土壤微生物量碳的变化趋势基本一致，也即在相同配比比例内，以矿化垃圾、绿化植物废弃物和原土三者混合土壤碱性磷酸酶的活性最强，其次为矿化垃圾和绿化植物废弃物两者混合，然后为矿化垃圾和原土两者混合，以原土对照最小。

### 3. 酶活性和土壤养分之间的相关性分析

对不同采样时期的土壤酶活性和土壤养分和土壤微生物量碳进行相关性分析，结果见表3-9。

表3-9 土壤养分与土壤微生物量碳，酶活性之间的相关系数(r)

| | 采样时间 | 有机质 | 速效钾 | 有效磷 | 碱解氮 | 微生物量碳 |
|---|---|---|---|---|---|---|
| 脲酶 | 3月12日 | 0.827** | 0.785* | 0.649* | 0.454 | 0.9341** |
| | 6月12日 | 0.800** | 0.236 | 0.244 | 0.774** | 0.8599** |
| | 9月11日 | 0.827** | 0.673* | 0.460 | 0.778** | 0.7993** |
| 碱性磷酸酶 | 3月12日 | 0.718* | 0.576 | 0.569 | 0.396 | 0.9071** |
| | 6月12日 | 0.627* | 0.079 | 0.191 | 0.461 | 0.8666** |
| | 9月11日 | 0.673* | 0.527 | 0.772** | 0.805** | 0.8974** |

注：* $P<0.05$；** $P<0.10$。

(1)有机质

在整个试验期间，脲酶活性和土壤有机质含量均达到极显著相关；碱性磷酸酶或有机质含量达到了显著相关。说明在土壤中添加矿化垃圾和绿化植物废弃物，不但能提高土壤有机质含量，也提高土壤酶活性，提高土壤养分转化的效率，从而有助于提高土壤肥力，使土壤质量向健康方向发展。

(2)速效钾

在不同试验期间，脲酶和速效钾含量在3月份和9月份达到显著相关，但6月份相关性不显著；而碱性磷酸酶则和速效钾含量之间相关性不显著，可能跟土壤本身速效钾含量丰富、速效钾不是土壤主要障碍因子有关。

（3）有效磷

脲酶在3月、碱性磷酸酶在9月和有效磷含量分别达到显著和极显著相关，其他时间不相关，可能也是与本底土壤本身不缺磷，磷含量较高有关。

（4）水解氮

脲酶在6月和9月、碱性磷酸酶在9月分别和土壤水解性氮含量达到极显著相关，其他时间不相关，说明在试验初期土壤酶和水解氮含量相关性不显著，但在试验后期两两之间的相关性达到极显著相关。

（5）微生物量碳

微生物量碳是土壤中易于利用的养分库及有机物分解和N矿化的动力，与土壤中的C、N、P、S等养分循环密切相关，其变化可反映土壤肥力的变化。对于了解土壤养分转化过程和供应状况具有重要意义。土壤微生物量碳是土壤有机库中的活性部分，易受土壤中易降解的有机物如微生物体和残余物分解、土壤湿度和温度季节变化以及土壤管理措施的影响。与土壤总有机质相比，微生物量碳对土壤管理措施如翻耕、秸秆培养的变化响应快，可以为土壤总有机质变化的早期指标和活性有机质变化的指标。从表3-9可以看出，在整个试验期间，脲酶和碱性磷酸酶活性均与土壤微生物量碳达到极显著相关，进一步说明提高有机质含量对提高土壤酶活性的重要性。

综合以上几种土壤性质和酶活性分析，以有机碳对提高土壤酶活性的效果最显著，而绿化植物废弃物、矿化垃圾等有机废弃物因为含有丰富的有机质，可以将废弃物土地利用，促进城市节能减排，不但能提高土壤肥力，对提高土壤酶活性效果显著，值得大力提倡。

# 第二节　土壤微生物

土壤中微生物的数量反映了土壤的活性，是土壤中细菌、真菌、放线菌的总称，土壤微生物是土壤中物质转化的动力。对于土壤生态系统中物质分解和重新吸收利用具有重要意义，而且可以改变土壤中重金属的形态，从而改变重金属在土壤中的生物有效性。

## 一、土壤微生物组成

2007年11月对全市123个典型园林绿化土壤微生物调查结果显示（表3-10）：其中细菌数量在$1.00×10^5 \sim 9.03×10^6$ cfu/g土之间，平均为$1.91×10^6±1.77×10^6$ cfu/g土；真菌数量在$5.33×10^2 \sim 3.96×10^4$ cfu/g土之间，平均为$1.01×10^4±9.17×10^3$ cfu/g土；放线菌数量在$8.66×10^3 \sim 1.13×10^6$ cfu/g土之间，平均为$1.89×10^5±2.62×10^6$ cfu/g土。

从表3-10还可以看出，上海园林绿化土壤微生物中以细菌含量为主，对土壤活化和土壤肥力及土壤中酶的产生起到至关重要的作用；其次为放线菌；真菌数量最少，这和一般林地或者农田土壤微生物组成大致相似。

由于微生物数量和组成受季节影响较大，本次采样数据为秋季，有可能微生物活性较低，对不同季节的微生物变化还需要进一步调查研究。

表 3-10　上海典型园林绿化土壤微生物组成(cfu/g)

| 项目 | 细菌 | 放线菌 | 真菌 |
|---|---|---|---|
| 平均值 | $1.91\times10^6$ | $1.89\times10^5$ | $1.01\times10^4$ |
| 标准差 | $1.77\times10^6$ | $2.62\times10^5$ | $9.17\times10^3$ |
| 最小值 | $1.00\times10^5$ | $8.66\times10^3$ | $5.33\times10^2$ |
| 最大值 | $9.03\times10^6$ | $1.13\times10^6$ | $3.96\times10^4$ |

## 二、和其他城市绿化土壤微生物比较

2009 年 5 月对上海、南京和杭州几座典型绿地的土壤调查结果显示(表 3-11),上海绿地土壤的微生物含量相对略低,这和土壤酶活性的趋势一致,进一步说明上海园林绿化土壤肥力和生物活性较低。

表 3-11　土壤微生物含量比较(cfu/g)

| cfu/g | 细菌$\times10^7$ | 放线菌$\times10^6$ | 真菌$\times10^5$ |
|---|---|---|---|
| 中山植物园 | 19.83 | 28.46 | 2.04 |
| 南京农业大学 | 12.75 | 12.74 | 1.37 |
| 杭州植物园 | 18.49 | 10.62 | 1.42 |
| 西湖绿化带 | 12.07 | 16.51 | 1.46 |
| 上海植物园 | 3.28 | 5.00 | 0.10 |
| 上海世纪公园 | 5.86 | 3.79 | 0.73 |
| 上海桂林公园 | 10.58 | 12.96 | 0.96 |
| 上海辰山植物园 | 0.41 | 0.91 | 1.73 |

进一步比较表 3-11 还可以看出,几块典型绿地中,以中山植物园、杭州植物园的微生物含量最高,而新建的辰山植物园微生物数量相对较低,说明建成时间长、养护好的园林绿化土壤有利于微生物生长和积累。

另外比较表 3-10 和表 3-11 可以看出,就上海绿地而言,表 3-11 中微生物数量相对较高,而表 3-10 中微生物数量相对低,可能是表 3-11 是 2009 年 5 月份采样,上海气温适中,天气晴朗,是微生物生长最为适宜的季节;而表 3-10 是 2009 年 11 月份采的土样,这时候气温已经降低,微生物活性降低,因此微生物数量可能降低。

## 三、新建绿地土壤微生物的跟踪监测

从 2009 年调查结果显示,辰山植物园中微生物含量较低,为此在辰山植物园建成后,结合各大专类园的施肥和养护管理,从 2011 年起到 2014 年,每年 4 月份对各大专类园中微生物数量进行定期监测,了解新建绿地中微生物的变化情况。

### 1. 细菌

表 3-12 所示为辰山植物园 11 个专类园土壤细菌变化的监测结果,从中不难发现,除旱

生园及华东区系田青地、草坪和水生园外，各样地土壤中细菌数量有所增加。采样过程发现，月季园、金缕梅园、木犀园、球宿根园每年施用大量有机基质或有机肥，这类改良材料不仅能够调节土壤酸碱度，增加有机质和养分含量，其中本身就含有大量微生物，因此直接和间接地增加了土壤的细菌含量。

表 3-12　专类园土壤细菌年间变化监测（单位：$10^7 \text{cfu/g}$）

| 样地 | 采样时间（年） | | | |
|---|---|---|---|---|
| | 2011 | 2012 | 2013 | 2014 |
| 月季园 | 5.32 | 6.97 | 6.55 | 6.83 |
| 金缕梅园 | 4.68 | 5.12 | 4.82 | 5.96 |
| 木犀园 | 4.52 | 5.01 | 4.17 | 5.85 |
| 纤维园 | 4.73 | 4.25 | 3.98 | 4.96 |
| 旱生园 | 5.14 | 3.65 | 3.53 | 3.45 |
| 球宿根园 | 5.35 | 6.03 | 5.60 | 5.44 |
| 华东区系田青地 | 4.91 | 5.68 | 4.87 | 4.76 |
| 华东区系水杉 | 3.16 | 4.82 | 5.17 | 4.92 |
| 华东区系牡丹 | 4.57 | 4.64 | 4.47 | 4.90 |
| 华东区系草坪 | 5.36 | 5.13 | 4.23 | 4.48 |
| 水生园 | 5.29 | 5.34 | 4.60 | 5.24 |

## 2. 放线菌

土壤中放线菌含量仅次于细菌，它们的一些代谢产物可以起到抑制病虫害的作用，因此其数量也能反映土壤的健康状况。2011—2014 年辰山植物园各专类园土壤放线菌数量总体呈现先下降后上升的趋势（表 3-13），这可能与建设初期使用化学氮肥的影响有关，化肥的施用容易造成微生物群体单一，而后期改施有机基质和有机肥又使土壤环境适宜放线菌种类的繁殖。因此，肥料的使用不宜单一，如特别需要可以与其他改良材料共同或者轮流施用。

表 3-13　专类园土壤放线菌年间变化监测（单位：$10^6 \text{cfu/g}$）

| 样地 | 采样时间（年） | | | |
|---|---|---|---|---|
| | 2011 | 2012 | 2013 | 2014 |
| 月季园 | 6.32 | 5.47 | 5.17 | 5.36 |
| 金缕梅园 | 3.64 | 4.05 | 3.72 | 4.02 |
| 木犀园 | 4.25 | 4.32 | 4.47 | 4.22 |
| 纤维园 | 6.15 | 5.34 | 5.40 | 5.68 |
| 旱生园 | 5.24 | 5.02 | 5.82 | 5.31 |
| 球宿根园 | 7.01 | 6.51 | 6.37 | 6.05 |
| 华东区系田青地 | 3.58 | 4.24 | 3.88 | 4.59 |

（续）

| 样地 | 采样时间（年） | | | |
|---|---|---|---|---|
| | 2011 | 2012 | 2013 | 2014 |
| 华东区系水杉 | 6.57 | 5.36 | 5.67 | 5.28 |
| 华东区系牡丹 | 6.25 | 5.68 | 6.23 | 6.57 |
| 华东区系草坪 | 4.16 | 4.57 | 4.62 | 4.96 |
| 水生园 | 6.13 | 5.48 | 5.00 | 5.42 |

### 3. 真菌

真菌是土壤微生物中数量较少的一个群体，但其个体较大，能够代谢消耗掉最多的植物残体，因此对于土壤中肥力的增加尤为重要，跟踪监测过程发现（表3-14），除旱生园外，各样地土壤中真菌数量呈逐年增加趋势。旱生园真菌存在上升下降的反复趋势，但总体基本含量未变化，这可能与其立地和养护条件的限制有关。旱生园中除植物树穴部分使用土壤外，其余均为白色石砾，因此适合真菌生长繁殖的植物残体相比其他专类园较少，所以数量较低，且基本保持一定数量。

表3-14　专类园土壤真菌年间变化监测（单位：$10^5$ cfu/g）

| 样地 | 采样时间（年） | | | |
|---|---|---|---|---|
| | 2011 | 2012 | 2013 | 2014 |
| 月季园 | 2.25 | 3.22 | 3.33 | 3.54 |
| 金缕梅园 | 1.36 | 1.64 | 2.13 | 2.64 |
| 木犀园 | 1.78 | 2.13 | 2.82 | 2.45 |
| 纤维园 | 1.58 | 1.84 | 3.05 | 2.88 |
| 旱生园 | 1.96 | 2.26 | 1.63 | 1.97 |
| 球宿根园 | 2.03 | 2.34 | 2.17 | 2.54 |
| 华东区系田青地 | 2.35 | 2.52 | 3.18 | 3.62 |
| 华东区系水杉 | 1.64 | 1.75 | 2.08 | 2.15 |
| 华东区系牡丹 | 1.85 | 1.96 | 1.87 | 2.32 |
| 华东区系草坪 | 2.31 | 2.23 | 2.68 | 3.07 |
| 水生园 | 2.42 | 2.64 | 2.88 | 3.24 |

### 4. 微生物量碳

从表3-15的辰山植物园不同专类园土壤微生物量碳跟踪监测变化显示，土壤微生物量碳总体呈先下降后上升趋势，与第2章中有效磷、速效钾和全氮变化趋势基本相似。微生物量碳来源于细菌、放线菌和真菌，由于真菌生物量较大，因此微生物量碳主要源自真菌，但由于pH上升的影响，土壤中真菌虽增加可能直接来自外源添加物，有机质含量的逐年增高反映了外源添加物增加的趋势，而外源添加物在土壤中比例较小，因此总体微生物量碳有所增加，但限于pH上升的影响，真菌并不适应碱性环境，因此增加效果不明显。

表 3-15　专类园土壤微生物量碳年间变化监测（单位：mg/kg）

| 样地 | 采样时间（年） | | | |
|---|---|---|---|---|
| | 2011 | 2012 | 2013 | 2014 |
| 月季园 | 136 | 142 | 135 | 198 |
| 金缕梅园 | 164 | 169 | 151 | 169 |
| 木犀园 | 174 | 153 | 135 | 181 |
| 纤维园 | 308 | 285 | 196 | 229 |
| 旱生园 | 184 | 177 | 155 | 174 |
| 球宿根园 | 347 | 301 | 257 | 354 |
| 华东区系田青地 | 247 | 214 | 187 | 268 |
| 华东区系水杉 | 101 | 154 | 152 | 145 |
| 华东区系牡丹 | 141 | 136 | 127 | 186 |
| 华东区系草坪 | 148 | 153 | 164 | 152 |
| 水生园 | 100 | 124 | 134 | 172 |

## 三、增加土壤微生物的方法

传统的土壤微生物学研究主要通过测定土壤微生物生物量、土壤微生物活性，或者采用平板培养的方法来反映土壤质量的上述变化。由于传统的微生物培养只能培养出大约1%的微生物，因此只能揭示部分土壤微生物生物学特征。而采用分子生物学的方法，避免传统培养方法的局限性，能更大限度地认识土壤微生物群落的实际情况。土壤微生物群落结构是土壤生态功能的基础，它是土壤中最活跃的部分。

从土壤理化性质和土壤微生物相关性可以看出，施肥尤其是增加土壤有机质是提高土壤微生物数量和活性最有效方法。因此选择新虹桥绿地，设置施用污泥和不施污泥的对照，连续3年施用污泥堆肥后，利用分子生物学的方法研究施污泥对绿地土壤微生物群落的影响。从图3-1和图3-2可以看出，施污泥后微生物DNA的量和数目明显增多。

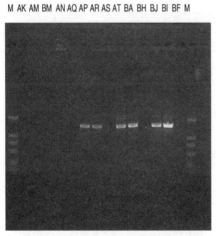

图 3-1　新虹桥绿地没施污泥对照

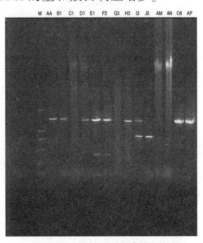

图 3-2　新虹桥绿地施污泥

进一步分析新虹桥绿地连续施用污泥 3 年后细菌数量的变化(表 3-16)可以看出，施污泥后细菌的总量是变大了，但细菌的种类却不一样，有些细菌种类在施用污泥后增加，有些细菌种类在施用污泥后反而减少了。

表 3-16　新虹桥绿地施污泥和对照的土壤微生物群落的变化

| 菌株代码 | 细菌种类 | | 细菌数量($10^5$ 个/g) | |
| --- | --- | --- | --- | --- |
| | 学名 | 中文名 | 施污泥 | 对照 |
| AA | *Bacillus licheniformi* | 衣芽孢杆门菌 | 41.08 | 17.94 |
| B1 | *Promicromonosporaceae bacterium* | 原小单胞菌 | 82.16 | 43.85 |
| C1 | *Pseudomonas mendocina* | 门多萨假单胞菌 | 68.47 | 1.70 |
| D1 | *Bacillus thuringiensis* | 苏云金芽孢杆菌 | 0 | 33.89 |
| I3 | *Pseudomonas plecoglossicida* | | 2.74 | 65.78 |
| J5 | *Stenotrophomonas maltophilia* | 嗜麦寡养食单胞菌 | 0 | 25.91 |
| AK | 待鉴定 | | 68.47 | 0 |
| L7 | *Bacillus megaterium* | 巨大芽孢杆菌 | 27.39 | 0 |
| AP | 待鉴定 | | 13.69 | 0 |
| BI | 待鉴定 | | 2.74 | 0.658 |
| E1 | *Cellulomonas variformis* | 纤维单胞菌 | 2.05 | 0.17 |
| F2 | *Pseudomonasputida* | 恶臭假单胞菌 | 13.64 | 22.59 |
| G3 | *Kluyvera cryocrescens* | 栖冷克吕沃尔氏菌 | 6.85 | 0 |
| AM | 待鉴定 | | 2.74 | 0 |
| BH | 待鉴定 | | 1.03 | 0 |
| BM | 待鉴定 | | 1.03 | 0 |
| BC | *Enterobacter cloacae* | 阴沟肠杆菌 | 6.85 | 0 |
| AN | 待鉴定 | | 0 | 0.658 |
| BA | *Klebsiella ornithinolytica* | 解鸟氨酸克雷伯菌 | 0 | 25.91 |
| 合计 | | | 341 | 239 |

# 参 考 文 献

[1] 安韶山，黄懿梅，刘梦云．宁南地区土壤酶活性特征及其与肥力因子的关系[J]．中国生态农业学报，2007，15(5)：55-58.

[2] 方海兰，梁晶，郝冠军，等．城市土壤生态功能与有机废弃物循环利用[M]．上海：上海科学技术出版社，2014.

[3] 董阳，方海兰，梁晶，等．矿化垃圾和绿色植物废弃物对盐碱土的改良效果[J]．环境污染与防治，2009，31(10)：36-42.

[4] 郝瑞军，方海兰，车玉萍．上海典型植物群落土壤微生物生物量碳、呼吸强度及酶活性比较[J]．上海交通大学学报(农业科学版)，2010，28(5)：324-330.

[5] 仝川，董艳，杨红玉．福州市绿地景观土壤溶解性有机碳、微生物量碳及酶活性[J]．生态学杂志，2009，28(6)：1093-1101．

[6] 李娟，赵秉强，李秀英，等．长期有机无机肥料配施对土壤微生物学特性及土壤肥力的影响[J]．中国农业科学，41(1)：144-152．

[7] 刘恩科，赵秉强，李秀英，等．长期施肥对土壤微生物量及土壤酶活性的影响[J]．植物生态学报，2008，32(1)：176-182．

[8] 龙妍，惠竹梅，程建梅，等．生草葡萄园土壤微生物分布及土壤酶活性研究[J]．西北农林科技大学学报，2007，35(6)：99-103．

[9] 鲁如坤．土壤农业化学分析方法[M]．北京：中国农业科技出版社，1999．

[10] 邱丽萍，刘军．土壤酶活与土壤肥力的关系[J]．植物营养与肥料学报，2004，10(3)：277-280．

[11] 薛立，邝立刚，陈红跃，等．不同林分土壤养分、微生物与酶活性的研究[J]．土壤学报，2003，40(2)：280-285．

[12] 徐恒，廖超英，李晓明，等．榆林沙区人工固沙林土壤微生物生态分布特征及酶活性研究[J]．西北农林科技大学学报(自然科学版)，2008，36(12)：135-141．

[13] 徐福银，包兵，梁晶，等．上海城市不同利用区域绿地土壤酶活性特征[J]．土壤，2014，46(2)：297-301．

[14] 章明奎，徐建民．利用方式和土壤类型对土壤肥力质量指标的影响[J]．浙江大学学报(农业与生命科学版)，2002，28(3)：277-282．

[15] 张咏梅，周国逸，吴宁．土壤酶学的研究进展[J]．热带亚热带植物学报，2004，12(1)：83-90．

[16] 张燕燕，曲来叶，陈利顶，等．黄土丘陵沟壑区不同植被类型土壤微生物特性[J]．应用生态学报，2010，21(1)：165-173．

[17] 周礼恺．土壤酶学[M]．北京：科学出版社，1984．

[18] Frankenberger W T, Dick W A. Relationship between enzyme activities and microbial growth and activity indices in soil[J]. Soil science society of America journal, 1983, 47: 945-951.

[19] Liu X M, Li Q, Liang W J, et al. Distribution of soil enzyme activities and microbial biomass along a latitudinal gradient in farmlands of Songliao Plain, Northeast China [J]. Pedosphere, 2008, 18 (4): 431-440.

[20] Vance E D, Brooks P C, Jenkinson D S. An extraction method for measuring soil microbial biomass C[J]. Soil Biology and Biochemistry, 1987, 19(6): 703-707.

# 第4章 土壤重金属分布和累积特点

重金属是一种持久性有毒污染物，进入土壤环境后不易被降解，城市中由于人为干扰严重，重金属累积程度较高。北京、重庆、洛阳、南京等国内城市土壤调查均表明城市中存在不同程度重金属累积，并且在不同道路、不同功能区和不同年代污染程度也明显不同。上海作为我国工业的主要发源地之一，人口众多，交通密集，潜在污染源也多，而散布其中的园林绿化土壤是城市中与市民接触最为密切的土壤类型，不仅是绿地系统的支撑体，是城市绿地提供养分的源介质，同时也是城市污染物的源和汇，其重金属的污染程度是民众关心的热点。

## 第一节 上海园林绿化土壤重金属总量

### 一、不同功能区绿地土壤的重金属总量评价

#### （一）采样布点和评价方法

**1. 采样方法**

为了解上海市不同功能区绿地土壤中重金属含量，2008年10月对上海市工业区、交通区、大学、公园及居民区进行了土壤调查。共采集93个土壤样品，其中，工业区24个样品，包括钢厂、铁厂、造船厂、焦化厂、电厂和化工厂等6种典型厂区；交通区28个样品，主要为上海主要交通枢纽的延安高架、中环、外环、中山路，采样点具体位置的选择主要考虑紧邻道路的绿化带且所有采样点均位于交通道路的交叉处；此外，分布于不同位置的14个有代表性公园，共采集26个样品，5所大学10个样品，3个居民区5个样品。所有采样点均位于该区域内未进行改造的典型绿地土壤。具体的采样点分布图见图4-1。

**2. 评价方法**

主要采用潜在生态危害指数法、单项污染指数法、综合污染指数法对重金属的污染程度进行评价，并以上海自然土壤环境背景值为标准（表4-1），采用单项污染指数法和综合污染指数法对重金属污染程度进行评价。

表4-1　重金属的参照值和毒性系数

| 金属元素 | Cu | Zn | Pb | Cd | Cr | Ni |
|---|---|---|---|---|---|---|
| $C_n^i$ | 28.59 | 86.1 | 25.47 | 0.13 | 75 | 31.90 |
| $T_r^i$ | 5 | 1 | 5 | 30 | 2 | 2 |

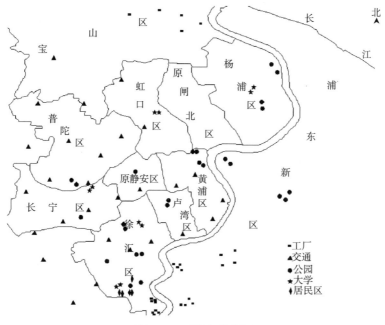

**图 4-1 采样点分布图**

(1)潜在生态危害指数法

涉及单项污染系数、重金属毒性响应系数以及潜在生态危害单项系数。其公式为:

$$RI = \sum Ei \qquad (1)$$

$$E_r^1 = T_r^1 \times C_f^i \qquad (2)$$

$$C_f^i = \frac{C_s^i}{C_n^i} \qquad (3)$$

式中:$C_s^1$ 为表层沉积物重金属 $i$ 浓度的实测值;$C_n^1$ 为计算所需的参照值,参照值采用的是上海市土壤中重金属元素背景值;$T_r^1$ 为重金属 $i$ 的毒性系数,它主要反映重金属的毒性水平和生物对重金属污染的敏感程度,有关重金属的毒性系数见表 4-1。

根据 $E_r^1$ 和 $RI$ 值参照沉积物(土壤)中重金属潜在生态危害系数、生态危害指数和污染程度的关系,将沉积物的潜在生态危害状况进行分级,见表 4-2。

**表 4-2 Hakanson 潜在生态危害评价指标**

| 单项污染系数 $C_f^i$ | 单个污染物污染程度 | 潜在生态风险系数 $E_r^i$ | 单个污染物生态风险程度 | 潜在生态风险指数 $RI$ | 潜在生态风险程度 |
|---|---|---|---|---|---|
| $C_f^i < 1$ | 轻微 | $E_r^i < 40$ | 轻微 | $RI < 150$ | 轻微 |
| $1 \leq C_f^i < 3$ | 中等 | $40 \leq E_r^i < 80$ | 中等 | $150 \leq RI < 300$ | 中等 |
| $3 \leq C_f^i < 6$ | 强 | $80 \leq E_r^i < 160$ | 强 | $300 \leq RI < 600$ | 强 |
| $C_f^i \geq 6$ | 很强 | $160 \leq E_r^i < 320$ | 很强 | $RI \geq 600$ | 很强 |
| | | $E_r^i \geq 320$ | 极强 | | |

（2）单项污染指数法

具体见第12章第三节。

（3）综合污染指数法的评价法

具体见第12章第三节。分级标准为：P<1 未污染；1≤P<2 轻污染；2≤P<3 中度污染；P≥3 重度污染。

### （二）上海不同功能区绿地重金属分布特点

#### 1. 土壤重金属总体含量

从表4-3可以看出：6种重金属在上海不同功能区绿地土壤中含量分别为：

Cu 平均值为 $99.57 \pm 311$ mg/kg，变化范围为 $25.07 \sim 3001$ mg/kg；

Zn 的平均值为 $311 \pm 337$ mg/kg，变化范围为 $0.49 \sim 1076$ mg/kg；

Pb 的平均值为 $43.97 \pm 3.97$ mmg/kg，变化范围为 $8.29 \sim 259$ mg/kg；

Cd 的平均值为 $0.37 \pm 0.19$ mg/kg，变化范围为 $0.08 \sim 0.92$ mg/kg；

Cr 的平均值为 $91.27 \pm 66.92$ mg/kg，变化范围为 $48.89 \sim 570$ mg/kg；

Ni 的平均值为 $45.68 \pm 70.81$ mg/kg，变化范围为 $0.24 \sim 643$ mg/kg。

6种重金属各样点间的含量差异较大，其中变异系数最小的Cd也达到了53%。此外，通过与上海市背景值进行比较可以发现，6种元素的平均含量都高于背景值，可见，上海园林绿化土壤重金属存在不同程度累积。

表4-3　上海市绿地土壤重金属含量

| n = 93 | Cu | Zn | Pb | Cd | Cr | Ni |
|---|---|---|---|---|---|---|
| 平均值（mg/kg） | 99.57 | 311 | 43.97 | 0.37 | 91.27 | 45.68 |
| 标准差（mg/kg） | 311 | 337 | 33.33 | 0.19 | 66.92 | 70.81 |
| 最小值（mg/kg） | 25.07 | 0.49 | 8.29 | 0.08 | 48.89 | 0.24 |
| 最大值（mg/kg） | 3001 | 1076 | 259 | 0.92 | 570 | 643 |
| 变异系数 | 3.12 | 1.08 | 0.76 | 0.53 | 0.73 | 1.55 |
| 上海背景值（mg/kg） | 28.38 | 83.68 | 25.35 | 0.12 | 74.88 | 31.19 |

进一步比较重金属Cu、Zn、Pb、Cr、Cd和Ni在上海市不同土地利用方式表层土壤中的分布情况（表4-4），从表中可以看出，交通区和工业区6种重金属的平均含量高于大学、公园和居民区，统计分析表明差异达到了显著性水平（$P < 0.05$），这与工业"三废"和汽车尾气的排放是城市中重金属的主要污染源有关。比较工业区和交通区绿地土壤中7种重金属含量，交通区重金属Zn的平均含量大于工业区，工业的重金属Cu、Pb、Cr和Ni平均含量均大于交通区，而Cd的平均含量工业区和交通区相当。说明工业污染可能是Cu、Pb、Cr和Ni的主要来源；交通区Zn的含量大于工业区，平均含量为548mg/kg，这可能与汽车轮胎添加剂中含有大量的Zn有关。而大学、居民区及公园绿地土壤中6种重金属的平均含量差异较小。

表4-4　上海市不同功能区绿地表层土壤中重金属的含量（mg/kg）

| 项目 | | 工业区 | 交通区 | 大学 | 公园 | 居民区 | 上海背景 | 国家二级 |
|---|---|---|---|---|---|---|---|---|
| Cu | 平均值 | 226 | 76.0 | 43.1 | 40.48 | 40.4 | 28.6 | 200 |
| | 范围 | 25.0~3001 | 32.1~180 | 28.06~64.7 | 25.3~68.4 | 32.0~60.8 | | |
| | 标准差 | 600 | 35.6 | 9.6 | 11.1 | 12.1 | | |
| Zn | 平均值 | 412 | 554 | 77.4 | 118 | 254 | 86.1 | 300 |
| | 范围 | 4.45~1076 | 71.7~954 | 11.1~186 | 16.6~938 | 50.7~317 | | |
| | 标准差 | 356 | 318 | 68.1 | 186 | 146 | | |
| Pb | 平均值 | 59.1 | 42.7 | 36.4 | 33.5 | 47.4 | 25.4 | 350 |
| | 范围 | 8.29~258 | 22.8~79.8 | 22.1~43.7 | 17.5~53.8 | 26.7~83.3 | | |
| | 标准差 | 59.6 | 16.1 | 6.86 | 8.17 | 23.4 | | |
| Cd | 平均值 | 0.36 | 0.41 | 0.53 | 0.28 | 0.23 | 0.13 | 0.60 |
| | 范围 | 0.09~0.92 | 0.16~0.68 | 0.40~0.65 | 0.08~0.64 | 0.16~0.25 | | |
| | 标准差 | 0.25 | 0.17 | 0.10 | 0.14 | 0.04 | | |
| Cr | 平均值 | 121 | 16.1 | 62.3 | 70.7 | 63.9 | 75.0 | 250 |
| | 范围 | 58.5~570 | 56.3~345 | 48.9~74.2 | 59.2~94.5 | 50.8~73.1 | | |
| | 标准差 | 110 | 56.05 | 8.46 | 7.48 | 8.98 | | |
| Ni | 平均值 | 83.9 | 34.7 | 32.1 | 29.6 | 34.6 | 31.9 | 60 |
| | 范围 | 17.9~643 | 22.4~63.1 | 2.82~40.6 | 0.24~41.5 | 31.5~36.5 | | |
| | 标准差 | 133 | 7.74 | 10.5 | 10.7 | 2.21 | | |

　　与上海市环境背景值比较，Cu、Zn、Pb、Cd、Cr和Ni 6种重金属含量均大于上海市环境背景值，尤其是Cu和Zn，其平均含量分别为背景值的7.9倍和4.8倍，可见这6种重金属在工业区绿地土壤中都有一定的富集现象。与工业区相似，交通区内绿地土壤采样点的平均含量均大于上海环境背景值，但不同的是，污染较为严重的是Zn，其平均含量达到了背景值的6.4倍。大学、公园和居民区污染相似，6种重金属富集不明显。

**2. 上海不同功能区绿地土壤重金属评价**

　　以上海市土壤环境背景值为标准，计算出各重金属的潜在生态危险系数$Ei$（表4-5），6种重金属元素潜在的生态危害次数（$E_r^i$）依次为：Cd>Cu>Pb>Zn>Ni>Cr。总体上来看，Cu、Pb、Zn、Ni和Cr重金属潜在的生态危害系数均属于轻微危害范畴（$E_r^i<40$）。Cd的潜在危害系数$E_r^i$（Hg）介于19.53~212之间；其中$E_r^i<40$，属于轻微危害的采样点有20个；$40\leqslant E_r^i<80$，属于中等污染生态危害的采样点有26个；$80\leqslant E_r^i<160$属于强生态危害的采样点有43个；$160\leqslant E_r^i<320$达到很强生态风险的采样点有4个。上海市土壤中Cd已达到强生态危害水平，其余重金属元素的危害均为轻度水平。此外，上海市潜在生态危害综合指数为RI=528，重金属污染已达到强危害程度，有必要进行及时综合治理，Cd污染和累积应引起重视。

表4-5　土壤中各重金属的潜在生态危害系数特征值

| 元素 | Cu | Zn | Pb | Cr | Cd | Ni | RI |
|---|---|---|---|---|---|---|---|
| E最大值 | 525 | 12.5 | 50.8 | 15.2 | 212 | 40.3 | 855 |
| E最小值 | 4.38 | 0.006 | 1.63 | 1.3 | 19.5 | 0.02 | 26.9 |
| E平均值 | 17.4 | 3.62 | 8.63 | 2.43 | 84.26 | 2.84 | 119 |
| 污染程度 | 轻微危害 | 轻微危害 | 轻微危害 | 轻微危害 | 强危害 | 轻微危害 | 轻微危害 |

6种重金属的单项污染潜在生态危害系数可以看出（表4-6），各功能区的Cu污染为轻微水平，污染程度依次为：工业区>交通区>大学≈公园≈居民区。Zn轻微污染，污染程度依次为：交通区>工业区>居民区>公园>大学。Pb轻微污染，污染程度依次为：工业区>交通区>居民区>大学>公园。Cr轻微污染，污染程度依次为：工业区>交通区>公园>大学>居民区。Ni轻微污染，污染程度依次为：工业区>交通区≈居民区≈大学≈公园。就Cd而言，工业区、交通区和大学都达到了强生态危害，而公园和居民区也达到了中等危害。

表4-6　上海市各功能区土壤单项污染潜在生态危害系数特征值

| 项目 | 工业区 | 交通区 | 公园 | 大学 | 居民区 |
|---|---|---|---|---|---|
| $E_{Cu}$ | 40.0 | 13.3 | 7.08 | 7.54 | 7.07 |
| $E_{Zn}$ | 4.79 | 6.37 | 1.16 | 0.61 | 1.32 |
| $E_{Pb}$ | 11.5 | 8.4 | 6.57 | 7.15 | 9.31 |
| $E_{Cr}$ | 3.28 | 2.66 | 1.88 | 1.66 | 1.03 |
| $E_{Cd}$ | 82.2 | 95.3 | 64.1 | 122 | 52.6 |
| $E_{Ni}$ | 5.38 | 2.18 | 1.85 | 2.01 | 2.17 |
| RI | 147 | 128 | 82.6 | 141 | 73.5 |

而且上海市土壤重金属的潜在生态危害指数（RI）分布（图4-2）表明，上海市交通区、公园、居民区受重金属生态危害程度达到了强危害，而工业区和大学则达到了很强危害。污染程度为：工业区>大学>交通区>居民区>公园。这与上面所用内梅罗综合污染指数法的评价结果有所不同。

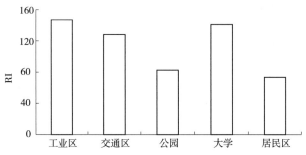

图4-2　潜在生态危害分布图

以土壤污染物实测值与评价标准之比计算上海市不同土地利用方式绿地土壤中6种重金属Cu、Zn、Pb、Cd、Cr和Ni的单项污染指数，以内梅罗公式计算的不同土地利用方式绿地土壤6种重金属的综合污染指数，评价了不同土地利用方式绿地土壤6种重金属的污染程度（表4-7）。就单项污染指数而言，不同土地利用方式下绿地土壤Cu、Pb、Cr和Ni的单项污染指数值大小顺序为：工业区>交通区>大学≈公园≈居民区；Zn的单项污染指数值大小顺序为：交通区>工业区>大学≈公园≈居民区；Cd的单项污染指数的大小顺序为大学>交通区>工业区>公园>居民区。就工业区而言，Cu和Zn的单项污染指数值均大于3，Pb、Cd和Ni的单项污染指数值大于2，而Cr的单项污染指数值则小于2，可见工业区绿地土壤中Cu和Zn已达到了重度污染的程度，Pb、Cd和Ni为中度污染，Cr为轻度污染；而交通区Zn和Cd为重度污染，Cu为中度污染，Pb、Cr和Ni为轻度污染；大学内Cd和Hg为重度污染，Cu、Pb和Ni为轻微污染，Zn和Cr尚未受到污染；公园和居民区重金属富集不明显。

表4-7　各功能区土壤重金属元素的单项污染指数和综合污染指数

| 功能区 | 单项污染指数 | | | | | | 综合污染指数 |
| --- | --- | --- | --- | --- | --- | --- | --- |
| | Cu | Zn | Pb | Cd | Cr | Ni | |
| 工业区 | 7.94 | 4.79 | 2.30 | 2.80 | 1.62 | 2.63 | 6.19 |
| 交通区 | 2.66 | 6.37 | 1.66 | 3.18 | 1.33 | 1.09 | 4.90 |
| 大学 | 1.51 | 0.52 | 1.42 | 4.08 | 0.83 | 1.01 | 3.09 |
| 公园 | 1.42 | 1.11 | 1.30 | 2.14 | 0.94 | 0.93 | 1.77 |
| 居民区 | 1.41 | 1.18 | 1.84 | 1.75 | 0.85 | 1.08 | 1.61 |

比较了不同土地利用方式绿地土壤中6种重金属的单项污染指数所占比例（图4-3至图4-7）。就Cu、Zn、Pb、Cr和Ni 5种重金属而言，工业区和交通区有较大一部分已达到了重度污染水平，而公园、大学及居民区的绿地土壤则多数处于未污染或轻度污染状态。但比较奇怪的是Cd，大学所有采样点的Cd均达到了重度污染，这可能与大学实验污染有密切的关系。

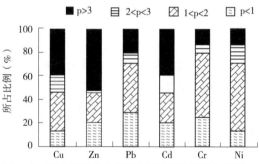

图4-3　工业区采样点各重金属的污染指数分布图

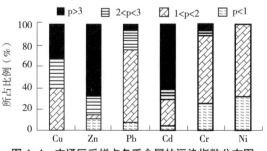

图4-4　交通区采样点各重金属的污染指数分布图

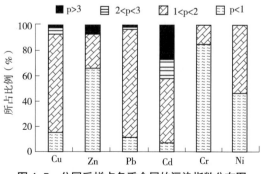

图4-5　公园采样点各重金属的污染指数分布图

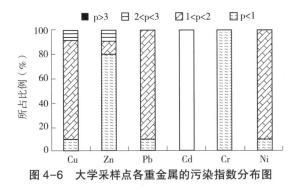

图4-6　大学采样点各重金属的污染指数分布图

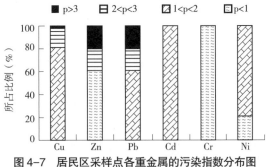

图4-7　居民区采样点各重金属的污染指数分布图

总之，从单因子污染指数分布状况来看，不同土地利用方式下绿地土壤中6种重金属的污染程度有所不同，即使同一功能区6种重金属的污染程度也有较大差异。具体表现为：

工业区：一半以上的绿地土壤受到了Zn的重度污染，37.5%的土壤出现了Cu和Cd重度污染的现象；而Pb、Cr和Ni的污染相对较轻，分别有41.7%、50%和58.3%的绿地土壤出现了Pb、Cr和Ni的轻度污染。

交通区：虽然4种重金属的污染状况与工业区相似，但严重程度却有所不同，超过70%的交通区绿地土壤遭受了Zn、Cd和Ni的重度污染，分别有39.3%、67.9%和67.86%的绿地土壤出现了Cu、Pb和Cr的轻微污染。

公园、大学和居民区：5种重金属的污染程度与工业区和交通区有所不同，Cu、Zn、Pb、Cr和Ni的重度污染微乎其微，但均有80%左右的土壤出现了Cu和Pb的轻微污染现象，且分别有65%、80%和60%的公园、大学和居民区绿地土壤Zn尚处于清洁状态，Cd的在这三个功能区的污染较为严重，而Cr在这三个功能区绿地土壤中的含量则更少，分别有超过80%的土壤未出现Cr的污染，大学和居民区中该现象尤为明显。

**3. 不同功能区绿地重金属分布特点**

工业区和交通区绿地土壤中Cu、Zn、Pb、Cr和Ni的平均含量均明显高于大学、公园及居民区，而Cd的平均含量则为大学、公园和居民区的大于交通区和工业区。同上海市土壤环境背景值比较，5种不同土地利用方式绿地土壤中6种重金属均出现了一定的富集现象，分析其原因可能是工业污染和交通污染所致。采用内梅罗综合污染指数法对各采样点进行污染评价，进一步证实了工业区和交通区受Cu、Zn、Pb、Cr、Ni 5种重金属的污染比较严重，而大学、公园和居民区的Cd污染较为严重。总之，重金属的污染已较为严重，工业区和交通区的Cu、Zn和Pb 3种重金属和大学、公园和居民区的Cd污染应当给予足够的重视。

## 二、上海典型道路绿地土壤重金属总量评价

交通是引起土壤中重金属累积的重要因素，为此，2006年8月选取浦东新区车流量较大的龙东大道、杨高路和环东大道3条不同建成年限、分布位置和走向的主要景观道路为研究区域(图4-8)，分别采集表层和剖面土壤样品，了解道路交通对园林绿化土壤重金属影响。分别在3条道路的中央隔离带和其他侧道绿地采集表层土样(0~10cm)，采样间距1~2km，共采样72个。剖面土样在3条道路的中央隔离带各选择1个有代表性的样点进行剖面

采样，共分 10 层，即 0~5cm、5~10cm、10~15cm、15~20cm、20~25cm、25~30cm、30~40cm、40~50cm、50~60cm、60~90cm，共采 30 个样。具体采样数见表 4-8。

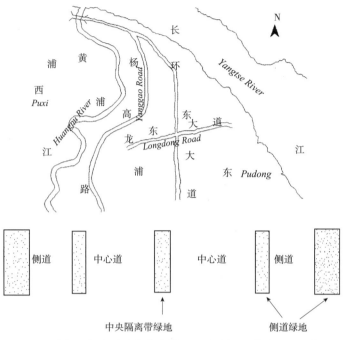

图 4-8　浦东三条主要城市道路景观绿地位置及道路分区示意图

表 4-8　浦东道路绿地土壤采样信息

| 采样地点 | 建成年限 | 中央隔离带绿地 | | 侧道绿地 |
| --- | --- | --- | --- | --- |
| | | 表层 | | 剖面 |
| | | 样本数 | | 样本数(点) |
| 杨高路 | 1992 年 | 16 | 10(1) | 13 |
| 龙东大道 | 1987 年 | 11 | 10(1) | 13 |
| 环东大道 | 1997 年 | 5 | 10(1) | 14 |

其道路两侧绿化带中土壤重金属具有以下特征。

**1. 道路绿地表层土壤重金属总体含量与污染状况**

与浦东新区的土壤背景值相比(表 4-9)，浦东道路景观绿地表层土壤的 As、Ni 含量低于其背景值，说明 As 和 Ni 没有出现累积；Cd、Cr、Cu、Hg、Pb、Zn 含量比其背景值分别高 6.25%、35.99%、41.19%、54.54%、30.04%、145%，说明这 6 种重金属有积累，其中 Cd 的累积程度最小，Zn 的累积程度最大。

以国家土壤质量二级标准为评价标准，浦东道路景观绿地表层土壤中，As、Cd、Cr、Cu、Hg、Ni、Pb、Zn 含量的平均值均低于二级土壤质量标准限值；其中 As、Cr、Cu、Hg、Ni 和 Pb 的单因子污染指数的平均值和最大值均小于 1，说明浦东道路景观绿地表层土壤 As、Cr、Cu、Hg、Ni 和 Pb 总体还没有达到污染水平；但约 2.78% 土壤样品的 Cd 和 15.3%

土壤样品的 Zn 的单因子污染指数大于 1，说明这些土壤发生了 Cd 和 Zn 的污染，其中 Cd 和 Zn 最高值分别为 1.81 和 2.37，分别属于轻度和中度污染。

表 4-9 浦东道路绿地表层土壤重金属含量和单因子污染指数的总体情况(mg/kg)*

| 金属 | 含量 | | 背景值 | 单因子污染指数 | |
| --- | --- | --- | --- | --- | --- |
| | 平均值±标准差 | 范围 | | 平均值±标准差 | 范围 |
| As | 8.54±2.42 | 1.08~17.37 | 9.56 | 0.35±0.096 | 0.21~0.69 |
| Cd | 0.17±0.15 | 0.02~1.09 | 0.16 | 0.17±0.15 | 0.06~1.81 |
| Cr | 101±7.30 | 83.73~122 | 74.27 | 0.40±0.029 | 0.33~0.49 |
| Cu | 41.37±14.12 | 15.71~83.83 | 29.3 | 0.21±0.071 | 0.08~0.38 |
| Hg | 0.17±0.11 | 0.03~0.81 | 0.11 | 0.17±0.11 | 0.03~0.81 |
| Ni | 27.65±2.29 | 22.26~33.69 | 36.33 | 0.46±0.038 | 0.37~0.54 |
| Pb | 36.54±21.98 | 13.44~134 | 28.10 | 0.10±0.063 | 0.04~0.38 |
| Zn | 201±111 | 95.37~710 | 82.16 | 0.67±0.37 | 0.33~2.37 |

* pH>8.0。

可见，浦东道路景观绿地表层土壤中 As 和 Ni 没有出现累积；Cr、Cu、Hg 和 Pb 虽然产生了累积，但尚未发生污染；而 Cd 和 Zn 已出现污染。

**2. 建成年限对道路绿地表层土壤重金属的影响**

龙东大道、杨高路和环东大道三条不同建成年限的道路景观绿地表层土壤中，通车年代不同，重金属含量不同(表 4-10)。三条道路 Cr 的含量差异不显著；As、Cd 和 Hg 含量的高

表 4-10 浦东不同道路绿地表层土壤重金属含量比较(mg/kg)

| 金属 | 杨高路(n=29) | | 龙东大道(n=24) | | 环东大道(n=19) | |
| --- | --- | --- | --- | --- | --- | --- |
| | 平均值±标准差 | 范围 | 平均值±标准差 | 范围 | 平均值±标准差 | 范围 |
| As | 10.22±2.77a | 7.2~17.37 | 7.85±1.83b | 1.08~10.8 | 7.65±0.95b | 4.71~9.53 |
| Cd | 0.24±0.20a | 0.02~1.09 | 0.15±0.053b | 0.05~0.23 | 0.080±0.026b | 0.04~0.15 |
| Cr | 101±8.23a | 88.08~122 | 101±6.29a | 92.0~114 | 101±7.33a | 83.7~114 |
| Cu | 44.70±16.26a | 24.68~83.8 | 42.91±11.97a | 25.6~69.4 | 34.12±10.76b | 15.7~68.7 |
| Hg | 0.22±0.14a | 0.07~0.81 | 0.14±0.048b | 0.04~0.23 | 0.13+0.066b | 0.03~0.26 |
| Ni | 27.40±2.14b | 22.3~31.3 | 27.32±2.19b | 23.37~29.7 | 28.73+2.45a | 22.5~33.7 |
| Pb | 44.24±27.23a | 14.2~135 | 38.95±16.88a | 13.7~71.8 | 21.49±6.74b | 13.4~40.6 |
| Zn | 209±108a | 95.4~525 | 240±134a | 96.1~710 | 137±36.71b | 97.8~265 |

A、B 表示 $P<0.01$，a、b 表示 $P<0.05$。

低顺序为杨高路>龙东大道>环东大道，并且杨高路含量和龙东大道、环东大道之间差异显著；龙东大道和杨高路 Cu、Pb 和 Zn 的含量均高于环东大道，并且前两者含量和后者差异显著；就 Ni 而言，其在通车年代短的环东大道的含量反而高于通车年代长的杨高路和龙东大道，这和国外所报道的道路两侧 Ni 有不同程度累积的研究结果有所不同。通车年代不同，重金属的污染程度也不同，Cd 仅通车年代最长的杨高路超过国家土壤质量二级标准；龙东大道和杨高路均有样品的 Zn 含量超过国家土壤质量二级标准；而环东大道 Cd 和 Zn 含量均在国家土壤质量二级标准范围内。

总之，通车年代长的道路（杨高路、龙东大道）的 Cu、Pb、Cd 和 Zn 含量相对高于通车年代短的道路（环东大道），重金属的污染主要出现在通车年代长的道路中，这与国内外报道的道路两侧土壤中这几种重金属有不同程度累积的研究结果一致。

### 3. 道路绿地不同位置表层土壤重金属含量

As、Hg 和 Ni 在中央隔离带和侧道绿地表层土样中含量差异不显著（表 4-11），但其他重金属则差异显著。其中，中央隔离带绿地 Cd、Cr、Cu、Pb 和 Zn 的含量比侧道位置绿地高，Cr 差异为显著，其余的差异极显著；Cd 和 Zn 在不同位置的污染程度不同，Cd 在侧道位置的最高含量均低于国家土壤质量二级标准，而在中央隔离带绿地中有部分样品的 Cd 含量超过了国家土壤质量二级标准；Zn 在不同位置均有样品含量高于国家土壤质量二级标准限值，但在侧道绿地中只有一个样品 Zn 的含量刚超过国家土壤质量二级标准，而中央隔离带绿地中有 1/3 土样 Zn 的含量超过国家土壤质量二级标准，其中污染指数最大值为 2.37，属中度污染。

表 4-11　浦东不同位置道路绿地土壤重金属含量比较（mg/kg）

| 金属 | 中央绿化隔离带（n=32） | | 侧道位置绿地（n=40） | |
|---|---|---|---|---|
| | 平均值±标准差 | 范围 | 平均值±标准差 | 范围 |
| As | 9.33±3.29 | 6.77~13.29 | 8.30±1.24 | 1.08~17.37 |
| Cd | 0.24±0.19A | 0.036~0.27 | 0.12±0.059B | 0.058~1.09 |
| Cr | 103±7.97a | 89.3~115 | 99.56±6.45b | 83.73~114 |
| Cu | 50.03±14.39A | 22.00~68.65 | 34.34±9.29B | 15.71~83.83 |
| Hg | 0.17±0.080 | 0.047~0.32 | 0.17±0.13 | 0.031~0.265 |
| Ni | 24.48±2.41 | 23.37~33.59 | 27.92±2.20 | 22.26~32.45 |
| Pb | 52.17±23.74A | 13.44~40.56 | 23.91±8.20B | 15.43~134 |
| Zn | 271±126A | 96.08~335 | 144±51.37B | 115~710 |

A、B 表示 $P<0.01$，a、b 表示 $P<0.05$。

总之，中央隔离带绿地表层土壤重金属含量（Cd、Cr、Cu、Pb、Zn）相对较高，重金属污染（Cd 和 Zn）主要出现在中央隔离带绿地，这可能是由于中央隔离带绿地受双向车流影响，车流量相对较高，而侧道绿地仅受单向车流影响，车流量相对较低。

### 4. 道路绿地土壤重金属的剖面分布

由于重金属在土体中的迁移性较差，外来的重金属主要"富集"在土壤表层，含量随土层深度增加而降低。除杨高路外，龙东大道和环东大道的污染综合指数在土壤剖面垂直分布上没有明显的差异（图4-9）。就三条道路的As、Ni、Hg和Cr 4种重金属含量的土壤垂直剖面分布而言（图4-10至图4-12），仅杨高路的Hg和环东大道的Cr从上层到下层含量有降低的趋势，其余的在土壤剖面垂直分布上上下层之间的差异不明显。但Cd、Cu、Pb和Zn 4种重金属含量则表层（0~10cm）高于下层（图3-13至图3-15），表层中又以0~5cm的含量最高，4种重金属基本表现为表聚现象，这和已有关于城市土壤重金属剖面分布的研究结果相一致。当然由于在城市中，道路一直存在拓宽、绿化改建以及土壤主要为"客土"等人为影响，因此重金属垂直分布变化趋势相对较复杂，局部也会出现下层重金属含量大于上层重金属含量的变异现象。但总体而言，浦东三条道路景观绿地土壤中Cd、Cu、Pb和Zn表聚趋势比较明显，尤其是Zn和Pb的表聚趋势最为明显。

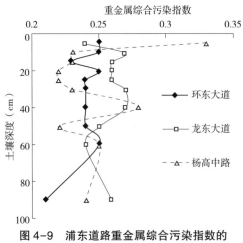

图4-9　浦东道路重金属综合污染指数的
土壤剖面垂直分布图

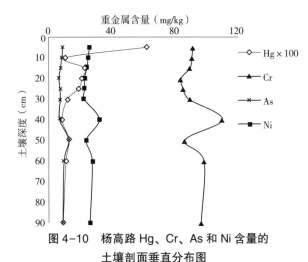

图4-10　杨高路Hg、Cr、As和Ni含量的
土壤剖面垂直分布图

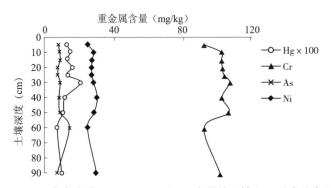

图4-11　龙东大道Hg、Cr、As和Ni含量的土壤剖面垂直分布图

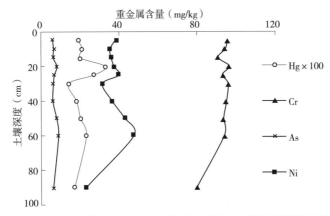

**图4-12　环东大道 Hg、Cr、As 和 Ni 含量的土壤剖面垂直分布图**

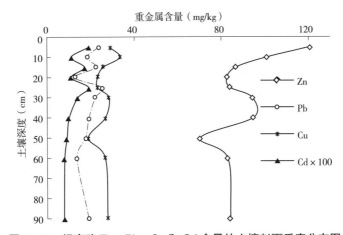

**图4-13　杨高路 Zn、Pb、Cu 和 Cd 含量的土壤剖面垂直分布图**

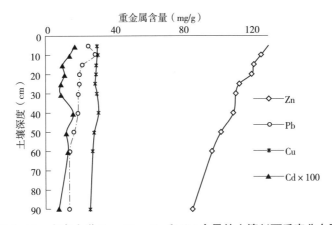

**图4-14　龙东大道 Zn、Pb、Cu 和 Cd 含量的土壤剖面垂直分布图**

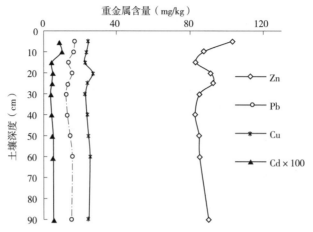

图 4-15 环东大道 Zn、Pb、Cu 和 Cd 含量的土壤剖面垂直分布图

### 5. 道路绿地土壤重金属之间相关性分析

重金属含量间的相关性可判断重金属的来源途径，如果其相关性显著，说明重金属来源有依存关系，即同源性比较大；反之，则不存在依存关系，说明重金属的来源途径可能不止一个。浦东新区主要景观绿地重金属含量之间的相关性分析显示（表 4-12），三条道路的 Pb、Zn、Cu 和 Cd 四者之间呈极显著或显著性相关，表明它们的污染来源一致。

表 4-12　浦东道路绿地土壤重金属的相关性

| 项目 | | Cd | Cr | Cu | Ni | Pb | Zn | Hg | As |
|------|------|------|------|------|------|------|------|------|------|
| 杨高路 | Cd | 1 | 0.5971** | 0.6959** | 0.310 | 0.6129** | 0.5958** | 0.364 | 0.6335** |
| | Cr | | 1 | 0.7075** | 0.7233** | 0.5964** | 0.6328** | 0.173 | 0.4981** |
| | Cu | | | 1 | 0.304 | 0.9123** | 0.9052** | 0.274 | 0.7415** |
| | Ni | | | | 1 | 0.207 | 0.356 | 0.169 | 0.306 |
| | Pb | | | | | 1 | 0.9225** | 0.136 | 0.7038** |
| | Zn | | | | | | 1 | 0.117 | 0.7332** |
| | Hg | | | | | | | 1 | 0.283 |
| | As | | | | | | | | 1 |
| 龙东大道 | Cd | 1 | 0.002 | 0.6474** | -0.4334* | 0.7536** | 0.6578** | 0.4228* | -0.160 |
| | Cr | | 1 | 0.197 | 0.7078** | 0.209 | 0.195 | 0.017 | 0.098 |
| | Cu | | | 1 | -0.383 | 0.8587** | 0.6649** | 0.4644* | -0.107 |
| | Ni | | | | 1 | -0.347 | -0.289 | -0.310 | 0.118 |
| | Pb | | | | | 1 | 0.7853** | 0.4144* | -0.208 |
| | Zn | | | | | | 1 | 0.115 | -0.209 |
| | Hg | | | | | | | 1 | 0.117 |
| | As | | | | | | | | 1 |

（续）

| 项目 | | Cd | Cr | Cu | Ni | Pb | Zn | Hg | As |
|---|---|---|---|---|---|---|---|---|---|
| | Cd | 1 | −0.084 | 0.314 | −0.208 | 0.5449** | 0.6570** | 0.257 | −0.146 |
| | Cr | | 1 | 0.015 | 0.5125* | 0.250 | 0.249 | −0.001 | 0.409 |
| | Cu | | | 1 | −0.093 | 0.344 | 0.459* | 0.355 | 0.198 |
| 环东大道 | Ni | | | | 1 | −0.051 | −0.143 | 0.049 | 0.098 |
| | Pb | | | | | 1 | 0.8859** | 0.266 | 0.076 |
| | Zn | | | | | | 1 | 0.052 | 0.062 |
| | Hg | | | | | | | 1 | −0.038 |
| | As | | | | | | | | 1 |

** $P<0.01$；* $P<0.05$。

### 6. 道路绿地土壤重金属和建成年限相关性分析

而浦东道路中重金属含量和绿地建成年限进行相关性分析得出（表4-13），Zn 为极显著相关；Pb 为显著相关；Cd、Cu 与建成年限之间相关系数为 0.163 和 0.225，虽未达到显著相关，但相关系数比较大；Cr 和建成年限间的相关性不明显，而 Ni、Hg 和 As 三种重金属和建成年限呈负相关，这也进一步证实 Cr、Ni、Hg、As 和交通污染源的相关性不大。

表4-13　浦东道路绿地土壤重金属含量和建成年限的相关性

| r | Cd | Cr | Cu | Ni | Pb | Zn | Hg | As |
|---|---|---|---|---|---|---|---|---|
| 建成年限 | 0.163 | 0.016 | 0.225 | −0.228 | 0.284* | 0.351** | −0.005 | −0.005 |

** $P<0.01$；* $P<0.05$。

### 7. 道路绿地土壤重金属污染特征分析

浦东道路景观绿地土壤中出现了 Pb、Cu、Cd 和 Zn 的富集，且污染具有同源性，基本是来自交通污染。其中 Zn 和 Pb 的累积程度最高，而交通对 As、Cr、Ni、Hg 的直接影响不大。城市道路景观绿化带污染程度和车流量直接相关：通车时间越长，机动车累积流量越高，重金属的累积程度越高。

浦东道路景观绿地土壤 Pb 和 Zn 累积最为严重，但浦东景观绿地土壤中 Zn 的污染程度远大于 Pb，相比较而言，3 条道路所有采样点的 Pb 含量要远低于国家二级土壤质量标准的限值，尚属于清洁安全的范围。

## 三、上海工业区绿地土壤重金属总量评价

工业是引起土壤中重金属累积的重要因素，上海作为我国民族工业的发源地，许多企业都有百年历史，这些区域绿地中土壤重金属含量能很好表征城市绿地中重金属的污染特征。上海世博会原规划区位于黄浦江两岸，其中浦西面积 1.35km²，浦东面积 3.93km²，总面积约 5.28km²，其内分布有 100 多年历史的江南造船厂以及爱德华造船厂、上海钢铁三厂、港

口机械厂和上海溶剂厂等知名老企业。为此，在 2006 年 7 月底至 8 月初在世博园建设全面动工前，对该规划区域内各种土地利用方式下的附属绿地根据面积大小进行"S"型布点采样，采样深度 0~30cm，总共采集了 80 个样品，具体样点的分布见图 4-16。

**图 4-16　世博会规划区采样点示意图**

作为典型的老工业区，上海世博会原规划地土壤重金属具有以下特征。

### 1. 绿地土壤重金属总体含量

与上海市土壤环境背景值相比，绿地土壤中除 Hg 之外，原上海世博会规划区其他重金属均出现不同程度的累积，其中 Cd、Ni 和 Pb 和环境背景值之间差异显著，而 As、Cr、Cu、Zn 和环境背景值之间差异极显著（表 4-14）。考虑到城市绿地中园林植物不进入食物链，而上海园林土壤的 pH 一般在 8.0 以上，因此用国家二级或三级土壤质量（GB 15618—1995）的最高限值作为绿地土壤重金属的标准来衡量。此外，工业区（世博会规划区）绿地土壤重金属分布差别比较大，Ni、Cr、Cu、Pb、Hg 和 As 6 种重金属含量的平均数都小于国家三级标准控制限量的 50%，Zn 小于 75%，只有 Cd 超标。但用中位数来分析，8 种重金属含量的中位数都比其平均数低得多，而且全部低于国家二级土壤环境质量的控制限量标准。而 Ni、Cr、Cu、Zn、Pb 和 Cd 6 种重金属的变幅（最大值与最小值之差）很大但中位数却远低于平均数，表明 Ni、Cr、Cu、Zn、Pb 和 Cd 6 种重金属含量高的样点是少数但其数值却很大，这 6 种重金属最高含量是国家三级土壤质量标准限值的 2.16~17.67 倍，已经达到严重污染程度，尤以铅超标最严重。Hg、As 的最大值都小于国家二级质量标准的限值，中位数与平均数十分接近，这说明两种重金属的含量都处于较低水平，尤其是 Hg 的最大值为 0.27mg/kg，远小于国家限量标准，这也说明工业区（世博会规划区）绿地土壤不受 Hg 和 As 的污染。

表 4-14　世博会原规划区绿地土壤重金属总体分布特征（mg/kg）

| 重金属 | 含　量 | | 中位数 | 上海土壤背景值[a] | 国家土壤质量标准 | |
| --- | --- | --- | --- | --- | --- | --- |
| | 平均值±标准差 | 范围 | | | 二级 | 三级 |
| As | 12.54±5.36** | 6.88～37.06 | 11.10 | 8.76 | 25 | 30 |
| Cd | 3.41±14.27* | 0.020～99.47 | 0.235 | 0.12 | 0.6 | 1.0 |
| Cr | 127±168** | 0.00～1302 | 101 | 74.88 | 250 | 400 |
| Cu | 101±135** | 24.93～863 | 52.64 | 28.37 | 200 | 400 |
| Hg | 0.057±0.048 | 0.010～0.27 | 0.043 | 0.092 | 1 | 1.5 |
| Ni | 60.15±98.96* | 16.47～843 | 40.05 | 31.19 | 60 | 200 |
| Pb | 223±983* | 27.05～8835 | 70.89 | 25.35 | 350 | 500 |
| Zn | 368±322** | 50.40～1593 | 221 | 83.68 | 300 | 500 |

注：* $P<0.05$，** $P<0.01$，和上海市土壤环境背景值相比。

用重金属综合污染指数（内梅罗计算式 $P_{综合}=\{[(\sum P_{i平均})^2+(P_{imax})^2]/2\}0.5$）评价世博会规划区内绿地土壤重金属的污染程度（图 4-17），发现工业区（世博会规划区）内大部分绿地土壤属于清洁安全和尚清洁的范围，分别是 69.83% 和 6.94%。但也局部存在重度污染、中度污染和轻度污染，含量分别是 7.81%、2.56% 和 12.87%。这也进一步说明工业区（世博会规划区）内大部分附属绿地的土壤没有出现重金属污染。

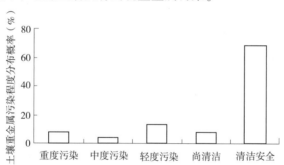

图 4-17　世博会规划区绿地土壤重金属污染分级

## 2. 绿地土壤重金属污染程度分析

为了更好了解绿地土壤中不同重金属的污染程度，分别对不同工业类型附属绿地土壤重金属的污染程度进行了测定分析。

（1）Cd

以造船厂 Cd 的污染程度最大，有 20% 土壤样品达到了重度污染，其次为机械、试剂溶剂厂和钢铁厂，而居民办公区没有出现 Cd 的污染，钢铁和试剂溶剂厂 80% 以上土样还属于清洁安全的范围（图 4-18）。

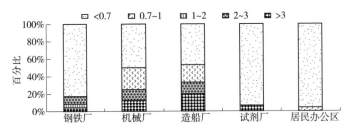

**图4-18　不同工业类型附属绿地土壤Cd的污染指数分布图**

（2）Cr

只有机械厂出现了Cr的重度污染，大约占12.5%，其余属于清洁安全；另外钢铁厂有约4%的土样出现了Cr的污染，其余属于清洁安全；而造船厂、居民办公区和溶剂试剂厂均属于清洁安全范围(图4-19)。

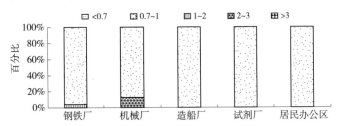

**图4-19　不同工业类型附属绿地土壤Cr的污染指数分布图**

（3）Cu

只有造船厂、机械厂和钢铁厂出现Cu的污染，其中机械厂有10%的土样出现了Cu的中度污染，造船厂有10%的土样出现了Cu的轻度污染，钢铁厂有约4%的土样出现了Cu的轻度污染，而溶剂试剂厂和居民办公区Cu属于清洁安全(图4-20)。

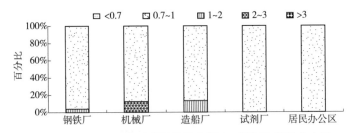

**图4-20　不同工业类型附属绿地土壤Cu的污染指数分布图**

（4）Ni

只有机械厂和钢铁厂出现了Ni的污染。其中钢铁厂各有4%左右土样的Ni分别达到重度和轻度污染，约4%土样的Ni属于尚清洁，其余近88%土样的Ni属于清洁安全范围。而机械厂有12%左右土样的Ni属于轻度污染，其余约88%土样的Ni属于清洁安全范围。而造船厂、溶剂试剂厂和居民办公区所有样点的Ni均属于清洁安全的范围(图4-21)。

（5）Pb

只有造船厂出现了Pb的污染，约6%左右为轻度污染，6%为尚清洁安全，其余土样的Pb均属于清洁安全。而钢铁厂和机械厂分别约有4%到12%的土样出现了Pb的污染，其余土样的 Pb 均属于清洁安全。而溶剂试剂厂和居民办公区所有样点的 Pb 均属于清洁安全的范围(图 4-22)。

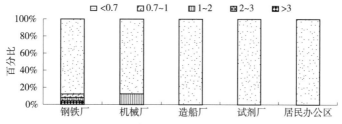

图 4-21 不同工业类型附属绿地土壤 Ni 的污染指数分布图

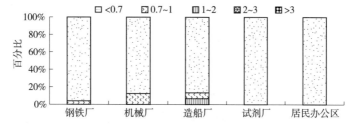

图 4-22 不同工业类型附属绿地土壤 Pb 的污染指数分布图

(6) Zn

所有工业类型附属绿地土壤均出现了 Zn 的累积,并以工厂污染最为严重。其中造船厂约有 4% 出现了 Zn 的重度污染,约 60% 土样的 Zn 为轻度污染,约 20% 左右土样的 Zn 为尚清洁,只有约 16% 的土样的 Zn 属于清洁安全范围。而机械厂约有 24% 出现了 Zn 的中度污染,约 40% 左右土样的 Zn 为轻度污染,约 24% 左右土样的 Zn 为尚清洁,只有约 12% 的土样的 Zn 属于清洁安全范围。而溶剂试剂厂和居民办公区虽然 Zn 没有达到污染程度,但溶剂试剂厂和居民办公区分别有约 10% 和 4% 的土样的 Zn 属于尚清洁的范围(图 4-23)。

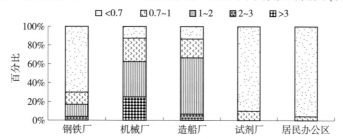

图 4-23 不同工业类型附属绿地土壤 Zn 的污染指数分布图

(7) Hg

所有工业类型附属绿地土壤均没有出现 Hg 的累积,所有土样的 Hg 属于尚清洁的范围(图 4-24)。

(8) As

只有造船厂和钢铁厂出现了 As 的轻度污染,含量分别为 4% 和 8% 左右,其余土样的 As 均属于清洁安全范围。另外钢铁厂、造船厂和居民办公区分别有 10%、8% 和 4% 左右土样的 As 分别属于尚清洁,其余土样的 As 均属于清洁安全范围。而机械厂和溶剂试剂厂的 As 均属于清洁安全范围(图 4-25)。

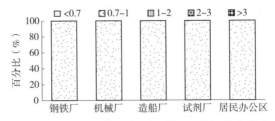

图4-24 不同工业类型附属绿地土壤Hg的污染指数分布图

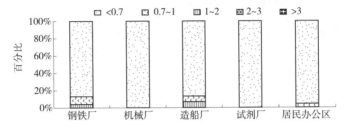

图4-25 不同工业类型附属绿地土壤As的污染指数分布图

### 3. 影响工业区(世博会规划区)绿地土壤重金属含量的因子分析

影响绿地中重金属分布的原因主要有两方面,一是人为源;另一个是自然源。土壤本身性质如有机质、土壤黏粒和pH对重金属起吸附固定和累积作用。工业区(世博会规划区)调查研究的80个绿地土壤样品中,出现重金属污染的19个土壤样品均分布在工业区内,居民区、办公区内绿地土壤没有出现重金属污染,因此分析不同利用方式对世博会规划区绿地土壤重金属污染的影响主要是针对不同工业区的利用方式。将土壤有机质、土壤黏粒含量、pH、与污染源距离以及工业利用的方式类型作为影响世博会规划区附属绿地土壤重金属的主要因子进行关联度的分析(表4-15),发现影响重金属污染的关联度排序是与污染源距离(m)>有机质>黏粒含量>pH>利用方式(不同工厂类型),影响绿地土壤重金属污染的各相关因子中,与污染源距离排第一位,工厂利用类型排在最后,由于19个重金属污染土壤样品全部分布在工厂内,说明与不同工厂类型相比,与污染源的距离对绿地土壤重金属污染的影响要远远大于工厂利用类型本身。

表4-15 世博会原规划区影响绿地土壤重金属污染的各因子之间关联度分析

| 关 联 度 | 数值 | 优势排序 |
|---|---|---|
| $r_1$(pH与重金属含量的关联度) | 0.5030 | 4 |
| $r_2$[离污染源距离(m)与重金属含量的关联度] | 0.7230 | 1 |
| $r_3$[黏粒含量(%)与重金属含量的关联度] | 0.5231 | 3 |
| $r_4$[有机质(g·kg$^{-1}$)与重金属含量的关联度] | 0.6474 | 2 |
| $r_5$[利用方式(所在区域)与重金属含量的关联度] | 0.4891 | 5 |

进一步对钢铁厂不同位置绿地土壤中重金属进行污染综合指数评价(图4-26),可以看出在钢铁厂的不同位置,重金属污染综合指数差别很大。油桶堆放地块的污染最为严重;与铁轨运料处和铁块堆放处等重金属污染源位置近的绿地土壤重金属污染也比较严重;而厂房

旁一些不与污染源直接接触的绿地以及厂内办公区附近绿地土壤的重金属在清洁安全范围内。以上分析说明对污染源的保护不当也是导致绿地土壤重金属污染的主要原因，这和前面分析的机械厂和造船厂之所以污染最为严重，与重型机械室外操作、造船厂室外焊接等对污染源没有采取隔离措施有关的结果是一致的。这也说明除了尽量远离污染源，防止城市绿地土壤重金属污染最有效的办法是要割断重金属污染源与绿地土壤的直接接触，加强对重金属污染源的监控。

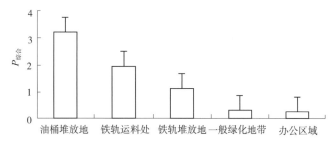

图 4-26    钢铁厂不同位置绿地土壤中重金属污染综合指数（n=23）

# 第二节    上海园林绿化土壤不同形态重金属含量

土壤中重金属元素在介质中的存在形态是衡量其环境效应的关键因素，因此土壤中重金属的形态研究越来越受到重视。事实上，重金属对生态环境的污染不仅与其总量有关，更大程度表现在重金属在土壤中存在的化学形态，重金属的不同形态产生不同的环境效应，直接影响到重金属的毒性、迁移和在自然界的循环。重金属在土壤中的形态含量及其比例是决定其对环境及周围生态系统造成影响的关键因素。由于重金属形态比重金属总量更能表明重金属的毒害程度，因此用有效态重金属的含量取代重金属总量能更科学地表征土壤重金属的污染程度。

关于重金属形态分类，不同学者提出不同方法，其中比较经典的是 Tessier 提出的利用化学试剂分步提取法来研究重金属形态，分为可交换态、碳酸盐结合态、铁锰氧化态、有机态和残渣态五种形态。该方法经过较长时间的研究和严格测试，已广泛应用于土壤和底泥中的重金属物理形态分析。而 1997 年 Soltanpour 等提出 AB-DTPA 通用浸提剂的方法，它包容了多种浸提剂的优势，较大限度地提高了混合浸提时的提取效率和多组分测定的准确性，各组分的分离测定率较好，相互影响的几率较低，是一种相对可行有效的多组分联合分析方法。AB-DTPA 不但能有效提取土壤中有效态营养元素含量，还能表征土壤中有效态重金属含量，特别是 AB-DTPA 和电感耦合等离子体发射光谱法（ICP-OES）联用，极大地提高了分析速率，近年来已被欧美国家用于重金属污染评价。本节就分别用 AB-DTPA 和 Tessier 两种方法来评价上海园林绿化土壤的有效态重金属含量。

## 一、AB-DTPA 方法

依据上海市地方标准《园林绿化工程种植土壤质量验收规范》（DB31/T 769—2013）关于重金属分级进行评价（见表 4-16）。

表 4-16　上海市关于园林绿化土壤重金属分级标准

| 重金属 | 污染等级（mg/kg） | | |
|---|---|---|---|
| | Ⅰ级 | Ⅱ级 | Ⅲ级 |
| 有效砷（As） | <1 | <1.5 | <2.0 |
| 有效镉（Cd） | <0.5 | <0.8 | <1.0 |
| 有效铬（Cr） | <10 | <20 | <35 |
| 有效铅（Pb） | <30 | <40 | <50 |
| 有效汞（Hg） | <1 | <1.2 | <1.5 |
| 有效镍（Ni） | <5 | <10 | <20 |
| 有效锌（Zn） | <10 | <25 | <40 |
| 有效铜（Cu） | <8 | <15 | <30 |

注：小于Ⅰ级表示清洁；Ⅰ级到Ⅱ级间表示轻度污染；

　　Ⅱ级到Ⅲ级间表示中度污染；大于Ⅲ级表示重度污染。

### （一）上海园林绿化土壤重金属有效态含量

#### 1. 有效砷

（1）全市概况

对全市 1432 个园林绿化土壤调查结果显示：上海市园林绿化土壤有效砷含量在 0.06～6.19mg/kg 之间，平均含量为 0.20±0.23mg/kg。有效砷含量分布频率见图 4-27。99.79% 的土壤样品有效砷含量在 0.06～0.85mg/kg 之间，没有超过一级污染上限值（1.0mg/kg）；有 2 个土壤样品（0.14%）的有效砷含分别为 1.57mg/kg 和 1.59mg/kg，超出二级污染水平，但没有超过三级污染上限值（2.0mg/kg）；还有 1 个土壤样品（0.14%）的有效砷含量为 6.19mg/kg，超过三级污染上限值（2.0mg/kg）。

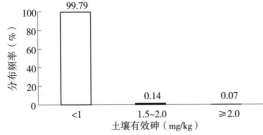

图 4-27　全市绿地土壤有效砷分布频率

说明除极个别土样外，上海市园林绿化土壤有效砷含量在清洁安全范围内。

（2）不同类型绿地

公园绿地土壤样品有效砷含量为 0.078～6.21mg/kg，平均含量为 0.24±0.27mg/kg。

公共绿地土壤样品的有效砷含量为 0.059～0.51mg/kg，平均含量为 0.20±0.087mg/kg。

道路绿地土壤样品的有效砷含量为 0.073～1.59mg/kg，平均含量为 0.22±0.14mg/kg。

不同绿地类型土壤有效砷平均含量之间差异性不显著。

（3）不同区域

上海中心城区绿地土壤的有效砷含量为 0.096～6.19mg/kg，平均含量为 0.25±0.31mg/kg。郊区绿地土壤的有效砷含量为 0.061～0.85mg/kg，平均含量为 0.22±0.080mg/kg。有效砷含量大小依次为：中心城区>郊区，但两者差异不显著。

（4）不同剖面

选择全市不同建成年限、不同区县、不同绿地类型的 60 个典型剖面样点，分 0~20cm、20~40cm 和 40~90cm 共 3 个层次进行土样采集，分析结果显示：

0~20cm 土壤样品中，有效砷含量为 0.10~0.34mg/kg，平均含量为 0.18±0.063mg/kg。

20~40cm 土壤样品中，有效砷含量在 0.06~0.42mg/kg 之间，平均含量为 0.17±0.070mg/kg。

40~90cm 土壤样品中，有效砷含量在 0.06 ~ 0.95mg/kg 之间，平均含量为 0.17 ± 0.088mg/kg。

不同土壤剖面有效砷含量没有一致规律性，不过整体含量都低于一级限值标准（1mg/kg）。

**2. 有效镉**

（1）全市概况

对全市 1432 个园林绿化土壤调查结果显示：上海市园林绿化土壤样品的有效镉含量在 0.01~2.34mg/kg 之间，平均含量为 0.10±0.15mg/kg。有效镉含量具体分布频率见图 4-28。66.35% 的土壤样品有效镉含量在 0.01 ~ 0.1mg/kg 之间；32.82% 的土壤样品有效镉含量在 0.1~0.5mg/kg 之间，即 99.44% 的土壤样品有效镉含量未超过一级污染上限（0.5mg/kg），是清洁安全的；有 1 个土壤样品（0.069%）的有效镉含量为 0.51mg/kg，为二级污染（0.5 ~ 0.8mg/kg）；还有 0.761% 的土壤样品有效镉含量超过 1.0mg/kg，超过三级污染上限（1.0mg/kg）。

说明除极个别土样外，上海市园林绿化土壤有效镉含量在清洁安全范围内。

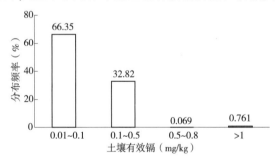

**图 4-28　全市绿地土壤有效镉分布频率**

（2）不同类型绿地

公园绿地土壤样品有效镉含量为 0.021~2.34mg/kg，平均含量为 0.12±0.14mg/kg。

公共绿地土壤样品的有效镉含量为 0.014~2.09mg/kg，平均含量为 0.10±0.24mg/kg。

道路绿地土壤样品的有效镉含量为 0.014~0.51mg/kg，平均含量为 0.07±0.056mg/kg。

其中公园和公共绿地土壤有效镉平均含量之间差异不显著，但和道路之间差异显著（$P<0.05$）。道路土样仅有 1 个样品为 0.51mg/kg，略超一级污染标准，其余均属于清洁安全的范围，而且有 87.94 样品含量低于 0.1mg/kg（见图 4-29），说明累积程度非常低。相对而言，公园和公共绿地有效镉平均含量虽然低，但个别土样出现不同程度超标，而公园和公共绿地相对人群密集，但交通影响小；而道路绿地正好相反；可见，有效镉的累积可能与交通相关性不大，但受人为影响较大。

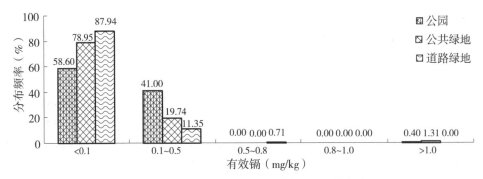

图4-29　全市不同类型绿地土壤有效镉分布频率

（3）不同区域

上海中心城区绿地土壤的有效镉含量为0.014~2.34mg/kg，平均含量为0.13±0.17mg/kg。郊区土壤有效镉含量为0.014~1.80mg/kg，平均含量为0.08±0.11mg/kg。有效镉含量大小依次为：中心城区>郊区，但两者差异不显著。

（4）不同剖面

选择全市不同建成年限、不同区县、不同绿地类型的60个典型剖面样点，分0~20cm、20~40cm和40~90cm共3个层次进行土样采集，分析结果显示：

0~20cm样品有效镉含量为0.014~0.24mg/kg，平均含量为0.081±0.032mg/kg。

20~40cm样品有效镉含量为0.01~0.19mg/kg，平均含量为0.065±0.025mg/kg。

40~90cm样品有效镉含量为0.02~0.21mg/kg，平均含量为0.055±0.015mg/kg。

不同土壤层次中，以表层土样（0~20cm）含量最高，和20~40cm和40~90cm层次均存在显著差异，但20~40cm和40~90cm层次之间差异不显著。这和第一节中分析的城市土壤中总镉容易超标的结论一致。

**3. 有效铬**

（1）全市概况

对全市1432个园林绿化土壤调查结果显示：上海市园林绿化土壤样品的有效铬含量最小值<0.01mg/kg，最大值为0.49mg/kg。有效铬含量分布频率见图4-30。17.46%的土壤样品有效铬含量低于0.01mg/kg，73.32%的土壤样品有效铬含量在0.01~0.1mg/kg之间，9.22%的土壤样品有效铬含量在0.1~0.5mg/kg之间，所有土壤样品的有效铬含量都未超过一级污染上限值（10mg/kg），是清洁安全的。

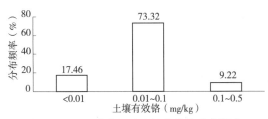

图4-30　全市绿地土壤有效铬分布频率

（2）不同类型绿地

公园绿地土壤样品的有效铬含量最小值<0.01mg/kg，最大值为0.49mg/kg，平均值为0.045±0.043mg/kg。

公共绿地土壤样品的有效铬含量最小值<0.01mg/kg，最大值为0.22mg/kg，平均值为0.029±0.035mg/kg。

道路绿地土壤样品的有效铬含量最小值<0.01mg/kg，最大值为0.28mg/kg，平均值为

$0.050 \pm 0.047 mg/kg$。

3 种绿地中，以公共绿地有效铬含量略低，公园和道路绿地相近，3 种类型绿地之间差异不显著，而且土壤有效铬分布频率基本一致，含量以在 $0.01 \sim 0.1 mg/kg$ 之间所占比例较高(图 4-31)。

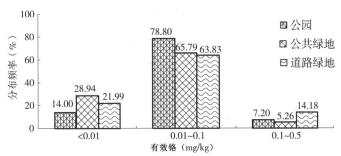

图 4-31　全市不同类型绿地土壤有效铬分布频率

（3）不同区域

中心城区土壤样品的有效铬含量最小值 $<0.01 mg/kg$，最大值为 $0.49 mg/kg$，平均值为 $0.056 \pm 0.045 mg/kg$。郊区土壤样品的有效铬含量最小值 $<0.01 mg/kg$，最大值为 $0.28 mg/kg$，平均值为 $0.029 \pm 0.036 mg/kg$。有效铬含量大小依次为：中心城区 > 郊区，两者差异不显著。

（4）不同剖面

选择全市不同建成年限、不同区县、不同绿地类型的 60 个典型剖面样点，分 $0 \sim 20 cm$、$20 \sim 40 cm$ 和 $40 \sim 90 cm$ 共 3 个层次进行土样采集，分析结果显示：

$0 \sim 20 cm$ 土壤样品有效铬含量最小值 $<0.01 mg/kg$，最大值为 $0.22 mg/kg$，平均值为 $0.030 \pm 0.043 mg/kg$。

$20 \sim 40 cm$ 土壤样品有效铬含量最小值 $<0.01 mg/kg$，最大值为 $0.31 mg/kg$，平均值为 $0.038 \pm 0.067 mg/kg$。

$40 \sim 90 cm$ 土壤样品有效铬含量最小值 $<0.01 mg/kg$，最大值为 $0.73 mg/kg$，平均值为 $0.053 \pm 0.13 mg/kg$。

土壤不同剖面层次中有效铬含量差异不显著。

**4. 有效铅**

（1）全市概况

对全市 1432 个园林绿化土壤调查结果显示：上海市园林绿化土壤样品的有效铅含量在 $1.29 \sim 78.96 mg/kg$ 之间，平均含量为 $7.68 \pm 7.89 mg/kg$，具体分布频率见图 4-32。97.06% 的土壤样品有效铅含量 $<30 mg/kg$，没有超过一级污染上限；1.40% 的土壤样品有效铅含量在 $30 \sim 40 mg/kg$ 之间，没有超过二级污染上限；0.84% 的土壤样品有效铅含量在 $40 \sim$

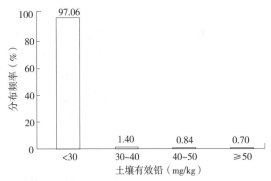

图 4-32　全市绿地土壤有效铅分布频率

50mg/kg 之间，没有超过三级污染上限；还有 0.70% 的土壤样品有效铅含量≥50mg/kg，超过三级污染上限。

（2）不同类型绿地

公园土壤样品的有效铅含量为 1.63~73.28mg/kg，平均含量为 8.33±8.08mg/kg。

公共绿地土壤样品的有效铅含量为 2.19~36.37mg/kg，平均含量为 5.87±4.73mg/kg。

道路绿地土壤样品的有效铅含量为 1.29~78.96mg/kg，平均含量为 6.36±8.28mg/kg。

不同绿地类型土壤有效铅含量依次为公园>道路>公共绿地，平均含量之间差异性不显著，而且不同类型绿地有效铅分布频率基本相当（图 4-33）。其中有效铅在道路绿地中累积程度未必大于公园和公共绿地，和第一节全市不同功能区中交通绿地以及浦东典型交通道路绿地土壤中铅总量分布特点基本一致，即不管是总铅还是有效铅，相对其他功能区或者绿地类型，道路绿地中铅虽然有一定程度累积，但累积程度不是最高的。这和传统认为交通要道两旁铅最容易累积的结论不一致，可能之前使用汽油中铅含量高，而现在使用无铅汽油，进入道路两旁的铅含量变低；另外公园、公共绿地等不同类型绿地中也有可能存在其他来源的铅污染。

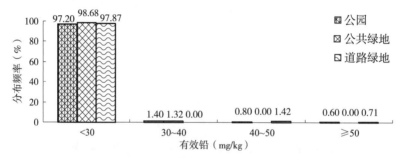

图 4-33　全市不同类型绿地土壤有效铅分布频率

（3）不同区域

中心城区土壤样品的有效铅含量为 1.46~78.96mg/kg，平均含量为 9.51±9.35mg/kg。郊区土壤样品的有效铅含量为 1.29~47.03mg/kg，平均含量为 5.17±4.09mg/kg。有效铅含量大小依次为：中心城区>郊区，两者差异显著，说明人为活动导致园林绿化土壤中铅的累积。

（4）不同剖面

选择全市不同建成年限、不同区县、不同绿地类型的 60 个典型剖面样点，分 0~20cm、20~40cm 和 40~90cm 共 3 个层次进行土样采集，分析结果显示：

0~20cm 土壤样品有效铅含量为 1.72~30.33mg/kg，平均值为 6.91±6.47mg/kg。

20~40cm 土壤样品有效铅含量为 1.22~24.35mg/kg，平均值为 6.25±5.46mg/kg。

40~90cm 土壤样品有效铅含量为 1.70~32.93mg/kg，平均值为 6.68±7.28mg/kg。

土壤不同剖面层次以表层土壤（0~20cm）有效铅含量略高，但不同层次间差异不显著。

**5. 有效汞**

（1）全市概况

对全市 1432 个园林绿化土壤调查结果显示：上海市园林绿化土壤样品的有效汞含量最

小值<0.005mg/kg，最大值为0.43mg/kg。有效汞含量分布频率见图4-34。92.18%的土壤样品有效汞含量低于0.005mg/kg，7.82%的土壤有效汞含量在0.005~0.5mg/kg之间，所有土壤样品的有效汞含量都没有超过一级污染上限值(1mg/kg)。

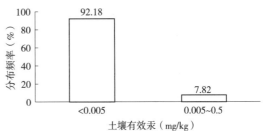

图4-34 全市绿地土壤有效汞分布频率

（2）不同类型绿地

公园土壤样品的有效汞含量最小值<0.005mg/kg，最大值为0.04mg/kg，平均值为0.0010±0.0032mg/kg。

公共绿地土壤样品的有效汞含量最小值<0.005mg/kg，最大值为0.01mg/kg，平均值为0.00012±0.00064mg/kg。

道路绿地土壤样品的有效汞含量最小值<0.005mg/kg，最大值为0.43mg/kg，平均值为0.0036±0.036mg/kg。

不同绿地类型土壤有效汞平均含量之间差异性不显著，不同类型绿地有效汞分布频率基本相当(图4-35)。

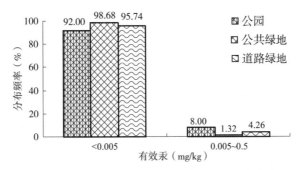

图4-35 全市不同类型绿地土壤有效汞分布频率

（3）不同区域

中心城区土壤样品的有效汞含量最小值<0.005mg/kg，最大值为0.43mg/kg，平均值为0.0019±0.021mg/kg。郊区土壤样品的有效汞含量最小值<0.005mg/kg，最大值为0.02mg/kg，平均值为0.00057±0.0021mg/kg。有效汞含量大小依次为：中心城区>郊区，两者差异显著，说明人为活动导致园林土壤中汞的累积，但累积程度较低。

（4）不同剖面

选择全市不同建成年限、不同区县、不同绿地类型的60个典型剖面样点，分0~20cm、20~40cm和40~90cm共3个层次进行土样采集，分析结果显示：

0~20cm土壤样品中，有50个土壤有效汞含量低于0.005mg/kg，其余10个样品有效汞含量为0.007~1.22mg/kg。

20~40cm土壤样品中，有48个样品有效汞含量低于0.005mg/kg，其余12个样品有效汞含量在0.007~0.24mg/kg之间。

40~90cm土壤样品中，51个样品有效汞含量低于0.005mg/kg，剩余9个样品有效汞含量在0.007~0.16mg/kg之间。

仅有部分表层样品的土壤有效汞含量略高，其他不同层次之间总体含量低，差异不显著。

### 6. 有效镍

（1）全市概况

对全市 1432 个园林绿化土壤调查结果显示：上海市园林绿化土壤样品的有效镍含量在 0.07~10.76mg/kg 之间，平均含量为 0.33±0.46mg/kg。有效镍含量分布频率见图 4-36。97.84% 的土壤样品有效镍含量在 0.04~1.0mg/kg 之间，2.09% 的土壤样品有效镍含量在 1.0~5mg/kg 之间，即 99.86% 的土壤有效镍含量没有超过一级污染上限（5mg/kg），是清洁安全的；还有 1 个土壤样品（0.0698%）的有效镍含量为 10.76mg/kg，略超过二级污染上限（10mg/kg）。

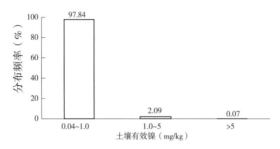

图 4-36　全市绿地土壤有效镍分布频率

（2）不同类型绿地

公园土壤样品的有效镍含量为 0.074~10.76mg/kg，平均含量为 0.35±0.52mg/kg。

公共绿地绿地土壤样品的有效镍含量为 0.11~1.16mg/kg，平均含量为 0.27±0.17mg/kg。

道路绿地土壤样品的有效镍含量为 0.086~2.57mg/kg，平均含量为 0.27±0.26mg/kg。

不同绿地类型土壤有效镍平均含量之间差异性不显著，不同类型绿地有效镍分布频率基本相当（见图 4-37）。

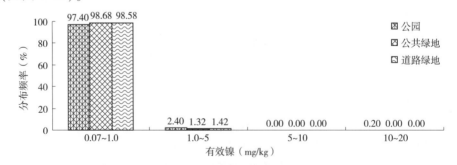

图 4-37　全市不同类型绿地土壤有效镍分布频率

（3）不同区域

中心城区土壤样品的有效镍含量为 0.10~1.96mg/kg，平均含量为 0.33±0.22mg/kg。郊区土壤样品的有效镍含量为 0.074~10.76mg/kg，平均含量为 0.33±0.66mg/kg。中心城区与郊区土壤有效镍含量均值相同，说明人为活动对园林绿化土壤中有效镍含量影响不大，这和

第一节中分析的不同功能区、不同道路绿地中总镍的分布特征基本一致。

（4）不同剖面

选择全市不同建成年限、不同区县、不同绿地类型的60个典型剖面样点，分0~20cm、20~40cm和40~90cm共3个层次进行土样采集，分析结果显示：

0~20cm土壤样品有效镍含量为0.08~1.67mg/kg，平均值为0.23±0.18mg/kg。

20~40cm土壤样品有效镍含量为0.06~1.56mg/kg，平均值为0.18±0.14mg/kg。

40~90cm土壤样品有效镍含量为0.05~1.16mg/kg，平均值为0.17±0.10mg/kg。

整体而言，土壤中有效镍平均含量依次为0~20cm、20~40cm和40~90cm；但总体差异不显著。

### 7. 有效铜

（1）全市概况

对全市1432个园林绿化土壤调查结果显示：上海市园林绿化土壤样品有效铜含量在1.96~236mg/kg之间，变幅较大，平均含量为10.42±12.92mg/kg。有效铜含量分布频率见图4-38，58.03%的土壤样品有效铜含量<8mg/kg，为未污染；31.42%的土壤样品有效铜含量在8~15mg/kg之间，为轻度污染；8.37%的土壤样品有效铜含量在15~30mg/kg之间，为中度污染；还有2.18%的土壤样品有效铜含量≥30mg/kg，为重度污染。

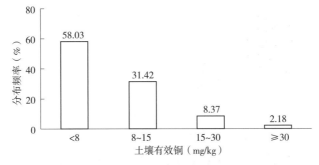

**图4-38　全市绿地土壤有效铜分布频率**

（2）不同类型绿地

公园绿地土壤样品有效铜含量为1.96~236mg/kg，变幅较大，平均含量为11.08±14.85mg/kg。

公共绿地土壤样品有效铜含量为2.19~24.10mg/kg，平均含量为7.64±4.33mg/kg。

道路绿地土壤样品有效铜含量为2.24~62.97mg/kg，平均含量为8.59±7.71mg/kg。

不同类型绿地土壤有效铜含量大小依次为：公园绿地>道路绿地>公共绿地。其中公园绿地土壤有效铜平均含量显著大于公共绿地和道路绿地，且污染程度也显著高于后两者（图4-39）；公共绿地和道路绿地差别不大，且含量组成分布也基本一致（图4-39）。公园绿地之所以铜累积程度高，可能和养护比较精细，施肥和打农药的力度较大有关。

（3）不同区域

中心城区绿地土壤有效铜含量为1.96~133mg/kg，变幅较大，平均含量为12.43±11.99mg/kg。郊区绿地土壤有效铜含量为2.04~236mg/kg，变幅较大，平均含量为7.18±13.73mg/kg。有效铜含量大小依次为：中心城区>郊区，两者差异显著。

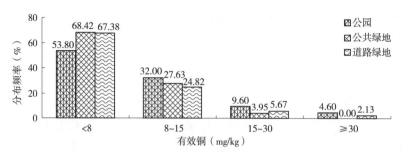

**图4-39　全市不同绿地类型土壤有效铜分布频率**

进一步分析不同区域土壤有效铜污染程度分级可以看出(图4-40)，中心城区有42.55%的土壤样品有效铜含量<8mg/kg，满足有效铜作为营养指标的要求，并且未超过一级污染上限值，为未污染；而郊区有79.40%的土壤样品有效铜含量<8mg/kg，满足有效铜作为营养指标的要求，为未污染。中心城区分别有39.42%、12.26%和5.77%土壤样品有效铜含量分别达到轻度、中度和重度污染；而郊区土样有效铜超标率则低得多，分别有17.28%、2.66%和0.66%土壤样品有效铜含量分别达到轻度、中度和重度污染。

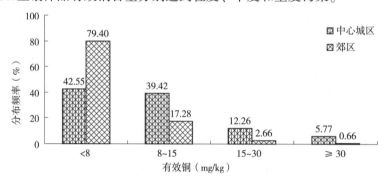

**图4-40　中心城区与郊区绿地有效铜分布频率**

中心城区绿地土壤之所以有效铜含量超标率较高，和第一节中得出的总铜易在城市绿地土壤中累积的结果基本一致，都与中心城区绿化养护精细，施肥打药频率较高直接相关；另外管道铺设、人工垃圾等也是中心城区铜污染重要来源之一。

(4)不同剖面

选择全市不同建成年限、不同区县、不同绿地类型的60个典型剖面样点，分0～20cm、20～40cm和40～90cm共3个层次进行土样采集，分析结果显示：

0～20cm土壤样品有效铜含量为1.05～17.40mg/kg，平均含量为7.00±2.98mg/kg。

20～40cm土壤样品有效铜含量为1.05～18.85mg/kg，平均含量为6.72±3.02mg/kg。

40～90cm土壤样品有效铜含量为1.48～15.46mg/kg，平均含量为6.60±3.18mg/kg。

土壤剖面不同层次有效铜平均含量从上到下呈降低趋势，但差异不显著。

**8. 有效锌**

(1)全市

对全市1432个园林绿化土壤调查结果显示：上海市园林绿化土壤有效锌含量在0.48～218mg/kg之间，变幅较大，平均含量为10.21±12.83mg/kg。有效锌含量分布频率见

图 4-41，66.69% 的土壤样品有效锌含量<10mg/kg，为未污染；28.35% 的土壤样品有效锌含量在 10~25mg/kg 之间，为轻度污染；3.49% 的土壤样品有效锌含量在 25~40mg/kg 之间，为中度污染；仅 1.47% 的土壤样品有效锌含量含量≥40mg/kg，为重度污染。

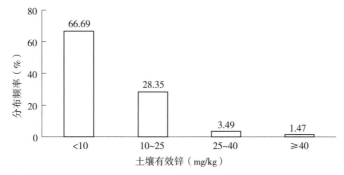

图 4-41　全市绿地土壤有效锌分布频率

（2）不同类型绿地

公园绿地土壤有效锌含量为 0.74 ~ 218mg/kg，变幅较大，平均含量为 10.90 ± 13.77mg/kg。

公共绿地土壤有效锌含量为 0.48 ~ 40.62mg/kg，变幅较大，平均含量为 7.62 ± 6.75mg/kg。

道路绿地土壤有效锌含量为 1.11 ~ 103mg/kg，变幅较大，平均含量为 8.84 ± 10.86mg/kg。

不同类型绿地土壤有效锌含量大小依次为：公园绿地>道路绿地>公共绿地，且公园绿地中土壤有效锌超标的分布频率相对较高（图 4-42）。其中公园之所以锌含量高，可能与公园养护较精细，施用有机肥力度大有关，而上海市面上有机肥一般锌含量较高，这样拉高了公园中有效锌含量；而道路绿地有效锌平均值相对也较高，可能与汽车轮胎锌的摩擦直接相关。

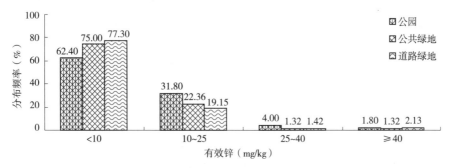

图 4-42　全市不同绿地类型土壤有效锌分布频率

（3）不同区域

中心城区绿地土壤有效锌含量为 1.25 ~ 218mg/kg，变幅较大，平均含量为 12.87 ± 15.69mg/kg。郊区绿地土壤有效锌含量为 0.48~28.64mg/kg，平均含量为 6.39±4.47mg/kg。中心城区有效锌含量显著大于郊区（$P<0.005$）；且中心城区城区土壤有效锌超标率也显著大于郊区土壤（见图 4-43），分别为 45.91% 和 15.95%。其中中心城区园林绿化土壤分别有

37.50%、5.29%和3.12%的土壤样品有效锌含量达到轻度、中度和重度污染；郊区则低得多，分别有15.62%和0.33%的土样达到轻度和中度污染，没有样品出现重度污染。

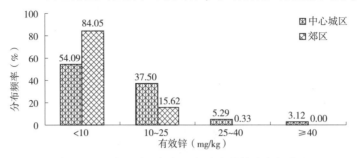

图4-43 中心城区与郊区绿地有效锌分布频率

中心城区园林绿化土壤有效锌容易累积超标，和第一节中分析的城市土壤总锌容易累积超标的结论基本一致。也是同中心城区养护精细，施用富含锌的有机肥以及交通、管道铺设、喷涂油漆等人为活动干扰直接相关。

（4）不同剖面

选择全市不同建成年限、不同区县、不同绿地类型的60个典型剖面样点，分0~20cm、20~40cm和40~90cm共3个层次进行土样采集，分析结果显示：

0~20cm土壤样品有效锌含量为0.48~29.55mg/kg，平均含量为7.44±3.87mg/kg。

20~40cm土壤样品有效锌含量为0.67~32.49mg/kg，平均含量为6.63±3.24mg/kg。

40~90cm土壤样品有效锌含量为0.65~33.81mg/kg，平均含量为6.45±2.62mg/kg。

有效锌平均含量呈现出从上到下逐渐降低的趋势。这与第一节中分析不同功能区绿地、道路绿地土壤中总锌容易累积的结论基本一致。

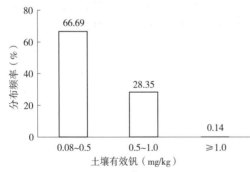

图4-44 全市绿地土壤有效钒分布频率

### 9. 有效钒

（1）全市概况

对全市1432个园林绿化土壤调查结果显示：上海市土壤样品有效钒含量为0.08~2.00mg/kg，平均含量为0.39±0.21mg/kg，具体分布频率见图4-44。85.89%的土壤样品有效钒含量在0.08~0.5mg/kg之间；13.97%的土壤样品有效钒含量在0.5~1.0mg/kg之间；还有0.14%的土壤样品有效钒含量≥1.0mg/kg，最大值为2.00mg/kg。

我国关于土壤钒没有划分标准，美国迪士尼提出的是小于3mg/kg，按照该标准，上海所有园林绿化土壤均没有出现钒的超标。

（2）不同类型绿地

公园土壤样品有效钒含量为0.080~1.96mg/kg，平均含量为0.38±0.23mg/kg。

公共绿地土壤样品有效钒含量为0.14~1.25mg/kg，平均含量为0.37±0.17mg/kg。

道路绿地土壤样品有效钒含量为0.18~2.00mg/kg，平均含量为0.43±0.23mg/kg。

不同类型绿地有效钒平均含量基本一致；而且分布频率基本一致，土壤有效钒含量在

0.08~0.5mg/kg 之间所占比例较高(图4-45)。

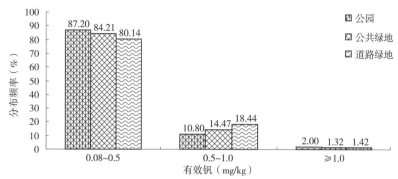

图4-45　全市不同类型绿地土壤有效钒分布频率

(3)不同区域

中心城区土壤样品有效钒含量为 0.093~1.90mg/kg,平均含量为 0.40±0.17mg/kg。郊区土壤样品有效钒含量为 0.080~2.00mg/kg,平均含量为 0.37±0.25mg/kg。有效钒平均含量大小依次为:中心城区>郊区,但两者差异不显著,说明人为活动对土壤中钒的累积不显著。

(4)不同剖面

选择全市不同建成年限、不同区县、不同绿地类型的60个典型剖面样点,分 0~20cm、20~40cm 和 40~90cm 共3个层次进行土样采集,分析结果显示:

0~20cm 土壤样品有效钒含量为 0.08~1.84mg/kg,平均值为 0.30±0.31mg/kg。

20~40cm 土壤样品有效钒含量为 0.08~1.92mg/kg,平均值为 0.29±0.32mg/kg。

40~90cm 土壤样品有效钒含量为 0.09~1.99mg/kg,平均值为 0.30±0.33mg/kg。

土壤剖面不同层次间有效钒平均含量较接近,没有显著差异。

### 10. 有效钴

(1)全市概况

对全市 1432 个园林绿化土壤调查结果显示:上海市土壤样品有效钴含量最小值<0.005mg/kg,最大值为 0.40mg/kg。由于我国还没有土壤有效钴的评价指标,其中美国迪士尼绿化种植土标准要求有效钴<2mg/kg,参照该标准,说明上海市园林绿化土壤基本不存在钴的污染。

(2)不同类型绿地

公园土壤样品有效钴含量最小值<0.005mg/kg,最大值为 0.40mg/kg,平均值为 0.021±0.031mg/kg。

公共绿地土壤样品有效钴含量最小值<0.005mg/kg,最大值为 0.24mg/kg,平均值为 0.022±0.036mg/kg。

道路绿地土壤样品有效钴含量最小值<0.005mg/kg,最大值为 0.08mg/kg,平均值为 0.018±0.013mg/kg。

不同类型绿地土壤有效钴含量大小顺序为:公园绿地>公共绿地>道路绿地,但差异不显著,不同类型绿地有效钴分布频率基本一致,土壤有效钴含量在 0.005~0.1mg/kg 之间所占比例较高(图4-46)。

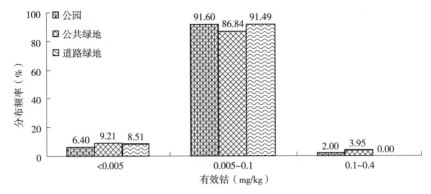

图4-46  全市不同绿地类型土壤有效钴分布频率

（3）不同区域

中心城区绿地土壤有效钴含量最小值<0.005mg/kg，最大值为0.26mg/kg，平均值为0.021±0.022mg/kg。郊区绿地土壤有效钴含量最小值<0.005mg/kg，最大值为0.40mg/kg，平均值为0.020±0.035mg/kg。中心城区与郊区的有效钴含量接近。

（4）不同剖面

选择全市不同建成年限、不同区县、不同绿地类型的60个典型剖面样点，分0~20cm、20~40cm和40~90cm共3个层次进行土样采集，分析结果显示：

0~20cm土壤样品有效钴含量最小值<0.005mg/kg，最大值为0.40mg/kg，平均值为0.032±0.073mg/kg。

20~40cm土壤样品有效钴含量最小值<0.005mg/kg，最大值为0.22mg/kg，平均值为0.023±0.042mg/kg。

40~90cm土壤样品有效钴含量最小值<0.005mg/kg，最大值为0.30mg/kg，平均值为0.022±0.054mg/kg。

土壤剖面层次中以表层土壤（0~20cm）有效钴含量最高，以下层次含量几乎相当，说明钴在土壤表层有一定程度累积，但趋势不明显；而且与上海迪士尼要求的土壤有效钴<1mg/kg的标准相比，含量远远低于标准，说明公园土壤几乎不存在钴的污染。

**（二）上海园林绿化土壤重金属有效态污染程度评价**

参照表4-16上海市地方标准《园林绿化工程种植土壤质量验收规范》中的"园林绿化工程种植土壤潜在障碍因子控制指标技术要求"Ⅰ级标准，采用单项污染指数法和综合污染指数法对公园和公共绿地土壤重金属污染状况进行评价。

单项污染指数法：具体见第12章第三节。

综合污染指数法的评价法：具体见第12章第三节。分级标准为：P<1未污染；1≤P<2轻污染；2≤P<3中度污染；P≥3重度污染。

**1. 绿地土壤单项污染指数评价**

（1）全市概况

①未超标

上海市所有检测的园林绿化土壤中，Cr、Hg、V和Co 4种重金属土壤中含量较低，基本没有超标。

②超标

从图4-47可以看出：从上海市所有检测的园林绿化土壤中，绝大部分土壤样品（97.49%~99.72%）As、Cd、Pb和Ni 4种重金属的含量较低，基本没有超标；只有极少部分土壤样品含量略微超标。

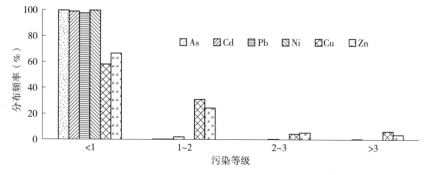

图4-47　上海市几种重金属污染等级分布频率

按照上海市地方标准的评价标准，全市园林绿化土壤中，有效锌和有效铜存在不同程度超标。有效铜分别有31.24%、4.46%和6.28%达到轻度、中度和重度污染；有效锌分别有24.41%、5.30%和3.62%达到轻度、中度和重度污染。由于铜、锌本身也是植物生长所需要的微量营养元素，加上铜锌虽然是重金属，但危害不如其他毒害重金属危害大，因此其超标的危害性相对较低，但也需要进一步关注。

（2）不同绿地类型

鉴于Hg、V和Co等重金属在土壤中含量较低，基本不存在污染，因此未进行单项因子污染指数计算和评价，对不同类型绿地土壤其他重金属的单项污染指数进行计算，结果见表4-17。从中可以看出，以公园土壤中As、Cd、Pb、Ni、Cu和Zn污染指数相对最高，说明在不同绿地类型中，公园污染程度最高，可能与人密切活动有关；公共绿地和道路绿地之间差别不大。

表4-17　上海不同类型绿地土壤各项重金属污染指数

| 重金属种类 | 公园绿地 | | 公共绿地 | | 道路绿地 | |
|---|---|---|---|---|---|---|
| | 范围 | 平均值 | 范围 | 平均值 | 范围 | 平均值 |
| As | 0.081~6.19 | 0.23±0.24 | 0.016~0.48 | 0.19±0.076 | 0.075~1.57 | 0.21±0.15 |
| Cd | 0.042~4.68 | 0.23±0.29 | 0.028~4.17 | 0.20±0.48 | 0.029~1.03 | 0.14±0.11 |
| Cr | 0.00~0.049 | 0.0045±0.0023 | 0.00~0.022 | 0.0035±0.0037 | 0.00~0.028 | 0.0050±0.0047 |
| Pb | 0.054~2.44 | 0.28±0.27 | 0.073~1.21 | 0.20±0.16 | 0.043~2.63 | 0.21±0.28 |
| Ni | 0.015~2.15 | 0.072±0.10 | 0.022~0.23 | 0.054±0.034 | 0.017~0.51 | 0.055±0.052 |
| Cu | 0.24~29.48 | 1.38±1.86 | 0.27~3.01 | 0.95±0.54 | 0.28~7.87 | 1.07±0.96 |
| Zn | 0.074~21.79 | 1.09±1.38 | 0.048~4.06 | 0.76±0.68 | 0.11~10.28 | 0.88±1.09 |

3种类型绿地的Cu和Zn污染指数均较高，说明这两种重金属累积程度均较高，尤其是在公园中，平均达1.0以上。

（3）不同区域

由于不同行政区的 As、Cd、Cr、Pb 和 Ni 的污染指数 P<1，因此就不深入进行分析，Cu 和 Zn 由于超标程度高，因此对不同行政区进行比较。

①Cu

不同行政区绿地土壤 Cu 单项污染指数（取平均值）见图 4-48，从中得知：有超过一半的行政区土壤受到了 Cu 污染，其中杨浦区的土壤 Cu 污染指数最高，达到了中度污染（2≤P<3）；黄浦区和原闸北区次之。

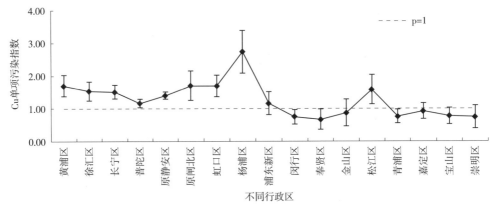

图 4-48　不同行政区土壤 Cu 单项污染指数

②Zn

不同行政区绿地土壤 Zn 单项污染指数（取平均值）见图 4-49，从中可以得知：有将近一半的行政区土壤受到了 Zn 轻度污染，其中原静安区和黄浦区 Zn 污染指数较大。

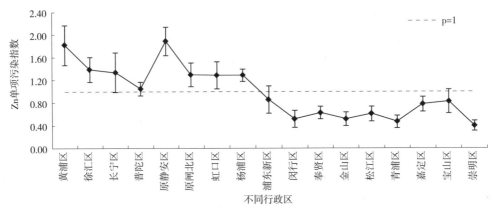

图 4-49　不同行政区土壤 Zn 单项污染指数

（4）不同剖面

由于 Hg、Ni、Al、Se、V 和 Co 等重金属元素的含量较低，基本上均低于限制标准要求，因此主要对 As、Cd、Cr、Pb、Ni、Zn 和 Cu 进行了单项污染指数评价。图 4-50 所示为不同剖面 As、Cd、Cr、Pb、Ni、Zn 和 Cu 的污染指数（取平均值）分布，从中可以得知：随着土壤深度的增加，As、Cd、Pb、Ni、Zn 和 Cu 的污染指数变化不大（Cr 除外，因为部分土壤的 Cr 含量值低于检测限，Cr 的污染指数为 0），且均小于 1，尚未达到污染的程度。

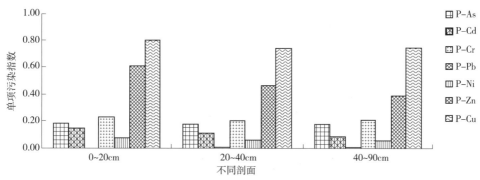

图4-50 不同剖面绿地土壤单项污染指数

## 2. 绿地土壤综合污染指数评价

### (1)全市概况

全市1432个园林绿化土壤的综合污染指数见图4-51,从中可以得知,67.23%的土壤综合污染指数小于1,尚未出现污染现象;23.57%的土壤综合污染指数介于1~2之间,达到轻度污染水平;4.74%的土壤综合污染指数介于2~3之间,达到中度污染水平;4.46%的土壤综合污染指数大于3,达到了重度污染程度。其中土壤综合污染指数超标主要是铜、锌引起的。

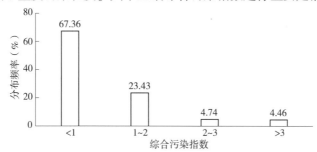

图4-51 全市绿地土壤综合污染指数

### (2)不同类型绿地

不同绿地类型土壤综合污染指数存在差异:其中公园绿地土壤综合污染指数为0.19~21.10,平均值为1.14±1.49;公共绿地土壤综合污染指数为0.20~3.15,平均值为0.79±0.52;道路绿地土壤综合污染指数为0.22~7.57,平均值为0.88±0.87。综合污染指数大小依次为:公园绿地>道路绿地>公共绿地,其中公园和后两类绿地综合污染指数存在显著差异,道路和公共绿地差异不显著。

进一步分析不同类型绿地污染指数分布频率(图4-52)可以看出,以公园污染指数达到污染的程度最高,分别有26.80%、4.80%和5.40%土壤综合污染指数达到轻度、中度和重度污染的程度。道路和公共绿地相当,有3/4的土壤综合污染指数<1,尚未出现污染现象。

### (3)不同区域

不同行政区绿地土壤综合污染指数(取平均值)见图4-53,从中可以发现:杨浦区>黄浦区>原静安区>原闸北区>长宁区=虹口区>徐汇区>松江区,其中杨浦区绿地土壤达到了中度污染(2≤P<3),其余行政区为轻度污染(1≤P<2);剩余的行政区绿地土壤综合污染指数均小于1,说明尚未达到污染水平;并以闵行区的综合污染指数最小。另外,杨浦区和黄浦区综合污染指数较高,与其较高的Zn、Cu污染指数有着直接联系。

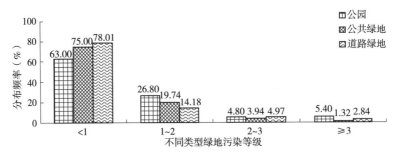

图 4-52 不同绿地类型土壤综合污染指数分布频率

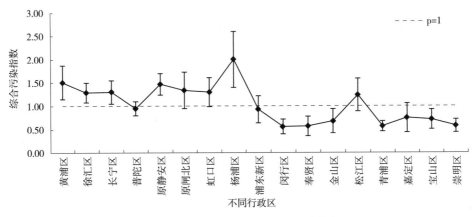

图 4-53 不同行政区土壤综合污染指数

（4）不同剖面

土壤剖面不同层次的综合污染指数平均值分别为 0～20cm：0.64±0.38；20～40cm：0.58±0.42；40～90cm：0.56±0.39。随着土壤深度的增加，土壤综合污染指数变化呈逐渐降低的趋势，说明表层土壤重金属污染有累积趋势。不过不同剖面的土壤综合污染指数均<1，且不同层次间差异不显著。

## 二、Tessier 方法

以上海老工业区——2010 年上海世博会原规划区采集的 80 个绿地土壤样品（图 4-16），利用 Tessier 连续提取法，分可交换态、碳酸盐结合态、铁锰氧化态、有机态和残渣态 5 种形态，了解上海典型工业区绿地土壤重金属形态组成和分布特征。

### 1. 重金属形态总体分布特征

通常，Tessier 连续提取法提取的 5 种重金属形态中，可交换态最易被植物吸收利用；碳酸盐结合态受环境 pH 影响较大；铁锰氧化态受土壤中的 pH 和氧化还原电位影响较大；有机态活性较差，与有机络合物类型有关；残渣态存在于原生矿物晶格中，又称原生相重金属，几乎不被植物吸收利用。

工业区绿地土壤重金属形态总体分布表明（表 4-18），可交换态 Cu 含量最小，仅占 Cu 总量的 0.003%，有机态 Cu 的含量最大，占其总量高达 51.68%，分析其原因可能与有机质易与土壤中 Cu 络合或螯合形成有机-Cu 配合物有关。相关研究已表明该形态重金属在自然界中较为稳定。由于上海绿地土壤一般呈碱性，所以碳酸盐结合态 Cu 的潜在毒害较小；不过在还原条件下，由于高比例铁锰氧化态 Cu 的存在，此时 Cu 的潜在危害性值得注意。总体而言，上海绿地土壤中 Cu 的毒害作用较小。

表 4-18　上海典型绿地土壤重金属形态总体分布特征（mg/kg）

| 元素 | 形态 | 平均值 | | 中位数 | 标准差 | 最小值 | 最大值 |
|---|---|---|---|---|---|---|---|
| | | mg/kg | % | | | | |
| Cu | 可交换态 | 0.0020 | 0.0030 | 0.00 | 0.01 | 0.00 | 0.11 |
| | 碳酸盐结合态 | 11.61 | 14.73 | 3.47 | 25.42 | 0.23 | 178 |
| | 铁锰氧化态 | 22.82 | 28.96 | 13.95 | 32.74 | 2.76 | 272 |
| | 有机态 | 40.72 | 51.68 | 14.38 | 79.50 | 2.22 | 466 |
| | 残渣态 | 3.64 | 4.62 | 2.91 | 2.58 | 0.52 | 18.84 |
| Zn | 可交换态 | 4.57 | 1.26 | 1.92 | 9.17 | 0.10 | 69.22 |
| | 碳酸盐结合态 | 37.93 | 10.43 | 37.36 | 12.47 | 12.94 | 70.18 |
| | 铁锰氧化态 | 149 | 41.10 | 95.07 | 215 | 17.29 | 1441 |
| | 有机态 | 28.07 | 7.72 | 16.10 | 36.30 | 5.37 | 230 |
| | 残渣态 | 144 | 39.49 | 103 | 108 | 47.43 | 643 |
| Pb | 可交换态 | 0.00 | 0.00 | 0.00 | 0.00 | 0.00 | 0.001 |
| | 碳酸盐结合态 | 15.99 | 27.50 | 9.07 | 15.30 | 1.80 | 62.38 |
| | 铁锰氧化态 | 4.67 | 8.03 | 2.72 | 5.93 | 0.74 | 46.11 |
| | 有机态 | 6.57 | 11.31 | 3.48 | 8.09 | 0.13 | 49.71 |
| | 残渣态 | 30.91 | 53.17 | 17.33 | 51.29 | 3.87 | 367.5 |
| Cd | 可交换态 | 0.26 | 31.31 | 0.13 | 0.35 | 0.003 | 2.04 |
| | 碳酸盐结合态 | 0.0080 | 0.97 | 0.004 | 0.01 | 0.00 | 0.11 |
| | 铁锰氧化态 | 0.32 | 36.29 | 0.16 | 0.59 | 0.03 | 4.54 |
| | 有机态 | 0.09 | 10.32 | 0.02 | 0.23 | 0.003 | 1.35 |
| | 残渣态 | 0.17 | 21.12 | 0.15 | 0.44 | 0.00 | 3.87 |
| Cr | 可交换态 | 0.13 | 0.05 | 0.06 | 0.17 | 0.00 | 1.02 |
| | 碳酸盐结合态 | 1.00 | 0.35 | 0.25 | 2.82 | 0.00 | 19.45 |
| | 铁锰氧化态 | 11.82 | 4.17 | 5.10 | 18.67 | 0.00 | 98.39 |
| | 有机态 | 60.75 | 21.45 | 9.47 | 337 | 1.23 | 3005 |
| | 残渣态 | 210 | 73.98 | 171 | 203 | 60.91 | 1808 |
| Ni | 可交换态 | 0.40 | 0.47 | 0.00 | 1.46 | 0.00 | 12.13 |
| | 碳酸盐结合态 | 2.71 | 3.18 | 0.72 | 6.20 | 0.11 | 48.38 |
| | 铁锰氧化态 | 21.95 | 25.75 | 12.90 | 59.34 | 3.35 | 537 |
| | 有机态 | 5.76 | 6.75 | 1.81 | 18.74 | 1.05 | 166 |
| | 残渣态 | 54.43 | 63.85 | 46.67 | 40.49 | 11.49 | 267 |

同样 Pb 的可交换态含量也小，大部分都未检出；但与 Cu 相比，其残渣态的含量相对较高，占总量的 53.17%，说明 Pb 的活性小；而且其碳酸盐结合态的含量也相对较高，达到了 27.50%，由于碳酸盐结合态金属对土壤的 pH 最敏感，在 pH 降低时容易释放出来进入环境中，但上海土壤通常为碱性，所以也降低了 Pb 碳酸盐结合态的活性；总体而言，上海典型绿地土壤 Pb 的活性低。

所有样品中，重金属的可交换态只有 Zn 相对较高，但总体含量比较低，仅占 1.26% 左右；有机态含量也低，平均 7.72%；主要以铁锰氧化态和残渣态的形式存在，平均分别为 41.10% 和 39.49%；而碳酸盐结合态约为 10.43%。

而 Cd 与 Cu、Zn、Pb、Cr 和 Ni 有所不同，可交换态 Cd 的含量相对较高，平均达 31.31%；可交换态 Cd 对环境变化敏感，容易转化迁移，能被植物吸收；铁锰氧化态和残渣态含量也较高，平均分别为 36.28% 和 21.12%；有机态含量平均为 10.32%；而碳酸盐结合态含量很低，甚至有些样品还未检出。

有机态 Cr 和残渣态 Cr 的含量较高，分别为 60.75mg/kg 和 210mg/kg，二者占 Cr 总量的 95.43%。由于这两种形态稳定性相对较好，不容易转化迁移，其直接危害性并不是很大。但是，有机态 Cr 的含量最大值高达 3005mg/kg，残渣态 Cr 高达 1808mg/kg，主要分布在机械制造厂和钢铁厂内，其局部污染比较严重，应引起重视。Ni 主要以铁锰氧化态和残渣态形式存在，分别为 21.95mg/kg 和 54.43mg/kg，最大值都分布于钢铁厂内，应注意其潜在危害。

总之，Cu、Zn、Pb、Cr 和 Ni 基本以惰性形态存在，因此对环境危害较小；但 Cd 可交换态含量比较高，其危害性应引起重视。

**2. 土壤理化性质对重金属形态的影响**

众所周知，土壤的基本理化特性对重金属的形态分布具有明显的影响。土壤有机质具有很强的表面络合能力，能直接改变土壤中重金属形态分布，从而影响土壤中重金属的移动性及其生物有效性，而黏粒含量越大，其对有机质分解的影响越小，从而间接影响各重金属的形态分布。对 Cu、Zn、Pb、Cd、Cr 和 Ni 各形态与土壤环境因子进行关联度分析（表 4-19），发现不同土壤性质对不同重金属的形态影响不同。其中 Cd、Cr 和 Zn 的可交换态主要受 CEC、pH 和黏粒含量以及 $Fe_2O_3$ 的影响；由于 Pb 和 Cu 的可交换态基本没有测出，因此未进行关联度分析。碳酸盐结合态 Cd 和 Zn 受土壤性质的影响也基本一致，主要受 pH、$Fe_2O_3$ 和 MnO 影响，其次为有机质，而黏粒、CaO 和 CEC 的影响相对较小；这可能是 Zn 与 Cd 在化学元素周期表中同处一族，具有相同的核外电子构型，化学性质相近，因此形态影响因素类似；而 Pb 和 Cu 的碳酸盐结合态主要受 CEC、pH、黏粒和 $Fe_2O_3$ 影响，CaO、有机质和 MnO 的影响相对较小。一般认为重金属的铁锰氧化态应该和土壤的铁锰含量成正相关，但本次分析发现只有 Zn 的铁锰氧化态含量受铁锰含量影响比较大；而 Pb 和 Cd 的铁锰氧化态主要受有机质、CaO 和 MnO 影响，其次为 $Fe_2O_3$；而 Cu 的铁锰氧化态也主要受黏粒含量、CEC 和 pH 影响，$Fe_2O_3$ 和 MnO 的影响反而比较小；除 Cu 外，MnO 对其他 5 种重金属铁锰氧化态影响比 $Fe_2O_3$ 大。但 Cu、Zn、Pb、Cd、Cr 和 Ni 的有机态和残渣态两种最稳定形态均受土壤的 CaO、$Fe_2O_3$、有机质和 MnO 影响最大，而黏粒、CEC 和 pH 对这 6 种重金属的这两种形态影响相对比较小。Ni 的各种形态主要受 CaO、有机质、$Fe_2O_3$ 和 MnO 影响。Cr

的铁锰氧化态、有机态和残渣态主要受 CaO、有机质、MnO 和 $Fe_2O_3$ 的影响，且影响程度一致。

表 4-19　各形态重金属与土壤环境因子的关联度分析

| 形态 | 元素 | 土壤环境因子优势排序 | | | | | | |
| --- | --- | --- | --- | --- | --- | --- | --- | --- |
| | | CaO | $Fe_2O_3$ | MnO | CEC | pH | 有机质 | 黏粒含量 |
| 可交换态 | Cu | 1 | 4 | 3 | 6 | 5 | 2 | 7 |
| | Zn | 7 | 3 | 5 | 1 | 2 | 6 | 4 |
| | Pb | 2 | 4 | 1 | 6 | 5 | 3 | 7 |
| | Cd | 7 | 4 | 5 | 1 | 3 | 6 | 2 |
| | Cr | 7 | 4 | 5 | 1 | 3 | 6 | 2 |
| | Ni | 1 | 3 | 5 | 6 | 4 | 2 | 7 |
| 碳酸盐结合态 | Cu | 7 | 4 | 5 | 2 | 3 | 6 | 1 |
| | Zn | 5 | 1 | 2 | 6 | 3 | 4 | 7 |
| | Pb | 7 | 3 | 5 | 1 | 2 | 6 | 4 |
| | Cd | 5 | 2 | 3 | 6 | 1 | 4 | 7 |
| | Cr | 7 | 3 | 5 | 1 | 2 | 6 | 4 |
| | Ni | 1 | 4 | 3 | 6 | 5 | 2 | 7 |
| 铁锰氧化态 | Cu | 7 | 4 | 5 | 2 | 3 | 6 | 1 |
| | Zn | 5 | 1 | 3 | 6 | 2 | 4 | 7 |
| | Pb | 1 | 4 | 3 | 6 | 5 | 2 | 7 |
| | Cd | 3 | 4 | 2 | 6 | 5 | 1 | 7 |
| | Cr | 1 | 4 | 3 | 6 | 5 | 2 | 7 |
| | Ni | 1 | 4 | 3 | 6 | 5 | 2 | 7 |
| 有机态 | Cu | 1 | 4 | 3 | 6 | 5 | 2 | 7 |
| | Zn | 2 | 4 | 3 | 6 | 5 | 1 | 7 |
| | Pb | 1 | 4 | 3 | 6 | 5 | 2 | 7 |
| | Cd | 1 | 4 | 3 | 6 | 5 | 2 | 7 |
| | Cr | 1 | 4 | 3 | 6 | 5 | 2 | 7 |
| | Ni | 1 | 4 | 3 | 6 | 5 | 2 | 7 |
| 残渣态 | Cu | 3 | 4 | 1 | 6 | 5 | 2 | 7 |
| | Zn | 5 | 1 | 2 | 6 | 4 | 3 | 7 |
| | Pb | 1 | 4 | 3 | 6 | 5 | 2 | 7 |
| | Cd | 4 | 2 | 1 | 6 | 5 | 3 | 7 |
| | Cr | 1 | 4 | 3 | 6 | 5 | 2 | 7 |
| | Ni | 2 | 4 | 1 | 6 | 5 | 3 | 7 |

### 3. 不同工业类型对重金属形态的影响

重金属形态分布不仅受土壤基本理化特性影响明显，工业类型不同对重金属形态分布影响也不一样。

#### (1) Cu

在各类型绿地土壤中(表4-20)，可交换态 Cu 和残渣态 Cu 所占比例均较小，其中可交换态 Cu 大多未检出，残渣态变化不大，在 2.08%~7.49% 之间；但有机态 Cu 所占比例最高，在 37.75%~56.79% 之间，其中造船厂类>机械制造厂类>钢铁厂类>试剂溶剂厂类>居民办公小区类，这与重金属 Cu 易与有机质结合有关，也和不同土地利用方式中有机质含量直接相关；除造船厂外，各类型绿地土壤中铁锰氧化态 Cu 所占比例大于碳酸盐结合态 Cu 所占比例。而 Cu 的铁锰氧化态则是：居民办公小区类>试剂溶剂厂类>钢铁厂类>机械制造厂类>造船厂类。可能由于居民办公区的有机质含量相对比其他工厂类的有机质含量低，因此居民区 Cu 的活性相对比工厂区的高。

表4-20 不同工业类型绿地土壤 Cu 的形态分布

| | 可交换态(%) | 碳酸盐结合态(%) | 铁锰氧化态(%) | 有机态(%) | 残渣态(%) |
|---|---|---|---|---|---|
| 钢铁厂类 | 0.00 | 4.32 | 38.22 | 50.49 | 6.97 |
| 机械制造厂类 | 0.00 | 15.38 | 25.56 | 54.16 | 4.90 |
| 试剂溶剂厂 | 0.00 | 7.75 | 38.57 | 46.21 | 7.47 |
| 居民办公小区 | 0.00 | 11.54 | 43.22 | 37.75 | 7.49 |
| 造船厂类 | 0.00 | 21.18 | 19.95 | 56.79 | 2.08 |

#### (2) Zn

各类型土壤中可交换态 Zn 的含量均最小(表4-21)，其中机械制造厂类>造船厂类>试剂溶剂厂类>居民办公小区类>钢铁厂类。而铁锰氧化态 Zn 和残渣态 Zn 占总量的比例为 78.60%~85.23%，铁锰氧化态含量为：机械制造厂类>造船厂类>试剂溶剂厂类>居民办公小区类>钢铁厂类，残渣态含量为：钢铁厂类>居民办公小区类>试剂溶剂厂类>造船厂类>机械制造厂类。显然就不同工业类型方式而言，机械厂类的 Zn 虽然铁锰氧化态含量最高，但可交换态含量也最高，残渣态含量最低，相对来说该土地利用方式 Zn 的活性大；而钢铁厂类和居民办公小区可交换态含量最低，残渣态含量高且比例也高，相对来说 Zn 的活性小。

表4-21 不同工业类型绿地土壤 Zn 的形态分布

| | 可交换态(%) | 碳酸盐结合态(%) | 铁锰氧化态(%) | 有机态(%) | 残渣态(%) |
|---|---|---|---|---|---|
| 钢铁厂类 | 0.40 | 14.09 | 24.94 | 6.70 | 53.88 |
| 机械制造厂类 | 2.02 | 5.41 | 60.59 | 7.34 | 24.64 |
| 试剂溶剂厂 | 1.44 | 11.54 | 40.57 | 7.85 | 38.60 |
| 居民办公小区 | 0.76 | 13.88 | 33.99 | 5.56 | 45.81 |
| 造船厂类 | 1.65 | 8.76 | 42.60 | 10.99 | 36.00 |

（3）Pb

不同工业类型绿地土壤中 Pb 可交换态的含量均极低（表 4-22），基本可以忽略；但残渣态 Pb 所占比例高达 34.88%~68.21%，其中钢铁厂类>机械制造厂类>居民办公小区类>试剂溶剂厂类>造船厂类；不同土地利用方式绿地土壤有机态和铁锰氧化态含量变化不大，大约在 16.22%~22.60%之间；碳酸盐结合态 Pb 所占比例相对比其他重金属高，其中造船厂类>试剂溶剂厂类>居民办公小区类>机械制造厂类>钢铁厂类。

表 4-22　不同工业类型绿地土壤 Pb 的形态分布

| | 可交换态（%） | 碳酸盐结合态（%） | 铁锰氧化态（%） | 有机态（%） | 残渣态（%） |
|---|---|---|---|---|---|
| 钢铁厂类 | 0.00 | 14.24 | 8.02 | 9.53 | 68.21 |
| 机械制造厂类 | 0.00 | 22.67 | 5.57 | 10.64 | 61.12 |
| 试剂溶剂厂 | 0.00 | 30.81 | 9.10 | 12.92 | 47.17 |
| 居民办公小区 | 0.00 | 26.11 | 7.26 | 13.33 | 53.30 |
| 造船厂类 | 0.00 | 43.36 | 10.21 | 11.55 | 34.88 |

（4）Cd

与重金属 Cu、Zn 和 Pb 相比，可交换态 Cd 所占百分比较高（表 4-23），其中试剂溶剂厂类>造船厂类>居民办公小区类>机械制造厂类>钢铁厂类；铁锰氧化态 Cd 所占比例较高，且试剂溶剂厂类>造船厂类>钢铁厂类>机械制造厂类>居民办公小区类；而残渣态所占比例也较高，且居民办公小区类>钢铁厂类>机械制造厂类>造船厂类>试剂溶剂厂类；有机态所占比例较低，其中钢铁厂类和机械制造厂类相对比居民办公小区类、造船厂类和试剂溶剂厂类的高；而几种土地利用方式中碳酸盐结合态的含量均比较低。总体而言，不同工厂类型中，钢铁厂类 Cd 的可交换态含量最低，但残渣态含量很高，因此相对来说钢铁厂 Cd 的惰性最强，机械厂情况也类似；而居民办公小区虽然可交换态 Cd 的含量比较高，但残渣态含量也高，因此相对活性降低；但试剂溶剂厂的可交换态含量最高，而残渣态含量最低，除残渣态外，可交换态和其他形态之间相关性显著，说明其他形态的 Cd 也容易向可交换态的转换，因此试剂溶剂厂类 Cd 的活性态以及潜在活性态含量均是最高，其危害应引起足够重视。

表 4-23　不同工业类型绿地土壤 Cd 的形态分布

| | 可交换态（%） | 碳酸盐结合态（%） | 铁锰氧化态（%） | 有机态（%） | 残渣态（%） |
|---|---|---|---|---|---|
| 钢铁厂类 | 23.45 | 1.20 | 37.53 | 14.02 | 23.79 |
| 机械制造厂类 | 28.68 | 0.39 | 29.86 | 17.71 | 23.37 |
| 试剂溶剂厂 | 37.33 | 1.72 | 49.84 | 3.23 | 7.88 |
| 居民办公小区 | 35.57 | 0.87 | 28.16 | 4.44 | 30.97 |
| 造船厂类 | 36.55 | 0.82 | 40.61 | 4.81 | 17.20 |

（5）Cr

不同工业类型绿地土壤中可交换态 Cr 和碳酸盐结合态 Cr 的含量均极低（表 4-24），基本可以忽略；但残渣态 Cr 所占比例高达 38.04%～92.06%，其中试剂溶剂厂类>造船厂类>居民办公小区类>钢铁厂类>机械制造厂类；在不同土地利用方式绿地土壤中，机械制造厂类的有机态 Cr 所占比例高达 55.27%，远远高于其他土地利用方式绿地土壤 Cr 的含量。

表 4-24　不同工业类型绿地土壤 Cr 的形态分布

| | 可交换态（%） | 碳酸盐结合态（%） | 铁锰氧化态（%） | 有机态（%） | 残渣态（%） |
|---|---|---|---|---|---|
| 钢铁厂类 | 0.02 | 0.07 | 4.25 | 10.88 | 84.78 |
| 机械制造厂类 | 0.04 | 0.54 | 6.10 | 55.27 | 38.04 |
| 试剂溶剂厂 | 0.12 | 0.14 | 1.85 | 5.82 | 92.06 |
| 居民办公小区 | 0.04 | 0.64 | 2.61 | 7.01 | 89.70 |
| 造船厂类 | 0.08 | 0.35 | 3.48 | 4.71 | 91.37 |

（6）Ni

不同工业类型绿地土壤中 Ni 可交换态和碳酸盐结合态的含量均比较低，占总量的 2.26%～6.47%（表 4-25）；钢铁厂类和造船厂类的铁锰氧化态 Ni 的含量远高于机械制造厂类和居民办公小区类；但残渣态 Ni 所占比例高达 56.96%～76.88%，其中居民办公小区类>机械制造厂类>试剂溶剂厂类>造船厂类>钢铁厂类。

表 4-25　不同工业类型绿地土壤 Ni 的形态分布

| | 可交换态（%） | 碳酸盐结合态（%） | 铁锰氧化态（%） | 有机态（%） | 残渣态（%） |
|---|---|---|---|---|---|
| 钢铁厂类 | 0.13 | 2.13 | 31.31 | 9.47 | 56.96 |
| 机械制造厂类 | 0.61 | 5.79 | 14.69 | 5.66 | 73.25 |
| 试剂溶剂厂 | 2.46 | 2.43 | 23.48 | 7.02 | 64.60 |
| 居民办公小区 | 0.62 | 2.64 | 16.84 | 3.02 | 76.88 |
| 造船厂类 | 0.12 | 6.36 | 29.18 | 4.61 | 59.73 |

**4. 不同重金属各形态与其总量相关性**

重金属 Cu、Zn、Pb、Cd、Cr 和 Ni 各形态及其总量之间的相关性分析表明（表 4-26），Cu、Zn、Pb、Cd、Cr 和 Ni 的 5 种形态均分别与其总量具有极显著相关性，但各形态之间的相关性则因重金属类型不同而存在一定的差异，其中可交换态 Cu、碳酸盐结合态 Cu 及铁锰氧化态 Cu 均与有机态 Cu 和残渣态 Cu 呈显著或极显著相关，且碳酸盐结合态 Cu 与铁锰氧化态 Cu 具有极显著相关性，有机态 Cu 与残渣态 Cu 也具有明显的相关性，而其他形态均不相关，相关研究已表明 Cu 主要以有机态的形式存在，因此可见，测定有机态 Cu 的含量不仅对了解 Cu 的其他形态含量具有一定的指导意义，而且由于其本身含量较大，可减少测定误差，从而达到较准确了解 Cu 对环境污染状况的目的。

就 Zn 而言，其5种形态之间均具有极显著相关性，说明 Zn 的5种形态相互影响较大，易于相互转化；而已有研究表明，Zn 的铁锰氧化态、有机态和残渣态含量随外界环境变化而改变。与 Cu 和 Zn 不同，Pb 除可交换态外，各形态之间具有良好的相关性，说明 Pb 容易被固定，活性相对小。但 Cd 除残渣态外，其他形态之间的相关性达到了极显著的水平，由于 Cd 本身的可交换态含量比较高，因此在留意可交换态 Cd 本身毒性外，对其他形态特别是含量比较高的铁锰氧化态的转换应引起重视。

表 4-26　上海典型绿地土壤重金属各形态及其总量之间的相关系数

| 元素 | 形态 | 可交换态 | 碳酸盐结合态 | 铁锰氧化态 | 有机态 | 残渣态 | 总量 |
|---|---|---|---|---|---|---|---|
| Cu | 可交换态 | 1 | 0 | -0.003 | 0.24* | 0.24* | 0.24* |
| | 碳酸盐结合态 | | 1 | 0.79** | 0.64** | 0.48** | 0.73** |
| | 铁锰氧化态 | | | 1 | 0.57** | 0.34** | 0.73** |
| | 有机态 | | | | 1 | 0.69** | 0.95** |
| | 残渣态 | | | | | 1 | 0.69** |
| | 总量 | | | | | | 1 |
| Zn | 可交换态 | 1 | 0.44* | 0.78** | 0.62** | 0.50** | 0.66** |
| | 碳酸盐结合态 | | 1 | 0.77** | 0.76** | 0.64** | 0.86** |
| | 铁锰氧化态 | | | 1 | 0.82** | 0.62** | 0.91** |
| | 有机态 | | | | 1 | 0.62** | 0.83** |
| | 残渣态 | | | | | 1 | 0.85** |
| | 总量 | | | | | | 1 |
| Pb | 可交换态 | 1 | -0.16 | -0.2 | -0.07 | -0.03 | -0.09 |
| | 碳酸盐结合态 | | 1 | 0.81** | 0.59** | 0.64** | 0.83** |
| | 铁锰氧化态 | | | 1 | 0.73** | 0.74** | 0.87** |
| | 有机态 | | | | 1 | 0.54** | 0.69** |
| | 残渣态 | | | | | 1 | 0.93** |
| | 总量 | | | | | | 1 |
| Cd | 可交换态 | 1 | 0.46** | 0.64** | 0.44** | -0.21 | 0.76** |
| | 碳酸盐结合态 | | 1 | 0.26* | 0.25* | -0.17 | 0.36** |
| | 铁锰氧化态 | | | 1 | 0.71** | -0.11 | 0.83** |
| | 有机态 | | | | 1 | 0.01 | 0.71** |
| | 残渣态 | | | | | 1 | 0.18 |
| | 总量 | | | | | | 1 |

（续）

| 元素 | 形态 | 可交换态 | 碳酸盐结合合态 | 铁锰氧化态 | 有机态 | 残渣态 | 总量 |
|---|---|---|---|---|---|---|---|
| | 可交换态 | 1 | 0.351＊＊ | 0.311＊＊ | 0.502＊＊ | 0.092 | 0.238＊ |
| | 碳酸盐结合合态 | | 1 | 0.447＊＊ | 0.235＊ | 0.036 | 0.184 |
| Cr | 铁锰氧化态 | | | 1 | 0.580＊＊ | 0.522＊＊ | 0.654＊＊ |
| | 有机态 | | | | 1 | 0.507＊＊ | 0.691＊＊ |
| | 残渣态 | | | | | 1 | 0.924＊＊ |
| | 总量 | | | | | | 1 |
| | 可交换态 | 1 | −0.170 | −0.235＊ | −.010 | 0.041 | −0.024 |
| | 碳酸盐结合合态 | | 1 | 0.383＊＊ | 0.354＊＊ | 0.105 | 0.305＊＊ |
| Ni | 铁锰氧化态 | | | 1 | 0.675＊＊ | 0.390＊＊ | 0.677＊＊ |
| | 有机态 | | | | 1 | 0.392＊＊ | 0.643＊＊ |
| | 残渣态 | | | | | 1 | 0.897＊＊ |
| | 总量 | | | | | | 1 |

＊＊．$P<0.05$；＊．$P<0.01$。

Cr 的可交换态与碳酸盐结合合态、铁锰氧化态呈极显著正相关，说明三种形态 Cr 之间容易相互转换；除碳酸盐结合合态以外，Cr 的各形态与其总量之间的相关性很好。就 Ni 来说，除可交换态以外，Ni 的各形态与其总量之间呈极显著正相关，碳酸盐结合合态与残渣态相关性也不明显。

# 参 考 文 献

［1］陈同斌，黄敏洪，黄焕忠，等．香港土壤中重金属含量及其污染现状[J]．地理学报，1997，52(3)：228-236.

［2］方海兰，郝冠军，彭红玲，等．上海世博会规划区不同土地利用方式下附属绿地的重金属分布[J]．生态学杂志，2008，27(3)：439-446.

［3］梁晶，马光军，方海兰，等．三种不同功能区绿地土壤 Cd 和 Hg 的污染现状及其风险评价[J]．现代农业科技，2009，12：17-19.

［4］卢瑛，龚子同．南京城市土壤重金属含量及其影响因素[J]．应用生态学报，2004，15(1)：123-126.

［5］马光军，梁晶，方海兰．上海市不同功能区绿地土壤中 Cu、Zn、Pb 和 Cr 的污染评价[J]．城市生态和城市环境，2009，22(5)：34-37.

［6］史贵涛，陈振楼，许世远，等．上海市区公园土壤重金属含量及其污染评价[J]．土壤通报，2006，37(3)：490-494.

［7］王美青，章明奎．杭州市城郊土壤重金属含量和形态的研究[J]．环境科学学报，2002，22(5)：603-608.

［8］王云．上海市土壤环境背景值[M]．北京：中国环境科学出版社，1992，37.

［9］吴新民，潘根兴．影响城市土壤重金属污染因子的关联度分析[J]．土壤学报，2003，40(6)：921-927.

[10] 吴新民，李恋卿，潘根兴，等．南京市不同功能区土壤中重金属 Cu、Zn、Pb 和 Cd 的污染特征[J]．环境科学，2003，24(3)：105-111.

[11] 吴新民，潘根兴．城市不同功能区土壤重金属分布初探[J]．土壤学报，2005，42(13)：513-517.

[12] 徐福银，梁晶，方海兰，等．上海市典型绿地土壤中重金属形态分布特征[J]．东北林业大学学报，2011，39(6)：60-64.

[13] 殷云龙，宋静，骆永明，等．南京市城乡公路绿地土壤重金属变化及其评价[J]．土壤学报，2005，42(2)：200-210.

[14] 郑袁明，余轲，吴泓涛，等．北京市城市公园土壤铅含量及其污染评价[J]．地理研究，2002，21(4)：418-424.

[15] 中华人民共和国国家标准．土壤环境质量标准(GB 15618—1995)[S]．1995.

[16] 朱建军，崔保山，杨志峰，等．纵向岭谷区公路沿线土壤表层重金属空间分异特征[J]．生态学报，2006，26(1)：147-153.

[17] Al-Chalabi, A. S. and Hawker, D. Distribution of vehicular lead in roadside soils of major roads of Brisbane, Australia[J]. *Water Air Soil Pollut.* 2000, 118(3/4)：299-310.

[18] Carlosena, A., Andrade, J. M. and Prada, D. Searching for heavy metals grouping roadside soils as a function of motorized traffic influence[J]. *Talanta*, 1998(47)：753-767.

[19] Chan, G. Y. S., Chui, V. W. D. and Wong, M. H. Lead concentration in Hong Kong roadside dust after reduction of lead level in petrol[J]. *Biomed. Environ. Sci.* 1989(2)：31-140.

[20] Culbard, E. B., Thornton, I., Watt, J. et al. Metal contamination in British urban dusts and soils [J]. *J. Environ. Qual.* 1988, 17(2), 226-234.

[21] De Miguel, E., Llamas, J. F., Chacon, E., et al. Origin and patterns of distribution of trace elements in street dust: unleaded petrol and urban lead [J]. *Atmos. Environ.* 1997(31)：2733-2740.

[22] Déportes, I., Benoit-Guyod, J. L., and Zmirou, D. Hazard to man and the environment posed by the use of urban waste compost: a review[J]. *Sci. Total Environ.* 1995, 172, 197-222.

[23] Dierkes, C. and Geiger, W. F. Pollution retention capabilities of roadside soils[J]. *Wat. Sci. Tech.* 1999, 39(2)：201-208.

[24] Fang H L, Dong Y, Gu B, et al. Distribution of Heavy Metals and Arsenic in Greenbelt Roadside Soils of Pudong New District in Shanghai[J]. Soil and Sediment Contamination An International Journal, 2009, 18(6)：702-714.

[25] Fakayod, S. O. and Olu-owolabi, B. I. Heavy metal contamination of roadside topsoil in Osogbo, Nigeria: its relationship to traffic density and proximity to highways[J]. *Environ. Geol.* 2003(44)：150-157.

[26] Federal R. Part III, Lead, Identification of Dangerous Levels of Lead: Final Rule[J]. *Environ. Pro. Age.* 2001(66)：1206-1240.

[27] Harrison, R. M., Laxen, D. P. H., and Wilson, S. J. Chemical associations of leads, cadmium, copper, and zinc in street dust and roadside soil[J]. *Environ. Sci. Technol.* 1981(15)：1378-1383.

[28] Howard, J. L. and Sova, J. E. Sequential extraction analysis of lead in Michigan roadside soils: Mobilization in the vadose zone by deicing salts[J]. *J. Contam.* 1993, 2(4)：361-378.

[29] Ho, Y. B., and Tai, K. M. Elevated levels of lead and other metals in roadside soils and grass and their use to monitor aerial metal deposition in Hong Kong[J]. *Environ. Pollut.* 1988, 49(1)：37-51.

[30] Lau, W. M. and Wong, H. M. An ecological survey of lead contents in roadside dusts and soils in Hong Kong [J]. *Environ. Res.* 1982(28)：39-54.

[31] Li, X. D., Poon, C. S., and Liu, P. S. Heavy metal contamination of urban soils and street dusts in Hong

Kong[J]. *Appl. Geochem.* 2001(16): 1361-1368.

[32] Lottermoser, B. G. Natural enrichment of top soils with chromium and other heavy metals, Port Macquarie, New South Wales, Australia[J]. *Aust. Soil Res.* 1997, 35, 1165- 176

[33] Madrid, L., Diaz-Barrientos, E., and Madrid, F. Distribution of heavy metal contents of urban soils in Parks of Seville[J]. *Chemosphere.* 2002(49): 1301-1308.

[34] Massadeh, A. M., Tahat, M., Jaradat, Q. M., et al. Lead and Cadmium contamination in roadside soils in Irbid city, Jordan: A case study[J]. *Soil Sediment Contam.* 2004(13): 347-359.

[35] Ndiokwere C. L. A study of heavy metal pollution from motor vehicle emissions and its effect on roadside soil vegetation and crops in Nigeria[J]. *Environ. Pollut.* 1984, 7, 35-42.

[36] Schuhmacher, M., Meneses, M., Granero, S., et al. Trace Element pollution of soil collected near a municipal solid waste incinerator: human risk [J]. *Environ. Contam. Toxicol.* 1997, 59: 861-867.

[37] Singh AK, Benerjee DK. G rains izea ndg eochemicalp artitioning of heavy metals in sediments of the Damodar River-A tributary of the lower Ganga, India[J]. Environ. Geol, 1999, 39(1): 91-98.

[38] Surthland, R. A., Tolosa, C. A., Tack, F. M. G., et al. Characterization of selected element concentrations and enrichment ratios in backgroud and anthropogenically impacted roadside areas [J]. *Arch. Environ. Contam. Toxicol.* 2000(38): 428-438.

[39] Tam, N. F. Y., Liu, W. K., et al. Heavy metal pollution in roadside parks and gardens in Hong Kong [J]. *Sci. Total Environ.* 1987(59): 325-328.

[40] Tesser A, Campbell PGC. Blsson M. Sequenential extraction procedures for the speciation of particulate trace metals[J]. *Analytical Chemistry*, 1979, 51(7): 844-851.

[41] Wang, L., Chen, Z. L., Xu, S. Y., et al. Characterization and distribution of lead in soil and dust along Yanan Ovearhead Road in Shanghai[J]. *Environ. Pollut. & Control.* 2007, 29(2): 132-137.

[42] Ward, N. I. Lead contamination of the London orbital (M25) motorway (since its opening in 1986) [J]. *Sci. Tot. Environ.* 1990, 93: 277-283.

[43] Wixon, B. G. and Davies, B. E. Guidelines for lead in soils. Environ[J]. *Sci. Technol.* 1994(28): 26Q-31A.

[44] Yassoglou, N., Kosmas, C., Asimakopoulos, J., et al. Heavy metal contamination of roadside soils in the greater Athens area[J]. *Environ. pollut.* 1987(47): 293-304.

# 第5章 土壤典型有机污染物分布及累积特征

引起土壤污染的物质种类繁多，按污染物的性质，可分为无机元素污染物、有毒有机污染物、氮磷营养元素污染物、放射性元素污染物和病原微生物污染物等。受技术、经济条件等限制，我国原先关注比较多的污染物是重金属。随着2001年5月22日，含中国在内的90个国家在瑞典签署了《关于持久性有机污染物的斯德哥尔摩公约》，优先控制环境中的12种持久性有机污染物，有机污染物的研究和应用在我国才开始得到重视。

土壤中有机物污染物质主要来源于有机农药和工业"三废"，较常见的有有机农药类、多环芳烃（PAHs）、有机卤代物中的多氯联苯（PCBs）和二噁英（PCDDs）、油类污染物质、邻苯二甲酸酯等有机化合物。城市中不管是交通运输、工业生产还是商业运营，均离不开使用石油，石油是保证城市正常运行的必需物质，由使用石油引发的石油烃（TPH）和多环芳烃也是城市中气、水、土、沉积物等环境介质和生物体中普遍存在的有机污染物。

石油烃化合物（TPH）是由碳氢化合物组成的复杂混合体，主要由烃类组成。土壤中石油烃主要成分为 $C_{15} \sim C_{36}$ 的烷烃、PAHs、烯烃、苯系物、酚类等，其中环境优先控制污染物和美国协议法令规定的污染物多达30种。但以前大多研究注重其组分中的PAHs，而对总石油烃关注较少。其实不仅石油的各种组分有一定毒性，石油污染能破坏土壤生态系统的结构与功能，可严重影响土壤的通透性，使土壤肥力下降，对生长的植物产生毒害作用。此外，土壤作为烃类污染物的直接受体，土壤中的烃类污染物也可通过地球化学循环进入水体和大气，造成二次污染并对人类健康可能造成不同程度的危害。例如，石油烃会通过渗透进入地下水，或者通过雨水径流进入河水。石油烃污染物进入土壤还会改变土壤中原有微生物的种群数量和组成结构，同时土壤中的微生物也会在生理代谢方面做出响应，以适应环境的选择压力，两者的相互作用会造成土壤物理、化学等方面性质的改变。石油烃成为许多国家优先控制的有机污染物之一，其中我国环保部标准《展览会用地土壤环境质量评价标准（暂行）（HJ 350—2007）》要求总石油烃<1000mg/kg，而有些对生态环境要求较高的国家或者企业标准甚至更严，如美国华莱士迪士尼要求绿化种植土的总石油烃<50mg/kg，控制指标明显高于我国标准。

多环芳烃（PAHs）是指2个以上苯环以稠环形式相连的半挥发性有机污染物，具有致癌、致畸、致突变等毒性，已有研究表明，土壤中多环芳烃会对人体健康产生直接或间接的影响。人类活动对沉积物中多环芳烃浓度变化影响较大，交通、工业活动中的燃烧以及大气沉降是多环芳烃的主要来源，随着我国城市化的高度发展，我国城市土壤中多环芳烃的累积程度增加。

上海作为我国民族工业的发源地和经济中心，工业和商业发达，车流量大，石油用量也大，导致上海城市土壤中TPH和PAHs有不同程度的累积。其中园林绿化土壤零星分布于城市和工业园区内，表现出不同于农田土壤或者污染场地的有机污染物累积特点。如绿地中一般很少使用毒性强、难降解的有机农药，一般多使用易降解的生物农药，因此农药在土壤中累积程度低；园林绿化土壤虽然不像污染场地那样污染程度高，但污染源分散，受汽车尾气、大气降尘的影响更大，就污染物累积程度而言可能略低，但由于园林绿化土壤与市民接触最为密切，因此其 TPH 和 PAHs 含量和分布特征更值得关注。不但需要了解全市绿地土壤两种污染物大致含量，而且对道路、工厂等累积程度高区域的绿地需要重点关注。并对几座公园的有机苯环挥发烃(Total aromatic volatile organic hydrocarbons)(苯、甲苯、二甲苯和乙基苯)进行分析。

# 第一节　上海园林绿化土壤典型有机污染物含量

以黄浦区、徐汇区、长宁区、普陀区、原静安区、原闸北区、虹口区、杨浦区和浦东新区 9 个中心城区为主，同时选择闵行区、奉贤区、金山区、松江区、青浦区、嘉定区、宝山区和崇明区 8 个郊区大型绿地，分公园绿地、公共绿地和道路绿地 3 种类型，采集 160 个样点(图 5-1)，测定其 TPH 和 PAHs 含量。

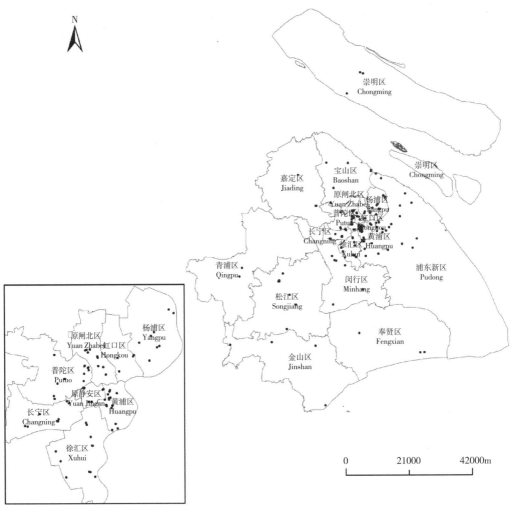

图 5-1　上海园林绿化土壤 TPH 和 PAHs 测定布点

## 一、TPH

### 1. 全市典型样品含量

上海园林绿化土壤 TPH 含量在 0~1236mg/kg 之间，平均值为 44.92±111mg/kg；3 种类型绿地中仅有道路绿地有一个土样的 TPH 含量大于《展览会用地土壤环境质量评价标准（暂行）（HJ 350—2007）》限值要求（<1000mg/kg），其他样品 TPH 含量均 <1000mg/kg。而且所有样品中有 78.92% 的绿地土样的 TPH<20mg/kg（图 5-2），由此可见，除极个别园林绿化土样 TPH 略有超标，大部分园林绿化土壤 TPH 含量均在清洁安全范围，而且累积程度不高。

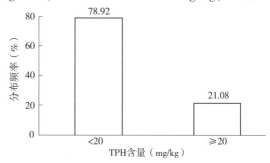

图 5-2　上海园林绿化土壤总石油烃分布频率

### 2. 分段组成

石油烃是由碳氢化合物组成的复杂混合体，其中的组分由于沸点不同，对人体危害不同，因此一般将其分为 4 段：$C_6 \sim C_9$，$C_{10} \sim C_{14}$，$C_{15} \sim C_{28}$，$C_{29} \sim C_{36}$。其中 $C_6 \sim C_9$ 段毒性最强，如澳大利亚新南威尔士州环保局（NSW EPA）规定 TPH 在 $C_6 \sim C_9$ 段含量应该小于 65mg/kg，否则认为存在毒害；而对 $C_{10} \sim C_{40}$ 段的 TPH 则放宽到 1000mg/kg。国内由于 TPH 检测技术发展相对滞后，还是笼统将 TPH 总量控制指标限值设定为 1000mg/kg，这显然不利于科学和全面地评价 TPH 的毒害程度，应该分段对 TPH 的毒性进行评价。

选择全市公园、公共绿地和道路的 93 个典型样品进行 TPH 组成分析（表 5-1），所有样品均未检出 $C_6 \sim C_9$ 和 $C_{10} \sim C_{14}$ 段的 TPH，还有 43.01% 样品未检出 $C_{15} \sim C_{28}$ 和 $C_{29} \sim C_{36}$ 段的 TPH，说明上海城市土壤 TPH 虽然有一定累积，但整体污染毒害程度并不严重。

表 5-1　上海典型园林绿化土壤的 TPH 组成

| 绿地类型 | 样品数 | 范围 | 平均值 | 不同段石油烃含量（mg/kg） | | | |
| --- | --- | --- | --- | --- | --- | --- | --- |
| | | | | $C_6 \sim C_9$ | $C_{10} \sim C_{14}$ | $C_{15} \sim C_{28}$ | $C_{29} \sim C_{36}$ |
| 公园 | 46 | 0~340 | 24.67±42.90 | ND | ND | ND~54 | ND~290 |
| 公共绿地 | 3 | 0~26 | 10.12±7.68 | ND | ND | ND | ND~26 |
| 道路绿地 | 44 | 0~1236 | 68.46±190 | ND | ND | ND~505 | ND~731 |

注：ND 表示低于检测线，未检测出。

## 二、PAHs

### 1. 全市典型样品含量

上海园林绿化土壤 PAHs 含量分布频率见图 5-3。从图 5-3 可以看出，有 17.64% 的土样多环芳烃总量 <200μg/kg，说明土壤还是清洁安全的；有 20.25% 的土样多环芳烃总量在 200~600μg/kg 之间，有一定程度累积；14.10% 的土样多环芳烃总量在 600~1000μg/kg 之间，

累积程度较高；48.01%的土样多环芳烃总量>1000μg/kg，应引起重视。当然上海园林绿化土壤测定出来的 PAHs 含量高，一方面是因为采集的表层 0~2cm 的土壤，其中降尘起的作用有可能更大，在土壤中累积程度未必有这么高，随着土壤深度的加深，土壤 PAHs 含量未必就高(将在随后第二节中介绍)；另外也不排除园林绿化土壤由于人为干扰严重，其他形态碳对测定结果存在干扰。

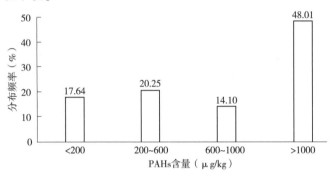

图 5-3　典型绿地土壤 PAHs 含量分布频率

### 2. PAHs 环数组成

PAHs 结构不同，其毒性与致癌作用不同，通常 2~3 环等低环 PAHs 有较强的急性毒性，而 4~6 环等高环 PAHs 具有"三致"作用，对上海典型绿地土壤样品不同环数的 PAHs 所占比例的进行分析见表 5-2。

表 5-2　不同环数 PAHs 所占比例统计分析

| 环数 | 范围(μg/kg) | 平均值(μg/kg) | 中位数(μg/kg) | 变异系数(%) | 偏度 | 峰度 |
|---|---|---|---|---|---|---|
| 2 环 | 0.00~2.24 | 0.14±0.42 | 0.00 | 3.06 | 3.80 | 14.62 |
| 3 环 | 0.00~29.72 | 7.31±4.89 | 6.69 | 0.67 | 1.37 | 4.49 |
| 4 环 | 31.63~100 | 54.18±12.69 | 51.39 | 0.23 | 2.46 | 6.53 |
| 5 环 | 0.00~62.75 | 26.50±8.25 | 27.21 | 0.31 | −0.50 | 7.42 |
| 6 环 | 0.00~19.72 | 11.87±5.65 | 12.70 | 0.48 | −1.03 | 0.21 |

从表 5-2 可以可知：

2 环 PAHs 含量范围为 0.00~2.24μg/kg，平均值为 0.14±0.42μg/kg；

3 环 PAHs 含量范围为 0.00~29.72μg/kg，平均值为 7.31±4.89μg/kg；

4 环 PAHs 含量范围为 31.63~100μg/kg，平均值 54.18±12.69μg/kg；

5 环 PAHs 含量范围为 0.00~62.75μg/kg，平均值 26.50±8.25μg/kg；

6 环 PAHs 含量范围为 0.00~19.72μg/kg，平均值为 11.87±5.65μg/kg。

其中 4~6 环高环 PAHs 平均占 PAHs 总量的 90%以上，2~3 环低环 PAHs 所占比例甚小，平均占 PAHs 总量低于 10%。通常 PAHs 的形态分布受其本身物理化学性质和周围环境的影响，分子量小的 2~3 环 PAHs 主要以气态形式存在，容易迁移；4 环 PAHs 在气态和颗粒态中的分配相当，而大分子量的 5~6 环 PAHs 则主要以颗粒态存在，不易发生移动。这与上海灰尘的研究结果相一致，4~6 环大分子量 PAHs 在灰尘 PAHs 总量中占有较大比例。大量研究已表明，在一定条件下，气态、固态中的PAHs可以相互转化。多环芳烃是汽车尾气排放的典型物质，可见，交通排放对上海道路绿地土壤已经产生了严重的影响。

### 3. 有机苯环挥发烃(TAVOH)

选择世纪公园、长风公园、世博公园和辰山植物园中24个表层土壤样品进行有机苯环挥发烃(苯、甲苯、乙苯、对&间-二甲苯和邻-二甲苯)的分析，分析结果显示所有含量均小于检出限0.05mg/kg，说明上海中心城区公园土壤中有机苯环挥发烃没有出现累积，是比较清洁安全的。

# 第二节　上海不同功能区园林绿化土壤 TPH 和 PAHs 分布特征

鉴于 TPH 和 PAHs 容易在城市用油的区域产生累积，为此专门选择道路、加油站、发电厂、化工厂和焦化厂等易产生 TPH 累积区域的绿地土壤，并和公园、大学校园和居民区等不同功能区绿地进行比较。其中道路绿地选择上海市重要的交通枢纽外环、中环和延安高架3条主要道路的绿化带。

## 一、TPH

### (一)不同功能区绿地土壤的 TPH 总量概况

TPH 测定采集的是 $0 \sim 10cm$ 的表层土样，每个土壤样品由 $3 \sim 5$ 个样品多点混合组成，共采集 62 个样品，具体样品数详见表 5-3。

表 5-3　不同绿地表层土壤 TPH 含量

| 土地类型 | 样品数 | 范围 | 平均值 | 不同段石油烃含量(mg/kg) | | | |
|---|---|---|---|---|---|---|---|
| | | | | $C_6 \sim C_9$ | $C_{10} \sim C_{14}$ | $C_{15} \sim C_{28}$ | $C_{29} \sim C_{36}$ |
| 公园 | 6 | 0~61 | 18.17±24.22 | ND | ND | ND~24 | ND~38 |
| 居民区 | 5 | 0~26 | 14.60±11.68 | ND | ND | ND | ND~26 |
| 大学校园 | 6 | 36~137 | 80.83±26.11 | ND | ND | ND~82 | 29~55 |
| 加油站 | 3 | 220~382 | 274±71.78 | ND | ND | 86~167 | 131~215 |
| 延安高架 | 7 | 122~541 | 314±115 | ND | ND | 48~260 | 74~240 |
| 中环 | 13 | 22~417 | 169±71.11 | ND | ND | ND~163 | 22~254 |
| 外环 | 9 | 480~3508 | 1197±8957 | ND | ND~23 | 241~2180 | 221~1310 |
| 焦化厂 | 5 | 100~618 | 2587±144 | ND | ND~22 | 47~334 | 53~262 |
| 化工厂 | 5 | 97~265 | 178±67.68 | ND | ND~14 | 45~131 | 52~155 |
| 发电 | 3 | 20~117 | 60.33±37.78 | ND | ND | ND~57 | 20~60 |
| 总 | 62 | 0~3508 | 307 | ND | ND~23 | ND~2180 | ND~1310 |

注：ND 表示低于检测限，未检测出。

从表 5-3 可以看出，上海不同绿地类型表层土壤 TPH 含量变化范围为 $0 \sim 3508mg/kg$，平均值为 $306 \pm 360mg/kg$，低于环境容量(临界值) $500mg/kg$。各个功能区 TPH 平均含量大小为外环>延安高架>加油站>焦化厂>化工厂>中环>大学校园>发电厂>公园>居民区。

在所有样品中，道路绿化带土壤的TPH含量普遍偏高，高于已报道的尼日利亚Ibadan市交通密集区(373±58mg/kg)。道路绿化带又以外环绿化带土壤的TPH含量最高，为480~3508mg/kg，平均值为1197±895mg/kg，高出环境容量(500mg/kg)1倍多，也略超我国环境保护行业标准《展览会用地土壤环境质量评价标准(暂行)》(HJ 350—2007)中规定的土壤石油碳氢化合物小于1000mg/kg的限值；延安高架绿化带土壤的TPH含量次之，为122~541mg/kg，平均值为314±115mg/kg；中环绿化带土壤TPH在3条道路中含量相对最低，为22~417mg/kg，平均值为169±71.11mg/kg。究其原因，可能与所选取的道路均为上海市交通最繁忙的地带有关，3条道路交通流量大，汽车排放尾气多，说明汽车排放的尾气是城市绿地土壤最主要的TPH污染源。此外，可能与3条道路的建成年限也有一定关系，3条道路绿化带建成年限依次为外环(1997年)>延安高架(1999年)>中环(2005年)。相对而言，建成年限越长，道路绿化带土壤所受汽车尾气的污染越久，TPH的含量也越高，这与这几条道路的多环芳烃的分布规律也基本一致。此外，外环TPH含量高可能与其道路上行驶有大量使用柴油的卡车也有一定关系，因为延安高架和中环禁止大型卡车进入，而外环主要是运输货物的大卡车。

与尼日利亚的Lagos市污染情况相似，加油站、焦化厂和化工厂是道路之外TPH污染程度较高的功能区，TPH含量范围和平均值分别为220~382mg/kg，274±71.78mg/kg；100~618mg/kg，258±144mg/kg；97~265mg/kg，178±67.68mg/kg。这是由于在石油生产、贮运、炼制加工及使用过程中，井喷、泄漏、检修等原因都会有石油烃类的溢出和排放，造成落地石油污染。公园、居民区、大学校园、发电厂TPH含量范围和平均值分别为0~61mg/kg，18.17±24.22mg/kg；0~26mg/kg，14.60±11.68mg/kg；36~137mg/kg，80.83±26.11mg/kg；20~117mg/kg，60.33±37.78mg/kg。TPH平均含量都低于100mg/kg。这可能与自身所处区域远离道路，并且接触污染源的几率较小，因此TPH污染程度较低。

总体而言，与市民接触较多公园、居住区的土壤中TPH含量相对较低，因此就上海大部分绿地而言，还是清洁安全的。但汽车尾气可能是城市绿地土壤最主要的TPH污染源，因此交通流量大的道路两侧其潜在污染和毒害程度大，应引起足够重视。

**(二)不同空间分布对绿地土壤TPH的影响**

为了解不同空间分布对TPH的影响，选择3条上海典型道路绿地(分别记为a、b和c)，每条道路采集3组土壤样品，每组分别采集距离道路边缘1m、10m和30m的样品，共采集27个土壤样品；分析结果显示道路距离直接影响绿地中TPH含量(图5-4)。

从图5-4可以看出，距道路1m处土壤表层TPH含量均远高于道路远处(10m和30m)土壤表层TPH含量。经配对t检验，距道路1m处土壤表层TPH含量与距道路10m处($p = 0.036 < 0.05$)、30m处($p = 0.043 < 0.05$)土壤表层TPH含量均差异显著；而距道路10m处土壤表层TPH含量与距道路30m处土壤表层TPH含量差异不显著($p = 0.748 > 0.05$)。这说明道路绿地中TPH主要来源于汽车尾气，汽车尾气对TPH的影响主要富积在道路的近距离。

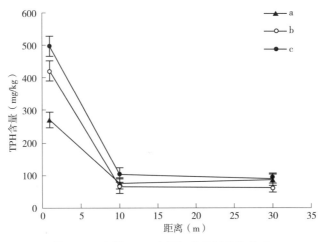

图 5-4　土壤 TPH 含量与道路距离的关系

另外选择 3 条道路路口（分别记为 A、B 和 C），每个路口采集 3 组土壤样品，每组分别采集 0~10cm、10~20cm 和 20~30cm 3 个土壤层次，共采集 27 个土壤样品；分析结果显示 TPH 含量随着土壤剖面深度加大而显著降低（图 5-5），也说明汽车尾气对土壤 TPH 的污染主要累积于土壤表层，且 TPH 在土壤中迁移能力较小。而之前有研究报道认为随着土壤深度的增加，TPH 含量有一个系统增加的趋势，本次研究结果相反，可能与上海土壤质地黏重，土壤入渗率小有一定关系。

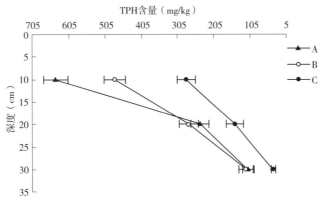

图 5-5　不同土壤剖面 TPH 含量

## （三）土壤性质对 TPH 含量的影响

### 1. TPH 含量与有机质含量的关系

上海各个典型绿地土壤的有机质含量和相关土壤性质以及与 TPH 的相关性分别见表 5-4 和表 5-5，从中可以看出，各个绿地土壤的 TPH 与有机质之间相关性不显著，与其他报道的研究结论相同。结果可能与样品来源有一定关系，本次研究主要选择的是城市绿地土壤样品，绿地土壤一方面表面存在不同量的枯枝落叶，同时绿地土壤本身许多是合成土壤，土壤中存在不同的有机添加物，同时像焦化厂土壤有机质含量非常高，可能还存在燃煤等其

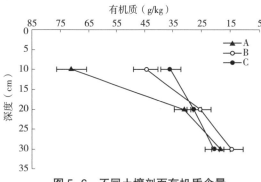

图 5-6　不同土壤剖面有机质含量

他来源的碳，这些均可能是造成有机质含量异常的原因。从图 5-6 可知，在 A、B、C 这 3 处的剖面土壤中，有机质含量随着土壤深度的增加而降低，也说明绿地土壤中有机质来源主要是外源的影响比较大。

### 2. TPH 含量与重金属含量的关系

选择城市绿地中容易累积的 4 种重金属 Zn、Cu、Pb 和 Cd，其测定结果显示（表 5-4 和表 5-5）：Zn 含量（r = 0.956，$P<0.01$）、Cd 含量（r = 0.969，$P<0.01$）均与 TPH 含量呈极显著正相关；Pb 含量与 TPH 含量呈显著正相关（r = 0.673，$P<0.05$）；Cu 含量与 TPH 含量相关性不显著，这与 Adeleke A（2010 年）等的研究结果相符。本书第 3 章研究结果已经证实 Zn、Cu、Pb 和 Cd 是上海园林绿化土壤中最容易累积的 4 种重金属，其中 Zn 的累积程度是最高的，特别是在道路两侧，这也进一步说明城市土壤中 TPH 和 Zn 的污染具有同源性。

### 3. TPH 含量与微生物数量的关系

由于石油烃污染物进入土壤会改变土壤中原有微生物的种群数量和组成结构，因此对微生物数量进行分析有助于我们了解 TPH 污染情况。各个典型绿地表层土壤细菌、真菌、放线菌和微生物总数量以及与 TPH 含量的相关性分别见表 5-4 和表 5-5。土壤细菌数量和微生物总数量均与 TPH 平均含量呈极显著正相关，相关系数分别为 0.977（$P<0.01$）和 0.978（$P<0.01$）；放线菌量与 TPH 平均含量呈显著正相关（r = 0.756，$P<0.05$）；但真菌量与 TPH 平均含量相关性不显著（r = −0.165，$P>0.05$）。表明上海市表层绿地土壤在当前 TPH 含量较低的情况系下，TPH 反而促进土壤微生物的增长，可能是与 TPH 污染物虽然有一定程度累积但还没有达到严重毒害程度，反而为微生物生长提供所需的 C 源和能源，刺激微生物量的增加。另有研究认为能够利用石油烃作为 C 源并参与 TPH 降解的大部分微生物是细菌和真菌，细菌和真菌数量会随着 TPH 浓度的增加而增加。

但本次调查中真菌数量与 TPH 相关性不显著，可能与采集土壤样品分布范围比较大，不同类型绿地土壤的环境条件差别比较大有一定的关系。而由于测定样品中细菌占了微生物数量中的绝大部分，细菌数量与 TPH 浓度呈极显著正相关，造成微生物总数与 TPH 浓度呈极显著正相关。

### （四）TPH 的分段组成

进一步比较不同功能区的 TPH 分段组成（表 5-3）。从中可以看出，不同功能区绿地土壤的 TPH 分段组成有共同特点。其中：$C_6 \sim C_9$ 段的 TPH 均低于检出限；$C_{10} \sim C_{14}$ 段的 TPH 在只有在外环、焦化厂和化工厂等少量样品中检出，大部分样品低于检出限；而 $C_{15} \sim C_{28}$ 和 $C_{29} \sim C_{36}$ 段的 TPH 在大部分样品中均可检出，是上海绿地土壤 TPH 的主要组成部分。由于 $C_{15} \sim C_{28}$ 和 $C_{29} \sim C_{36}$ 段的石油烃毒性小于 $C_6 \sim C_9$ 和 $C_{10} \sim C_{14}$ 段的石油烃，整体而言，上海城市土壤 TPH 虽然有一定累积，但整体污染毒害程度并不严重。

表 5-4　不同类型绿地土壤 TPH 含量和相关土壤性质

| 土地类型 | TPH | 有机质(g/kg) | 重金属(mg/kg) | | | | 微生物(CFU/g 干土) | | | |
| --- | --- | --- | --- | --- | --- | --- | --- | --- | --- | --- |
| | | | Cu | Zn | Pb | Cd | 细菌(×10⁷) | 真菌(×10⁵) | 放线菌(×10⁶) | 总计(×10⁷) |
| 公园 | 18.17±24.22 | 22.56±8.56 | 27.37±1.27 | 109±10.78 | 35.98±4.32 | 0.26±0.08 | 4.04±1.25 | 1.00±0.61 | 6.01±3.95 | 4.66±1.63 |
| 居民区 | 14.60±11.68 | 18.99±2.47 | 34.56±6.84 | 139±17.33 | 54.15±13.84 | 0.24±0.05 | 6.02±2.95 | 1.62±0.53 | 6.88±4.33 | 6.72±3.29 |
| 加油站 | 274±71.78 | 36.14±4.28 | 86.92±22.50 | 300±85.84 | 78.81±13.88 | 0.46±0.08 | 6.82±0.96 | 1.29±0.42 | 12.65±2.88 | 8.09±0.89 |
| 延安高架 | 314±115 | 37.42±5.88 | 57.49±8.89 | 286±99.83 | 67.78±9.39 | 0.36±0.05 | 8.27±3.15 | 1.49±1.05 | 13.36±1.99 | 9.62±3.35 |
| 中环 | 169±71.11 | 23.35±3.37 | 43.53±9.50 | 149±30.55 | 47.43±6.63 | 0.30±0.09 | 6.86±2.97 | 1.17±0.51 | 15.23±8.43 | 8.40±3.64 |
| 大学校园 | 80.83±26.11 | 34.17±10.31 | 36.02±3.97 | 158±48.57 | 55.42±4.94 | 0.32±0.06 | 4.97±2.35 | 1.90±0.91 | 23.00±23.26 | 7.30±4.16 |
| 外环 | 1197±895 | 57.87±20.33 | 78.29±22.70 | 820±499 | 106±27.80 | 0.98±0.67 | 38.70±25.00 | 1.37±0.46 | 29.54±17.43 | 41.67±26.61 |
| 焦化厂 | 258±144 | 85.50±13.65 | 166±88.19 | 432±184 | 114±41.23 | 0.43±0.09 | 7.02±1.76 | 3.25±1.04 | 9.54±2.36 | 8.01±1.96 |
| 化工厂 | 178±67.68 | 52.38±15.72 | 51.67±7.69 | 189±30.95 | 79.33±22.10 | 0.29±0.03 | 6.90±3.36 | 1.55±0.33 | 7.82±1.70 | 7.70±3.36 |
| 发电厂 | 60.33±37.78 | 25.26±6.87 | 29.25±5.16 | 77.47±19.12 | 41.92±6.52 | 0.14±0.03 | 3.96±1.06 | 3.13±1.12 | 9.14±2.68 | 4.91±1.34 |

表 5-5　土壤 TPH 含量与土壤其他性质的相关性

| | TPH | 有机质 | Cu | Zn | Pb | Cd | 细菌 | 真菌 | 放线菌 | 微生物总量 |
| --- | --- | --- | --- | --- | --- | --- | --- | --- | --- | --- |
| TPH | 1.000 | | | | | | | | | |
| 有机质 | 0.576 | 1.000 | | | | | | | | |
| Cu | 0.336 | 0.862** | 1.000 | | | | | | | |
| Zn | 0.956** | 0.743* | 0.571 | 1.000 | | | | | | |
| Pb | 0.673* | 0.942** | 0.860** | 0.830** | 1.000 | | | | | |
| Cd | 0.969** | 0.609 | 0.423 | 0.971** | 0.722* | 1.000 | | | | |
| 细菌 | 0.977** | 0.485 | 0.208 | 0.914** | 0.578 | 0.944** | 1.000 | | | |
| 真菌 | -0.165 | 0.401 | 0.446 | -0.029 | 0.248 | -0.219 | -0.205 | 1.000 | | |
| 放线菌 | 0.756* | 0.297 | 0.067 | 0.676* | 0.362 | 0.765* | 0.754* | -0.181 | 1.000 | |
| 微生物总量 | 0.978** | 0.480 | 0.202 | 0.912** | 0.572 | 0.947** | 0.999** | -0.206 | 0.783** | 1.000 |

＊＊：$P<0.01$；＊：$P<0.05$。

此外，不同类型的绿地土壤不但 TPH 总量存在差异，其不同段的含量也有所不同。其中：外环样品已检出 $C_{10} \sim C_{14}$ 段的 TPH，毒性最强；焦化厂和化工厂虽然 TPH 总量并不高，但也检出 $C_{10} \sim C_{14}$ 段的 TPH，说明工厂绿地土壤中 TPH 累积程度不高但潜在毒性强；而公园、居民区和大学校园不但 TPH 总量低，低碳段的 TPH 基本未检出，许多样品高碳段的 TPH 也低于检出限。同样就交通道路而言，建成年限和车型对道路绿化带土壤 TPH 分段组成的影响也较大。比较建成年限相当的外环和延安高架，延安高架不但 TPH 总量低，而且基本没有检出 $C_6 \sim C_9$ 和 $C_{10} \sim C_{14}$ 段的 TPH，低碳段 TPH 含量低；而外环绿化带土壤中不但 TPH 总量高，并已检出了 $C_{10} \sim C_{14}$ 段的 TPH；因此对类似交通流量大且以燃烧柴油车为主的道路两端，其 TPH 的污染累积和毒害应该引起重视。

## 二、PAHs 含量

### （一）不同功能区

#### 1. 总量概况

根据已有报道认为土壤 PAHs 中主要来源于工业和汽车尾气，为此专门选择上海典型的铁厂、钢厂、造船厂、焦化厂、电厂和化工厂不同工厂类型，并和公园、大学及居民区等功能区园林绿化土壤进行比较，主要采集 0~2cm 的表层土，总共采集 44 个样品，具体分布见图 5-7。

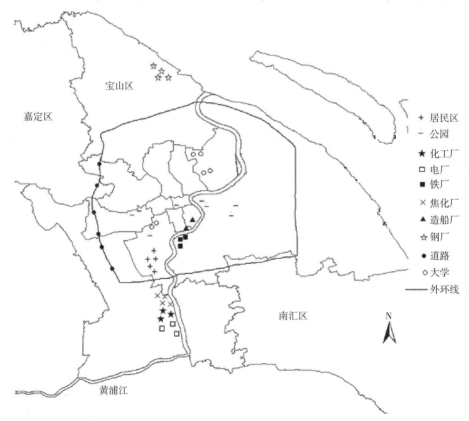

图 5-7　上海不同功能区园林绿化土壤 PAHs 的采样分布点

不同功能区绿地土壤中多环芳烃含量的大小顺序为：造船厂>焦化厂>化工厂>钢厂>铁厂>道路>大学>公园>居民区，并且造船厂、化工厂和焦化厂绿地土壤中 PAHs 的含量明显大于其他功能区的绿地土壤。分析原因可能与造船厂的油污染排泄及焦化厂的煤燃烧有直接的关系。另外，高环 PAHs 的含量明显高于低环多环芳烃的含量，而有很多采样点低环的 PAHs 几乎没有检出，这可能是因为 2~3 环的 PAHs 易挥发。

从上海不同功能区园林绿化土壤 PAHs 种类（表5-6）和总量（表5-7）可以看出，上海不同功能区园林绿化土壤 PAHs 总量均大于3000μg/kg，所有采样点均存在 PAHs 不同程度累积。除电厂以外交通区和工业区 PAHs 的总量均明显大于大学、公园及居民区，同国内其他城市相比，上海市多环芳烃的含量明显高于香港和大连，但是与北京的含量相当。这可能与本次样品的采集有关，大学、公园和居民区均在市区，PAHs 累积的程度比较高。有研究显示，交通工具所排放的多环芳烃是不容忽视的。此外，多环芳烃的含量与绿地的建成年限也有关。例如，一个公园在1950年建成，其多环芳烃的含量为10635μg/kg，而另外一个建成于2003年的公园绿地土壤内多环芳烃的含量则为57.3μg/kg。

### 2. 不同环数 PAHs 所占的比例

从不同功能区内多环芳烃环数所占比例（图5-8）可以看出，所有功能区 5~6 环的 PAHs 几乎占到了总量的95%，2环和3环的 PAHs 不足10%，这和整个上海市园林绿化土壤 PAHs 环数组成特点基本一致。也可能与 PAHs 本身特点直接相关，即低环多环芳烃也就是 2~3 环的 PAHs 容易迁移和挥发，而高环的 PAHs 则比较容易和颗粒物结合而沉降有关；也与上海工业区灰尘中 PAHs 环数特点一致。

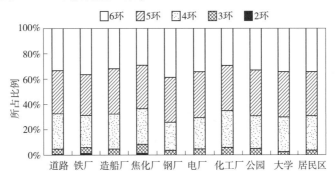

图5-8　不同土地利用方式下园林绿化土壤 PAHs 不同环数所占的比例

### 3. PAHs 含量和有机质的相关性

关于土壤有机质与 PAHs 的关系，学术界存有一定的争议。有些研究认为，土壤中 PAHs 的浓度与土壤中 TOC 呈极显著相关，如对北京城市土壤中多环芳烃与有机质的关系研究表明，二者之间具有极显著相关关系，相关系数为0.994；也有研究显示，土壤中 PAHs 的浓度与有机质之间不存在相关性，如对香港土壤进行研究发现二者之间没有相关关系，当 TOC 含量大于30g/kg 时，土壤中部分多环芳烃与 TOC 才有相关性；也有研究证实，在污染严重的区域（>2000μg/kg），多环芳烃与 TOC 之间存在显著的正相关关系，在污染较轻的地区，多环芳烃的含量与 TOC 之间无显著相关性。

表5-6　上海不同土地利用类型绿地土壤 PAHs 的组成（μg/kg）

| 土地利用类型 | 样品数 | 萘 | | | | 苊烯 | | | | 苊 | | | | 芴 | | | |
|---|---|---|---|---|---|---|---|---|---|---|---|---|---|---|---|---|---|
| | | 平均值 | 中位数 | 标准差 | 范围 | 平均值 | 中位数 | 标准差 | 范围 | 平均值 | 中位数 | 标准差 | 范围 | 平均值 | 中位数 | 标准差 | 范围 |
| 道路绿地 | 6 | 76.6 | 62.6 | 52.3 | 23.8~190 | 0.4 | 0.9 | 0.0 | ND~2.2 | 25.1 | 30.6 | 13.8 | ND~82.8 | 24.0 | 41.1 | 0.6 | ND~100 |
| 铁厂绿地 | 3 | 114 | 25.1 | 127 | 85.4~130 | 3.7 | 5.9 | 0.5 | 0.1~10.5 | 17.2 | 7.3 | 21.1 | 8.7~21.7 | 9.2 | 12.9 | 3.7 | ND~24.0 |
| 造船厂绿地 | 2 | 74.5 | 94.4 | 74.5 | 7.8~141 | 8.6 | 12.1 | 8.6 | ND~17.1 | 275 | 368 | 275 | 14.5~535 | 108 | 153 | 108 | ND~216 |
| 焦化厂绿地 | 4 | 326 | 244 | 338 | 33.3~591 | 46.7 | 41.4 | 50.8 | ND~85.4 | 216 | 173 | 170 | 68.9~454 | 136 | 77.2 | 155 | 26.3~207 |
| 钢铁厂绿地 | 4 | 9.3 | 11.1 | 7.3 | ND~22.7 | 0.2 | 0.4 | 0.0 | ND~0.8 | 6.3 | 7.1 | 4.6 | ND~16.1 | 15.0 | 30.0 | 0.0 | ND~60.0 |
| 电厂绿地 | 3 | 21.6 | 14.5 | 28.9 | 4.9~31.1 | 0.5 | 0.9 | 0.0 | ND~1.6 | 6.0 | 7.9 | 3.1 | ND~14.9 | 4.5 | 7.8 | 0.0 | ND~13.6 |
| 化工厂绿地 | 3 | 70.2 | 60.0 | 58.8 | 16.7~135 | 5.5 | 5.8 | 4.9 | ND~11.6 | 103 | 16 | 20.4 | ND~289 | 80.2 | 103.3 | 43.8 | ND~197 |
| 公园绿地 | 8 | 5.8 | 10.0 | 0.2 | ND~6.2 | 1.6 | 2.9 | 0.0 | ND~7.0 | 3.2 | 5.9 | 0.0 | ND~16.1 | 25.1 | 49.3 | 0.0 | ND~131 |
| 大学绿地 | 6 | 2.1 | 3.2 | 0.0 | ND~6.2 | ND | ND | 0.0 | ND | 0.2 | 0.6 | 0.0 | ND~1.4 | ND | ND | 0.0 | ND |
| 居民区绿地 | 5 | 1.6 | 1.8 | 1.2 | ND~2.8 | ND | ND | 0.0 | ND | 0.5 | 1.1 | 0.0 | ND~2.4 | 6.6 | 14.7 | 0.0 | ND~32.9 |

| 土地利用类型 | 样品数 | 菲 | | | | 蒽 | | | | 荧蒽 | | | | 芘 | | | |
|---|---|---|---|---|---|---|---|---|---|---|---|---|---|---|---|---|---|
| | | 平均值 | 中位数 | 标准差 | 范围 | 平均值 | 中位数 | 标准差 | 范围 | 平均值 | 中位数 | 标准差 | 范围 | 平均值 | 中位数 | 标准差 | 范围 |
| 道路绿地 | 6 | 429 | 435 | 227 | 76.3~1169 | 20.2 | 21.6 | 18.5 | ND~58.7 | 707 | 731 | 375 | 109~1944 | 552 | 522 | 335 | 90.4~1408 |
| 铁厂绿地 | 3 | 513 | 150 | 575 | 342~622 | 28.2 | 6.5 | 29.7 | 21.0~33.9 | 777 | 275 | 882 | 465~983 | 629 | 148 | 602 | 496~788 |
| 造船厂绿地 | 2 | 1104 | 1172 | 1104 | 276~1933 | 77.8 | 86.7 | 77.8 | 16.5~139 | 3045 | 3141 | 3045 | 825~5266 | 2560 | 2612 | 2560 | 713~4407 |
| 焦化厂绿地 | 4 | 1761 | 857 | 1959 | 566~2562 | 240 | 168 | 188 | 101~481 | 2707 | 1359 | 2827 | 1088~4086 | 2324 | 1236 | 2231 | 992~3841 |
| 钢铁厂绿地 | 4 | 321 | 116 | 320 | 181~462 | 26.4 | 17.8 | 33.1 | ND~33.5 | 698 | 185 | 674 | 526~966 | 618 | 165 | 643 | 401~784 |
| 电厂绿地 | 3 | 205 | 175 | 111 | 96.1~407 | 14.7 | 20.8 | 3.8 | 1.7~38.7 | 384 | 365 | 186 | 160~804 | 334 | 314 | 155 | 150~697 |
| 化工厂绿地 | 3 | 1212 | 1672 | 476 | 34.4~3125 | 155 | 222 | 55.1 | ND~410 | 1986 | 2800 | 687 | 71.4~5200 | 1777 | 2515 | 616 | 51.6~4662 |
| 公园绿地 | 8 | 162 | 220 | 52.4 | ND~617 | 15.4 | 25.7 | 1.0 | ND~66.9 | 301 | 275 | 246 | ND~719 | 331 | 318 | 258 | ND~864 |
| 大学绿地 | 6 | 90.7 | 97.2 | 49.7 | 17.3~238 | 4.1 | 6.9 | 0.0 | ND~16.7 | 361 | 303 | 249 | 84.2~809 | 330 | 269 | 245 | 79.2~762 |
| 居民区绿地 | 5 | 92.4 | 57.1 | 76.1 | 47.7~187 | 6.4 | 7.3 | 5.1 | ND~17.5 | 242 | 171 | 193 | 99.4~506 | 246 | 152 | 178 | 108~491 |

（续）

| 土地利用类型 | 样品数 | 屈 | | | | 苯并[a]蒽 | | | | 苯并(b)蒽 | | | | 苯并[k]荧蒽 | | | |
|---|---|---|---|---|---|---|---|---|---|---|---|---|---|---|---|---|---|
| | | 平均值 | 中位数 | 标准差 | 范围 | 平均值 | 中位数 | 标准差 | 范围 | 平均值 | 中位数 | 标准差 | 范围 | 平均值 | 中位数 | 标准差 | 范围 |
| 道路绿地 | 6 | 560 | 448 | 367 | 186~1357 | 982 | 8761 | 627 | 226~2550 | 1899 | 1610 | 1306 | 554~4809 | 576 | 449 | 424 | 158~1386 |
| 铁厂绿地 | 3 | 537 | 170 | 497 | 391~723 | 1101 | 269 | 1146 | 812~1146 | 2299 | 707 | 2102 | 1711~2102 | 654 | 182 | 633 | 483~845 |
| 造船厂绿地 | 2 | 2157 | 2185 | 2157 | 612~3702 | 2897 | 3059 | 2897 | 734~5060 | 7047 | 7146 | 7047 | 1994~12100 | 2804 | 3078 | 2804 | 627~4980 |
| 焦化厂绿地 | 4 | 1879 | 1435 | 1769 | 475~3501 | 2438 | 1780 | 2480 | 771~4021 | 4959 | 3915 | 5184 | 859~8609 | 1754 | 1388 | 1868 | 289~2990 |
| 钢铁厂绿地 | 4 | 512 | 145 | 506 | 342~693 | 939 | 659 | 767 | 352~1870 | 2431 | 1901 | 1857 | 855~5152 | 590 | 263 | 570 | 293~925 |
| 电厂绿地 | 3 | 322 | 279 | 163 | 158~644 | 439 | 384 | 276 | 164~878 | 987 | 864 | 494 | 483~1984 | 369 | 344 | 188 | 153~766 |
| 化工厂绿地 | 3 | 1845 | 2645 | 566 | 81.6~4886 | 2262 | 3294 | 675 | 62.3~6050 | 4657 | 6761 | 1333 | 202~12437 | 1733 | 2506 | 518 | 66.1~4616 |
| 公园绿地 | 8 | 262 | 215 | 279 | 0.4~539 | 310 | 274 | 309 | ND~667 | 710 | 619 | 614 | 7.0~1689 | 243 | 202 | 239 | ND~491 |
| 大学绿地 | 6 | 270 | 191 | 221 | 84.1~587 | 313 | 240 | 243 | 90.0~711 | 783 | 538 | 667 | 250~1650 | 271 | 201 | 200 | 93.4~596 |
| 居民区绿地 | 5 | 205 | 134 | 193 | 69.0~411 | 221 | 149 | 203 | 98.1~463 | 488 | 310 | 444 | 214~985 | 182 | 139 | 154 | 49.1~408 |

| 土地利用类型 | 样品数 | 苯并[a]芘 | | | | 茚并[1,2,3-cd]芘 | | | | 二苯并[a,h]蒽 | | | | 苯并[g,h,i]花 | | | |
|---|---|---|---|---|---|---|---|---|---|---|---|---|---|---|---|---|---|
| | | 平均值 | 中位数 | 标准差 | 范围 | 平均值 | 中位数 | 标准差 | 范围 | 平均值 | 中位数 | 标准差 | 范围 | 平均值 | 中位数 | 标准差 | 范围 |
| 道路绿地 | 6 | 145 | 67.0 | 161 | 36.0~211 | 1832 | 1263 | 1529 | 543~3916 | 511 | 412 | 328 | 167~1220 | 1173 | 464 | 1036 | 633~1855 |
| 铁厂绿地 | 3 | 216 | 129 | 206 | 92.9~351 | 2335 | 840 | 1851 | 1849~3304 | 616 | 201 | 506 | 494~848 | 2008 | 353 | 2162 | 1604~2257 |
| 造船厂绿地 | 2 | 2537 | 2373 | 2537 | 860~4215 | 6489 | 6091 | 6489 | 2182~10796 | 1524 | 1415 | 1524 | 523~2524 | 6161 | 5417 | 6161 | 2331~9992 |
| 焦化厂绿地 | 4 | 3168 | 2631 | 2717 | 520~6720 | 4535 | 3643 | 4974 | 445~7746 | 1133 | 857 | 1177 | 202~1977 | 5009 | 3891 | 5127 | 592~9188 |
| 钢铁厂绿地 | 4 | 666 | 242 | 737 | 335~855 | 2334 | 1734 | 1881 | 774~4802 | 625 | 568 | 414 | 208~1464 | 2426 | 1935 | 1833 | 811~5228 |
| 电厂绿地 | 3 | 460 | 424 | 275 | 161~945 | 1022 | 835 | 582 | 499~1985 | 286 | 211 | 186 | 143~528 | 1006 | 945 | 488 | 434~2097 |
| 化工厂绿地 | 3 | 2356 | 3021 | 1126 | 144~5799 | 3848 | 5250 | 1445 | 230~9897 | 1020 | 1364 | 377 | 97.3~2587 | 4214 | 5784 | 1591 | 206~10844 |
| 公园绿地 | 8 | 452 | 410 | 454 | ND~1014 | 767 | 664 | 723 | 8.7~1373 | 241 | 222 | 182 | 41.2~691 | 785 | 733 | 762 | ND~1834 |
| 大学绿地 | 6 | 421 | 318 | 278 | 139~851 | 790 | 570 | 616 | 236~1645 | 205 | 86.1 | 192 | 101~312 | 824 | 640 | 627 | 203~1872 |
| 居民区绿地 | 5 | 334 | 250 | 303 | 144~752 | 548 | 439 | 490 | 175~1293 | 142 | 61.8 | 121 | 90.1~245 | 566 | 461 | 494 | 222~1351 |

表 5-7　上海不同土地利用类型绿地土壤 PAHs 的总量（µg/kg）

| 土地利用类型 | 样品数 | ∑PAH | | | |
|---|---|---|---|---|---|
| | | 平均值 | 中位数 | 标准差 | 范围 |
| 道路绿地 | 6 | 9512 | 7040 | 6932 | 3032～21933 |
| 铁厂绿地 | 3 | 11856 | 2730 | 10777 | 9803～14960 |
| 造船厂绿地 | 2 | 38868 | 38402 | 38868 | 11714～66023 |
| 焦化厂绿地 | 4 | 32630 | 22367 | 31490 | 11022～56515 |
| 钢铁厂绿地 | 4 | 12215 | 7166 | 10733 | 5258～22137 |
| 电厂绿地 | 3 | 5860 | 5172 | 2945 | 2804～11832 |
| 化工厂绿地 | 3 | 27324 | 38154 | 9591 | 1262～71116 |
| 公园绿地 | 8 | 4614 | 4082 | 4417 | 57.3～10635 |
| 大学绿地 | 6 | 4664 | 3427 | 3592 | 1371～9970 |
| 居民区绿地 | 5 | 3279 | 2238 | 2825 | 1562～7017 |

利用 Kendall's 和 Spearman's 相关性分析方法，PAHs 总量和有机质含量均达到了显著性相关，相关系数分别为 0.500 和 0.693，这就表明有机质含量越高 PAHs 的污染就会越严重。

### 4. 不同功能区绿地土壤 PAHs 污染源辨析

PAHs 的来源主要有居民区供热系统、煤汽化和液化工厂、煤焦油和沥青的生产、焦炭和铝的生产、催化裂化塔及与炼油相关的企业和机动车辆的排放。为了了解多环芳烃（PAHs）污染来源对环境的影响，分析 PAHs 的主要来源是非常必要的。下面将通过主成分分析和多环芳烃（PAHs）特征比值来探讨 PAHs 的来源。

（1）主成分分析的污染源辨析

主成分分析结果表明多环芳烃的来源主要有两个（表 5-8），贡献率已经达到了 93%。主成分 1 的贡献率为 68.4%，且主要是大于 4 环的 PAHs，主要包括芴（Fle）、芘（Pyr）、屈（Chr）、苯并[a]蒽（Baa）、苯并（b）蒽（Bbf）、苯并（k）荧蒽（Bkf）、苯并（a）芘（Bap）和苯并（g，h，i）芘（Bgp）。其中，芴（Fle）、芘（Pyr）、屈（Chr）、苯并[a]蒽（Baa）、苯并（b）蒽（Bbf）、苯并（k）荧蒽（Bkf）和苯并（a）芘（Bap）是典型的煤燃烧产物；而芘（I1p）和苯并（g，h，i）芘（Bgp）是典型的机动车排放产物。就工业区而言，煤、碳等的大量使用和大量大型机动车可能是工业区的主要来源。因此，主成分 1 的贡献主要是来自煤的燃烧和机动车的排放，这与一些学者的研究是一致的。

对于低环 PAHs 而言，苊（Ane）、菲（Phe）、苊（Ane）和蒽（Ant）则受两个主成分影响，而萘（Nap）和苊烯（Any）只受主成分 2 的影响。相关研究表明，苊（Ane）、芴（Fle）和菲（Phe）是焦炭产生的产物。2 环的 PAHs[萘（Nap）和苊烯（Any）]具有很强的挥发和移动性，萘（Nap）通常认为是煤焦油的挥发产物。从上面的分析我们不难看出，有大量的污染源对土壤产生了污染，再加上通过大气沉降从研究区域之外而来的污染物，因此想要一一辨清其污染源是很困难的。所以我们认为主成分 2 主要是受焦炭和大气沉降的影响。

表5-8　16种PAHs的主成分分析

| | 主成分1 | 主成分2 |
|---|---|---|
| 萘(Nap) | 0.239 | 0.928 |
| 苊烯(Any) | 0.133 | 0.907 |
| 苊(Ane) | 0.758 | 0.502 |
| 芴(Fle) | 0.712 | 0.616 |
| 菲(Phe) | 0.768 | 0.614 |
| 蒽(Ant) | 0.728 | 0.553 |
| 荧蒽(Flu) | 0.879 | 0.454 |
| 芘(Pyr) | 0.890 | 0.438 |
| 屈(Chr) | 0.944 | 0.300 |
| 苯并[a]蒽(Baa) | 0.941 | 0.293 |
| 苯并(b)蒽(Bbf) | 0.963 | 0.229 |
| 苯并(k)荧蒽(Bkf) | 0.960 | 0.236 |
| 苯并(a)芘(Bap) | 0.870 | 0.327 |
| 茚并(1,2,3-cd)芘(I1p) | 0.960 | 0.212 |
| 二苯并(a，h)蒽(Daa) | 0.942 | 0.207 |
| 苯并(g，h，i)芘(Bgp) | 0.953 | 0.224 |
| 贡献(%) | 68.4 | 24.5 |

（2）利用PAHs比值的污染源辨析

有一些学者利用PAHs比值来分析其来源，Phe/Ant和Fla/Pyr分别代表3环和4环，它们的比值用来辨别高热源（煤炭燃烧、木材燃烧和机动车排放）和石油源。当Phe/Ant<10、Fla/Pyr>1时，表明为热污染源；当Phe/Ant<15、Fla/Pyr<1时，表示为石油污染源。不同土地利用类型下Phe/Ant和Fla/Pyr（表5-9），除了公园绿地土壤中的Fla/Pyr小于1以外，其他样点的Fla/Pyr均大于1，并且除了焦化厂和化工厂绿地土壤的Phe/Ant小于10以外，其他样点的Phe/Ant均大于10。因此明显可以得知，焦化厂和化工厂PAHs的来源主要是热源，而其他地区的污染源主要为热源和石油源混合源。此外，研究已表明，当Baa/Chr和I1p/Bgp在1.11±0.06和1.09±0.03之间时，代表为煤燃烧产生的污染。本研究中4~6环的PAHs占主导地位（表5-4），除了一部分道路、钢厂和铁厂的样点外，其他所有样点的Baa/Chr值均在1.1~1.4之间，并且除了一部分道路绿地土壤的样点，其他的所有样点的绿地土壤样品的I1p/Bgp值均在0.9~1.2之间，因此，认为道路绿地土壤的污染源主要为石油污染源（也就是车辆的排放），而其他样点的污染源则是煤的燃烧造成的。

表 5-9　不同土地利用方式下的污染源辨析

| 土地利用方式 | Phe/Ant | Fla/Pyr | Baa/Chr | I1p/Bgp | 主要来源 |
|---|---|---|---|---|---|
| 道路绿地 | 21.2 | 1.3 | 1.8 | 1.6 | 石油源 |
| 铁厂绿地 | 18.2 | 1.2 | 2.1 | 1.2 | 燃烧源和石油源 |
| 造船厂绿地 | 14.2 | 1.2 | 1.3 | 1.1 | 燃烧源和石油源 |
| 焦化厂绿地 | 7.4 | 1.2 | 1.3 | 0.9 | 燃烧源和石油源 |
| 钢厂绿地 | 12.2 | 1.1 | 1.8 | 1.0 | 燃烧源和石油源 |
| 火力电厂绿地 | 13.9 | 1.1 | 1.4 | 1.0 | 燃烧源和石油源 |
| 化工厂绿地 | 7.8 | 1.1 | 1.2 | 0.9 | 燃烧源和石油源 |
| 公园绿地 | 10.5 | 0.9 | 1.2 | 1.0 | 燃烧源和石油源 |
| 大学绿地 | 22.2 | 1.1 | 1.2 | 1.0 | 燃烧源和石油源 |
| 居民区绿地 | 14.5 | 1.0 | 1.1 | 1.0 | 燃烧源和石油源 |

图 5-9　上海 3 条主要交通要道
绿地采样点分布图

注：图中 w 为外环，z 为中环，y 为延安高架

## （二）上海典型道路绿地 PAHs 含量和分布

由于交通对土壤中 PAH 影响非常大，为此专门选择上海最具代表性的 3 条交通要道，即外环、中环和延安高架，对道路绿化带土壤进行采样。为了了解交通对土壤中多环芳烃(PAHs)的影响，采样过程中还选择这 3 条道路的车流量较大的地区，其中外环和中环选点主要位于环线西部的南北沿线，延安高架主要选择从虹桥机场出口到近黄浦江的东西沿线，这些地段平均车流量近 10000 辆/h，基本上是上海交通最繁忙的地带之一(图 5-9)；道路绿地位置选点主要考虑紧邻道路的绿化带且所有采样点均位于交通道路的交叉处，每个样品均为 3~4 个点的混合样，在现场进行混合，然后带回实验室；且采集的是 0~2cm 的表层土壤。其中延安高架共采 7 个样点，中环共采 5 个样点，外环共采 6 个样点，所有采集的土壤样品装自封袋后放在黑色的袋子内带回实验室。

### 1. PAHs 在 3 条道路绿地土壤中的表层含量与分布

3 条交通要道绿地土壤 PAHs 总量和组成见表 5-10。从中可知，延安高架、中环及外环 3 条道路绿地土壤中 PAHs 的含量为 538~21900μg/kg；但从其平均值来看，3 条道路绿地土壤中 PAHs 含量大小顺序为：外环>延安高架>中环，且 PAHs 含量最小值出现在中环，最大值出现在外环。原因可能有两方面，其一可能与 3 条道路的建成年限有关(外环、延安高架和中环分别建成于 1997 年、1999 年和 2005 年)，建成年限越长，PAHs 的含量越高；其二可能与交通工具类型有关，延安高架和中环禁止大型卡车进入，而外环主要是运输货物的大卡车。

表 5-10　3条道路绿地土壤 PAHs 含量和组成（μg/kg）

| | Nap | Any | Ane | Fle | Phe | Ant | Fla | Pyr | Chr | Baa | Bbf | Bkf | Bap | Ilp | Daa | Bgp | 总量 | 平均值[a] |
|---|---|---|---|---|---|---|---|---|---|---|---|---|---|---|---|---|---|---|
| y-1 | 12.7 | ND | ND | ND | 58.0 | ND | 164 | 136 | 143 | 214 | 642 | 157 | 226 | 588 | 188 | 746 | $3.28 \times 10^3$ | $3.28 \times 10^3$ |
| y-2 | 35.6 | ND | 0.90 | ND | 189 | ND | 423 | 330 | 297 | 496 | $1.10 \times 10^3$ | 352 | ND | $1.17 \times 10^3$ | 299 | 407 | $5.11 \times 10^3$ | |
| y-3 | 10.8 | ND | ND | ND | 62.2 | ND | 300 | 258 | 240 | 357 | 865 | 272 | 261 | $1.16 \times 10^3$ | 237 | $1.17 \times 10^3$ | $5.19 \times 10^3$ | |
| y-4 | 4.20 | ND | ND | ND | 11.7 | ND | 114 | 44.5 | 99.5 | 163 | 362 | 136 | 28.6 | 460 | 121 | 326 | $1.87 \times 10^3$ | |
| y-5 | 13.4 | ND | ND | ND | 75.9 | ND | 103 | 97.5 | 93.8 | 137 | 341 | 132 | ND | 407 | 125 | 246 | $1.77 \times 10^3$ | |
| y-6 | 40.1 | ND | ND | ND | 116 | ND | 236 | 197 | 183 | 369 | 845 | 296 | ND | $1.13 \times 10^3$ | 254 | 433 | $4.10 \times 10^3$ | |
| y-7 | 4.90 | ND | ND | ND | 37.1 | ND | 118 | 104 | 117 | 137 | 380 | 122 | 169 | 399 | 134 | 364 | $2.09 \times 10^3$ | |
| z-1 | ND | ND | ND | ND | 78.3 | 2.0 | 219 | 197 | 170 | 227 | 630 | 162 | 192 | 615 | 191 | 557 | $3.24 \times 10^3$ | |
| z-2 | 25.8 | ND | 1.30 | 3.90 | 180 | 19.6 | 220 | 192 | 160 | 290 | 606 | 170 | ND | 612 | 189 | 380 | $3.05 \times 10^3$ | |
| z-3 | 5.10 | ND | ND | ND | ND | ND | 25.8 | 13.2 | 51.5 | 36.7 | 186 | 54.9 | 34.5 | 170 | 88.5 | 84.1 | 755 | |
| z-4 | 4.30 | ND | ND | ND | ND | ND | 23.8 | 12.2 | 40.0 | 21.6 | 109 | 29.8 | 23.5 | 92.3 | 84.9 | 97.2 | 538 | |
| z-5 | 3.40 | ND | ND | ND | 11.5 | ND | 80.1 | 65.2 | 77.1 | 94.2 | 257 | 78.2 | 69.3 | 254 | 96.2 | 176 | $1.26 \times 10^3$ | $1.26 \times 10^3$ |
| w-1 | 37.7 | ND | 13.0 | ND | 237 | 17.1 | 409 | 364 | 306 | 526 | $1.01 \times 10^3$ | 304 | 191 | $1.16 \times 10^3$ | 251 | 994 | $5.82 \times 10^3$ | |
| w-2 | 66.9 | ND | 14.6 | ND | 130 | ND | 109 | 90.4 | 428 | 727 | $1.60 \times 10^3$ | 526 | 194 | $1.90 \times 10^3$ | 404 | $1.85 \times 10^3$ | $8.04 \times 10^3$ | |
| w-3 | 104 | ND | 34.5 | 42.6 | 750 | 25.7 | $1.25 \times 10^3$ | 972 | 810 | $1.45 \times 10^3$ | $2.64 \times 10^3$ | 760 | 36.0 | $2.60 \times 10^3$ | 782 | $1.08 \times 10^3$ | $1.33 \times 10^4$ | |
| w-4 | 190 | 2.20 | 82.8 | 100 | $1.17 \times 10^3$ | 58.7 | $1.94 \times 10^3$ | $1.40 \times 10^3$ | $1.36 \times 10^3$ | $2.55 \times 10^3$ | $4.81 \times 10^3$ | $1.39 \times 10^3$ | 132 | $3.92 \times 10^3$ | $1.22 \times 10^3$ | $1.61 \times 10^3$ | $2.19 \times 10^4$ | $6.93 \times 10^3$ |
| w-5 | 37.1 | ND | 5.70 | 1.20 | 217 | 19.9 | 340 | 305 | 271 | 416 | 779 | 323 | 211 | 874 | 239 | 871 | $4.91 \times 10^3$ | |
| w-6 | 23.8 | ND | ND | ND | 76.4 | ND | 190 | 169 | 186 | 226 | 554 | 158 | 106 | 542 | 167 | 633 | $3.03 \times 10^3$ | |

注：ND 指未检出；a指每条道路绿地土壤 PAHs 的平均含量。

通常，由植物合成和自然燃烧所导致的土壤 PAHs 总量为 1~10μg/kg（即背景含量），上海 3 条道路绿地土壤 PAHs 总量为土壤背景含量的几十到几万倍（表 5-10），可见道路绿地土壤均受到较严重的外来人为源的影响。与荷兰政府规定的未污染土壤中 PAHs 的目标值 20~50μg/kg 相比，上海 3 条道路绿地土壤均存在不同程度 PAHs 的累积甚至超标，进一步说明交通对 PAHs 污染不容忽视。

另外，苊烯（Any）在 3 条道路绿地土壤中均未被检出（表 5-10）；苊（Ane）和芴（Fle）在延安高架和中环绿地土壤未被检出，在外环绿地土壤中部分采样点被检出，如外环采样点 4 苊（Ane）和芴（Fle）的浓度分别为 100μg/kg 和 82.8μg/kg；与 2 环多环芳烃萘（Nap）相比，除菲（Phe）外，均低于 2 环多环芳烃，分析其原因可能与低环多环芳烃容易分解有关。

众所周知，16 种 PAHs 具有致癌性，但各种 PAHs 的致癌强度有所不同。为了探讨所研究的 3 条道路绿地土壤中各 PAHs 的污染程度，参考加拿大的土壤质量标准（表 5-11），可以发现外环绿地土壤除萘（Nap）外，其余均大于标准；相对而言，中环的污染较弱，延安高架次之，外环污染最严重。比较致癌活性最强的苯并（a）芘（Bap）可得知，延安高架和中环均在土壤质量要求范围内，而外环则远远超出土壤质量要求，说明外环道路绿地表层已受到 PAHs 污染。

表 5-11　加拿大土壤 PAHs 的质量标准和 3 条道路相对应含量（μg/kg）

|  | Nap | Phe | Pyr | Baa | Bbf+Bkf | Bap | I1p | Daa |
|---|---|---|---|---|---|---|---|---|
| 加拿大 | 100 | 100 | 100 | 100 | 100 | 100 | 100 | 100 |
| y（平均值） | 17.4 | 78.5 | 167 | 268 | 858 | 97.8 | 760 | 194 |
| z（平均值） | 7.71 | 53.9 | 95.9 | 134 | 457 | 63.9 | 349 | 130 |
| w（平均值） | 76.6 | 430 | 552 | 982 | 2475 | 145 | 1832 | 511 |

### 2. 3 条道路绿地土壤中不同环数 PAHs 分布状况

3 条道路绿地土壤不同采样点各环数多环芳烃分布图表明（图 5-10），4~6 环高环多环芳烃几乎占多环芳烃总量的 90%，2~3 环低环多环芳烃所占比例甚小，仅 10% 左右。这和之前分析的上海典型绿地、不同功能区绿地以及降尘中 PAHs 的形态分布基本一致，而高分子量多环芳烃是汽车尾气排放的典型特征，再次验证交通排放对上海道路绿地土壤已经产生了严重的影响。

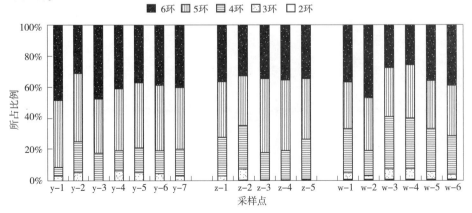

图 5-10　3 条道路绿地土壤中不同环数 PAHs 分布

### 3. 土壤有机质与 PAHs 的关系

本研究 3 条道路绿地土壤中 PAHs 总量和有机质之间的相关系数 $R^2 = 0.60$（$n = 16$，$R^2_{0.01} = 0.35$）（图 5-11），二者之间具有极显著相关性，与上海不同功能区绿地土壤 PAHs 总量，二者之间和有机质达到显著相关的结论一致。这也可能是由于 PAHs 是一种非极性疏水组分，较易吸附在土壤的有机质颗粒上。

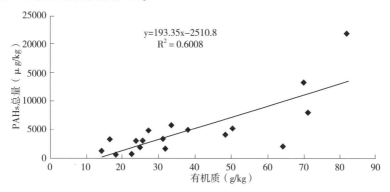

**图 5-11　3 条道路绿地土壤 PAHs 总量和有机质的相关性**

### 4. PAHs 污染源辨析

PAHs 的来源比较复杂，为了能比较明了地分析其来源，将 3 条道路绿地土壤中 16 种多环芳烃按其浓度大小排序（表 5-12），从中可进一步发现 3 条道路绿地土壤中含大量高环 PAHs，这和汽车尾气的排放特征相一致。其中茚并（1,2,3-cd）芘（I1p）和苯并（g，h，i）苝（Bgp）是柴油燃烧的典型物质，二苯并（a，h）蒽（Daa）是汽油燃烧的特征物，从表 5-10 可以看出茚并（1,2,3-cd）芘（I1p）和苯并（g，h，i）苝（Bgp）在延安高架、外环和中环绿地土壤中的相对含量均较高，这说明 3 条道路都受到柴油燃烧的影响。就 Daa 而言，中环和延安高架的排序比外环高，说明这两条道路主要受汽油的影响；而实际上这 3 条道路本身的通行车辆特点也不同，中环和延安高架是上海中心城区主要交通枢纽，通行的主要是小汽车、小型货车以及部分燃烧柴油的公交车，一般没有卡车；而外环以货运卡车为主。总之，延安高架、中环和外环 3 条道路绿地土壤都受到了交通排放的尾气影响，但就其分别而言，外环受柴油燃烧的影响较大，而延安高架和中环受汽油燃烧的影响相对较大，这与上述的结论相一致，道路通车类型及通车年限是影响道路绿地土壤 PAHs 分布的重要原因。

**表 5-12　3 条道路绿地土壤中 16 种 PAHs 丰缺排序**

|   | Nap | Any | Ane | Fle | Phe | Ant | Fla | Pyr | Chr | Baa | Bbf | Bkf | Bap | I1p | Daa | Bgp |
|---|---|---|---|---|---|---|---|---|---|---|---|---|---|---|---|---|
| y | 12 | 13 | 13 | 13 | 10 | 13 | 7 | 9 | 8 | 4 | 2 | 6 | 11 | 1 | 5 | 3 |
| z | 12 | 13 | 13 | 13 | 11 | 13 | 6 | 9 | 8 | 5 | 1 | 7 | 10 | 2 | 4 | 3 |
| w | 12 | 16 | 14 | 15 | 11 | 13 | 6 | 8 | 7 | 4 | 2 | 5 | 10 | 1 | 9 | 3 |

注：表中的丰缺度按每条道路 16 种多环芳烃的平均值进行排序，数值越小表明其含量越高。

### （三）土壤剖面不同深度 PAHs 含量分布特征

考虑到 PAHs 含量较低，为了能保证能检测出含量，之前介绍数据基本是采集了 0～2cm

或0～5cm或0～20cm表层土样，这也是导致测定出来的PAH含量较高的原因之一。为了解不同土层PAHs含量，选择上海交通流量较高的外环绿化带3个土壤剖面，土壤调查结果显示(表5-13)，PAHs在0～20cm的表层土壤中有不同程度累积，但在20～40cm和40～90cm基本低于检出限，说明上海绿地土壤地下土层中还没有受到PAHs污染。

表5-13　外环线3个土壤剖面PAHs含量(μg/kg)

| 土壤深度 | 样1 | 样2 | 样3 |
|---|---|---|---|
| 0～20cm | 1.54 | 3.52 | 2.75 |
| 20～40cm | ND | ND | ND |
| 40～90cm | ND | ND | ND |

注：ND表示低于检测限，未检测出。

# 参 考 文 献

[1] 丁正，梁晶，方海兰，等. 上海城市绿地土壤中石油烃化合物的分布特征[J]. 土壤，2014，46(5)：901-907.

[2] 马光军，梁晶，方海兰. 上海市主要道路绿地土壤中PAHs的研究[J]. 土壤，2009，41(5)：738-743.

[3] 上海市环境科学研究院. HJ 350—2007展览会用地土壤环境质量评价标准(暂行)[S]. 北京：中国环境科学出版社，2007.

[4] 汤莉莉，唐翔宇，朱永官，等. 北京地区土壤中多环芳烃的分布特征[J]. 解放军理工大学学报(自然科学版)，2004，5(2)：95-99.

[5] Aamot E, Steinnes E, Schmid R. Polycyclic aromatic hydrocarbons in Norwegian forest soils：impact of long range atmospheric transport[J]. Environ. Pollut，1996，92：275-280.

[6] Adeleke A. A, Olabisi J. O. Total petroleum hydrocarbons and trace heavy metals in roadside soils along the Lagos - Badagry expressway, Nigeria[J]. Environ Monit Assess，2010，167：625-630.

[7] Bozlaker A, Muezzinoglu A, Odsbasi M. Atmospheric concentrations, dry deposition and air - soil exchange of polycyclic aromatic hydrocarbons(PAHs) in an industrial region in Turkey[J]. Hazard. Mater，2008，153：1093-1102.

[8] Caricchia AM, Chiavarini S, Pezza M. Polycyclic aromatic hydrocarbons in the urban atmospheric particulate matter in the city of Naples(Italy)[J]. Atmos. Environ，1999，33：3731-3738.

[9] Cheng J P, Yuan T, Wu Q, et al. PM10-bound polycyclic aromatic hydrocarbons(PAHs) and cancer risk estimation in the atmosphere surrounding an industrial area of Shanghai[J]. China. Water, Air, Soil Pollution，2007，183：437-446.

[10] Chung MK, Hu R, Cheung KC, et al. Pollutants in Hong Kong soils：polycyclic aromatic hydrocarbons[J]. Chemosphere，2007，67：464-473.

[11] Jing Liang, Guangjun Ma, Hailan Fang, et al. Polycyclic aromatic hydrocarbon in urban soils from Shanghai, China[J]. Environmental Earth Sciences，2010，DOI：10.1007/s12665-010-0493-7.

[12] Jones KC, Stratford JA, Waterhouse KS, et al. Organic contaminants in Welsh soils：polynuclear aromatic hydrocarbons[J]. Environ. Sci. Technol，1989，23：540-550.

[13] Junhui Li, Juntao Zhang, Ying Lu, et al. Determination of total petroleum hydrocarbons(TPH) in agricultural soils near a petrochemical complex in Guangzhou, China[J]. Environ Monit Assess，2012，184：281-287.

[14] Li X, Poon CS, Pui SL. Heavy metal contamination of urban soils and street dusts in Hong Kong [J]. Appl. Geochem, 2001, 16: 1361-1368.

[15] Liang Jing, Ma Guang-jun, Fang Hai-lan, et al. Polycyclic aromatic hydrocarbon concentrations in urban soils representing different land use categories in Shanghai[J]. Environmental Earth Sciences, 2011, 62(1): 33-42.

[16] Liu Wu-xing, Luo Yong-ming, Teng Ying, et al. A survey of petroleum contamination in several Chinese oilfield soils[J]. Soils, 2007, 39(2): 247-251.

[17] Maliszewska-Kordybach B. Polycyclic aromatic hydrocarbons in agricultural soils in Poland: preliminary proposals for criteria to evaluate the level of soil contamination[J]. Appl. Geochem. , 1996, 11: 121-127.

[18] Simcik M F, Eisenreich S J, Lioy PJ. Source apportionment and source/sink relationships of PAHs in the coastal atmosphere of Chicago and Lake Michigan[J]. Atmos. Environ , 1999, 33: 5071-5079.

[19] Tang LL, Tang XY, Zhu YG, et al. Contamination of polycyclic aromatic hydrocarbons(PAHs) in urban soils in Beijing, China[J]. Environ. Intern, 2005, 31: 822-828.

[20] Tremolada P, Burnett V, Calamari D, et al. Spatial distribution of PAHs in the U. K. atmosphere using pine needles[J]. Environ. Sci. Technol, 1996, 30: 3570-3577.

[21] Wang Z, Chen JW, Qiao XL, et al. Distribution and sources of polycyclic aromatic hydrocarbons from urban to rural soils: a case study in Dalian, China[J]. Chemosphere , 2007, 68: 965-971.

[22] Westerholm R, Christensen A, Rosen A. Regulated and unregulated exhaust emissions from two three-way catalyst equipped gasoline fueled vehicles[J]. Atmos. Environ , 1996, 30: 3529-3536.

[23] Westerholm R, Almen J, Li H, et al. Exhaust emissions from gasoline-fuelled light duty vehicles operated in different driving conditions: a chemical and biological characterization [J]. Atmos. Environ, 1992, 26: 79-90.

[24] Wilcke W, Muller S, Kanchanakool N, et al. Urban soil contamination in Bangkok: concentrations and patterns of polychlorinated biphenyls(PCBs) in top soils[J]. Aust. J. Soil Res, 1999, 37: 245-254.

[25] Yang HH, Lai SO, Hsieh LT, et al. Profiles of PAH emission from steel and iron industries [J]. Chemosphere , 2002, 48: 1061-1074.

[26] Zou Q, Duan YH, Yang Y, et al. Source apportionment of polycyclic aromatic hydrocarbons in surface soil in Tianjin[J]. China. Environ. Pollut. , 2007, 147: 303-310.

[27] Zhang HB, Luo YM, Wong MH, et al. Distributions and Concentrations of PAHs in Hong Kong Soils [J]. Environmental Pollution, 2006, 141: 107-114.

[28] Zheng M, Fang M . Particle-associated polycyclic aromatic hydrocarbons in the atmosphere of Hong Kong [J]. Water, Air, Soil Pollut, 2000 , 117: 175-189.

第 **6** 章 土壤盐碱特性和其他潜在毒害元素

## 第一节  土壤盐碱特性

由于成陆原因，上海分布有大量的盐碱土，这些土壤地处江海交汇之处，受江水、海潮、海水性地下水等多重影响，有着典型盐碱土的特性，如由长江上游带来的泥沙沉积而成的北部崇明的土壤，由海中泥沙吹入低滩形成的南部东部近东海及杭州湾的土壤等。由于上海土地资源紧缺，许多新城陆地还是靠人工吹填成陆，盐碱化特别严重。而随着城市开发和绿化建设发展需求，这些盐碱地成为上海完成绿化造林任务的备用地，成为上海园林绿化土壤一个重要类型。这部分盐碱土的基本性质和上海中心城区的灰潮土有明显区别，为了解上海典型盐碱土的基本特性，特选择土壤盐碱化比较明显的崇明区、近东海的浦东新区（原南汇区）和近东海杭州湾的奉贤区的典型绿化林地，于 2009 年 12 月分别在崇明岛采集 4 个、南汇区采集 9 个、奉贤区采集 3 个总共 16 个土壤剖面，每个剖面分别以 0～20cm、20～40cm、40～60cm 和 60～90cm 分层采样，总共采集 64 个混合土壤样品，分析其土壤的理化性质、盐分含量和组成特点。

### 一、土壤基本理化性质分析

#### （一）土壤理化性质总体特性

#### 1. 土壤 pH

从表 6-1 可以看出，崇明、南汇和奉贤 3 个区的盐碱绿化带的 pH 平均值相近，分别为 9.04±0.32、8.55±0.22 和 9.06±0.14，均大于 8.5，都属于强碱性土壤。和第 2 章中上海市园林绿化土壤 pH 分布图（图 6-1）相比可以看出，这 3 个区的盐碱地绿化带的 pH 要明显高于全市的平均值。由于大多数园林植物适宜的土壤 pH 一般在中性至微酸性，可见，高 pH 是制约上海盐碱地绿化的主要障碍因子之一。

表 6-1    3 个区典型盐碱绿化地土壤基本性质

| 地区 | 测定值 | pH | 有机质（g/kg） | 水解性氮（mg/kg） | 有效磷（mg/kg） | 速效钾（mg/kg） |
|---|---|---|---|---|---|---|
| 崇明 | 平均值 | 9.04 | 13.13 | 32.57 | 11.57 | 209 |
| | 标准差 | 0.32 | 3.33 | 13.68 | 7.72 | 28.84 |
| | 最小值 | 8.60 | 10.07 | 15.85 | 6.06 | 177 |
| | 最大值 | 9.42 | 18.00 | 53.60 | 24.96 | 241 |

（续）

| 地区 | 测定值 | pH | 有机质（g/kg） | 水解性氮（mg/kg） | 有效磷（mg/kg） | 速效钾（mg/kg） |
|------|--------|-----|----------------|--------------------|------------------|-------------------|
| 南汇 | 平均值 | 8.85 | 17.66 | 30.84 | 12.60 | 359 |
|      | 标准差 | 0.22 | 6.74 | 21.39 | 5.46 | 120 |
|      | 最小值 | 8.45 | 4.82 | 5.14 | 4.35 | 131 |
|      | 最大值 | 9.20 | 23.37 | 65.95 | 23.24 | 448 |
| 奉贤 | 平均值 | 9.06 | 9.34 | 17.96 | 9.07 | 215 |
|      | 标准差 | 0.14 | 1.75 | 6.70 | 2.19 | 39.32 |
|      | 最小值 | 8.93 | 7.33 | 10.38 | 6.54 | 172 |
|      | 最大值 | 9.21 | 10.55 | 23.09 | 10.39 | 250 |

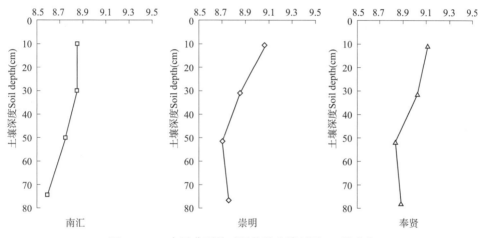

图6-1　3个区典型盐碱绿化地土壤剖面pH的分布

### 2. 有机质

从表6-1可知，3个区典型盐碱绿化地土壤有机质含量的大小顺序为南汇（17.66±6.74g/kg）>崇明（13.13±3.33g/kg）>奉贤（9.34±1.75g/kg），含量明显低于全市园林绿化土壤有机质的平均值（见第2章图2-24），这可能跟盐碱地养护粗放，没有施肥有直接关系，3个区的盐碱地绿化带又以奉贤盐碱地土壤有机质最为缺乏，低于相关标准，急需施肥。

### 3. 水解性氮

从表6-1可知，3个区典型盐碱绿化地土壤水解性氮含量的大小顺序为崇明>南汇>奉贤，分别为32.57±13.68mg/kg、30.84±21.39mg/kg和17.96±6.70mg/kg，均低于上海市地方标准《园林绿化工程种植土壤验收规范》要求水解性氮≥40mg/kg的最低限值标准，说明3个区域盐碱地土壤碱解氮均较缺乏，需增施氮肥。

### 4. 有效磷

3个区域盐碱绿化地土壤有效磷的含量具有与有机质类似的趋势，即南汇>崇明>奉贤，分别为12.60±5.46mg/kg、11.57±7.72mg/kg和9.07±2.09mg/kg，与上海市地方标准《园林绿化工程种植土壤验收规范》要求有效磷≥8mg/kg 的标准相比，3 个区域盐碱地土壤均基本满足要求。与我国养分分级标准相比，南汇和崇明盐碱地土壤有效磷较肥沃，而奉贤盐碱地土壤有效磷则处于一般水平。

### 5. 速效钾

3 个区域盐碱绿化地土壤有效钾的含量大小为南汇>奉贤>崇明，分别为 359±120mg/kg、215±39.32mg/kg 和 209±28.84mg/kg，与上海市地方标准《园林绿化工程种植土壤验收规范》要求速效钾≥70mg/kg 的标准相比，3 个区域盐碱地土壤均基本满足要求。与我国养分分级标准相比，3 个区盐碱绿化带土壤含钾丰富，和全市土壤钾含量丰富的分布特征基本一致，这也是和上海成土因素直接相关的。

### (二)土壤剖面理化性质特征

### 1. pH

图 6-1 所示为 3 个典型盐碱绿化地土壤剖面 pH 的分布图，可以看出南汇盐碱地土壤剖面 pH 的分布曲线呈 ">" 型，20~40cm 层土壤的 pH 较高，说明土壤在 20~40cm 层积盐比较严重；而崇明和奉贤盐碱地土壤剖面 pH 则呈 "<" 型分布，pH 值均在 40~60cm 处出现了最小值。这可能和这 3 个区地形有关，其中崇明和奉贤近海，地下水位高，海水侵蚀严重，土壤越深，碱性越强；而南汇由于成陆时间长，已经远离海水，主要影响可能是地势低洼引起的盐分表聚，反而出现表层土壤碱性高。

### 2. 水解性氮

从图 6-2 可以看出：奉贤盐碱地土壤剖面中水解性氮以表层(0~20cm)含量最高，在下层(20~40cm、40~60cm 和 60~90cm)的含量相对低；而崇明和南汇盐碱地土壤剖面中碱解氮的分布则不同，均呈现 0~60cm 层中碱解氮的含量较 60~90cm 层中的含量大。

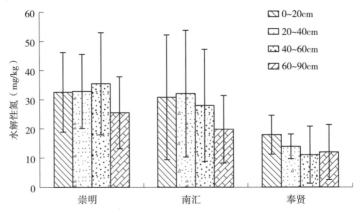

图 6-2　3 个区典型盐碱绿化地土壤剖面水解性氮的分布

### 3. 有效磷

从图 6-3 可以看出：崇明盐碱地土壤有效磷在剖面中的分布状况与水解性氮的变化相似，0~60cm 层中有效磷的含量较高；南汇和崇明则是 0~20cm 层中有效磷的含量最高，随土壤深度的增加依次降低，说明绿化种植或者养护提高盐碱地中有效磷含量。

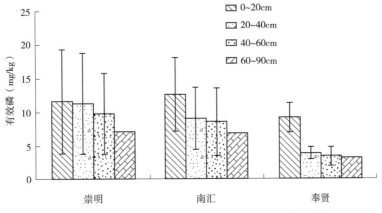

**图 6-3 3个区典型盐碱绿化地土壤剖面有效磷的分布**

#### 4. 速效钾

从图 6-4 可以看出，土壤速效钾在崇明、南汇和奉贤盐碱绿化地土壤剖面中几乎呈均匀分布，究其原因，可能跟上海成土因素直接相关，即上海主要为冲积土壤，本底土壤含钾丰富。

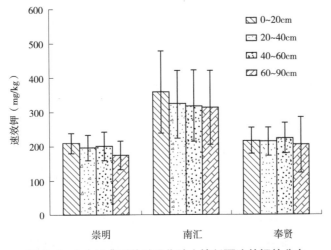

**图 6-4 3个区典型盐碱绿化地土壤剖面速效钾的分布**

## 二、土壤盐分分布状况

### 1. 土壤盐渍化程度分析

与我国的土壤盐分分级标准相比（表 6-2），可以得知，崇明土壤的非盐碱化土样占 52.94%，轻度盐碱化占 35.29%，中度盐碱化仅占 11.76%，重度盐碱化则没有（表 6-3）。而南汇和奉贤盐碱土均主要以中度盐碱化为主，约有 41.67% 的土壤，此外，南汇 36.11% 的土壤为轻度盐碱化，19.44% 的土壤没有盐碱化，还有很少一部分土壤盐碱化程度较高（约占 2.78%）；奉贤盐碱地土壤则轻度盐碱化占 25.00%，33.33% 的土壤为非盐化。分析其原因，南汇和奉贤盐碱地土壤受盐碱化的程度比崇明高，主要是由于前者受海潮影响，后者受江潮影响所导致的。

表6-2 我国土壤盐化分级指标

| 盐化系列及适用地区 | 土壤含盐量(g/kg) | | | | | 盐渍类型 |
|---|---|---|---|---|---|---|
| | 非盐化 | 轻度 | 中度 | 重度 | 盐土 | |
| 1 滨海、半湿润半干旱、干旱区 | <1 | 1~2 | 2~4 | 4~6(10) | >6(10) | $HCO_3^- + CO_3^{2-}$，$Cl^-$，$Cl^- - SO_4^{2-}$，$SO_4^{2-} - Cl^-$ |
| 2 半漠境及漠境区 | <2 | 2~3(4) | 3~5(6) | 5(6)~10(20) | >10(20) | $SO_4^{2-}$，$Cl^- - SO_4^{2-}$，$SO_4^{2-} - Cl^-$ |

表6-3 3个区典型盐碱绿化地土壤盐渍化分析

| 地点 | 样本数 | 变幅 | 平均 | 标准差 | 土壤盐化级别(g/kg) | | | |
|---|---|---|---|---|---|---|---|---|
| | | | | | 非盐化 | 轻度 | 中度 | 重度 |
| | | | | | <1 | 1~2 | 2~4 | >4 |
| 崇明 | 21 | 0.07~0.2 | 0.12 | 0.05 | 52.94% | 35.29% | 11.76% | 0.00% |
| 南汇 | 32 | 0.04~0.49 | 0.19 | 0.10 | 19.44% | 36.11% | 41.67% | 2.78% |
| 奉贤 | 12 | 0.06~0.29 | 0.16 | 0.08 | 33.33% | 25.00% | 41.67% | 0.00% |
| 汇总 | 65 | 0.04~0.49 | 0.17 | 0.09 | 30.77% | 33.85% | 33.85% | 1.54% |

但就上海典型盐碱地土壤总体情况而言，盐渍化程度不是太高，重度盐渍化土壤极少，非盐渍化、轻度盐渍化和中度盐渍化土壤比例相当，各占1/3左右，说明该区域具有种植绿化的潜力。

## 2. 土壤盐渍化类型分析

从图6-5中3个区典型盐碱绿化地土壤中8种离子占总盐分的比重可以看出：崇明盐碱地土壤中阴离子的含量较大，$SO_4^{2-}$占36%，$HCO_3^-$占26%，$Cl^-$占21%，三部分构成了崇明盐碱土总盐分的绝大部分。其中，$SO_4^{2-}$和$Cl^-$两者共占57%，可以初步判断崇明盐碱土的类型为$SO_4^{2-} - Cl^-$型。阳离子所占比例的大小顺序为$Na^+ > Ca^{2+} > Mg^{2+} > K^+$。南汇和奉贤来看$Na^+$和$Cl^-$的比重显著增大，而$SO_4^{2-}$比例大大减小。结合表6-2，可以判断，南汇和奉贤盐碱土的类型为$Cl^-$型。

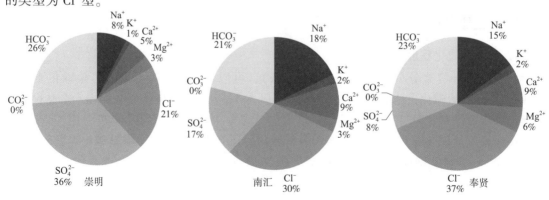

■ $Na^+$ ■ $K^+$ ■ $Ca^{2+}$ ■ $Mg^{2+}$ ■ $Cl^-$ ■ $SO_4^{2-}$ ■ $CO_3^{2-}$ ■ $HCO_3^-$

图6-5 3个区典型盐碱绿化地土壤中8种离子占总盐分的比重

之所以 3 个区域存在两种不同的盐碱土类型，主要可能与其成陆原因和地理位置有关。崇明盐碱土主要由上游泥沙沉积而成，受江水和海潮双重影响；而南汇和奉贤地区的盐碱土由泥沙吹入低滩形成，且主要受海潮的侵蚀，受淡水影响较小。两地盐碱土含 $Na^+$、$Cl^-$ 浓度明显高于崇明。同时，从南汇和奉贤盐碱地土壤中 $K^+$ 浓度均为 2%，大于崇明盐碱土的 1%，进一步证明了后者主要受江水影响所致，当然这跟取样位置有关，如崇明东滩靠近入海口，其盐分特点表现受海潮的影响。

### 3. 土壤剖面盐分分析

（1）全盐量

测定土壤不同层次全盐量及盐分的大小，不仅可以了解土壤盐分的剖面特征与土壤盐分的变化趋势，而且对绿化植物种植也具有一定的指导意义。图 6-6 所示为上海典型盐碱地土壤剖面全盐量的分布曲线，从中可以看出，南汇和奉贤盐碱地土壤中全盐量随土壤深度的增加逐渐增大，即土壤有脱盐现象；而崇明盐碱地土壤中全盐量随着土壤深度的增加呈"S"型分布。

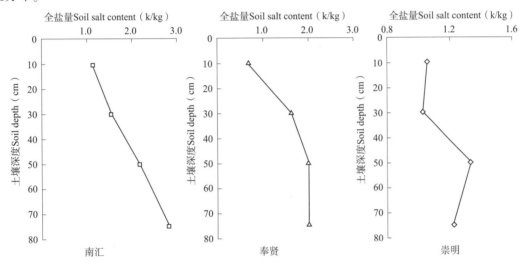

**图 6-6　上海典型盐碱地土壤剖面全盐量的分布**

（2）盐分组成

从图 6-7 上海典型盐碱地土壤剖面不同深度 8 大离子（$Na^+$、$K^+$、$Ca^{2+}$、$Mg^{2+}$、$Cl^-$、$SO_4^{2-}$、$CO_3^{2-}$ 和 $HCO_3^-$）分布状况可以得知，3 个区域盐碱地土壤阳离子均以 $Na^+$ 和 $Ca^{2+}$ 为主，阴离子以 $Cl^-$、$SO_4^{2-}$ 和 $HCO_3^-$ 为主。除崇明的 $Na^+$ 外，其他区域土壤中 $Na^+$ 和 $Cl^-$ 随着土壤深度的增加，其增加的量尤为明显，而 $Ca^{2+}$、$SO_4^{2-}$ 和 $HCO_3^-$ 的变化并不明显。如南汇盐碱地土壤 60~90cm 层 $Na^+$ 和 $Cl^-$ 的含量分别是 0~20cm 土层 $Na^+$ 和 $Cl^-$ 的含量的 3.83 倍和 4.55 倍；奉贤的变化趋势更明显，60~90cm 层 $Na^+$ 和 $Cl^-$ 的含量分别是 0~20cm 土层 $Na^+$ 和 $Cl^-$ 的含量的 4.83 倍和 8.21 倍，这与二者为强淋溶元素，在土壤中主要以扩散与淋失两种方式移动有关。

分析其原因可能有以下几个方面：一主要是由于土壤的盐分组成与海水一致，氯化物占绝对优势；二与海风刮起的小粒径海水水珠的自然沉降有关；三主要与随着海平面上升，海

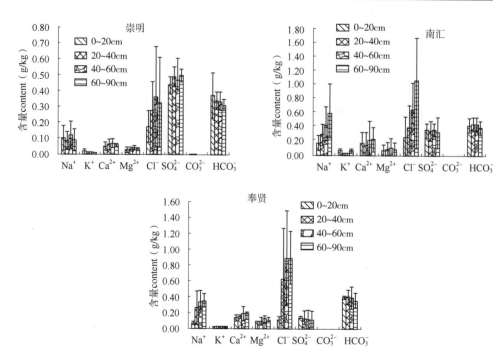

图 6-7 上海典型盐碱地土壤剖面八大离子的分布

水顺着下水道倒灌导致城市低洼处土壤盐分含量较高有关。另外，崇明 Na⁺ 的含量在上下层的相近，$60\sim90$cm 层 Cl⁻ 的含量仅是 $0\sim20$cm 土层 Cl⁻ 的含量的 1.86 倍，这也进一步表明是由于其形成原因和位置不同所导致的。但 $0\sim20$cm 土层 $SO_4^{2-}$ 和 $HCO_3^-$ 的含量明显高于 Cl⁻ 的含量，前者分别为后者的 1.73 和 2.15 倍。

正是一方面由于土壤中盐分过多，易引起土壤溶液浓度过大和渗透压过高，使植物根系吸水困难，从而抑制植物生长或导致植物死亡；另一方面盐离子本身的毒害作用以及其对其他营养离子的干扰作用也将会对植物的生长造成一定的影响。

（3）pH 与上海典型盐碱地土壤全盐量的关系

图 6-8 所示为上海典型盐碱地土壤 pH 与其全盐量的相关性分析，从中可以得知二者具有很好的相关性，相关系数为 1，呈直线相关，即土壤 pH 越高，其全盐量则越高，说明上海盐碱地中"盐"和"碱"的成因基本一致。

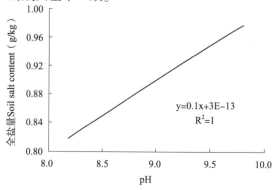

图 6-8 上海典型盐碱地土壤 pH 与其全盐量的相关性

# 第二节　其他潜在毒害元素

土壤中有些元素本身也是植物生长所需，但若含量超过范围就会对植物造成危害，如硼、氯；而有些元素，本身不是植物生长所需，直接影响土壤理化性质稳定或者植物生长，如钠、铝等。对这些潜在毒害元素的调查，能更全面、科学地评价园林绿化土壤质量，为此采用美国迪士尼关于绿化种植土标准以及上海市地方标准《园林绿化工程种植土壤验收规范》中相关指标，利用有效态元素含量来评价土壤中各种潜在毒害元素的含量。

## 一、钠

### 1. 全市概况

采集全市主要公园、道路和公共绿地中 1432 个园林绿化土壤进行交换性钠的测定，结果显示：上海市园林绿化土壤交换性钠含量在 1.22~2539mg/kg 之间，变幅较大，平均含量为 42.10±87.49mg/kg。交换性钠含量分布频率见图 6-9，93.86% 的土壤样品交换性钠含量<120mg/kg，符合上海市地方标准交换性钠<120mg/kg 的限值要求；6.14% 的土壤样品交换性钠含量≥120mg/kg，超过标准上限，说明上海主要绿地中个别土壤钠含量超标。

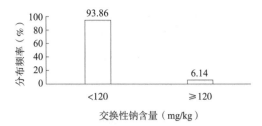

图 6-9　上海园林绿化土壤交换性钠的分布频率

### 2. 不同绿地类型

上海公园绿地土壤交换性钠含量为 2.66~506mg/kg，变幅较大，平均含量为 14.54±24.98mg/kg。

公共绿地土壤交换性钠含量为 3.96~215mg/kg，变幅较大，平均含量为 20.78±29.82mg/kg。

道路绿地土壤交换性钠含量为 3.14~2539mg/kg，变幅较大，平均含量为 66.44±198mg/kg。

不同类型绿地土壤交换性钠含量大小依次为：道路绿地>公共绿地>公园绿地，其中道路绿地与公园、公共绿地达到显著差异，公共绿地和公园差异不显著。从不同类型绿地土壤交换性钠的分布概率还可以看出，公共绿地和公园不但交换性钠平均含量低，超标率（>120mg/kg）也低；而道路绿地不但交换性钠平均含量高，而且有 9.93% 的土壤样品已经超标（图 6-10）。虽然国内不少城市尤其是北方城市，由于冬季为除雪防冻，道路会经常使用融雪剂导致两侧绿地土壤盐分含量剧增的现象非常普遍，但上海一般是暖冬，很少使用融雪剂，之所以钠含量高，可能还有其他来源的影响，如施用鸡粪等含钠高的有机肥。

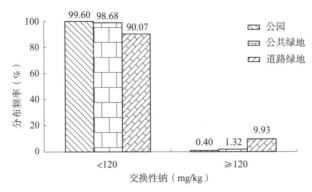

图 6-10 上海市不同绿地类型土壤交换性钠分布频率

### 3. 不同区域

中心城区绿地土壤交换性钠含量在 2.66~1683mg/kg 之间，变幅较大，平均含量为 29.92±120mg/kg；郊区绿地土壤交换性钠含量在 3.18~215mg/kg 之间，变幅较大，平均含量为 16.28±21.73mg/kg。中心城区交换性钠含量>郊区，两者差异显著，原因可能是中心城区人为干扰严重，施肥力度大，尤其是施用含盐量高的有机肥会带来钠的积累。

### 4. 不同剖面

选择全市不同区、不同类型、不同建成年限绿地 60 个典型剖面样点，进行土壤交换性钠含量的测定，结果显示土壤中交换性钠含量呈上低下高的趋势。其中 0~20cm 土壤样品交换性钠含量为 4.07~181mg/kg，平均含量为 20.48±25.31mg/kg；20~40cm 土壤样品交换性钠含量为 4.54~228mg/kg，平均含量为 26.13±19.97mg/kg；40~90cm 土壤样品交换性钠含量为 5.29~258mg/kg，平均含量为 42.84±51.32mg/kg。交换性钠含量整体呈现出从上到下逐渐增加的趋势。这可能与钠离子本身具有分散性并容易在土壤中迁移的特性有关，并通过降雨或灌溉水的淋洗，最后累积在土壤下层。

### 5. 钠超标原因分析

由于上海一般为暖冬，北方城市常见的由于使用融雪剂导致土壤中钠累积的现象应该不是上海绿地土壤中钠累积的主要原因。对上海辰山植物园、上海长风公园一些施用有机肥的样点监测结果显示(图 6-11)，土壤中交换性钠含量明显增加，尤其是底层土壤中，钠的聚集非常明显。

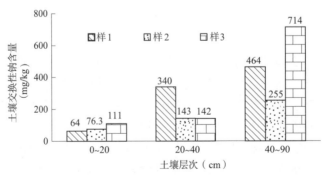

图 6-11 施用有机肥的绿地土壤剖面中交换性钠的含量

对上海市面上各种土壤有机改良材料的交换性钠的调查结果显示(表6-4)，各种土壤有机改良材料交换性钠含量差别较大：同样是有机肥，餐厨垃圾钠含量最高，其次为鸡粪，牛粪和猪粪含量也较高，相对而言用污泥制作的有机肥虽然盐分含量较高，但交换性钠含量并不高；而绿化植物废弃物、有机基质和草炭交换性钠含量相对较低。由此可见，施用有机肥或者土壤有机改良材料虽然同样能提高土壤有机质含量，但盐分和交换性钠含量高的有机改良材料容易导致土壤中钠的累积，因此在绿地中对含钠量高的鸡粪、餐厨垃圾应该慎重施用。从表6-5可以看出，上海某典型绿地土壤施用餐厨垃圾堆肥后，交换性钠含量超标。因此绿地使用有机改良材料时候应参照国家标准《绿化用有机基质》(GB/T 33891—2017)中对钠的控制指标(表6-6)。

表6-4　几种土壤有机改良材料的盐分含量及其组成

| 土壤有机改良材料 | | | 交换性钠(mg/L) | 可溶性氯(mg/L) | EC(mS/cm) |
|---|---|---|---|---|---|
| 有机肥 | 餐厨垃圾 | 1 | 2570 | 5565 | 15.31 |
| | | 2 | 4840 | 3861 | 28.54 |
| | | 3 | 3240 | 3366 | 20.79 |
| | 污泥堆肥 | 1 | 289 | 1554 | 18.51 |
| | | 2 | 565 | 1160 | 10.24 |
| | | 3 | 105 | 2679 | 38.20 |
| | 猪粪 | 1 | 395 | 1031 | 7.44 |
| | | 2 | 525 | 2199 | 8.27 |
| | 牛粪 | 1 | 780 | 3202 | 15.84 |
| | | 2 | 320 | 1304 | 4.67 |
| | | 3 | 1110 | 3667 | 21.51 |
| | 鸡粪 | 1 | 4795 | 6735 | 26.37 |
| | | 2 | 5438 | 7989 | 30.12 |
| 草炭 | | 1 | 225 | 423 | 0.76 |
| | | 2 | 190 | 372 | 0.32 |
| 绿化植物废弃物堆肥 | | | 760 | 623 | 1.63 |
| 绿化用有机基质 | | | 110 | 980 | 4.00 |

表6-5　上海绿地土壤施用餐厨垃圾堆肥后盐分含量及组成变化

| 处理名称 | 配方体积分数(%) | | 交换性钠(mg/L) | 水饱和浸提 | |
|---|---|---|---|---|---|
| | 土壤 | 餐厨垃圾 | | 可溶性氯(mg/L) | EC(mS/cm) |
| 处理1 | 90 | 10 | 355 | 414 | 0.95 |
| 处理2 | 80 | 20 | 473 | 650 | 1.32 |
| 处理3 | 70 | 30 | 729 | 1064 | 1.86 |

（续）

| 处理名称 | 配方体积分数（%） | | 交换性钠（mg/L） | 水饱和浸提 | |
|---|---|---|---|---|---|
| | 土壤 | 餐厨垃圾 | | 可溶性氯（mg/L） | EC（mS/cm） |
| 处理4 | 60 | 40 | 2226 | 2600 | 4.79 |
| 评价标准* | — | — | <180 | <180 | <2.5 |

*：评价标准：住建部标准《绿化种植土壤》。

表6-6　绿化用有机基质对钠和氯的控制指标

| 控制项目 | 指标 |
|---|---|
| 可溶性氯*/（mg/L） | ≤1500 |
| 可溶性钠*/（mg/L） | ≤1000 |

* 水饱和浸提液测定。

## 二、可溶性氯

### 1. 全市概况

采集全市主要公园、道路和公共绿地中1432个园林绿化土壤进行可溶性氯含量的测定，结果显示：上海市园林绿化土壤样品的可溶性氯含量最小值<5mg/L，最大值为4863mg/L，变幅较大。可溶性氯含量分布频率见图6-12，18.09%的土壤样品可溶性氯含量<5mg/L，76.82%的土壤样品可溶性氯含量在5～180mg/L之间，即94.91%的土壤样品可溶性氯含量满足上海市地标《园林绿化工程绿化种植土壤》要求的可溶性氯含量<180mg/L的最低限值；还有5.09%的土壤样品可溶性氯含量≥180mg/L，存在氯的毒害。

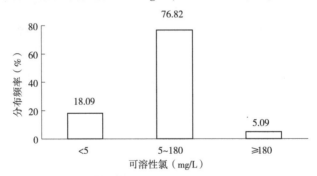

图6-12　上海园林绿化土壤可溶性氯分布频率

### 2. 不同绿地类型

公园绿地土壤的可溶性氯含量最小值<5mg/L，最大值为1377mg/L，变幅较大，平均值为20.02±66.03mg/L。

公共绿地土壤的可溶性氯含量最小值<5mg/L，最大值为418mg/L，平均值为25.70±53.86mg/L。

道路绿地土壤的可溶性氯含量最小值<5mg/L，最大值为4863mg/L，变幅较大，平均值为150±549mg/L。

不同绿地可溶性氯含量大小趋势同交换性钠，即道路绿地>公共绿地>公园绿地，其中道路显著大于公园和公共绿地，而公园和公共绿地之间差别不大。另对不同类型绿地可溶性氯含量分布频率比较发现（图6-13），道路绿地不但可溶性氯含量高，而且有近1/10（9.22%）样品超标，和交换性钠超标比例大致相当（9.93%），都有可能来自施用的有机肥中盐含量超标。

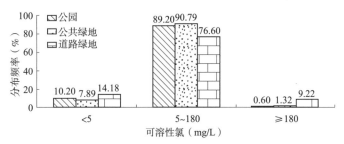

图6-13　全市不同绿地类型土壤可溶性氯分布频率

### 3. 不同区域

中心城区绿地土壤的可溶性氯含量最小值<5mg/L，最大值为4863mg/L，变幅较大，平均值为64.28±332mg/L。郊区绿地土壤的可溶性氯含量最小值<5mg/L，最大值为422mg/L，平均值为21.01±39.88mg/L。中心城区可溶性氯>郊区，两者差异显著。中心城区之所以可溶性氯含量高，除了人为干扰更为严重，同施用氯含量高的有机肥有直接关系。

### 4. 不同剖面

选择全市不同区、不同类型、不同建成年限绿地60个典型剖面样点，进行土壤可溶性氯含量的测定，结果显示土壤中可溶性氯含量与交换性钠含量变化趋势一致，均呈上低下高的趋势。

0~20cm土壤样品可溶性氯含量最小值<5mg/L，最大值为253mg/L，平均值为20.78±31.23mg/L。

20~40cm土壤样品可溶性氯含量最小值<5mg/L，最大值为237mg/L，平均值为30.78±64.24mg/L。

40~90cm土壤样品可溶性氯含量最小值<5mg/L，最大值为984mg/L，平均值为72.01±196mg/L。

之所以可溶性氯容易累积在土壤底部也是同氯迁移性较强直接相关。

### 5. 氯超标原因分析

同样上海一般为暖冬，北方城市常见的由于使用融雪剂导致土壤中氯累积的现象应该不是上海绿地土壤中氯累积的主要原因。对上海辰山植物园、上海长风公园一些施用有机肥的样点监测结果显示（图6-14），土壤中可溶性氯含量明显增加，尤其是底层土壤中，氯的聚集非常明显。

从表6-4可以看出，各种有机改良材料的可溶性氯含量和交换性钠含量大小顺序基本一致，其中餐厨垃圾和鸡粪可溶性氯含量最高，其次为牛粪、猪粪和污泥；而绿化植物废弃物、有机基质和草炭相对较低。同样从表6-5可以看出，上海某典型绿地土壤施用餐厨垃坺堆肥后，可溶性氯的含量显著超标。因此，在绿地中对含氯量高的鸡粪、餐厨垃圾应该慎重施用，有机改良材料使用时应参照国家标准《绿化用有机基质》(GB/T 33891—2017)中对氯的控制指标(表6-6)。

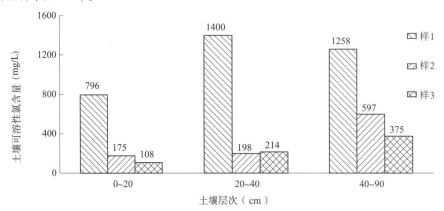

图6-14 施用有机肥的绿地土壤剖面中可溶性氯的含量

## 三、硼

### 1. 全市概况

采集全市主要公园、道路和公共绿地中1432个园林绿化土壤进行有效硼含量的测定，结果显示：上海市园林绿化土壤样品的有效硼含量最小值<0.1mg/L，最大值为13.87mg/L。土壤有效硼含量分布频率见图6-15，58.33%的土壤样品有效硼含量<0.1mg/L，39.74%的土壤样品有效硼含量在0.1~1mg/L之间，即98.07%的土壤样品有效硼含量没有超过上海市地标规定的有效硼含量应<1mg/L的标准上限，符合标准限值要求；还有1.93%的土壤有效硼含量≥1mg/L，超过了标准上限。

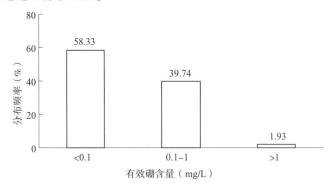

图6-15 上海园林绿化土壤有效硼分布频率

### 2. 不同绿地类型

上海公园绿地土壤的有效硼含量最小值<0.1mg/L，最大值为0.75mg/L，平均值为0.027±0.071mg/L。

公共绿地土壤的有效硼含量最小值<0.1mg/L，最大值为0.28mg/L，平均值为0.029±0.060mg/L。

道路绿地土壤的有效硼含量最小值<0.1mg/L，最大值为1.65mg/L，平均值为0.11±0.25mg/L。

有效硼含量大小依次为：道路绿地>公共绿地>公园绿地；其中道路显著高于公共绿地和公园，还有部分样品有效硼含量超标(图6-16)；而公共绿地和公园差异不显著。

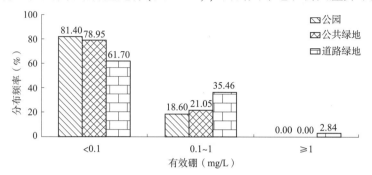

图6-16　全市不同绿地类型土壤有效硼分布频率

### 3. 不同区域

上海中心城区绿地土壤的有效硼含量最小值<0.1mg/L，最大值为1.65mg/L，平均值为0.055±0.16mg/L。郊区绿地土壤的有效硼含量最小值<0.1mg/L，最大值为0.75mg/L，平均值为0.029±0.073mg/L。中心城区有效硼含量显著大于郊区，且中心城区有少部分样品有效硼超标，而郊区分析的土样都在标准范围内，说明人为干扰是导致土壤中硼累积的主要原因。

### 4. 不同剖面

选择全市不同区、不同类型、不同建成年限绿地60个典型剖面样点，进行土壤有效硼含量测定，结果显示：

0~20cm土壤样品中，有30个土壤有效硼含量低于0.1mg/kg，其余样品有效硼含量在0.1~2.9mg/kg之间，平均值为0.0086±0.034mg/L。

20~40cm土壤样品中，有一半土壤样品的有效硼含量<0.1mg/L，还有1个样品有效硼含量高达15.8mg/kg，其余样品有效硼含量在0.1~2.6mg/kg之间；平均值为0.014±0.044mg/L。

40~90cm土壤样品中，有近90%土壤样品有效硼含量<0.1mg/L，其余土壤样品含量在0.10~0.32mg/L之间，平均值为0.032±0.073mg/L。除个别土壤样品超标外，不同剖面有效硼含量整体偏低，不存在硼害现象。

### 5. 硼含量超标原因分析

土壤中硼含量超标主要原因有三：①在土壤形成过程中，本身的含量高或在自然界中逐渐积累；②过量施用硼含量高的无机肥；③灌溉水或栽培土壤受到含硼废物的污染。在上海嘉定区环城路、城中路一带曾发生过园林植物硼中毒现象，硼中毒症状首先表现于叶尖部位，老叶重于新叶，轻者叶缘退绿，叶尖有黄色枯斑，重者呈烧焦状。最典型症状是在叶缘有一圈明显的"金边"，并向叶缘叶基发展，严重者老叶枯死，出现植株生长枯萎现象。调查发现之所以发生硼中毒，是因为该绿化带位于用硼泥填沟的路沟上。而硼泥是生产硼肥的下脚料，内含大量烧碱及未提取完全的速效硼，pH 约为 13，有效硼含量为 1%~2%，现场采样结果也显示出现植物硼中毒的地方土壤有效硼高达 4.36mg/kg，远超过上海市地方标准规定的 <1mg/kg 的控制要求，所以引起植物硼中毒。

## 四、有效铝

### 1. 全市概况

铝的毒害一般发生在强酸性土壤中，微量可溶性铝都能产生毒害，土壤出现铝毒也是土壤退化的一种标志，酸性土壤要注意控制铝的毒害，美国迪士尼要求绿化种植土壤的水饱和浸提的铝/AB-DTPA 提取的铝比例 <0.003%。对全市 1432 个典型公园、公共绿地和道路绿地的土壤调查结果显示，上海市园林绿化土壤有效铝含量最小值 <0.05mg/kg，最大值为 51.11mg/kg，变幅较大。有效铝含量分布频率见图 6-17，有 11.46% 的土壤样品有效铝含量 <0.05mg/kg，含量偏低；82.59% 的土壤样品有效铝含量在 0.05~1.0mg/kg 之间，含量适中；5.95% 的土壤样品有效铝含量 >1.0mg/kg，过量。铝含量较高的几个土壤样品其对应的pH 为酸性。由此可见，对大部分上海园林绿化土壤而言，存在铝毒害可能性较低，但对于部分改良或者分布在松江等地的酸性黄棕壤，有效铝的毒害不能忽视。

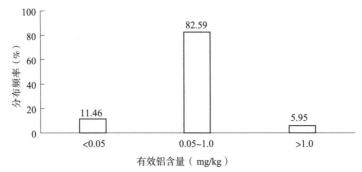

图 6-17　全市绿地土壤有效铝分布频率

### 2. 不同绿地类型

公园绿地土壤有效铝含量最小值 <0.05mg/kg，最大值为 51.11mg/kg，变幅较大，平均值为 0.74±3.11mg/kg。

公共绿地土壤有效铝含量最小值为 0.073mg/kg，最大值为 1.21mg/kg，平均值为 0.25±0.25mg/kg。

道路绿地土壤有效铝含量最小值 <0.05mg/kg，最大值为 3.14mg/kg，平均值为 0.30±0.37mg/kg。

上海园林绿化土壤有效铝含量大小依次为：公园绿地>道路绿地>公共绿地，其中公园和后两者差异显著，但道路和公共绿地之间差异不显著，其中公园之所以有效铝含量高，可能跟其 pH 值相对最低直接相关。

### 3. 不同区域

上海中心城区绿地土壤有效铝含量最小值 <0.05mg/kg，最大值为 19.73mg/kg，平均值为 0.50±1.18mg/kg。郊区绿地土壤有效铝含量最小值 <0.05mg/kg，最大值为 51.11mg/kg，

变幅较大，平均值为 0.76±3.80mg/kg。有效铝含量大小依次为：郊区>中心城区，郊区之所以有效铝含量高，可能跟其 pH 相对略低直接相关。

#### 4. 不同剖面

选择全市不同区、不同类型、不同建成年限绿地 60 个典型剖面样点，进行土壤有效铝含量测定，结果显示：

0~20cm 土壤样品有效铝含量最小值<0.05mg/kg，最大值为 24.55mg/kg，平均值为 1.08±4.45mg/kg；

20~40cm 土壤样品有效铝含量最小值<0.05mg/kg，最大值为 22.07mg/kg，平均值为 1.02±4.00mg/kg；

40~90cm 土壤样品有效铝含量最小值<0.05mg/kg，最大值为 17.88mg/kg，平均值为 1.17±3.50mg/kg。

3 个土壤剖面层次中，土壤有效铝平均含量差别不显著。

## 五、有效硒

#### 1. 全市概况

采集全市主要公园、道路和公共绿地中 1432 个园林绿化土壤进行有效硒含量的测定，结果显示：上海市园林绿化土壤样品的有效硒含量在 0.011~0.74mg/kg 之间，平均含量为 0.24±0.13mg/kg，所有土样均符合绿化种植土标准要求的有效硒<1mg/kg 的标准限值。

#### 2. 不同绿地类型

公园绿地土壤有效硒含量为 0.011~0.74mg/kg，平均含量为 0.24±0.11mg/kg。公共绿地土壤有效硒含量为 0.055~0.49mg/kg，平均含量为 0.21±0.087mg/kg。道路绿地土壤有效硒含量为 0.044~0.69mg/kg，平均含量为 0.20±0.10mg/kg。3 种类型绿地土壤有效硒含量差别不显著。

#### 3. 不同区域

上海中心城区绿地土壤有效硒含量为 0.011~0.74mg/kg，平均含量为 0.25±0.10mg/kg。郊区绿地土壤有效硒含量为 0.042~0.69mg/kg，平均含量为 0.20±0.11mg/kg。中心城区有效硒平均含量略大于郊区，但差异不显著。

#### 4. 不同剖面

选择全市不同区、不同类型、不同建成年限绿地 60 个典型剖面样点，进行土壤有效硒含量测定，结果显示：

0~20cm 土壤样品有效硒含量在 0.072~0.68mg/kg 之间，平均含量为 0.24±0.13mg/kg；

20~40cm 土壤样品有效硒含量在 0.064~0.75mg/kg 之间，平均含量为 0.23±0.13mg/kg；

40~90cm 土壤样品有效硒含量在 0.056~0.67mg/kg 之间，平均含量为 0.22±0.15mg/kg。

不同剖面有效硒平均含量比较接近。

# 参 考 文 献

[1] 白由路，李保国，胡克林．黄淮海平原土壤盐分及其组成的空间变异特征研究[J]．土壤肥料，1999（3）：22-26.

[2] 鲍士旦．土壤农化分析(第三版)[M]．北京：中国农业出版社，2000，183-187.

[3] 陈动．上海园林绿化土壤改良材料的现状及管理对策[C]．2013年中国风景园林学会论文集（下册），2013.

[4] 董阳，郝瑞军，方海兰，等．上海临港重装备区土壤盐分特征分析[J]．上海交通大学学报（农业科学版），2008，26(6)：578-583.

[5] 方海兰，徐忠，张浪，等．绿化种植土壤(CJ/T 340—2016)[S]．北京：中国标准出版社．2016.

[6] 方明．江苏省海涂土土壤的盐渍生态特征[J]．土壤学报，1990(27)：335-342.

[7] 郝冠军，梁晶，方海兰．上海典型盐碱地土壤特性分析研究[J]．浙江农业科学，2015，增刊2：192-197.

[8] 李冬顺，杨劲松，周静．黄淮海平原盐渍土壤浸提液电导率的测定及其换算[J]．土壤通报，1996，27(6)：285-287.

[9] 李谦盛，郭世荣，李式军．基质EC值与作物生长的关系及其测定方法比较[J]．中国蔬菜，2004，1(1)：70-71.

[10] 林义成，丁能飞，傅庆林，等．土壤溶液电导率的测定及其相关因素的分析[J]．浙江农业学报，2005，17(2)：83-86.

[11] 吕桂军．盐碱土壤中根系分区交替灌溉条件下水盐运动研究[D]．西安：西北农林科技大学，2006.

[12] 罗斌．我国的盐渍化土地与治理技术[J]．林业科技通讯，1994(3)：8-10.

[13] 孙宇瑞．土壤含水率和盐分对土壤电导率的影响[J]．中国农业大学学报，2000，5(4)：39-41.

[14] 王文卿，刘俊伟，王良睦．重视南方滨海地区城镇园林绿化树种盐害的研究[J]．中国园林，2000，16(71)：73-75.

[15] 翁永玲，宫鹏．黄河三角洲盐渍土盐分特征研究[J]．南京大学学报（自然科学），2006(6)：605-608.

[16] 张蔚榛，张瑜芳．对灌区水盐平衡和控制土壤盐渍化的认识[J]．中国水利．2003，B刊：24-30.

[17] 周建强，梁晶，方海兰．水饱和浸提测定土壤有机改良材料EC值适用性分析[J]．上海农业学报，2007，33(2)：1-7.

[18] Chenu C，Le Bissonais Y，Arrouays D. Organic matter on clay wettability and soil aggregate stability[J]. Soil Science Society of American Journal，2000(64)：1479-1486.

[19] USDA. Diagnoses and improvement of saline and alkali soils[J]. Agric. Handbook No. 60. R iverside：United Sates Salinity Laboratory. 1954.

[20] Vaughn P J，Lesch S M，Corwin D L. Water content effect on soil salinity prediction：A geostatistical study using cokriging[J]. Soil Science Society of America Journal，1995(59)：1146- 1156.

# 第 7 章　土壤环境质量影响因子

　　上海园林绿化土壤表现出的特性，除了受成土因素的影响，如受冲积土壤的成土因素影响，存在质地黏重、pH 高的特点；再如东部由于临近东海，土壤盐碱化严重。除了这些自然因素影响外，随着上海城市化的快速发展，人为活动影响剧增，也成为影响土壤质量的主要因素之一。

　　人为活动对园林绿化土壤影响有正负两方面。正面的影响有绿化建设中为满足绿化景观需求进行绿化土壤改良；如养护中定期施肥、有机覆盖等措施培肥土壤；如对压实严重的公园中进行松土等。负面的影响主要有两类：一是土壤的退化或者破坏；二是土壤中潜在毒害元素或污染物累积甚至超标。土壤退化型指由于人类活动导致的土壤中各组分之间，或土壤与其他环境要素之间的正常自然物质、能量循环过程遭到破坏，而引起的土壤肥力、土壤质量和承载力下降的影响，如机械压实、人为践踏等人类活动导致土壤物理性质的退化。而潜在毒害元素或污染物的累积超标主要指外界进入土壤中的物质超过土壤自身承载力，对土壤环境产生化学性、物理性或生物性危害。其中潜在毒害元素有两种情况：一是典型的毒害物质，即这些元素本身就不是植物生长所需要，对土壤存在潜在毒害，如钠、铝；二是植物生长所需要的必需元素，但需要量不高，超标后会对植物生长存在毒害，如微量营养元素氯、硼。而污染物也分两种情况：一是典型的污染物，即这些元素本身不是植物生长所需要，超出土壤自身净化能力就会产生毒害，如汞、铅、多环芳烃等典型污染物；二是这些元素本身是植物生长所需要的营养元素，如氮、磷、铜、锌等，但超标后就成为污染物。

　　由于压实对土壤物理性质退化的影响将在随后的第 11 章中专门进行介绍；而潜在毒害元素的危害只有局部施肥过量或者使用质量不合格的土壤改良材料会引起局部危害，其他区域危害不普遍，反而是铜、锌等重金属以及多环芳烃等易在上海绿地中累积的典型污染物值得关注，因此本章节主要讨论这几种典型污染物在上海园林绿化土壤中的累积。

## 第一节　影响土壤污染的因子

　　当自然的或合成的物质含量超过土壤背景自然含量时，就人为造成了土壤污染。这些物质超过一定量时则会对植物、动物和人类造成毒害，在自然界中有许多这样的物质，可能是由于地质分化和沉积形成的，也可能是由于生物活动、人类活动或其他的自然方法形成的。人类活动对城市环境的主要影响之一就是各种物质在土壤中的聚积。这些活动可能是生产副产品等有害物质的倾销、垃圾的沉积、空闲遗弃田地的重新利用、污染的空气(干沉降)和降雨(湿沉降)中污染物质的沉降、除草剂和杀虫剂直接施用于土壤和来自街道和路边的其他污染物向土壤的转移、建筑废墟等。这就表明污染物的积累有多种方式，而且污染物的类型非常广泛。根据土壤污染物类型不同，影响其的污染因子也有所不同。

# 一、影响土壤重金属污染的因子

## (一)污水灌溉的影响

污水按来源可分为城市生活污水、石油化工污水、工业矿山污水和城市混合污水等。其中生活污水中重金属含量很少，但工厂企业污水若未经分流处理，其 Hg、Cu、Cr、Pb、Cd 等重金属含量惊人。由于污水灌溉而导致的污灌区土壤重金属超标是我国农田污染的一大特点，但园林绿化土壤由于是城市景观的重要组成部分，因此污水灌溉在上海很少见报道。但也不排除部分工厂偷偷排放污水进入河道，这部分污染的河水成为城市绿化灌溉水源之一，导致城市绿地重金属等污染物累积。另外有些河流本身污染物超标，如果进行灌溉也会导致土壤中污染物累积。但随着上海对环境质量要求不断提高，包括对城市污水处理要求提高和河道整治，污水灌溉污染绿地的概率已经很低。

## (二)城市固体废弃物的影响

固体废弃物种类繁多，成分复杂，不同类其危害方式和污染程度不同。其中矿业和工业固体废弃物污染最为严重，这类废弃物在堆放或处理过程中，由于日晒、雨淋、水洗重金属极易移动，以辐射状、漏斗状向周围土壤、水体扩散。有一些固体废弃物被直接或通过加工作为肥料施入土壤，造成土壤重金属污染。固体废弃物也可以通过风的传播而使污染范围扩大，土壤中重金属的含量随污染源的距离增大而降低。

上海由于没有矿业，其中最为严重的矿山污染不存在；其他工业固体废弃物由于管理严格，可能局部存在污染超标，如第 4 章和第 5 章中介绍工业区重金属以及多环芳烃容易累积，与工业固体废物不合理堆放或者不合理作业泄露有关，但大部分绿地相对还是比较安全的。反而重金属含量较高的固体废弃物加工成肥料或改良材料施入绿地后，易造成园林绿化土壤重金属超标，并以污泥最为典型。

上海由于污水分流不彻底，理论上处理纯生活污水的污水厂几乎不存在，一般污泥或多或少掺杂有部分工业污泥，即使原先上海处理生活污水比例最高的程桥污水厂，其污泥堆肥产品营养指标非常高，几乎达到有机肥标准，大部分重金属含量也非常低，但受传统排水管道主要为铜锌管道的影响，污泥中铜锌含量还是比较高(表 7-1)。

表 7-1　程桥污泥堆肥的基本性质

| 项目 | pH | 有机质 | 全氮 | 全磷 | 全钾 | 汞 | 铅 | 砷 | 铬 | 镉 | 镍 | 铜 | 锌 |
|---|---|---|---|---|---|---|---|---|---|---|---|---|---|
| | | (g/kg) | | | | (mg/kg) | | | | | | | |
| 含量 | 5.61 | 736 | 32.8 | 16.0 | 14.3 | 0.212 | 66.1 | 9.93 | 46.8 | 1.87 | 47.2 | 428 | 1586 |

将该污泥施用到绿地后，虽然植物长势有明显提高，土壤肥力有大幅度增加，但土壤中铜、锌的累积程度也较高。图 7-1 和图 7-2 分别是虹桥绿地和原上海市园林科研所绿地施用污泥 3 年后土壤中重金属的分布状况，从中可以看出，不管是虹桥绿地还是科研所绿地，表层土壤中锌均有明显累积，其中虹桥绿地土壤中锌已经达到二级污染程度。两块绿地中重金属在剖面上分布还跟施用方式直接相关，其中虹桥绿地是穴施，施肥深度在 0~30cm，因此重金属在 0~30cm 深度含量最高；而科研所绿地污泥是表施的，因此重金属在表层土壤中累积。

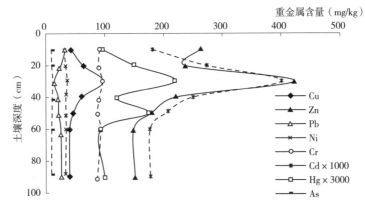

图 7-1　虹桥绿地土壤剖面重金属含量分布

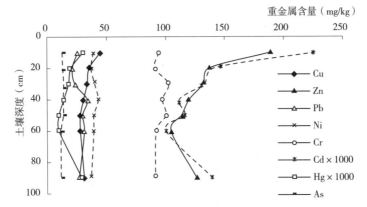

图 7-2　原上海市园林科研所绿地土壤剖面重金属含量分布

由于 Zn 是我国城市污泥中平均含量最高的金属元素，如苏州污泥 Zn 平均含量为 1425mg/kg；常州污泥 Zn 平均含量为 1478mg/kg；无锡污泥 Zn 平均含量为 2128mg/kg；杭州污泥 Zn 平均含量为 8696mg/kg；香港污泥 Zn 平均含量为 1356mg/kg；北京污泥 Zn 平均含量为 840mg/kg；上海市中心城区 12 座污水处理厂污泥 Zn 平均含量为 1786mg/kg；加上城市绿地土壤 Zn 含量普遍高于农田土壤，因此污泥土地利用很容易导致绿地中锌超标，锌是污泥在绿地中应用优先控制的重金属，污泥 Zn 含量较高也是城市绿地不宜大量施用污泥的主要原因之一。

**（三）肥料农药等的影响**

农药和肥料的不合理施用，会给土壤带来潜在污染风险。如长期施用波尔多液，土壤含铜可高达 1500mg/kg。绝大多数的农药为有机化合物，少数为有机—无机化合物或纯矿物质，个别农药在其组成中含有 Hg、As、Cu、Zn 等重金属。复合肥的重金属主要来源于母料及加工流程所带入。肥料中重金属含量一般是磷肥＞复合肥＞钾肥＞氮肥。Cd 是土壤环境中重要的污染元素，随磷肥进入土壤的 Cd 一直受到人们的关注。有机肥中铜、锌含量超标的现象非常普遍，主要是为牲畜的健康和产量，饲料添加剂中添加了过多的铜、锌，这些重金属由于不能被牲畜直接吸收，残留在排泄物中，这些畜禽粪便制造的有机肥往往重金属含量超标，据对上海有机肥调查，发现锌的含量最高可达 3000mg/kg 以上。对上海辰山植物园、世纪公园、世博公园、长风公园四座公园表层土壤的调查结果显示，土壤中铜和锌均存在不同程度累积和超标(图7-3和图7-4)。

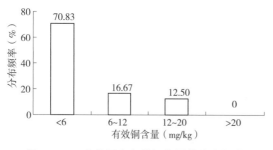

图7-3　4座公园中有效铜含量的分布频率

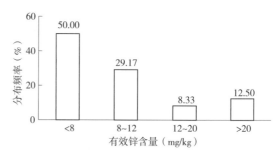

图7-4　4座公园中有效锌含量的分布频率

　　按照上海市地方标准《园林绿化工程种植土壤质量验收规范》中对有效铜的分级标准：Ⅰ级：<6mg/kg；Ⅱ级<12mg/kg；Ⅲ级<20mg/kg。从图7-3可以看出：4座公园采集的土壤样品中有效铜有16.67%达到Ⅰ级污染；12.50%达到Ⅱ级污染；有70.83%的土壤铜是清洁安全的。从图7-4可以看出：4座公园采集的土壤样品中有效锌有29.17%达到Ⅰ级污染；8.33%达到Ⅱ级污染；12.50%达到Ⅲ级污染；有50.00%的土壤锌含量超标。进一步分析铜锌超标的土壤，从现场记录也发现基本是施用了大量有机肥，可见由于有机肥中铜锌含量超标，导致上海绿地土壤中铜锌含量累积超标。

　　进一步分析上海辰山植物园中月季园，由于施肥、用药力度大，月季长势很好；从2011年5月份测定的各种理化性质可以看出(表7-2)，月季园土壤为酸性，有机质、磷、钾、硫、铁、镁、锰等养分含量高，在上海绿地中难得有这么好肥力的土壤；但土壤盐分、氯、铜和锌含量都已超标，因为是2011年测定数据，月季园刚建成对外开放一年，就已经发生盐分和重金属含量超标，应引起重视。一方面施肥不是越多越好，提倡环保、经济的施肥模式，同时要控制所施肥料的质量，严禁将含量超标的肥料施入土壤；另外月季园之所以铜超标，除了施用有机肥外，打农药力度较大也是重要原因之一。

表7-2　辰山植物园月季园土壤理化性质

| 基本性质 | pH | EC值(mS/cm) | 氯(mg/L) | 有机质(g/kg) | 磷(mg/kg) | 钾(mg/kg) |
|---|---|---|---|---|---|---|
| 标准 | 6.5~8.0 | 0.15~1.2 | <180 | 12~80 | 8~60 | 60~300 |
| 实际值 | 7.18 | 2.81 | 154 | 103 | 51.77 | 543 |

| 基本性质 | 铁(mg/kg) | 锰(mg/kg) | 锌(mg/kg) | 铜(mg/kg) | 镁(mg/kg) | 硫(mg/kg) |
|---|---|---|---|---|---|---|
| 标准 | 4~350 | 0.6~25 | 1~10 | 0.3~8 | 50~280 | 25~500 |
| 实际值 | 82.8 | 8.40 | 11.87 | 6.78 | 407 | 70.7 |

注：2011年测定数据。

### (四)城市工业废气和机动车尾气等沉降的影响

　　大气中的重金属主要来源于能源、运输、冶金和建筑材料生产产生的气体和粉尘。城市工业厂区往往分布在市郊和城乡结合部，市区一些污染较重的工业企业也往往向市郊或农村转移，使市郊土壤受工业三废的污染，工业废气污染是其中的一方面。目前工业能源大多以煤、石油类为主，煤和石油中含有许多重金属和类金属如 Hg、Sn、Cr、Pb、As 等元素。据对玻利维亚一硫矿附近的土壤研究报道，大气沉降是造成该地区土壤重金属累积的主要原因，由大气沉降造成的土壤重金属累积量远远高于没有受到大气沉降的地区。

机动车废气和汽车轮胎摩擦也是一个重要的影响因素，城市是一定区域的经济中心，机动车辆频繁出入，机动车排放的废气对土壤环境产生的影响表现在公路两旁土壤中 Zn 含量显著增加。

虽然之前国内外大量研究均证实交通要道两旁的土壤中铅的含量显著增加，铅含量的水平和交通流量、距公路的远近有很好的相关性。如潘如圭等（1998 年）研究了汽车尾气中铅对公路两侧蔬菜的污染，结果表明，在公路两侧 200m 范围内生长的蔬菜均受到汽车尾气中铅的污染，且蔬菜中铅含量与距离成负相关。但上海交通两旁绿地调查结果显示铅含量并未有显著增加，可能跟 20 世纪 90 年代末上海开始使用无铅汽油有关。

### 二、影响土壤有机物污染的因子

石油烃和多环芳烃（PAHs）是上海园林绿化土壤中 2 种典型的有机污染物。

由于在城市中不涉及石油开采、冶炼，因此石油烃污染主要来源于石油的使用、运输或储存，如含油废水排放、各种石油制品的挥发、不完全燃烧物飘落等过程均会造成石油类物质对环境的污染。在贮运和使用过程中，由于事故、不正常操作及检修等原因，会有石油烃的溢出和排放，例如输油管线和贮油罐的泄漏事故；油槽车和油轮的泄漏事故等。

多环芳烃污染物主要来源：由于人们的生活而释放到大气中的粉尘，最终几乎都要沉降到地面上，因此大气污染严重的地方，土壤中 PAHs 的含量也较高；另外，城市工业排放出的废气、废渣与废液，汽车废气、道路尘土及炉灶烟土等都是其污染源。

# 第二节　大气沉降对上海园林绿化土壤环境质量的影响

大气降尘是大气中粒径大于 10μm 的固体颗粒物的总称，是城市主要污染因子之一。由于大气降尘对气候、人体及生物的危害作用，因此它引起人们极大的研究兴趣。大气降尘可以是被直接排入空气的颗粒物或在空气中形成胶粒。自然大气降尘主要来源于地面的土壤颗粒物，而污染的大气降尘主要与工业的废物排放有关。由于大气降尘具有多源性，对生态系统会造成负面影响，因此，越来越多的学者关注大气降尘的研究。大气降尘不但影响空气质量，而且也是土壤污染来源之一，有同位素示踪试验证实土壤中某些重金属的累积是与大气降尘密切相关的。

鉴于对上海园林绿化土壤环境质量而言，城市工业废气和机动车尾气等大气沉降是主要的影响因素，因此本研究以上海郊区的辰山植物园为参考背景，研究市中心→郊区→辰山不同空间分布条件上干湿沉降中重金属和有机污染物多环芳烃的分布特征，并通过相关分析探讨污染物的来源，以期为园林绿化土壤环境质量管理提供技术依据。

## 一、材料与方法

### (一)采样点的设置

采样点以市中心→郊区→辰山的分布进行设置,选取黄浦区(样点1)、卢湾区(样点2)、徐汇区(样点3)、闵行区(样点4)、松江区(样点5)和辰山植物园(Background)进行定点大气沉降的监测。详细的采样点设置图见图7-5。

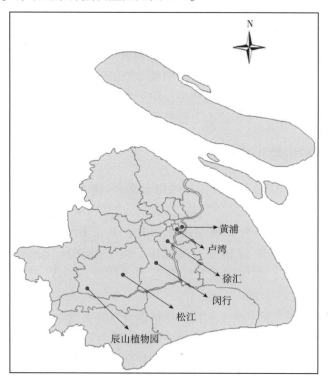

**图7-5 大气干湿沉降样品采样点分布图**

### (二)样品的采集

大气沉降样品的采集参照国家标准GB/T 15265—1994进行,主要进行了为期一年的监测,从2012年2月1日开始,2013年1月31日结束,每月的月初收集一次样品。每个采样点设置3次重复。

为避免地面灰尘对大气干湿沉降样品的影响,样品收集器放在离地面至少3m高度的地方,每个收集器中放置1000ml的去离子水和60ml的酒精,酒精主要是为防止冬天加入的去离子水结冰以及生物降解对沉降样品的影响。每月将收集器带回实验室后去除叶片、昆虫等杂物,并自然风干过0.149mm筛于0~4°C储存备用。

### (三)样品的分析测定

采集的样品主要进行重金属和多环芳烃的测定,重金属包括铝(Al)、钛(Ti)、钒(V)、铬(Cr)、锰(Mn)、钴(Co)、镍(Ni)、铜(Cu)、锌(Zn)、砷(As)、镉(Cd)、铅(Pb)、钾(K)、钠(Na)和镁(Mg);多环芳烃为美国EPA公布的16种。

重金属采用硝酸–氢氟酸–高氯酸消解–ICP 测定法。

多环芳烃的测定方法为：准确称取 20g 样品于索氏提取器中，加入活性铜粉脱硫，用 150ml 二氯甲烷和丙酮混合溶剂(体积比，1∶1)回流 24h，提取液用旋转蒸发仪浓缩至干。而后分别用 30~50ml 正己烷、30ml 正己烷和二氯甲烷混合液(体积比，2∶1)、30ml 正己烷和二氯甲烷混合液(体积比，4∶1)依次进行洗脱，并过硅胶/氧化铝/无水硫酸钠层析柱(质量比，5∶10∶5)以除去杂质。在本方法中需要特别说明的一点是，为了避免酯类等有机物对多环芳烃的影响，柱层析后的溶液需用浓硫酸洗 2~3 次，并用蒸馏水洗酸 4~5 次，同时用无水硫酸钠进行干燥后在旋转蒸发仪上浓缩，最后用色谱纯的二氯甲烷定容至 5ml 待测。

多环芳烃的测定采用 HP5973GC–MS 仪，测定的 16 种多环芳烃分别为萘(Nap)、苊烯(Any)、苊(Ane)、芴(Fle)、菲(Phe)、蒽(Ant)、荧蒽(Flu)、芘(Pyr)、苯并[a]蒽(Baa)、屈(Chr)、苯并(b)蒽(Bbf)、苯并(k)荧蒽(Bkf)、苯并(a)芘(Bap)、茚(1,2,3–cd)芘(I1p)、二苯并(a,h)蒽(Daa)和苯并(g,h,i)芘(Bgp)。通过保留时间和质谱数据库进行 PAHs 的定性分析，用美国 Supelco 公司提供的多环芳烃标样进行定量分析。

**(四)特征分析**

**1. 沉降率**(DS)

沉降率的计算公式如下：

$$DS = \frac{Ms}{A \times D}$$

注：$DS[\mathrm{mg/(m^2 \cdot d)}]$–指沉降率；$Ms(\mathrm{mg})$–指沉降样品的干重；$A(\mathrm{m^2})$–指采样器的面积；$D(\mathrm{d})$–指每月的沉降样品的收集天数。

**2. 重金属的富集因子**(EF)

富集因子的计算公式为：

$$EF = \frac{[X/R]_{Sample}}{[X/R]_{Crust}}$$

注：$R$ 指参考元素的含量(研究中多以 Fe、Al、Si、Ti 和 Mn 作为参比，本研究主要选取 Ti 为参考元素，其含量参照 1991 年中国土壤上的数据)；$X$ 指沉降样品测定的元素含量；$[X/R]_{Sample}$ 指沉降样品某一元素与参考元素含量的比值；$[X/R]_{Crust}$ 指参考样品中某一元素与参考元素的含量(数据均来自于 1991 年的中国土壤)。

通常，当 EF 小于 2 时，为非富集的元素，主要来源于地壳；当 EF 增大到 2~5，为中等程度富集；当 EF 介于 5~20，认为该元素显著富集；当 EF 增加到 20~40，呈现出较强富集的特性；当 EF 大于 40，则为极强度富集，人为污染占有相当比例。

**3. PAHs 的来源分析——特征比值**

Ant/Ant+Phe<0.1 表明来源于汽油，Ant/Ant+Phe>0.1 表明为人为源；0.35<BaA/BaA+Chr<0.4 表明为燃烧源，BaA/BaA+Chr>0.4 表明为碳烤，IcdP/Icdp+BghiP ratio<0.4 表明为交通，IcdP/Icdp+BghiP>0.5 表明为人为源。

## 二、大气沉降率

图 7-6 所示为上海不同采样点沉降样品的日沉降率，从中可以得知，除了 1 月、9 月和 12 月等个别月份外，所有监测点全年的大气沉降率均高于辰山植物园对照，而且城市中心的位点 1 平均沉降率最大，这说明城市活动造成了大气沉降的增加。

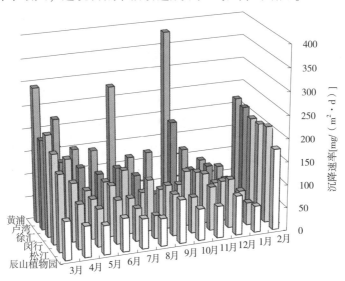

**图 7-6 不同样点的大气沉降率**

就沉降率的季节变化而言，辰山植物园对照点除 2 月份外，沉降率的季节变化较小，这可能是由于 2 月份为我国的春节，烟花爆竹产生的烟尘导致了沉降率的增加。但在位点 2、3、4 和 5，沉降率的变化趋势一致，均表现为 2 月、3 月和 4 月沉降率最高，这与西安研究报道的降尘规律一致，可能是由于交通车辆燃料燃烧和尾气排放所导致的。但是位点 1，沉降率则没有明显变化趋势，2 月 [217mg/（m² · d）]、3 月 [293mg/（m² · d）]、4 月 [221mg/（m² · d）]、7 月 [277mg/（m² · d）] 和 10 月 [381mg/（m² · d）] 沉降率高于其他月份，这与国外的研究结果相一致，认为人口密度与沉降率具有较好的相关性。

此外，通过计算还可以得知，上海每年的年平均沉降率为 43.1±54.8g/（m² · year），这与过去 10 年其他国家的研究结果相比，上海的沉降率是日本札幌的 8.3 倍，澳大利亚 Namoi 山谷的 1.4 倍，但西安是上海的 0.6 倍，北京是上海的 0.3 倍，德国阿尔卑斯山是上海的 0.9 倍。这一方面说明随着城市的发展，城市的污染越来越严重了，另一方面也说明燃煤、交通车辆的增加是导致污染严重的来源之一。

## 三、大气沉降金属元素的含量、分布及来源

### （一）金属元素的空间分布

表 7-3 所示为不同位点大气沉降样品的元素含量。

表7-3 不同样点金属元素的含量(mg/kg)

| 元素 | 采样位置 | | | | | |
|---|---|---|---|---|---|---|
| | 黄浦区 | 卢湾区 | 徐汇区 | 闵行区 | 松江区 | 辰山植物园 |
| Al* | 40.4±9.5[a] | 33.7±6.6[a] | 37.2±4.4[a] | 37.5±4.5[a] | 41.7±6.6[a] | 37.6±10.9[a] |
| Ti* | 2.7±0.5[a] | 3.2±1.0[a] | 3.4±0.9[a] | 2.9±0.3[a] | 3.3±0.7[a] | 3.4±1.5[a] |
| V | 54.0±7.7[a] | 66.2±37.1[a] | 59.6±10.3[a] | 59.2±6.6[a] | 59.3±7.8[a] | 46.8±14.1[a] |
| Cr | 163±59.8[b] | 280±125[b] | 232±80.0[b] | 196±48.6[b] | 604±419[a] | 173±106[b] |
| Mn | 608±118[b] | 872±402[a] | 747±132[a] | 592±139[b] | 936±342[a] | 381±113[c] |
| Co | 9.4±1.1[b] | 12.1±4.3[b] | 10.5±1.1[b] | 10.8±1.1[b] | 15.5±4.1[a] | 8.4±2.0[c] |
| Ni | 48.6±12.1[b] | 85.7±33.5[b] | 68.9±18.1[b] | 63.1±11.4[b] | 124.3±57.0[a] | 63.1±46.8[b] |
| Cu | 291±262[b] | 402±322[b] | 249±44.8[b] | 931±153[a] | 272±137[b] | 97.8±44.7[b] |
| Zn | 726±197[b] | 1021±424[a] | 968±330[a] | 720±219[b] | 1149±563[a] | 347±125[c] |
| As | 29.0±7.9[a] | 39.8±18.5[a] | 33.9±20.2[a] | 41.0±16.9[a] | 32.5±7.0[a] | 31.1±8.7[a] |
| Cd | 1.9±0.8[a] | 2.3±0.9[a] | 2.1±0.9[a] | 1.6±1.0[a] | 2.0±0.9[a] | 1.0±0.4[b] |
| Pb | 232±64.3[ab] | 336±165[a] | 292±65.5[a] | 281±54.7[a] | 328±140.0[a] | 164±66.2[b] |
| K* | 14.1±2.2[a] | 20.3±22.7[a] | 14.4±1.5[a] | 13.8±1.3[a] | 15.0±1.4[a] | 14.8±2.4[a] |
| Na* | 8.7±1.6[a] | 7.5±1.3[a] | 7.8±0.8[a] | 8.0±1.1[a] | 8.0±1.1[a] | 8.3±2.4[a] |
| Mg* | 8.4±1.6[a] | 8.0±1.6[a] | 9.0±1.1a | 7.8±1.5[a] | 7.7±2.1[a] | 7.1±2.7[a] |

注：* 表示这些元素含量的单位为%；同一行不同的字母表示差异显著。

从表7-3中不难发现，不同位点沉降样品 Al、Ti、V、K、Na 和 Mg 的含量具有相似的变化趋势，因为这些元素是地壳母质的主要元素，因此这些元素可能是受母质的影响所致，而不受采样点位置的影响。此外，虽然 Cr、Mn、Co、Ni、Cu、Zn、Cd 和 Pb 的含量没有明显的变化规律，但含量最大值均在位点 4 或 5，Cr、Mn、Co、Ni、Cu、Zn、Pb、Cd 和 Mo 的最大含量分别为 604±419mg/kg、936±342mg/kg、15.5±4.1mg/kg、124±57.0mg/kg、931±153mg/kg、1149±563mg/kg、328±140mg/kg 和 2.0±0.9mg/kg，是辰山植物园沉降样品含量的 1~10 倍，这可能是由于这两个位点里吴泾工业区相比其他位点较近所导致的。但比较奇怪的是 As，虽然 As 不是地壳元素，但却与其他地壳元素的变化趋势相似，这可能说明沉降样品中 As 受人为因素的影响比较小。

通常利用元素的富集因子来辨别元素的来源，图7-7所示为不同元素的富集因子，从中可以得知，Al、V、Co、K、Na 和 Mg 的富集因子小于 1，说明这些元素受人为活动的影响比较小；而除位于城乡结合部的位点 4 和 5，Cr、As 和 Mo 的富集因子超过 5 外，其他位点 Cr、Ni、As 和 Mo 的富集因子介于 2~5 之间，可见这几种元素受工业污染的影响较大；但对于元素 Cu、Zn、Pb、Cd 而言，其富集因子多数采样点介于 5~20 之间，部分样点 Cu 的富集因子更是高于 20，这说明目前城市受这些元素的影响较大。分析其原因，可能是由于燃烧、交通、电池等人为因素所导致的；特别是与交通车辆日益增加有关，相关研究已经表明，汽车轮胎防滑剂中含有大量的 Zn，Cd 则主要来源于电池、电厂等。

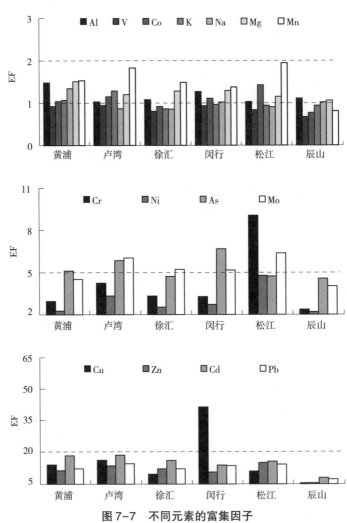

图 7-7　不同元素的富集因子

### (二)金属元素的季节变化

图 7-8 所示为不同元素 12 个月的变化趋势，从中可以发现，与巴黎等城市的研究结果相一致，Al、Ti、V、Co、K、Na 和 Mg 的季节变化趋势不明显，这也再次证实了这些元素受母质的影响较大；Zn、Cu、Cr 和 Ni 的季节变化趋势相似，最大值均出现在 8 月份；Mn 的含量则有夏季(8 月和 9 月)和冬季(12 月和 1 月)高于春季和秋季的趋势；As 的变化趋势与 Mn 相似；Pb 的含量则在冬季最大；这可能是由于冬季和夏季，制冷制热等消耗了更多的燃料所导致的。

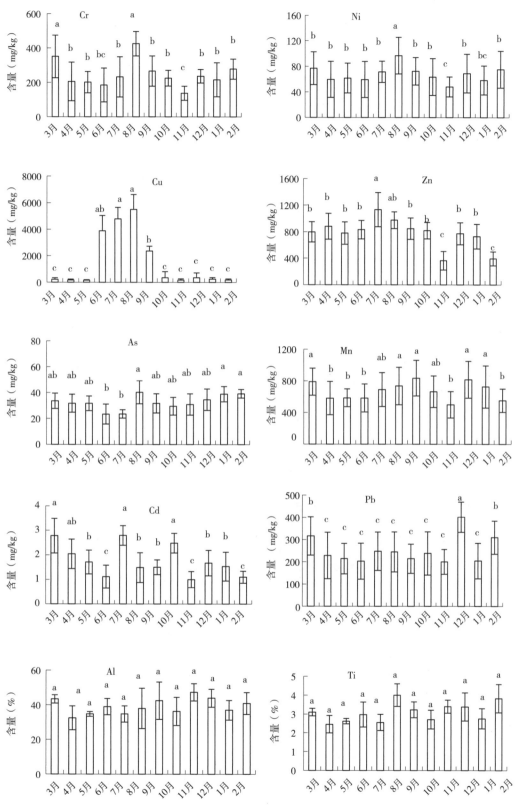

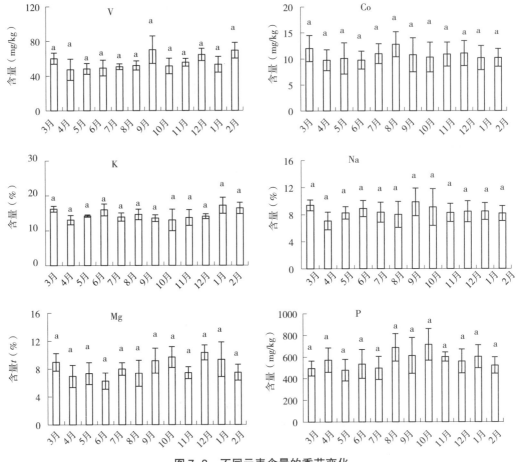

图7-8 不同元素含量的季节变化

## 四、PAHs 的特征、分布及来源

### (一)PAHs 的空间分布

不同采样点 PAHs 的含量见图7-9，从中可以看出，PAHs 含量大小顺序依次为：位点5（14.81±1.05μg/g）≈位点4（14.17±1.30μg/g）>位点3（12.02±0.50μg/g）>位点2（10.49±0.87μg/g）>位点1（5.57±1.20μg/g）>对照点（4.76±0.78μg/g），且达到了极显著差异水平（p<0.01）。与其他城市相比，上海 PAHs 含量低于北京、天津地区（变化范围4.22～24.81μg/g，均值11.81μg/g）。

同样的，PAHs 沉降率的变化趋势与含量相似，也呈现郊区>市中心>辰山植物园对照点的趋势。但与其他城市相比，上海 PAHs 沉降率均值为1.19±0.45μg/(g·d)，变化范围为0.38～1.63μg/(g·d)，高于巴黎和希腊西部，低于美国坦帕湾和英国曼彻斯特和加的夫。

### (二)PAHs 的季节变化

每月沉降样品 PAHs 沉降率的季节变化见图7-10，从中不难发现，与上述图7-6研究结果相一致，3月、7月和10月 PAHs 沉降率较大。相关研究认为，降雨量和温度是影响

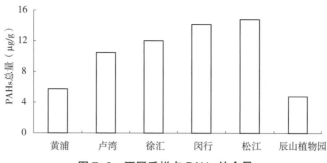

图 7-9　不同采样点 PAHs 的含量

PAHs 在气相和固相分布的主要原因，为此进行 PAHs 沉降率和降雨量以及温度比较可以发现，本研究并没有发现几者之间具有相关性，这与香港的研究结果不同。这可能是由于低分子量 PAHs 主要分布在气相，高分子量主要分布在固相，而降雨和温度对气相的影响远远大于固相，香港干季(10月至翌年3月)低分子量 PAHs 占63%，湿季(4~9月)低分子量 PAHs 占52%，而本研究低分子量所占比例最大时，也仅有31.1%(表7-4)。

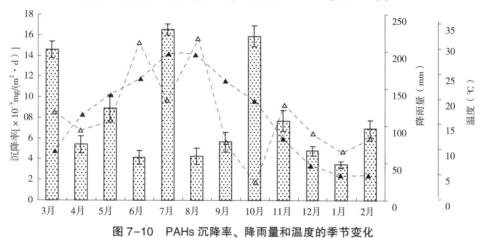

图 7-10　PAHs 沉降率、降雨量和温度的季节变化

(注：柱状图表示 PAHs 沉降率，空心三角形表示降雨量，实心三角形表示温度)

表 7-4　PAHs 的环数分布

| | 2012 年 | | | | | |
| --- | --- | --- | --- | --- | --- | --- |
| PAHs | 3 月 | 4 月 | 5 月 | 6 月 | 7 月 | 8 月 |
| 2~3 环 | 19.0±3.5 | 21.5±1.9 | 17.0±1.7 | 22.2±1.1 | 22.2±2.0 | 27.1±2.5 |
| 4 环 | 49.1±4.6 | 36.6±3.4 | 45.4±4.2 | 44.0±5.4 | 51.7±4.9 | 39.9±3.6 |
| 5 环 | 21.4±2.2 | 25.7±3.1 | 23.7±1.9 | 22.4±1.6 | 19.2±2.3 | 22.4±2.1 |
| 6 环 | 10.5±2.0 | 16.2±2.3 | 13.9±0.8 | 11.4±1.9 | 6.9±0.9 | 10.6±1.3 |

| | 2012 年 | | | | 2013 年 | |
| --- | --- | --- | --- | --- | --- | --- |
| PAHs | 9 月 | 10 月 | 11 月 | 12 月 | 1 月 | 2 月 |
| 2~3 环 | 30.3±3.2 | 31.1±2.5 | 30.1±1.3 | 26.2±2.1 | 19.8±1.1 | 29.7±3.4 |
| 4 环 | 39.5±2.9 | 36.2±4.1 | 38.9±3.2 | 40.7±3.9 | 38.2±2.3 | 39.7±2.8 |
| 5 环 | 20.9±1.2 | 22.2±1.6 | 21.1±0.8 | 22.1±1.7 | 30.0±3.0 | 17.0±0.7 |
| 6 环 | 9.3±1.4 | 10.5±0.7 | 9.8±1.2 | 11.1±0.9 | 12.0±0.6 | 13.6±1.1 |

### （三）PAHs 的来源分析

通过计算 Ant/Ant+Phe、BaA/BaA+Chr 和 IcdP/Icdp+BghiP 的特征比见表 7-5，Ant/Ant +Phe 接近 0.1，IcdP/Icdp+BghiP 接近 0.5，因此推断 PAHs 可能来源于石油和燃烧；另外，位点 4 和 5 的 BaA/BaA+Chr>0.4，与这两个采样点接近工厂有关。

表 7-5　不同采样点 PAHs 的特征比值

| | 黄浦区 | 卢湾区 | 徐汇区 | 闵行区 | 松江区 | 辰山植物园 | 来源 | |
|---|---|---|---|---|---|---|---|---|
| IcdP /（Icdp+BghiP） | 0.52 | 0.52 | 0.51 | 0.51 | 0.52 | 0.52 | <0.4 | 石油 |
| | | | | | | | >0.5 | 燃烧 |
| Ant /（Ant+Phe） | 0.18 | 0.73 | 0.14 | 0.18 | 0.14 | 0.11 | <0.1 | 石油 |
| | | | | | | | >0.1 | 燃烧 |
| BaA /（BaA+Chr） | 0.35 | 0.40 | 0.40 | 0.44 | 0.48 | 0.46 | 0.35~0.4 | 燃烧 |
| | | | | | | | >0.4 | 炭烤 |

## 五、降尘对土壤环境质量的影响及对策

对比郊区、市中心和辰山植物园大气降尘中重金属和 PAHs 含量，可以看出辰山植物园大气降尘量和污染含量均相对较低，一方面说明相对市中心，辰山植物园空气质量较好，起到维护城市生态环境的作用；同时也说明大气降尘对园林绿化土壤环境影响较大。鉴于大气降尘中污染源主要来自工厂废气排放和汽车尾气，因此要提高废气排放指标，提高汽油的清洁度和燃烧效率，从源头上减少污染来源。

另外对比不同区域的降尘可以看出，辰山植物园不管是降尘量还是污染物含量都是最低的，但像辰山植物园月季园等专类园在开园一年后就发生铜、锌含量超标，可见养护对土壤环境质量的影响，因此对进入城市绿地的肥料、农药等土壤的外来物要严格控制质量。

## 参 考 文 献

［1］梁晶，方海兰，朱丽，等．污泥施用于城市绿地土壤后重金属的累积转化［J］．环境科学与技术，2013，12：70-73/78.

［2］潘如圭，宋佩扬，潘秀琴，等．汽车尾气中铅对蔬菜污染的研究［J］．江苏环境科技，1998，（3）：9-11.

［3］王军辉，方海兰，黄懿珍，等．程桥污水厂污泥来源堆肥产品的绿地利用可行性探讨［J］．上海交通大学学报（农业科学版），2005，23（4）：424-429.

［4］Liang J, Fang HL, Wu LH, et, al. Characterization, Distribution, and Source Analysis of Metals and Polycyclic Aromatic Hydrocarbons（PAHs）of Atmospheric Bulk Deposition in Shanghai, China［J］. Water air and soil pollution, 2016, 227(7)：1-14.

［5］Jing Liang, Hailan Fang, Guanjun Hao. Effect of Plant Roots on Soil Nutrient Distributions in Shanghai Urban Landscapes［J］. American Journal of Plant Sciences, 2016, 7, 296 -305.

［6］ Azimi, S. , Ludwig, A. , Thevenot, D. R. , et, al. Trace metal determination in total atmospheric deposition in rural and urban areas［J］. Science of the Total Environment, 2003, 308：247-254.

［7］ Azimi, S. , Rocher, V. , Muller, M. , et, al. Sources, distribution and variability of hydrocarbons and metals in atmospheric deposition in an urban area（Paris, France）［J］. Science of the Total Environment, 2005, 337：223-239.

［8］ Bari, M. A. , Kindzierski, W. B. , & Cho, S. A wintertime investigation of atmospheric deposition of metals and polycyclic aromatic hydrocarbons in the AthabascaOil Sands Region, Canada［J］. Science of the Total Environment, 2014, 485 – 486：180-192.

［9］ Cao, Z. Z. , Yang, Y. H. , Lu, et, al. Atmospheric particle characterization, distribution, and deposition in Xi'an, Shaanxi Province, Central China［J］. Environmental Pollution, 2011, 159：577-584.

［10］ Chen, L. , Ran, Y. , Xing, B. , et, al. Bulk deposition of polycyclic aromatic hydrocarbons（PAHs）in anindustrial site of Turkey［J］. Environmental Pollution, 2008, 152：461-467.

［11］ Fakayode, S. O. , & Olu-Owolabi, B. Heavy metal contamination of roadside topsoil in Osogbo, Nigeria：its relationship to traffic density and proximity to highways［J］. Environmental Geology, 2003, 44：150-157.

［12］ Fang, H. L. , Dong, Y. , Gu, B. , Hao, et, al. Distribution of heavy metals and arsenic in greenbelt roadside soils of Pudong new district in Shanghai［J］. Soil and Sediment Contamination, 2009, 18：702-714.

［13］ Foan, L. , Domerq, M. , Bermejo, R. , et, al. Polycyclic aromatic hydrocarbons（PAHs）in remote bulk and throughfall deposition：seasonal and spatial trends［J］. Engineering and Management Journal, 2012, 11：1101-1110.

［14］ Garban, B. , Blanchoud, H. , Motelay – Massei, A. , et, al. Atmospheric bulk deposition of PAHs onto France：trends from urban to remote sites［J］. Atmospheric Environment. 2002, 36：5395-5403.

［15］ Gyekye, K. A. Chemical Characteristics of Urban Soils of Vasileostrovsky Ostrov and Elagin Ostrov, St Petersburg, Russia［J］. *West African of Applied Ecology*, 2013, 21, 121-133.

［16］ Gundel, L. A. , Lee, V. C. , Mahanama, K. R. R. , et, al. Direct determination of the phase distribution of semi-volatile polycyclic aromatic hydrocarbons using annular denuders［J］. Atmospheric Environment, 1995, 29：1719-1733.

［17］ Halsall, C. J. , Coleman, P. J. , & Jones, K. C. . Atmospheric deposition of polychlorinated dibenzo – p – dioxins /dibenzofurans（PCDD/Fs）and polycyclic aromatic hydrocarbons（PAHs）in two UK cities ［J］. Chemosphere, 1997, 35：1919-1931.

［18］ Huang, W. , Duan, D. D. , Zhang, Y. L. , et, al. Heavy metals in particulate and colloidal matter from atmospheric deposition of urban Guangzhou, South China［J］. Marine Pollution Bulletin, 2014, 85：720-726.

［19］ Kara, M. , Dumanoğlu, Y. , Altıok, H. , Elbir, et, al. Seasonal and spatial variation of atmospheric trace elemental deposition in the Aliaga industrial region, Turkey［J］. Atmospheric Research, 2014, 149：204-216.

［20］ Klumpp, A. , Hintemann, T. , Santana, Lima, et, al. Bioindication of air pollution effects near a copper smelter in Brazil using mango trees and soil microbiological properties［J］. Environmental Pollution, 2003, 126, 313-321.

［21］ L. , Catalan, J. , Nickus, U. , Thies, H. , et, al. Factors governing the atmospheric deposition of polycyclic aromatic hydrocarbons to remote areas［J］. Environmental Science & Technology, 2003, 37：3261-3267.

［22］Li, J. , Cheng, H. , Zhang, G. , et, al. Polycyclicaromatic hydrocarbon(PAH)deposition to and exchange at the air-water interface of Luhu, an urban lake in Guangzhou, China[J]. Environmental Pollution, 2009, 157: 273-279.

［23］Liu, F. B. , Xu, Y. , Liu, J. W. , Liu, et, al. Atmospheric deposition of polycyclic aromatic hydrocarbons (PAHs)to a coastal site of Hong Kong, South China[J]. Atmospheric Environment, 2013, 69: 265-272.

［24］Lu, X. , Li, L. Y. , Wang, L. , et, al. Contamination assessment of mercury and arsenic in roadwaydust from Baoji, China[J]. Atmospheric Environment, 2009, 43: 2489-2496.

［25］Mantis, J. , Chaloulakou, A. , & Samara, C. PM10-bound polycyclic aromatic hydrocarbons(PAHs)in the Greater Area of Athens, Greece[J]. Chemosphere. 2005, 59: 593-604.

［26］Martín, J. , Sanchez-Cabeza, J. , Eriksson, M. , et, al. Recent accumulation of trace metals in sediments at the DYFAMED site (Northwestern Mediterranean Sea) [J]. Marine Pollution Bulletin, 2009, 59: 146-153.

［27］Okubo, A. , Takeda, S. , & Obata, H. Atmospheric deposition of trace metals to the western North Pacific Ocean observed at coastal station in Japan[J]. Atmospheric Research, 2013, 129 – 130: 20-32.

［28］Poor, N. , Tremblay, R. , Kay, H. , et al. Atmospheric concentrations and dry deposition rates of polycyclic aromatic hydrocarbons (PAHs) for Tampa Bay, Florida, USA [J]. Atmospheric Environment, 2004. 38: 6005-6015.

［29］Peng, C. , Ouyang, Z. Y. , Wang, M. I. , et, al. Vegetative cover and PAHs accumulation in soils of urban green space[J]. Environmental Pollution, 2012, 161: 36-42.

［30］Petrotou, A. , Skordas, K. , Papastergios, G. , et, al. Factors affecting the distribution of potentially toxic elements in surface soils around an industrialized area of northwestern Greece [J]. Environ Earth Science, 2012, 65: 823-833.

［31］Shi, G. , Chen, Z. , Teng, J. , et, al. Fluxes, variability and sources of cadmium, lead, arsenic and mercury in dry atmospheric depositions in urban, suburban and rural areas [J]. Environmental Research, 2012, 113: 28-32.

［32］Terzi, E. , & Samara, C. Dry deposition of polycyclic aromatic hydrocarbons in urban and rural sites of Western Greece[J]. Atmospheric Environment, 2005, 39: 6261-6270.

［33］Tobiszewski, M. , & Namiesnik, J. PAH diagnostic ratios for the identification of pollution emission sources [J]. Environmental Pollution, 2012, 162: 110-119.

［34］W ang, W. , Massey, Simonich, S. L. , Giri, B. , et, al. Spatial distribution and seasonal variation of atmospheric bulk deposition of polycyclic aromatic hydrocarbons in Beijing – Tianjin region, North China [J]. Environmental Pollution, 2011, 159: 287-293.

［35］Yang, L. Y. , Li, Y. and Peng, K. Nutrients and Heavy Metals in Urban Soils under Different Green Space Types in Anji, China[J]. *Catena*, 115, 39-46. http://dx. doi. org/10. 1016/j. catena. 2013. 11. 008.

［36］Yan, L. L. , Li, X. , Chen, J. M. , et, al. Source and deposition of polycyclic aromatic hydrocarbons to Shanghai, China[J]. Journal of Environmental Sciences, 2012, 24: 116-123.

［37］Zhang, R. , Wang, M. , Sheng, L. , et, al. Seasonal characterization of dust days, mass concentration and dry deposition of atmospheric aerosols over Qingdao, China[J]. China Particuology, 2004, 2: 196-199.

［38］Zhao, M. F. , Huang, Z. S. , Qiao, T. , et, al. Chemical characterization, the transport pathways and potential sources of PM2.5 in Shanghai: Seasonal variations[J]. Atmospheric Research. 2015, 158 – 159: 66-78.

# 第8章 园林绿化土壤碳的循环

土壤碳是陆地碳库的重要组成部分,包括土壤有机碳与无机碳。鉴于无机碳的更新时间尺度太长,土壤碳循环研究主要是对土壤中有机碳行为的研究。土壤碳循环是与全球气候变化密切相关的重要地球表层系统过程,是国际地学和生态学界近年来的研究热点。近年来关于土壤有机碳性质、功能及其变化在全球变化中的意义有许多新的研究认识。土壤碳在全球气候变化中的作用实际上是有机碳的生物地球化学循环(大小、尺度、速率)对气候变化的控制作用,它不但关系着土壤肥力,而且关系着在全球气候变化和生物多样性发育上的服务功能。当前,土壤有机质(碳)循环研究的两大代表性方面和重点是:①土壤碳库及其增长的潜力、碳汇效应;②土壤碳的稳定性与生物利用性及其对气候变化的反馈。

土壤碳库是陆地生态系统中最大的碳库。土壤碳库的构成影响其累积和分解,并直接影响全球陆地生态系统碳平衡,同时也影响土壤质量变化。研究表明,陆地土壤是地球表面最大的碳库,全球土壤碳库达到1500Pg,为植被碳库的2~3倍,是全球大气碳库的2倍。由于土壤覆盖面广,是陆地生态系统中碳的重要的"源"和"汇"。土壤碳库小幅度的变化就可能影响全球碳平衡,导致全球气候变化,进而对陆地生态系统的分布、组成、结构和功能产生深刻影响。关于大空间尺度上的土壤碳库研究已有大量报道,有关林地、农田土壤的碳库研究非常深入、系统,但关于园林绿化土壤碳库研究报道很少。

## 第一节 上海园林绿化土壤有机碳分布状况

与自然土壤相比,城市园林绿化的土壤性质发生了显著的变化。城市化过程不仅改变了园林绿化土壤碳库的规模,而且也改变着城市土壤有机质组成及土壤微生物碳的特性,而这些特征在城市区域内随着功能区、土地利用类型和历史、绿地管理措施以及原背景自然生态系统的不同而呈现出较大的空间变异性。

### 一、上海中心城区园林绿化土壤有机碳的整体概况

对上海黄浦区、徐汇区、长宁区、原静安区、原普陀区、原闸北区、虹口区、杨浦区和浦东新区9个行政区域1310个园林绿化土壤(公园、公共绿地、道路绿地等)的土壤调查结果显示,上海园林绿化土壤有机碳含量范围为2.97~42.71g/kg,平均含量为11.92±5.20g/kg,不同采样点之间有机碳变异较大,大小相差14.38倍,变异系数达41.17%。若以上海现有绿地总面积为125741.32hm²估算,则上海整个绿地系统有机碳库储量约为1400万吨。

## 二、不同植被下园林绿化土壤有机碳

研究地点设在上海植物园和共青森林公园。其中上海植物园（121°17′N，31°8′E）位于徐汇区，占地 81.86hm²，建于 1974 年；共青森林公园（121°32′N，31°19′E）位于杨浦区，占地面积 131hm²，建于 1982 年；这两座公园均是上海城区最典型的老公园，植物种类丰富。该地区属于北亚热带季风气候区，温和湿润，年平均温度 16℃ 左右，全年无霜期约 230 天，年平均降雨量在 1200mm 左右。

2009 年在共青森林公园选择池杉、香樟、桂花、竹林和草坪 5 种典型的植物群落；2010 年在上海植物园选择槭树园、杜鹃园、牡丹园、松柏园、木兰园和月季园中相应的 6 种典型植物群落；分别测定其有机碳含量大小（表 8-1）。

从表 8-1 可以看出，上海共青森林公园不同植物群落中有机碳以桂花群落最高，含量为 17.82g/kg；其次为池杉群落，含量为 16.55g/kg；各群落间土壤有机碳含量高低顺序分别为：桂花>池杉>香樟>竹林>草坪。

从表 8-1 可以看出，上海植物园中以松柏园土壤有机碳含量最高，这可能受表层土壤凋落物的影响；有机碳在其他园区的大小顺序为牡丹园>月季园>杜鹃园>木兰园>槭树园。分析其原因，可能有两大方面，一方面土壤中有机碳含量高可能与其自肥作用有关，如松柏园比较多的凋落物导致其有机碳含量高达 18.43g/kg；另一方面与人工施肥有关，如牡丹园和月季园，作为观赏性植物，人为的施肥以及精细的管理必不可少，因此其有机碳含量也相对比较高，牡丹园有机碳含量为 14.20g/kg，月季园有机碳含量为 12.27g/kg。而杜鹃园、木兰园及槭树园管理相对比较粗放，因此导致了其土壤有机碳含量偏低。

表 8-1　不同植物类型土壤有机碳含量（g/kg）

| 上海共青<br>森林公园 | 池杉 | 香樟 | 桂花 | 竹林 | 草坪 | — |
|---|---|---|---|---|---|---|
| | 16.55 | 14.97 | 17.82 | 13.48 | 11.10 | — |
| 上海<br>植物园 | 槭树园 | 松柏园 | 杜鹃园 | 牡丹园 | 木兰园 | 月季园 |
| | 9.50 | 18.43 | 10.47 | 14.20 | 10.43 | 12.27 |

## 三、园林绿化土壤有机碳的空间分布

对上海不同行政区园林绿化土壤有机碳进行分析（表 8-2），结果显示，除奉贤区有机碳平均含量低于 10g/kg，其余所有区的有机碳平均含量均大于 10g/kg，各个区园林绿化土壤有机碳含量大小依次为：松江区>虹口区>原静安区>徐汇区>青浦区>嘉定区>杨浦区>长宁区>黄浦区>浦东新区>金山区>原闸北区>崇明区>闵行区>宝山区>普陀区>奉贤区（图 8-1）。

表 8-2　上海各个区园林绿化土壤有机碳含量大小（g/kg）

| 行政区 | 样本数 | 最小值 | 最大值 | 平均值 | 标准差 | 中位数 | 变异系数 |
|---|---|---|---|---|---|---|---|
| 黄浦区 | 93 | 4.05 | 25.23 | 11.82 | 4.16 | 10.51 | 0.28 |
| 徐汇区 | 154 | 3.07 | 27.55 | 12.45 | 4.52 | 11.66 | 0.28 |

（续）

| 行政区 | 样本数 | 最小值 | 最大值 | 平均值 | 标准差 | 中位数 | 变异系数 |
|---|---|---|---|---|---|---|---|
| 长宁区 | 121 | 4.40 | 30.09 | 12.00 | 4.66 | 11.41 | 0.30 |
| 原静安区 | 119 | 5.33 | 36.25 | 12.65 | 5.21 | 11.40 | 0.32 |
| 普陀区 | 134 | 2.97 | 39.35 | 10.34 | 5.35 | 9.06 | 0.41 |
| 原闸北区 | 94 | 4.46 | 25.46 | 10.90 | 3.51 | 10.36 | 0.24 |
| 虹口区 | 102 | 5.20 | 33.57 | 12.89 | 5.81 | 11.69 | 0.39 |
| 杨浦区 | 153 | 4.01 | 40.59 | 12.20 | 5.11 | 10.99 | 0.35 |
| 浦东新区 | 179 | 2.56 | 29.18 | 11.57 | 3.35 | 11.49 | 0.16 |
| 闵行区 | 74 | 4.30 | 21.14 | 10.55 | 3.16 | 11.07 | 0.17 |
| 奉贤区 | 54 | 5.10 | 26.10 | 9.87 | 4.58 | 8.42 | 0.27 |
| 金山区 | 57 | 5.99 | 18.06 | 11.21 | 3.27 | 11.03 | 0.17 |
| 松江区 | 72 | 6.60 | 41.47 | 15.76 | 6.98 | 14.41 | 0.26 |
| 青浦区 | 53 | 2.55 | 21.58 | 12.41 | 4.62 | 12.64 | 0.21 |
| 嘉定区 | 65 | 4.09 | 26.72 | 12.37 | 5.02 | 11.06 | 0.24 |
| 宝山区 | 105 | 4.30 | 19.01 | 10.41 | 2.76 | 10.79 | 0.15 |
| 崇明区 | 47 | 4.58 | 20.60 | 10.82 | 3.87 | 10.60 | 0.21 |

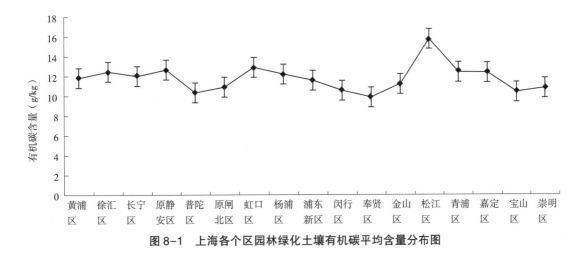

图8-1    上海各个区园林绿化土壤有机碳平均含量分布图

## 四、不同建成年限园林绿化土壤有机碳

选择上海不同建成年限的公园样品进行有机碳的测定，从表8-3进行分析，随着公园建成年限的延长，土壤有机碳平均含量呈增加的趋势。而且从不同建成年限公园的有机碳大小的分布频率来看（图8-2），有机碳含量低的以新建公园所占比例相对较高，有机碳含量高的以建成年限长的公园所占比例高；这与公园长期养护施肥以及枯枝落叶自然凋落自肥效益有直接关系。

表8-3  上海不同建成年限公园土壤有机碳含量大小(g/kg)

| 公园建成年限 | 样本数 | 最小值 | 最大值 | 平均值 | 标准差 |
|---|---|---|---|---|---|
| 新建 | 20 | 6.09 | 42.69 | 14.68 | 5.23 |
| 建成20年 | 24 | 5.16 | 27.55 | 11.95 | 4.98 |
| 建成40年 | 19 | 6.84 | 25.23 | 15.08 | 5.17 |
| 建成80年 | 23 | 7.02 | 34.74 | 15.84 | 5.38 |
| 百年名园 | 15 | 4.93 | 26.97 | 15.55 | 5.62 |

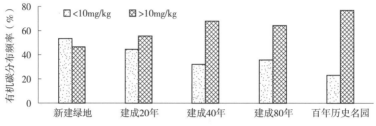

图8-2  上海不同建成年限公园土壤有机碳分布组成

## 五、不同剖面层次园林绿化土壤有机碳

选择全市不同区域60个典型园林绿化土壤剖面点，分层进行有机碳的测定，结果见表8-4。

从表8-4可以看出：0~20cm的土壤样品有机碳含量为4.93~24.42g/kg，平均含量为12.82±4.73g/kg；20~40cm土壤样品有机碳含量为3.36~21.69g/kg，平均含量为9.34±5.18g/kg；40~90cm土壤样品有机质含量为2.96~15.14g/kg，平均含量为7.89±4.68g/kg；其中0~20cm和40~90cm土壤有机碳含量存在显著差异。之所以表层土壤有机碳含量明显高于底层土壤，是与表层土壤施用有机肥等有机改良材料以及枯枝凋落物自然腐烂有关。这进一步说明施肥和有机覆盖能有效增加园林绿化土壤中有机碳含量。

表8-4  上海园林绿化土壤剖面不同层次有机碳含量大小(g/kg)

| 不同剖面层次 | 最小值 | 最大值 | 平均值 | 标准差 |
|---|---|---|---|---|
| 0~20cm | 4.93 | 24.42 | 12.82 | 4.73 |
| 20~40cm | 3.36 | 21.69 | 9.34 | 5.18 |
| 40~90cm | 2.96 | 15.14 | 7.89 | 4.68 |

## 六、不同绿地类型土壤有机碳

对全市1432个分布于各公园、公共绿地和道路绿地的园林绿化土壤有机碳含量比较发现(图8-3)，以公园绿地有机碳平均含量最高，其次为道路绿地，最小为公共绿地，其中公园绿地土壤有机碳显著大于道路绿地和公共绿地，道路绿地和公共绿地两者差异不显著(图8-3)。

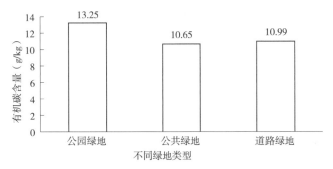

图 8-3    上海不同绿地类型土壤有机碳平均含量

# 第二节    上海园林绿化土壤黑碳分布状况

关于黑碳(Black carbon)目前尚无统一的定义,通常认为黑碳是生物质和化石燃料不完全燃烧产生的具有较高热稳定性的焦炭(chars)、木炭(charcoals)、烟灰(soot)和高度聚集的多环芳烃类物质,也包括生物体自然降解的残留物及其细小的有机碎屑,自然界的林火或者化石燃料的燃烧都会产生大量的黑碳。Lim(1996年)等认为有机体不完全燃烧生成的主要是两类物质的混合物,即木炭和黑碳,但二者较难分离开。当燃烧温度<600℃时,产生的主要是木炭,这些木炭颗粒的粒径分布在 $2 \sim 500 \mu m$;而当燃烧温度>600℃时,产生的主要是黑碳,这些黑碳主要以球粒状态存在,其粒径一般小于 $1 \mu m$;一般情况将二者统称为黑碳。可见黑碳是多种物质的混合体,这些物质具有相对较强的生物化学和热稳定性。黑碳主要来源于化石燃料、生物质燃料和垃圾的燃烧以及野外大火,广泛分布于土壤、大气、水体、沉积物和岩石中,甚至在极地和高山的冰盖中也存在黑碳。黑碳具有较强的稳定性,在常温下不易被氧化,也不容易被微生物降解,其在土壤和沉积物中能够长时间存在,所以在全球碳循环的研究中,黑碳被认为是一个重要的碳汇,潜在影响着全球碳循环。陆地上的黑碳主要存在于土壤之中。经过长期的积累,黑碳成为陆地上最稳定的碳库。据报道,大部分土壤黑碳残留在地表,占土壤有机碳含量的5%~45%,有些土壤中黑碳占有机碳的比例甚至高达60%以上。据 Kuhlbusch(1996年)等估算,全球每年产生的黑碳在 $50 \sim 270Tg(1Tg = 1012g)$ 之间,其中80%以上的黑碳残留在地表,而其他的则以烟尘形式散失。

由于城市化过程中人为活动的深刻影响,城市园林绿化土壤的一些性质被强烈地改变,尤其是城市土壤有机质,由于其来源的多样性和受到不同程度人为活动的影响,其组成和分布特征表现出异质性和多样性。因此,为了解城市化过程中人类活动作用下不同功能区黑碳的组成和分布特征,通过黑碳含量指标来表征城市化进程中土壤受人类活动影响的程度。为此,专门选择上海世博会原规划地中最为典型的工业和居民生活区混杂的绿地类型,于2006年采集80个土样(第4章图4-16),其中钢铁厂23个、机械制造厂8个、溶剂试剂厂10个、居民办公小区24个、造船厂15个,进行黑碳分析,发现上海世博会原规划地作为上海典型的老工业区,其黑碳具有以下分布特征。

## 一、典型工业区绿地土壤黑碳含量分布特征

上海世博会原规划地不同土地利用方式绿地土壤黑碳含量大小见表8-5。根据黑碳在土

壤中的含量范围，将土壤黑碳分成 4 级，依次为（g/kg）<1、1~10、10~20、>20，那么上海世博会原规划地绿地土壤黑碳含量的分布频率见图 8-4。从图 8-4 可以看出，土壤黑碳含量分布 2 级和 3 级的最多，分别是 42 个和 30 个样本，分别占总样本的 52.5% 和 37.5%；1 级和 4 级分别占总样本的 2.5% 和 7.5%。已有研究表明，大多数城市土壤中，黑碳组分的存在会影响土壤有机质的组成特征。本次调查中，黑碳含量高于 1g/kg 的占总样本数的 97.5%。同样说明城市土壤黑碳的含量可能会改变土壤有机碳的组成特征。

黑碳大小在一定程度上反映了土壤的污染程度，同时也在一定程度上表明人为活动对环境的影响。由表 8-5 不同土地利用方式绿地土壤黑碳和有机碳的含量可知，上海市绿地土壤黑碳含量的变幅为 0.70~78.89g/kg，最大值出现在机械制造厂，黑碳含量高达 78.89g/kg，这可能是由于附近有大量有机物质不完全燃烧所致。不同土地利用方式绿地土壤黑碳平均值为 11.38±10.99g/kg，说明大部分地方黑碳的含量不是很高。

表 8-5　不同土地利用方式绿地土壤黑碳和有机碳的含量（g/kg）

| 项目 | 黑碳 | | | 有机碳 | | | 黑碳/有机碳（BC/OC） | | |
|---|---|---|---|---|---|---|---|---|---|
| | 变幅 | 均值 | 标准差 | 变幅 | 均值 | 标准差 | 变幅 | 均值 | 标准差 |
| 钢铁厂类 | 2.01~41.34 | 11.44 | 11.28 | 6.93~80.37 | 22.26 | 21.31 | 0.19~0.88 | 0.52 | 0.18 |
| 机械制造厂类 | 3.47~78.89 | 18.30 | 24.77 | 17.26~120 | 34.84 | 34.82 | 0.18~0.66 | 0.45 | 0.16 |
| 造船厂类 | 3.21~20.29 | 13.00 | 5.49 | 10.01~35.06 | 22.57 | 7.67 | 0.31~0.78 | 0.56 | 0.16 |
| 溶剂试剂厂类 | 0.70~26.02 | 13.16 | 8.78 | 8.69~45.96 | 26.39 | 13.38 | 0.08~0.70 | 0.44 | 0.19 |
| 居民办公小区类 | 0.94~16.78 | 7.26 | 4.56 | 7.21~25.76 | 15.89 | 5.40 | 0.10~0.65 | 0.42 | 0.16 |
| 总计 | 0.70~78.89 | 11.38 | 10.99 | 6.93~120 | 22.18 | 17.43 | 0.08~0.88 | 0.48 | 0.18 |

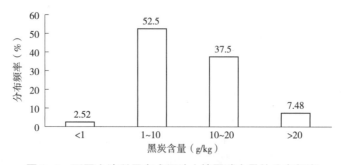

图 8-4　不同土地利用方式绿地土壤黑碳含量的分布频率

## 二、城市绿地土壤黑碳（BC）与有机碳含量（OC）之间相关性

由图 8-5 不同土地利用方式绿地土壤黑碳和有机碳的相关性可知，土壤黑碳含量与土壤有机碳积累成正比，黑碳和有机碳之间具有显著的相关性（$R^2 = 0.8268$，$P < 0.01$）。城市

绿地土壤中黑碳含量较高并且与有机碳具有良好的相关性，说明在城市土壤有机碳的固定过程中黑碳可能扮演着重要角色，有机碳的固定与黑碳组分的含量直接相关，但是相关的影响机理还不清楚，有待深入研究。

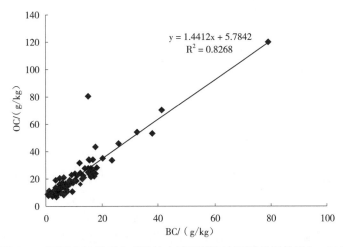

图8-5　不同土地利用方式绿地土壤黑碳和有机碳的相关性（n=80）

由图8-6可知，土壤BC/OC和土壤黑碳的含量之间也具有显著的相关性（$R^2 = 0.2495$，$P<0.01$）。城市土壤中黑碳含量较高并且与有机碳具有良好的相关性，表明城市土壤有机碳的固定过程中黑碳可能扮演着重要角色，或者说与黑碳组分的存在直接相关，但是相关固定和影响机制还不清楚，值得深入研究。

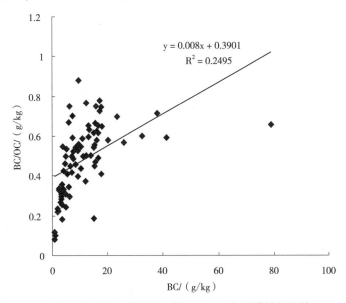

图8-6　不同土地利用方式绿地土壤BC/OC和黑碳的相关性（n=80）

已有研究表明，土壤中BC/OC的比值大小可以反映土壤中BC来源，其大小可能与人类污染活动有一定关系，也可能表明燃烧物质来源不同。其中BC/OC平均值的大小顺序为造船厂类>钢铁厂类>机械制造厂类>溶剂试剂厂类>居民办公小区类，BC/OC平均值为

0.48。钢铁厂和造船厂 BC/OC 值高达 0.88 和 0.78，说明该区域土壤黑碳的来源比较复杂，并且土壤受人为活动污染影响较大。居民区黑碳含量和 BC/OC 值明显小于钢铁厂、造船厂等工业区的含量。5 种不同利用方式区域内绿地土壤 BO/OC 值有明显的差异，可能与这些土壤中黑碳和有机碳的来源与分解有关。

一般情况下土壤中 BC/OC 值在 0.1 左右时，黑碳的主要来源是生物物质的燃烧；如果 BC/OC 值在 0.5 左右时，那么黑碳的主要来源是化石燃烧的结果所致。本研究结果所示 5 种不同利用方式区域内绿地土壤中 BC/OC 有较大的变化，表明研究土壤中黑碳的来源较为复杂，可能与这些土壤中黑碳和有机碳的来源与分解有关。根据该比值的大小和前人的研究结果比较，大致可以认为，5 种不同利用方式区域内绿地土壤中，黑碳是矿物质燃烧和生物物质燃烧共同作用的结果。

# 第三节 上海园林绿化土壤易变碳特征

土壤有机碳是一个由不同分解速率的碳成分组成的复合体，其中数量最少周转速率最快的碳称为易变碳，易变碳积累快，氧化成二氧化碳的风险比惰性碳更大。土壤易变碳主要有微生物生物量碳、可溶性碳和土壤轻组有机碳。为了解上海园林绿化土壤的有机碳循环，有必要了解城市绿地中不同植被群落土壤易变碳的分布状况。

## 一、上海园林绿化土壤微生物生物量碳特征

### (一)不同植被群落的选择

#### 1. 研究区域

共选取了上海植物园中 10 种植物群落为研究对象，包括了 4 种草坪、4 种乔木林和 2 种灌木林，植物群落、植被组成和土壤理化性质见表 8-6 和表 8-7。

4 种草坪分别是上海植物园中的矮生百慕大( *Cynodon dactylon×C. transvadiensis* )草坪、黑麦草( *Lolium perenne* )和矮生百慕大( *Cynodon dactylon×C. transvadiensis* )的混播草坪以及共青森林公园中的结缕草( *Zoysia japonica* )草坪、狗牙根( *Cynodon dactylon* )草坪。其中矮生百慕大是狗牙根的杂交种。矮生百慕大草坪和结缕草草坪为暖季型草坪，这 2 种草坪在上海的秋末和早春(约每年 11 月末至翌年 3 月初)基本枯黄，绿色生长停止；而狗牙根草坪虽属暖季型草坪，但因其生长相对旺盛，加上有少量杂草的混入以及上海为暖冬等原因，这部分草坪在冬季也能保持部分绿色生长；而黑麦草和矮生百慕大草混播草坪，四季常绿，在冬季绿色最为葱翠，4 种草坪均是典型的人工精细养护的草坪，从建园起就开始种植，期间根据需要进行草坪的翻新或草籽点播。

4 种乔木林分别是上海植物园中的香樟( *Cinnamomum camphora* )群落、香榧( *Torreya grandis* )和银杏( *Ginkgo biloba* )群落以及共青森林公园中的银杏群落、雪松( *Cedrus deodara* )群落。香樟群落属常绿阔叶纯林，但它的常绿不是不落叶，而是春天新叶长成后，去年的老叶才开始脱落，花期 4~5 月，果期 10~11 月；香榧—银杏群落属常绿落叶阔叶混交林，香榧雌雄异株，花期 5 月，果熟翌年 9 月，银杏雌雄异株，3 月下旬至 4 月上旬萌动展叶，10 月下旬至 11 月落叶，花期 4 月，果期 9~10 月；银杏群落属落

叶阔叶纯林，雌雄异株，3月下旬至4月上旬萌动展叶，10月下旬至11月落叶，花期4月，果期9~10月；雪松群落属常绿针叶纯林，花期10~11月，雄球花比雌球花花期早10天左右，球果翌年10月成熟。

　　2种灌木林分别是上海植物园中的紫荆（*Cercis chinensis*）群落和金桂（*Osmamthus fragrans*）群落。紫荆群落属落叶灌木林，本是落叶乔木，经栽培后成灌木，先花后叶，花期4~5月；金桂群落属常绿灌木林，花期9月下旬至10月上旬。

表8-6　植物群落及群落组成

| 群落类型 | | 植物组成 |
|---|---|---|
| 乔木林 | 香樟群落 | 香樟 |
| | 香榧—银杏群落 | 香榧+银杏—罗汉松+麦冬 |
| | 雪松群落 | 雪松 |
| | 银杏群落 | 银杏 |
| 灌木林 | 金桂群落 | 金桂 |
| | 紫荆群落 | 紫荆+黄山紫荆+南欧紫荆 |
| 草坪 | 百慕大草坪 | 百慕大草 |
| | 黑麦草—百慕大混播草坪 | 黑麦草+百慕大草 |
| | 结缕草草坪 | 结缕草 |
| | 狗牙根草坪 | 狗牙根 |

+：植物位于同一层次，—：植物位于不同层次。

表8-7　土壤理化性质

| 群落类型 | 全C（mgC/g） | 全N（mgN/g） | 碳/氮 | pH | 土壤密度（容重）（Mg/m³） | 孔隙度（%） |
|---|---|---|---|---|---|---|
| 香樟群落 | 13.68 | 1.72 | 7.97 | 8.00 | 1.28 | 2.50 |
| 香榧—银杏群落 | 14.56 | 1.52 | 9.58 | 7.91 | 1.24 | 1.71 |
| 雪松群落 | 25.58 | 1.96 | 13.06 | 7.42 | 1.22 | 2.66 |
| 银杏群落 | 18.86 | 1.30 | 14.47 | 8.02 | 1.22 | 5.78 |
| 金桂群落 | 18.48 | 1.29 | 14.34 | 8.43 | 1.30 | 2.86 |
| 紫荆群落 | 13.10 | 2.36 | 5.54 | 8.09 | 1.37 | 3.57 |
| 百慕大草坪 | 9.26 | 0.84 | 11.03 | 8.70 | 1.59 | 1.81 |
| 黑麦草—百慕大混播草坪 | 16.59 | 1.15 | 14.38 | 8.36 | 1.39 | 2.56 |
| 结缕草草坪 | 11.20 | 1.03 | 10.90 | 8.39 | 1.28 | 5.11 |
| 狗牙根草坪 | 22.10 | 2.14 | 10.34 | 8.04 | 1.34 | 3.23 |

### (二)不同植物群落土壤微生物生物量碳的季节变化

10 种植物群落的土壤微生物生物量碳的含量均具有显著的季节变化(图 8-7),且其变化趋势一致,春季土壤微生物生物量碳含量均最高,冬季最低。这种变化动态与当地的水热状况有着较为密切的关系。从春天开始,随着气温和地温的逐渐升高,植物地上及地下部分生长愈加旺盛,土壤中生理生化反应强烈。由于土壤微生物活动的最适温度在 25~27℃,春天温度的升高使得达到活化能的微生物数量加大,同时植物根系对土壤结构的改善,有利于微生物的活动,所以春季土壤微生物生物量碳含量最高;而夏季温度继续升高,超过了适合微生物活动的温度范围,土壤微生物生物量碳含量降低;秋季温度回落,但是植物也开始进入生长末季,土壤微生物生物量碳含量有所上升或者下降都达不到春天的水平;同理冬季温度降低,植物进入生长末季或休眠期,土壤微生物生物量碳含量最低。微生物生物量的季节变化极为复杂,不同研究观测到的微生物生物量碳季节变化模式并不一致。北亚热带次生栎林和火炬松人工林的土壤微生物生物量碳含量冬季最高,夏季次之,春、秋两季最低;东北退化草原土壤微生物生物量碳的季节变化高峰出现在 8 月;中亚热带毛竹林微生物总生物量碳的季节变化为夏季最高,春、秋两季基本一致,冬季最低。

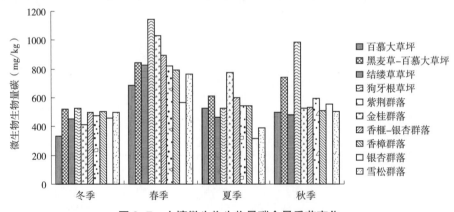

图 8-7  土壤微生物生物量碳含量季节变化

### (三)不同植物群落微生物生物量碳特征

10 种植物群落的土壤温度与微生物生物量碳无显著相关关系(表 8-8),但是去除夏季温度对微生物生物量碳的影响以后,土壤温度与微生物生物量碳之间呈极显著正相关关系;全碳与微生物生物量碳之间呈显著正相关关系;土壤密度(容重)与微生物生物量碳之间呈显著负相关关系;而土壤湿度、全氮和碳氮比与微生物生物量碳均无显著相关关系。

表 8-8  微生物生物量碳及其影响因素的相关关系

| | 土壤温度 | 土壤温度<br>(去除夏季) | 土壤含水率 | 全 C | 全 N | 碳/氮 | 土壤密度 |
|---|---|---|---|---|---|---|---|
| $r$ | 0.26 | 0.76** | 0.13 | 0.67* | 0.32 | 0.28 | −0.65* |
| n | 40 | 30 | 10 | 10 | 10 | 10 | 10 |

* $P<0.05$ 显著相关;** $P<0.01$ 极显著相关。

土壤微生物量与有机碳含量之间有着密切的联系,对土壤有机碳含量与微生物生物量碳含量进行回归分析(图 8-8),发现土壤有机碳含量与微生物生物量碳有明显的线性关系($R^2=0.44$,$P<0.05$)。结缕草草坪土壤微生物生物量碳占土壤有机碳的比例最大,为 4.06%;香樟群落和百慕大草坪次之,雪松群落最小,为 1.94%(表 8-9)。

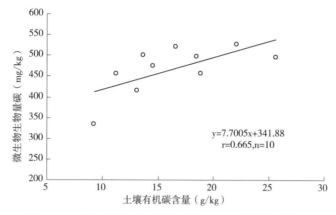

$$y=7.7005x+341.88$$
$$r=0.665,n=10$$

图 8-8 土壤微生物生物量碳含量与土壤有机碳含量的关系

表 8-9 不同植物群落微生物生物量碳多重比较和占土壤有机碳的比例

| 群落类型 | 平均土壤微生物生物量碳(mg/kg) | MBC/SOC(%) |
| --- | --- | --- |
| 银杏群落 | 476±138A | 2.42 |
| 百慕大草坪 | 537±123AB | 3.60 |
| 雪松群落 | 546±159AB | 1.94 |
| 结缕草草坪 | 573±181ABC | 4.06 |
| 香樟群落 | 598±134ABC | 3.66 |
| 香榧—银杏群落 | 627±161ABC | 3.25 |
| 金桂群落 | 650±172ABC | 2.70 |
| 黑麦草—百慕大混播草坪 | 702±129ABC | 3.14 |
| 紫荆群落 | 727±270BC | 3.17 |
| 狗牙根草坪 | 792±282C | 2.39 |

注:不同大写字母表示差异达到 0.05 显著水平。

方差分析表明,整个监测期内 10 种植物群落平均土壤微生物生物量碳的总体差异不显著,狗牙根草坪最高,群落平均为 792mg/kg,是香樟群落的 1.32 倍,是平均土壤微生物生物量碳含量最低的银杏群落的 1.66 倍,10 种植物群落平均土壤微生物生物量碳由小到大的顺序为银杏群落<百慕大草坪<雪松群落<结缕草草坪<香樟群落<金桂群落<香榧—银杏群落<黑麦草—百慕大混播草坪<紫荆群落<狗牙根草坪。Smith(2005 年)等综述了不同生态系统的土壤微生物生物量碳变化范围为 110~2240mg/kg,本书微生物生物量碳含量在此范围内。多重比较的结果(表 8-9)说明,各植物群落之间的差异显著程度不一致,银杏群落平均土壤微生物生物量碳含量显著小于其他植物群落,狗牙根草坪平均土壤微生物生物量碳含量显著大于其他植物群落。植被类型对土壤微生物生物量碳有很大影响,

不同的植被类型因其地上部分生物量的差异使输入到土壤中的有机碳量明显不同，同时不同植被类型其枯落物质量也不同。亚热带4种最主要森林植被下常绿阔叶林的土壤微生物生物量碳含量最高，杉木林最低；在红壤荒地上恢复的天然次生林微生物生物量碳显著高于恢复的人工林；太行山不同植被群落中灌木丛的土壤微生物生物量碳含量最高，其余植被群落的土壤微生物生物量碳含量从大到小依次为落叶阔叶纯林>针阔混交林>针叶纯林>针叶混交林>裸地。

## 二、上海园林绿化土壤可溶性碳特征

### (一)不同植物群落土壤可溶性碳的季节变化

从图8-9可知，10种植物群落的土壤可溶性碳含量均具有显著的季节变化，且其变化趋势基本一致，除了黑麦草—百慕大混播草坪、狗牙根草坪和香樟群落春季土壤可溶性碳含量均比夏、冬季高，夏季土壤可溶性碳含量最低；其他7种群落土壤可溶性碳含量的季节变化为：冬季>春季>夏季。本试验地夏季降雨充沛，气温较高，为土壤微生物活动提供了理想条件，加快了土壤可溶性碳中可生物降解部分的分解，同时植物生长旺盛，枯枝落叶最少；冬季则相反，降雨量和气温居全年最少最低，土壤可溶性碳分解相对较少，同时凋落物量最多，但是黑麦草—百慕大混播草坪、狗牙根草坪和香樟群落3种植物群落冬季凋落物量不是最多的，3种植物群落全年常绿，黑麦草—百慕大混播草坪两种草坪过渡出现在春秋两季，香樟群落则在春季换叶，所以这两种群落的凋落物量在春季最多。土壤可溶性碳含量的季节变化极为复杂，不同研究观测到的土壤可溶性碳含量季节变化模式并不一致。Kawahigashi(2003中)等研究发现，不同土地利用方式下土壤可溶性碳含量夏季和春季较高，冬季较低；罗浮栲天然林土壤可溶性有机碳含量的季节变化为：冬季>秋季>春季>夏季；温带森林土壤有机碳含量随季节变化而变化，10月达到最大值。本研究发现上海城市绿地土壤可溶性碳含量受温度影响，冬季温度较低，从而影响微生物活动，导致土壤可溶性碳降解减少，含量较高。

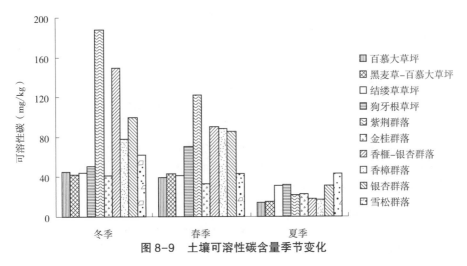

图8-9　土壤可溶性碳含量季节变化

### (二)不同植物群落土壤可溶性碳特征

10种植物群落的土壤温度与可溶性碳之间呈极显著负相关关系见表8-10，从中可知，土壤湿度、土壤有机碳、全氮、碳氮比和土壤密度(容重)与可溶性碳均无显著相关关系。土壤可溶性碳含量与有机碳含量的比例在0.04%~0.52%之间，结缕草草坪土壤可溶性碳占土壤有机碳的比例最大，为0.52%；雪松群落和金桂群落次之，紫荆群落最小(表8-11)。

表8-10　土壤可溶性碳及其影响因素的相关关系

|  | 土壤温度 | 土壤含水率 | 全C | 全N | 碳/氮 | 土壤密度(容重) |
|---|---|---|---|---|---|---|
| $r$ | -0.56** | 0.20 | 0.48 | -0.06 | 0.50 | -0.18 |
| n | 40 | 10 | 10 | 10 | 10 | 10 |

**$P<0.01$极显著相关。

方差分析表明，整个监测期内10种植物群落平均土壤可溶性碳的总体差异不显著，紫荆群落最高，平均为110±10mg/kg，是香樟群落的1.81倍，是平均土壤可溶性碳含量最低的金桂群落的3.44倍，10种植物群落平均可溶性碳由小到大的顺序为金桂群落<百慕大草坪<黑麦草—百慕大混播草坪<结缕草草坪<雪松群落<狗牙根草坪<香樟群落<银杏群落<香榧—银杏群落<紫荆群落。虽然土壤可溶性碳含量不超过200mg/kg，占土壤有机碳的比例一般也不到3%，但它是土壤微生物的主要能源，在提供土壤养分方面起着重要作用。本研究中土壤(0~10cm)可溶性碳含量范围为32.07~110mg/kg，在研究报道的森林土壤可溶性碳含量(10~150mg/kg)范围内，但与国内相关研究相比，本研究土壤可溶性碳含量则较低。

表8-11　不同植物群落土壤可溶性碳多重比较和占土壤有机碳的比例

| 群落类型 | 土壤可溶性碳(mg/kg) | DOC/SOC |
|---|---|---|
| 金桂群落 | 32.07±9.54A | 0.37 |
| 百慕大草坪 | 32.96±16.61A | 0.22 |
| 黑麦草—百慕大混播草坪 | 33.41±16.17A | 0.22 |
| 结缕草草坪 | 39.00±6.88AB | 0.52 |
| 雪松群落 | 49.59±10.47AB | 0.35 |
| 狗牙根草坪 | 51.09±19.14AB | 0.18 |
| 香樟群落 | 60.87±38.25AB | 0.11 |
| 银杏群落 | 71.89±36.46AB | 0.10 |
| 香榧—银杏群落 | 85.86±65.69AB | 0.06 |
| 紫荆群落 | 110±83.49B | 0.04 |

注：不同大写字母表示差异达到0.05显著水平。

多重比较的结果(表8-11)说明，各植物群落之间的差异显著程度不一致，金桂群落、百慕大草坪和黑麦草—百慕大混播草坪平均土壤可溶性碳含量显著小于其他植物群落，紫荆群落平均土壤可溶性碳含量显著大于其他植物群落。乔、灌木林土壤可溶性碳含量大于草坪，落叶林土壤可溶性碳含量要大于常绿林。与其他的研究有相似之处，但也不尽相同。如Martin（2003年）等认为，通常在相似条件下，可溶性碳含量按以下顺序变化：森林土壤>草地土壤>耕地土壤；王清奎（2006年）调查湖南会同县不同土地利用方式下可溶性碳含量，由高到低为：常绿阔叶林>农田>杉木林>马尾松林；徐秋芳（2004年）研究得出4种森林植被下可溶性碳含量：毛竹林>常绿阔叶林>杉木林>马尾松林。

## 三、上海城市绿地轻组有机碳特征

### （一）不同植物群落土壤轻组有机质特征

10种植物群落土壤轻组有机质含量在3.84～23.30g/kg范围内（表8-12）。10种植物群落土壤轻组有机质由小到大的顺序为：百慕大草坪<黑麦草—百慕大混播草坪<结缕草草坪<紫荆群落<狗牙根草坪<银杏群落<香榧-银杏群落<香樟群落<金桂群落<雪松群落（图8-10）。方差分析表明，整个监测期内10种植物群落土壤轻组有机质的总体差异显著（$P<0.05$），雪松群落最高，为23.30g/kg，是香樟群落的2.13倍，是土壤轻组有机质含量最低

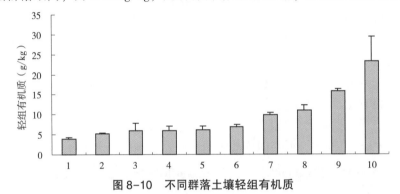

图8-10　不同群落土壤轻组有机质

1. 百慕大草坪；2. 黑麦草—百慕大混播草坪；3. 结缕草草坪；4. 紫荆群落；5. 狗牙根草坪；
6. 银杏群落；7. 香榧—银杏群落；8. 香樟群落；9. 金桂群落；10. 雪松群落

表8-12　不同植物群落土壤轻组有机质多重比较

| 群落类型 | 土壤轻组有机质（g/kg） |
| --- | --- |
| 百慕大草坪 | 3.84±0.46A |
| 黑麦草—百慕大混播草坪 | 5.16±0.33AB |
| 结缕草草坪 | 5.88±1.93ABC |
| 紫荆群落 | 6.02±1.03ABC |
| 狗牙根草坪 | 6.09±0.95ABC |
| 银杏群落 | 6.86±0.53ABC |
| 香榧—银杏群落 | 9.83±0.58BC |
| 香樟群落 | 10.96±1.39C |
| 金桂群落 | 15.75±0.59D |
| 雪松群落 | 23.30±6.08E |

注：不同大写字母表示差异达到0.05显著水平。

的百慕大草坪的6.07倍。多重比较的结果(表8-13)说明，各植物群落之间的差异显著程度不一致，雪松群落、金桂群落和香樟群落平均土壤轻组有机质显著大于其他植物群落，百慕大草坪平均土壤轻组有机质显著小于其他植物群落。土壤轻组有机质的多少受碳输入数量的影响，不同植物群落输入土壤的凋落物数量具有明显差异，从而影响土壤轻组有机质的多少。4种草坪的凋落物相对于其他乔、灌木林少，而雪松群落的凋落物最多，为表层土壤提供了大量轻组有机质来源。

由表8-13可以看出，10种植物群落的土壤有机碳与轻组有机质之间呈显著正相关关系；土壤湿度、土壤温度、全氮、碳氮比和土壤密度(容重)与轻组有机质均无显著相关关系。

**表8-13 土壤轻组有机质及其影响因素的相关关系**

|  | 土壤温度 | 土壤含水率 | 全碳 | 全氮 | 碳/氮 | 土壤密度(容重) |
|---|---|---|---|---|---|---|
| r | -0.24 | -0.10 | 0.66* | 0.28 | 0.26 | -0.54 |
| n | 40 | 10 | 10 | 10 | 10 | 10 |

\* $P<0.05$ 显著相关。

### (二)不同植物群落土壤轻组有机碳特征

从表8-14可以看出，10种植物群落土壤轻组有机碳含量在1.15~10.59g/kg之间，土壤轻组有机碳由小到大的顺序为：黑麦草—百慕大混播草坪<百慕大草坪<结缕草草坪<紫荆群落<狗牙根草坪<香樟群落<香榧—银杏群落<银杏群落<雪松群落<金桂群落(见图8-11)。方差分析表明，整个监测期内10种植物群落土壤轻组有机碳的总体差异显著(P<0.05)，金桂群落最高，为10.59±0.38g/kg，是银杏群落的2.12倍，是土壤轻组有机碳含量最低的黑麦草—百慕大混播草坪的9.21倍。多重比较的结果(表8-14)说明，各植物群落之间的差异显著程度不一致，雪松群落、金桂群落和银杏群落平均土壤轻组有机碳显著大于其他植物群落，黑麦草—百慕大混播和百慕大草坪平均土壤轻组有机碳显著小于其他植物群落。土壤轻组有机碳含量与有机碳含量的比例在6.90%~57.28%之间，金桂群落土壤轻组有机碳占土壤有机碳的比例最大；雪松群落和银杏群落次之，黑麦草—百慕大混播草坪最小(表8-14)。土壤轻组有机碳和土壤轻组有机质的多少并不完全一致，说明土壤轻组有机碳的多少不仅受输入土壤的凋落物数量影响，还受其凋落物质量的影响。

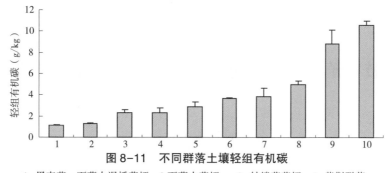

**图8-11 不同群落土壤轻组有机碳**

1. 黑麦草—百慕大混播草坪；2 百慕大草坪．；3. 结缕草草坪；4. 紫荆群落；

5. 狗牙根草坪；6. 香樟群落；7. 香榧—银杏群落；8. 银杏群落；9. 雪松群落；10. 金桂群落

表 8-14　不同植物群落土壤轻组有机碳多重比较及占土壤有机碳的比例

| 群落类型 | 轻组有机碳（g/kg） | LFC/SOC（%） |
|---|---|---|
| 黑麦草—百慕大混播草坪 | 1.15±0.23A | 6.90 |
| 百慕大草坪 | 1.30±0.32A | 14.08 |
| 结缕草草坪 | 2.30±0.31AB | 20.54 |
| 紫荆群落 | 2.34±0.42AB | 17.88 |
| 狗牙根草坪 | 2.87±0.48BC | 12.97 |
| 香樟群落 | 3.79±0.60C | 27.02 |
| 香榧—银杏群落 | 3.86±0.76CD | 26.54 |
| 银杏群落 | 4.99±0.31D | 26.48 |
| 雪松群落 | 8.82±1.32E | 34.48 |
| 金桂群落 | 10.59±0.38F | 57.28 |

注：不同大写字母表示差异达到 0.05 显著水平。

　　虽然土壤轻组有机碳的含量较低，但土壤轻组有机碳占土壤总有机碳的比例却很高，这与许多研究结果相似。草地（包括牧场）表层土壤的轻组有机碳约占土壤有机碳的 5%～48%，森林表层土壤的轻组有机碳约占土壤有机碳的 4%～60%；我国亚热带山地马尾松林 0～10cm 土层轻组有机碳占土壤有机碳的 26.9%，白喜（*Paspalum notatum*）草地 0～10cm 土层轻组有机碳占土壤有机碳的 26.6%；格氏栲天然林和人工林以及杉木人工林 0～10cm 土层轻组有机碳占土壤总碳的 22.9%～30.2%；加利福尼亚的森林 0～10cm 土层轻组有机碳占总碳的 44%～63%；常绿阔叶林的土壤轻组有机碳占土壤有机碳比率显著大于杉木纯林。10 种植物群落的轻组有机碳均与土壤湿度、土壤温度、有机碳、全氮、碳氮比和土壤密度（容重）无显著相关关系（表 8-15）。

表 8-15　土壤轻组有机碳及其影响因素的相关关系

|  | 土壤温度 | 土壤含水率 | 全碳 | 全氮 | 碳/氮 | 土壤密度（容重） |
|---|---|---|---|---|---|---|
| r | -0.02 | -0.15 | 0.62 | 0.14 | 0.43 | -0.53 |
| n | 10 | 10 | 10 | 10 | 10 | 10 |

# 第四节　植被类型对园林绿化土壤有机碳循环的影响

　　在科学界，大气 $CO_2$ 效应受陆地生态系统影响进行的变化成为了迫切需要了解的全球问题。大气中的二氧化碳体积分数的升高主要受人口剧增、化石燃料的燃烧、森林砍伐、土地利用方式改变等一系列社会活动引起的，其中土地利用方式对碳释放的影响尤为重要，因为土壤中碳的量是大气中的 2 倍，土壤中碳只要发生一点点变化，就会对大气中的碳量造成巨大影响，而土地利用方式变化对陆地生态系统地上和地下的碳储量的影响是最直接最显著的，尤其是土地利用方式改变的初期（<10a），土壤中碳量的变化最为显著。土地利用方式改变的作用机制主要是通过改变地表植被的覆盖和土壤的透气性，从而改变土壤有机质含量。为探明园林绿化土壤有机碳库的变化及其影响因素，在上海辰山植物园选择乔木—灌木—草坪（地被）、暖季型草坪、冷季型草坪、常绿乔木和灌木5种典型植被类型，从2011年8月到2013年2月夏、冬两季对土壤碳含量进行定位跟踪测定。监测了不同植物群落的土壤碳的时间和空间的相互制约、消长、平衡和演化规律。

## 一、辰山植物园土壤基本性状与碳分布

### （一）采样点的分布状况

按辰山植物园不同植被类型和不同土壤类型进行土壤有机碳分布调查，采样点的分布状况及基本信息见图8-12和表8-16。于2011年8月进行土壤样品采集，主要分为0~10cm、10~20cm、20~40cm，部分采样点增加40~100cm深度的采样层次，共采集土样样品38个。

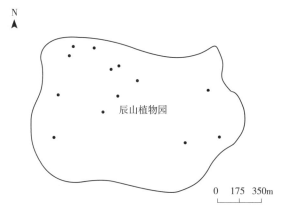

图8-12　土壤采样分布

表8-16　土壤采样点概况及样点分布

| 采样区域 | 采样方位 | 采样地点 | 样点代号 | 样品代号 | 采样深度cm | 地形地貌 | 植被类型 |
|---|---|---|---|---|---|---|---|
| 欧洲植物区 | 辰山北侧、科研中心东侧 | 绿环顶部 | 1-CS-1 | 1-CS-1-A | 0~10 | 绿环顶部 | 乌桕—油茶—老虎皮草 |
| | | | | 1-CS-1-B | 10~20 | | |
| | | | | 1-CS-1-C | 20~40 | | |
| | 辰山北侧、科研中心东南侧 | 绿环南侧 | 1-CS-2 | 1-CS-2-A | 0~10 | 坡地 | 暖季型草坪 |
| | | | | 1-CS-2-B | 10~20 | | |
| | | | | 1-CS-2-C | 20~40 | | |
| | 辰山北侧、科研中心东北侧 | 绿环南坡 | 1-CS-3 | 1-CS-3-A | 0~10 | 坡地 | 高羊茅（冷季型草坪） |
| | | | | 1-CS-3-B | 10~20 | | |
| | | | | 1-CS-3-C | 20~40 | | |

（续）

| 采样区域 | 采样方位 | 采样地点 | 样点代号 | 样品代号 | 采样深度 cm | 地形地貌 | 植被类型 |
|---|---|---|---|---|---|---|---|
| 北美植物园 | 北美植物园东侧、矿坑花园西侧 | 墨西哥落羽杉纯林 | 1-CS-4 | 1-CS-4-A | 0~10 | 平地 | 墨西哥落羽杉 |
| | | | | 1-CS-4-B | 10~20 | | |
| | | | | 1-CS-4-C | 20~40 | | |
| | | | | 1-CS-4-D | 40~100 | | |
| 专题植物园 | 芍药园 | 芍药园 | 1-CS-5 | 1-CS-5-A | 0~10 | 平地 | 芍药、牡丹 |
| | | | | 1-CS-5-B | 10~20 | | |
| | | | | 1-CS-5-C | 20~40 | | |
| | | | | 1-CS-5-D | 40~100 | | |
| 岩石和药用植物园 | 辰山南山脚 | 辰山南山脚 | 1-CS-6 | 1-CS-6-A | 0~10 | 平地 | 香樟、药用植物 |
| | | | | 1-CS-6-B | 10~20 | | |
| | | | | 1-CS-6-C | 20~40 | | |
| | | | | 1-CS-6-D | 40~100 | | |
| 辰山 | 辰山南坡 | 辰山南坡下 | 1-CS-7 | 1-CS-7-A | 0~10 | 坡地 | 香樟、榉树、杂草 |
| | | | | 1-CS-7-B | 10~20 | 坡地 | |
| | | 辰山南坡上 | 1-CS-8 | 1-CS-8-A | 0~20 | 坡地 | |
| 辰山南侧 | 专题植物园北侧 | 刚竹林 | 1-CS-9 | 1-CS-9-A | 0~20 | 平地 | 刚竹 |
| 澳洲植物区 | 温室东南侧、东湖东侧 | 绿环顶部 | 1-CS-10 | 1-CS-10-A | 0~10 | 绿环顶部 | 朴树、银杏、百慕大 |
| | | | | 1-CS-10-B | 10~20 | | |
| | | | | 1-CS-10-C | 20~40 | | |
| 专题植物园 | 儿童植物园 | 儿童植物园 | 1-CS-11 | 1-CS-11-A | 0~10 | 平地 | 椤木石楠 |
| | | | | 1-CS-11-B | 10~20 | | |
| | | | | 1-CS-11-C | 20~40 | | |
| | | | | 1-CS-11-D | 40~100 | | |
| 东湖区域 | 槭树园南侧、辰山塘东侧、绿环以西 | 东湖南侧 | 1-CS-12 | 1-CS-12-A | 0~10 | 平地 | 银杏、龙柏 |
| | | | | 1-CS-12-B | 10~20 | | |
| | | | | 1-CS-12-C | 20~40 | | |
| 大洋洲植物区 | 东湖东南、辰山塘东侧 | 绿环顶部 | 1-CS-13 | 1-CS-13-A | 0~10 | 绿环顶部 | 七叶树、栾树 |

## （二）土壤总有机碳（T-C）分布

辰山植物园不同样点的土壤 T-C 存在一定差异（表 8-17），38 个样品的平均值为

9.46g/kg，变异系数为 56.27%。其中，T-C 最小值为 5.01g/kg，最大值则为 29.71g/kg，71% 的土壤 T-C 含量为 5~10g/kg，10~15g/kg 占 16%，>15g/kg 只占 13%。

整体而言，土壤 T-C 在土壤剖面中分布为下层土壤的 T-C 值较上层土壤 T-C 值小（表 8-17），随着土壤深度的增加，土壤有机碳含量有降低趋势。排除人为施肥的影响，就不同植物群落对土壤 T-C 含量影响而言，在 0~10cm 的深度下，不同植物群落所在土壤的 T-C 含量从大到小依次为冷季型草坪区、乔灌草混交林区、常绿乔木纯林区、暖季型草坪区；在 10~20cm 的深度下，不同植物群落所在土壤的 T-C 含量从大到小依次为常绿乔木纯林区、冷季型草坪区、乔灌草混交林区、暖季型草坪区；而在 20~40cm 的深度下，不同植物群落所在土壤的 T-C 含量从大到小依次为冷季型草坪区、常绿乔木纯林区、乔灌草混交林区、暖季型草坪区。

表 8-17　辰山植物园土壤总有机碳（T-C）和易氧化碳（ROC）分布

| 样品代号 | 采样深度（cm） | ROC（g/kg） | T-C（g/kg） |
|---|---|---|---|
| 1-CS-1-A | 0~10 | 3.07 | 6.16 |
| 1-CS-1-B | 10~20 | 2.57 | 5.88 |
| 1-CS-1-C | 20~40 | 2.06 | 5.24 |
| 1-CS-2-A | 0~10 | 4.00 | 6.79 |
| 1-CS-2-B | 10~20 | 3.32 | 6.64 |
| 1-CS-2-C | 20~40 | 2.66 | 5.57 |
| 1-CS-3-A | 0~10 | 3.89 | 7.74 |
| 1-CS-3-B | 10~20 | 3.51 | 7.33 |
| 1-CS-3-C | 20~40 | 2.78 | 6.49 |
| 1-CS-4-A | 0~10 | 3.59 | 7.69 |
| 1-CS-4-B | 10~20 | 3.96 | 6.82 |
| 1-CS-4-C | 20~40 | 3.66 | 6.29 |
| 1-CS-4-D | 40~100 | 2.76 | 5.74 |
| 1-CS-5-A | 0~10 | 9.11 | 17.96 |
| 1-CS-5-B | 10~20 | 11.37 | 19.59 |
| 1-CS-5-C | 20~40 | 6.35 | 12.53 |
| 1-CS-5-D | 40~100 | 2.25 | 5.01 |
| 1-CS-6-A | 0~10 | 8.39 | 14.77 |
| 1-CS-6-B | 10~20 | 3.38 | 7.29 |
| 1-CS-6-C | 20~40 | 6.45 | 11.88 |
| 1-CS-6-D | 40~100 | 3.76 | 6.46 |
| 1-CS-7-A | 0~10 | 4.85 | 8.99 |
| 1-CS-7-B | 10~20 | 6.83 | 12.41 |

（续）

| 样品代号 | 采样深度（cm） | ROC（g/kg） | T-C（g/kg） |
|---|---|---|---|
| 1-CS-8-A | 0~20 | 5.18 | 21.32 |
| 1-CS-9-A | 0~20 | 4.59 | 7.49 |
| 1-CS-10-A | 0~10 | 3.92 | 8.06 |
| 1-CS-10-B | 10~20 | 3.00 | 5.95 |
| 1-CS-10-C | 20~40 | 3.71 | 7.37 |
| 1-CS-11-A | 0~10 | 7.99 | 29.71 |
| 1-CS-11-B | 10~20 | 5.51 | 10.77 |
| 1-CS-11-C | 20~40 | 5.48 | 14.37 |
| 1-CS-11-D | 40~100 | 3.66 | 15.00 |
| 1-CS-12-A | 0~10 | 4.94 | 8.67 |
| 1-CS-12-B | 10~20 | 3.71 | 5.65 |
| 1-CS-12-C | 20~40 | 3.28 | 6.23 |
| 1-CS-13-A | 0~10 | 3.16 | 6.65 |
| 1-CS-13-B | 10~20 | 2.93 | 5.16 |
| 1-CS-13-C | 20~40 | 2.61 | 5.86 |

表8-18　辰山植物园土壤剖面总有机碳（T-C）和易氧化碳（ROC）统计分析

| 土层深度（cm） | 统计分析 | T-C（g/kg） | ROC（g/kg） |
|---|---|---|---|
| 0~100 | 样本数/个 | 38 | 38 |
| | 平均值 | 9.46±5.32 | 4.43±2.04 |
| | 范围 | 5.01~29.71 | 2.06~11.37 |
| | 变异系数 | 56.27 | 46.01 |
| 0~10 | 样本数/个 | 13 | 13 |
| | 平均值 | 11.69±6.93 | 5.13±1.96 |
| | 范围 | 6.16~29.71 | 3.07~9.11 |
| | 变异系数 | 59.30 | 38.19 |
| 10~20 | 样本数/个 | 11 | 11 |
| | 平均值 | 8.50±4.10 | 4.55±2.46 |
| | 范围 | 5.16~19.59 | 2.57~11.37 |
| | 变异系数 | 48.26 | 54.03 |
| 20~40 | 样本数/个 | 10 | 10 |
| | 平均值 | 8.18±3.20 | 3.90±1.53 |
| | 范围 | 5.24~14.37 | 2.06~6.45 |
| | 变异系数 | 39.16 | 39.14 |

（续）

| 土层深度(cm) | 统计分析 | T-C(g/kg) | ROC(g/kg) |
|---|---|---|---|
| | 样本数/个 | 4 | 4 |
| 40~100 | 平均值 | 8.05±4.04 | 3.11±0.63 |
| | 范围 | 5.01~15.00 | 2.25~3.76 |
| | 变异系数 | 50.22 | 20.27 |

### （三）土壤易氧化碳（ROC）分布

辰山植物园不同样点的土壤 ROC 存在差异（表8-17），38 个样品的平均值为 4.43g/kg，变异系数为 46.01%。其中，ROC 最小值为 2.06g/kg，最大值则为 11.37g/kg；61% 的土壤 ROC 含量为 3~6g/kg，<3g/kg 占 21%，>6g/kg 仅占 18%。

就不同样点土壤剖面中 ROC 值分布变化来看（表8-18），下层土壤的 ROC 值也较上层土壤的 ROC 值小。随着土壤深度的增加，土壤 ROC 的含量有降低趋势。此外，不同植物群落土壤 ROC 含量也存在差异，在 0~10cm 的深度下，不同植物群落土壤 ROC 含量从大到小依次为冷季型草坪区、乔灌草混交林区、暖季型草坪区、常绿乔木纯林区（CS-4）；在 10~20cm 的深度下，不同植物群落所在土壤的 ROC 含量从大到小依次为常绿乔木纯林区、乔灌草混交林区、冷季型草坪区、暖季型草坪区；而在 20~40cm 的深度下，不同植物群落所在土壤的 ROC 含量从大到小依次为常绿乔木纯林区、冷季型草坪区、乔灌草混交林区、暖季型草坪区。

在不同形式的有机碳中，易氧化碳在土壤中的周转速度最快且对于土壤动态变化有着极为敏感的表现。对土壤易氧化碳的测定可有助于了解土壤有机质与土壤养分供给之间的关系。同时土壤有机碳在短时间内的波动也可以通过易氧化碳的变化来体现。上海辰山植物园冷季型草坪区和常绿乔木纯林区的 T-C 和 ROC 含量较大，暖季型草坪区的 T-C 和 ROC 含量最小。

## 二、园林绿化土壤碳平衡与演化规律

### （一）采样点的设置

在辰山植物园选取较典型的 5 个植被类型（CS1-CS5）进行定位跟踪测定。5 个植被类型分别为：乔木-灌木-草坪（地被）代号为 CS-1、暖季型草坪代号为 CS-2、冷季型草坪代号为 CS-3、常绿乔木（纯林）代号为 CS-4、灌木代号为 CS-5，采样点的分布状况及基本信息见图 8-11 和表 8-16。

土壤样品的采集 1 年 2 次，基本为常绿植物换叶期后（夏季）和落叶植物落叶期后（冬后）。主要在 2011 年 8 月、2012 年 2 月、2012 年 8 月、2013 年 2 月分四期进行样品采集，共 18 个月。主要分 0~10cm、10~20cm、20~40cm 3 个土壤层次进行样品的采集。共采集土样样品 135 个。

### （二）T-C 和 ROC 的含量的变化

不同深度之间 T-C 和 ROC 的含量差异见图 8-13。不同的植物群落土壤在 T-C 和 ROC

含量均有随着深度的增加，有机碳和 ROC 含量逐渐减少的趋势。

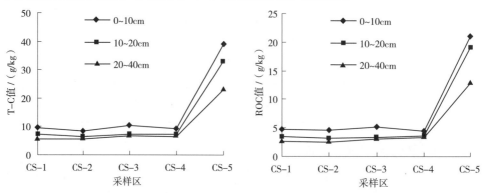

图 8-13　不同植物群落的土壤剖面 T-C 和 ROC 的变化趋势（四期综合）

比较不同植物群落不同剖面土壤不同形态碳含量，可以发现，0～10cm、10～20cm 和 20～40cm 3 个土壤层次，均有 CS-5 区（灌木区）土壤 T-C 和 ROC 含量明显高于其他 4 个区土壤 T-C 和 ROC 含量的趋势（图 8-14）。

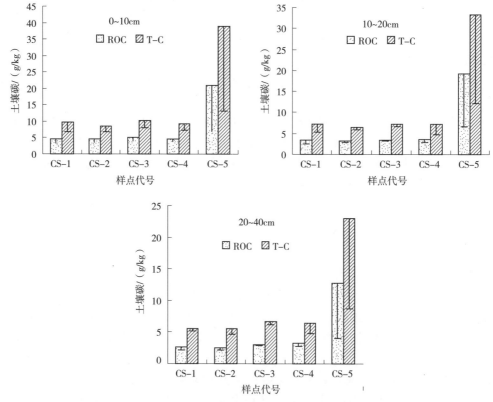

图 8-14　不同植物群落不同剖面土壤 T-C 和 ROC 含量

为探讨导致该差异的原因，进一步单独分析 CS-5 区（灌木区）4 次采样的不同有机 C 含量的变化趋势（图 8-15），发现 CS-5 区在第三期采样时 T-C 与 ROC 均有一大幅度的增加，经调查发现，为满足灌木区牡丹、芍药等展示花卉植物的需要，对灌木区（CS-5）的土壤施用了有机肥，另外，CS-5区（灌木区）土壤与其他监测点土壤本底性质不同也是导致其明显高于其他区域土壤的原因之一，CS-5区土壤主要为人工改良土，相对含有更多的养分。

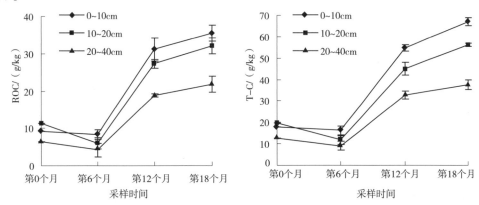

图8-15　灌木区（CS-5）土壤T-C和ROC含量随土壤深度的变化趋势

排除人为施肥等因素，对其他区域（CS-1、CS-2、CS-3和CS-4）不同植物群落土壤T-C和R-C进行综合分析（图8-15），可以发现，在0~10cm的深度下，乔灌草混交林区的T-C含量为9.68g/kg、暖季型草坪区的T-C含量为8.40g/kg、冷季型草坪区的T-C含量为10.26g/kg、常绿乔木纯林区的T-C含量为9.16g/kg，从大到小依次为冷季型草坪区（CS-3）、乔灌草混交林区（CS-1）、常绿乔木纯林区（CS-4）、暖季型草坪区（CS-2）；在10~20cm的深度下，不同植物群落所在土壤的T-C含量出现了一定的差异，从大到小依次为常绿乔木纯林区（CS-4）、冷季型草坪区（CS-3）、乔灌草混交林区（CS-1）、暖季型草坪区（CS-2）；而在20~40cm的深度下，不同植物群落所在土壤的T-C含量从大到小依次为冷季型草坪区（CS-3）、常绿乔木纯林区（CS-4）、乔灌草混交林区（CS-1）、暖季型草坪区（CS-2）。将不同深度的同一植物群落所在土壤的T-C含量进行加权平均后（图8-14），发现不同植物群落在3个深度的综合差异上，冷季型草坪区和常绿乔木纯林区的T-C含量较大，分别为7.75g/kg和7.35g/kg，暖季型草坪区的T-C含量为6.47g/kg，为最小。

而对不同植物群落土壤ROC含量，在0~10cm的深度下，乔灌草混交林区的ROC含量为4.72g/kg、暖季型草坪区的ROC含量为4.55g/kg、冷季型草坪区的ROC含量为5.16g/kg、常绿乔木纯林区的ROC含量为4.52g/kg，从大到小依次为冷季型草坪区（CS-3）、乔灌草混交林区（CS-1）、暖季型草坪区（CS-2）、常绿乔木纯林区（CS-4）；在10~20cm的深度下，不同植物群落所在土壤的ROC含量出现了一定的差异，从大到小依次为常绿乔木纯林区（CS-4）、乔灌草混交林区（CS-1）、冷季型草坪区（CS-3）、暖季型草坪区（CS-2）；而在20~40cm的深度下，不同植物群落所在土壤的ROC含量从大到小依次为常绿乔木纯林区（CS-4）、冷季型草坪区（CS-3）、乔灌草混交林区（CS-1）、暖季型草坪区（CS-2）。将不同深度的同一植物群落所在土壤的ROC含量进行加权平均后（图8-16），发现不同植物群落在3个深度的综合差异上，冷季型草坪区和常绿乔木纯林区的ROC含量较大，分别为3.66g/kg和3.69g/kg，暖季型草坪区的ROC含量最小，为3.12g/kg。

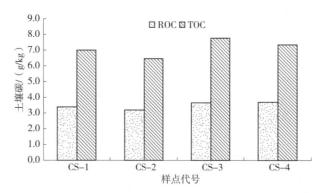

图 8-16　不同植物群落所在土壤 T-C 和 ROC 含量综合比较(加权平均)

### (三)土壤 ROC 与 T-C 含量的关系

对辰山植物园乔灌草混交林区、暖季型草坪区、冷季型草坪区、常绿乔木纯林区、灌木区土壤 ROC 与 T-C 两项指标的相关性进行分析,发现在整个四期采样 18 个月的过程中,ROC 含量与 T-C 含量间呈显著正相关(图 8-17)。从曲线拟合的情况来看,乔灌草混交林区、暖季型草坪区、冷季型草坪区、常绿乔木纯林区、灌木区的相关方程为幂函数,分别为 $y = 0.4761x^{1.0102}$( R = 0.910, $P < 0.05$)、$y = 0.3572x^{1.1698}$( R = 0.873, $P < 0.05$)、$y = 0.3828x^{1.0993}$( R = 0.892, $P < 0.05$)、$y = 0.7188x^{0.8246}$( R = 0.782, $P < 0.05$)、$y = 0.4001x^{1.0909}$( R = 0.986, $P < 0.05$),其中 $y$ 为易氧化有机 C 的含量(g/kg), $x$ 为有机 C 含量(g/kg)。

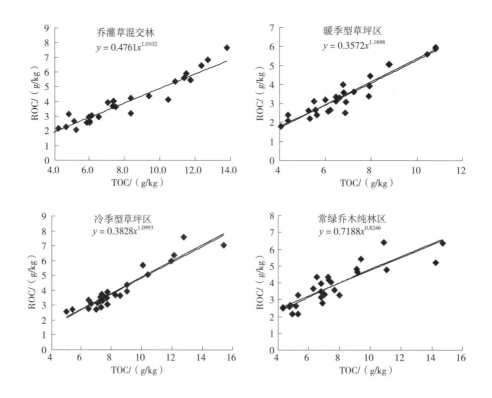

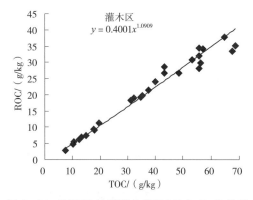

图8-17　不同植被类型土壤 ROC 与 T-C 关系

## (四)有机碳(T-C)以及难氧化有机碳的增长幅度

通过成对双样本均值显著性检验,对不同采样时期 T-C 与难氧化有机碳含量(T-C 与 ROC 差值)均值进行显著性分析(表8-13),发现在总体趋势上,辰山植物园的土壤随着时间的推移,T-C 含量显示出上升的趋势。

表8-13　T-C 值不同采样期显著性比较

| 统计分析 | 1期与2期比较 | | 3期与4期比较 | | 1期与3期比较 | | 1期与4期比较 | |
|---|---|---|---|---|---|---|---|---|
| | 1期 | 2期 | 3期 | 4期 | 1期 | 3期 | 1期 | 4期 |
| 平均 | 8.58 | 8.64 | 14.93 | 17.24 | 6.55 | 7.61 | 6.55 | 8.14 |
| 方差 | 20.06 | 8.73 | 253 | 391 | 0.62 | 7.29 | 0.62 | 5.72 |
| 观测值 | 15 | 15 | 15 | 15 | 12 | 12 | 12 | 12 |
| 泊松相关系数 | 0.76 | | 1.00 | | 0.41 | | 0.50 | |
| 假设平均差 | 0 | | 0 | | 0 | | 0 | |
| df | 14 | | 14 | | 11 | | 11 | |
| t Stat | −0.07 | | −2.15 | | −1.47 | | −2.61 | |
| P(T<=t)单尾 | 0.47 | | 0.02 | | 0.08 | | 0.01 | |
| t 单尾临界 | 1.76 | | 1.76 | | 1.80 | | 1.80 | |
| P(T<=t)双尾 | 0.94 | | 0.05 | | 0.17 | | 0.02 | |
| t 双尾临界 | 2.14 | | 2.14 | | 2.20 | | 2.20 | |

注:考虑到灌木区第三、四期之间人为施肥的问题,在非同年度(第一期与第四期)的成对显著性分析中将舍去该地区的3对数据,变为4区3个深度共12组。

将不同深度的土壤 T-C 累积值进行加权平均后(图8-18),发现不同群落所在的土壤中,乔灌草混交林区、冷季型草坪区、暖季型草坪区 T-C 的增长很明显,而常绿乔木纯林区的土壤的 T-C 含量几乎没有变化。

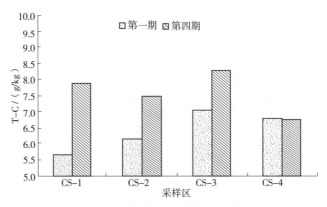

图 8-18　不同植物群落 T-C 含量不同采样期之间的综合差异（深度加权平均）

通过比较单一深度上不同植物群落所在土壤 T-C 含量［除灌木区（CS-5）施肥被排除外］（图 8-19），发现 0~10cm 深度的土壤 T-C 含量在 18 个月的过程中累积明显。其中，增幅最大的为乔灌草混交林区的土壤，在 0~10cm 深度增幅约为 100%，其他植物群落所在土壤的增幅从大到小依次为：冷季型草坪区 57%，暖季型草坪区 49%，常绿乔木纯林区 27%；而 10~20cm 深度的土壤 T-C 含量在 18 个月的过程中存在累积量，但增幅远远小于 0~10cm 深度的土壤，在 10~20cm 深度的增幅从大到小依次为乔灌草混交林区 35%，冷季型草坪区 6.6%，暖季型草坪区 4.4%，常绿乔木纯林区 0.81%；至于 20~40cm 深度土壤方面，乔灌草混交林、冷季型草坪、暖季型三区的 T-C 含量只有微量的增加，增幅从大到小依次为冷季型草坪区 9.7%，暖季型草坪区 7.6%，乔灌草混交林区 6.4%，常绿乔木纯林区 20~40cm 深度的土壤在经过了 18 个月的时间后甚至出现 19% 的下降。

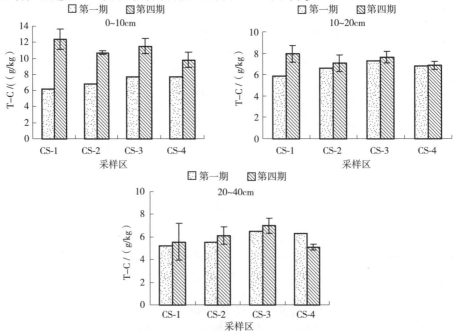

图 8-19　不同植物群落不同剖面土壤不同采样期 T-C 含量

在难氧化性有机碳方面，通过成对双样本均值显著性检验进行数据分析（表 8-14），在总体趋势上，辰山植物园的土壤随着时间的推移，难氧化有机碳含量显示出上升的趋势，但幅度偏小，间隔超过一年难氧化有机碳的含量才显示出有差异。这一分析结果也说明，难氧化有机碳的积累在短时间内难以实现。对于土壤而言，将固定所得的有机碳进行转化，以难氧化的形式将土壤进行长时间的保存相对需要较长的时间。

表 8-14　难氧化有机碳（T-C-ROC）值不同采样期显著性比较

| 统计分析 | 1 期与 2 期比较 | | 3 期与 4 期比较 | | 1 期与 3 期比较 | | 1 期与 4 期比较 | |
|---|---|---|---|---|---|---|---|---|
| | 1 期 | 2 期 | 3 期 | 4 期 | 1 期 | 3 期 | 1 期 | 4 期 |
| 平均 | 4.19 | 4.58 | 6.73 | 7.97 | 3.30 | 3.80 | 3.30 | 4.00 |
| 方差 | 3.85 | 2.52 | 41.41 | 77.72 | 0.23 | 1.60 | 0.23 | 1.32 |
| 观测值 | 15 | 15 | 15 | 15 | 12 | 12 | 12 | 12 |
| 泊松相关系数 | 0.58 | | 0.99 | | 0.51 | | 0.38 | |
| 假设平均差 | 0 | | 0 | | 0 | | 0 | |
| df | 14 | | 14 | | 11 | | 11 | |
| t Stat | −0.92 | | −1.88 | | −1.58 | | −2.27 | |
| P（T<=t）单尾 | 0.19 | | 0.04 | | 0.07 | | 0.02 | |
| t 单尾临界 | 1.76 | | 1.76 | | 1.80 | | 1.80 | |
| P（T<=t）双尾 | 0.37 | | 0.08 | | 0.14 | | 0.04 | |
| t 双尾临界 | 2.14 | | 2.14 | | 2.20 | | 2.20 | |

注：考虑到灌木区第三、四期之间人为施肥的问题，在非同年度（第一期与第四期）的成对显著性分析中将舍去该地区的 3 对数据，变为 4 区 3 个深度共 12 组。

将不同剖面土壤难氧化有机碳（R-C）累积值进行加权平均后（图 8-20），发现不同群落所在的土壤中，乔灌草混交林区、冷季型草坪区、暖季型草坪区经过 18 个月的过程后，难氧化有机碳的含量有所增加，而常绿乔木纯林区的土壤 R-C 含量出现了轻微的下降。

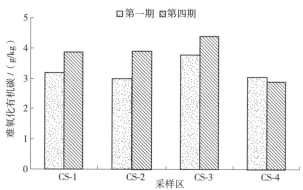

图 8-20　不同植物群落的不同采样期难氧化有机碳
含量的综合差异（深度加权平均）

同样对单一深度上不同植物群落土壤 R–C 含量进行分析比较(图 8–21),发现 0~10cm 深度的土壤难氧化有机碳含量在 18 个月的过程中各个植物群落都出现了一定量的增加。其中,增幅最大的为乔灌草混交林区的土壤,在 0~10cm 深度的增幅约为 94%,其他植物群落所在土壤的增幅从大到小依次为:暖季型草坪区 75%、冷季型草坪区 49%、常绿乔木纯林区 4%;而 10~20cm 深度的土壤难氧化有机碳含量在 18 个月的过程中增幅远远小于 0~10cm 深度的土壤,在 10~20cm 深度的增幅从大到小依次为乔灌草混交林区 26%、冷季型草坪区 11%、暖季型草坪区 4%、常绿乔木纯林区 2%;至于 20~40cm 深度土壤方面,冷季型草坪、暖季型草坪这两个草坪区的难氧化有机碳含量显示出有所增加,增幅分别为 26% 和 3%,而乔灌草混交林区和常绿乔木纯林区这两个林区在 20~40cm 深度的土壤,在经过了 18 个月的时间后土壤难氧化有机碳的含量分别开始出现 17% 和 15% 的下降。

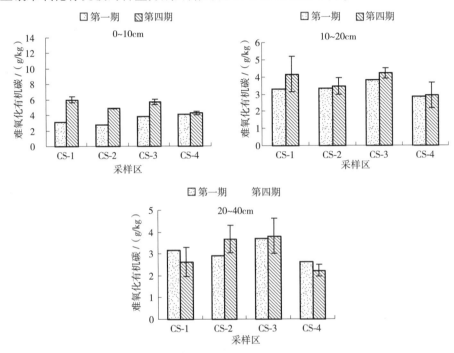

图 8–21　不同植物群落剖面土壤不同采样期难氧化有机碳含量

**(五)不同植物群落土壤对碳固定和转化的效率**

鉴于上述对各个采样区不同植物群落土壤 T–C 和 R–C 含量的变化及在 3 个不同深度水平上差异的比较分析中,发现不同植物群落在 T–C 和难氧化有机碳两项指标的增幅有大有小,存在一定的区别。即不同植物群落土壤对碳的固定和转化的效率从直观来看不尽相同。因此,通过方差分析和多重比较对数据进行处理,采用生物统计学的方法对不同植物之间碳的固定与转化的效率差异进一步进行分析。由于辰山植物园各采样区不同植物群落所在土壤的 T–C 以及难氧化有机碳两项指标的含量第一期的初始值并不相同,所以土壤 T–C 和难氧化有机质两项指标的最终含量(第四期)并不能直接与碳固定和转化作用相联系。因此,选择 T–C 和难氧化有机碳两项指标经过一年的积累值(第四期与第二期之差)分别作为土壤碳固定和碳转化的衡量标准进行方差分析,由此可以研究得到不同植物群落所在土壤对碳固定和转化的年效率，即碳固定和转化的年效率差异。

以"不同植物群落"为因素，对所在土壤的 T-C 以及难氧化有机碳两项指标的积累值(第四期与第一期之差)进行方差分析，两者的 P 均小于 0.05(表 8-15 和表 8-16)，即不同植物群落所在土壤之间，T-C 以及难氧化有机碳的年积累值存在差异。从而证明了不同植物群落这一因素对于土壤进行碳固定和转化有显著的影响。

表 8-15　不同植物群落所在 T-C 差值方差分析(g/kg)

| 差异源 | SS | df | MS | F | P-value | F crit |
|---|---|---|---|---|---|---|
| 植物群落 | 12160 | 4 | 3040 | 831 | 0.00 | 2.69 |
| 深度 | 347 | 2 | 173 | 47.36 | 0.00 | 3.32 |
| 交互 | 503 | 8 | 62.91 | 17.19 | 0.00 | 2.27 |
| 误差 | 110 | 30 | 3.66 | | | |
| 总计 | 13120 | 44 | | | | |

表 8-16　不同植物群落所在土壤难氧化有机碳差值方差分析(g/kg)

| 差异源 | SS | df | MS | F | P-value | F crit |
|---|---|---|---|---|---|---|
| 植物群落 | 2394 | 4 | 598 | 234 | 0.00 | 2.69 |
| 深度 | 71.76 | 2 | 35.88 | 14.02 | 0.00 | 3.32 |
| 交互 | 184 | 8 | 22.97 | 8.97 | 0.00 | 2.27 |
| 误差 | 76.79 | 30 | 2.56 | | | |
| 总计 | 2726 | 44 | | | | |

用 Duncan 检验法对不同植物群落土壤 T-C 以及难氧化有机碳年积累值进行多重比较(表 8-17、表 8-18 和表 8-19)，发现在 T-C 积累量方面，土壤 3 个深度所显示出的不同植物群落土壤 T-C 差值的差异组别情况一致，因而将土壤不同深度的 T-C 差值进行加权平均后多重比较的结果也显而易见(表 8-20)，发现灌木区(CS-5)与其他 4 个检测区域之间有显著差异，同时常绿乔木纯林区(CS-4)与冷季型草坪区(CS-3)、暖季型草坪区(CS-2)以及乔灌草混交林区(CS-1)这 3 个区同样也有显著差异。考虑到灌木区(CS-5)土壤在四期采样的过程中存在人为施加有机肥料，因此在排除人为因素的情况下，其他 4 个检测区土壤 T-C 年累积量之间，CS-1、2、3 区的土壤 T-C 以及难氧化碳年累积值(第四期与第二期之差)属于同一较高的组别，而 CS-4 区的土壤属于另一较低的组别。

表 8-17　不同植物群落土壤 0~10cm 深度 T-C 差值多重比较(Duncan 检验)

| 种类 | 0~10cmT-C 差 | | 5 | 4 | 3 | 2 |
|---|---|---|---|---|---|---|
| 灌木 | 50.72 | 1 | 52.27** | 48.25** | 47.61** | 46.88** |
| 乔灌草 | 3.84 | 2 | 5.39** | 1.36 | 0.73 | |
| 暖季型草坪 | 3.11 | 3 | 4.66** | 0.64 | | |
| 冷季型草坪 | 2.48 | 4 | 4.03* | | | |
| 常绿乔木纯林 | -1.55 | | | | | |

表 8-18　不同植物群落土壤 10~20cm 深度 T-C 差值多重比较（Duncan 检验）

| 种类 | 10~20cmT-C 差 | | 5 | 4 | 3 | 2 |
|---|---|---|---|---|---|---|
| 灌木 | 44.60 | 1 | 48.38** | 43.72** | 43.27** | 42.07** |
| 乔灌草 | 2.53 | 2 | 6.31** | 1.65 | 1.20 | |
| 冷季型草坪 | 1.32 | 3 | 5.10** | 0.45 | | |
| 暖季型草坪 | 0.88 | 4 | 4.66** | | | |
| 常绿乔木纯林 | -3.78 | | | | | |

表 8-19　不同植物群落土壤 20~40cm 深度 T-C 差值多重比较（Duncan 检验）

| 种类 | 20~40cmT-C 差 | | 5 | 4 | 3 | 2 |
|---|---|---|---|---|---|---|
| 灌木 | 28.51 | 1 | 32.42** | 29.00** | 28.53** | 27.69** |
| 冷季型草坪 | 0.82 | 2 | 4.73** | 1.30 | 0.84 | |
| 暖季型草坪 | -0.02 | 3 | 3.89* | 0.46 | | |
| 乔灌草 | -0.49 | 4 | 3.42* | | | |
| 常绿乔木纯林 | -3.91 | | | | | |

表 8-20　不同植物群落所在土壤 T-C 综合差值多重比较（Duncan 检验）

| 种类 | T-C 差的加权平均值 | | 5 | 4 | 3 | 2 |
|---|---|---|---|---|---|---|
| 灌木 | 38.09 | 1 | 41.37** | 37.10** | 36.74** | 36.73** |
| 冷季型草坪 | 1.36 | 2 | 4.65** | 0.37 | 0.01 | |
| 乔灌草 | 1.35 | 3 | 4.64** | 0.36 | | |
| 暖季型草坪 | 0.99 | 4 | 4.27* | | | |
| 常绿乔木纯林 | -3.29 | | | | | |

在难氧化有机碳积累量方面，土壤 0~10cm 和 10~20cm 两个深度，灌木区（CS-5）与其他 4 个检测区域之间差异显著（表 8-21 和表 8-22），同时常绿乔木纯林区（CS-4）与冷季型草坪区（CS-3）、暖季型草坪区（CS-2）以及乔灌草混交林区（CS-1）这 3 个区也有显著差异；在 20~40cm 深度（见表 8-23），常绿乔木纯林区和乔灌草混交林区属于较低的组别，而冷季型草坪区和暖季型草坪区属于较高的组别。将不同深度土壤 T-C 差值进行加权平均后进行多重比较（表 8-24），发现灌木区（CS-5）与其他 4 个检测区域之间有显著差异；常绿乔木纯林区（CS-4）与冷季型草坪区（CS-3）、暖季型草坪区（CS-2）以及乔灌草混交林区（CS-1）这 3 个区同样有显著差异。考虑到灌木区（CS-5）土壤在四期采样的过程中存在人为施加有机肥料，因此在排除人为因素的情况下，其他 4 个检测区土壤 T-C 年累积量之间，CS-1、2、3 区的土壤 T-C 以及难氧化碳年累积值（第四期与第二期之差）属于同一较高的组别，而 CS-4 区的土壤属于另一较低的组别。

表 8-21 不同植物群落土壤 0~10cm 深度难氧化有机碳差值多重比较（Duncan 检验）

| 种类 | 0~10cm 难氧化有机碳差 | | 5 | 4 | 3 | 2 |
|---|---|---|---|---|---|---|
| 灌木 | 23.67 | 1 | 25.93 ** | 22.89 ** | 22.84 ** | 22.61 ** |
| 乔灌草 | 1.06 | 2 | 3.32 * | 0.27 | 0.22 | |
| 冷季型草坪 | 0.83 | 3 | 3.09 * | 0.05 | | |
| 暖季型草坪 | 0.78 | 4 | 3.05 * | | | |
| 常绿乔木纯林 | -2.26 | | | | | |

表 8-22 不同植物群落土壤 10~20cm 深度难氧化有机碳差值多重比较（Duncan 检验）

| 种类 | 10~20cm 难氧化有机碳差 | | 5 | 4 | 3 | 2 |
|---|---|---|---|---|---|---|
| 灌木 | 18.49 | 1 | 21.96 ** | 18.13 ** | 17.46 ** | 16.88 ** |
| 乔灌草 | 1.60 | 2 | 5.08 ** | 1.24 | 0.58 | |
| 冷季型草坪 | 1.02 | 3 | 4.50 ** | 0.66 | | |
| 暖季型草坪 | 0.36 | 4 | 3.83 * | | | |
| 常绿乔木纯林 | -3.47 | | | | | |

表 8-23 不同植物群落土壤 20~40cm 深度难氧化有机碳差值多重比较（Duncan 检验）

| 种类 | 20~40cm 难氧化有机碳差 | | 5 | 4 | 3 | 2 |
|---|---|---|---|---|---|---|
| 灌木 | 10.94 | 1 | 13.93 ** | 11.43 ** | 10.47 ** | 10.14 ** |
| 冷季型草坪 | 0.80 | 2 | 3.79 * | 1.28 | 0.33 | |
| 暖季型草坪 | 0.47 | 3 | 3.46 * | 0.96 | | |
| 乔灌草 | -0.49 | 4 | 2.50 | | | |
| 常绿乔木纯林 | -2.99 | | | | | |

表 8-24 不同植物群落土壤难氧化有机碳综合差值多重比较（Duncan 检验）

| 种类 | 深度加权平均值 | | 5 | 4 | 3 | 2 |
|---|---|---|---|---|---|---|
| 灌木 | 16.01 | 1 | 18.94 ** | 15.59 ** | 15.49 ** | 15.15 ** |
| 冷季型草坪 | 0.86 | 2 | 3.79 * | 0.44 | 0.34 | |
| 暖季型草坪 | 0.52 | 3 | 3.45 * | 0.10 | | |
| 乔灌草 | 0.42 | 4 | 3.35 * | | | |
| 常绿乔木纯林 | -2.93 | | | | | |

### 三、辰山植物园土壤碳循环特征

#### (一) ROC 与 T-C 的相关性分析

辰山植物园乔灌草混交林区、暖季型草坪区、冷季型草坪区、常绿乔木纯林区、灌木区的土壤 ROC 均与 T-C 含量呈正相关。

#### (二) 不同深度对有机碳以及难氧化有机碳增幅的影响

土壤中 T-C 含量大且同一时间内变化的幅度也较大，土壤表层碳消长的循环速度较快，随着深度的增加，有机质的循环渐渐变慢，因此在同一时间内积累量不明显。

土壤难氧化有机碳虽然也有所积累，但积累速度相对较慢，增长幅度偏小，间隔超过一年难氧化有机碳的含量才显示出有差异。在不同深度，土壤难氧化有机碳含量的增幅不同。0~10cm 深度的土壤 T-C 含量在 18 个月的过程中累积明显；10~20cm 深度和 20~40cm 深度的土壤增幅远远小于 0~10cm 深度的土壤。

#### (三) 不同植物群落对有机碳以及难氧化有机碳增幅的影响

不同植物群落所在土壤 T-C 在 0~10cm 深度的土壤增幅最大的为乔灌草混交林区的土壤，其他植物群落所在土壤的增幅从大到小依次为：冷季型草坪区、暖季型草坪区、常绿乔木纯林区；10~20cm 深度的 T-C 增幅从大到小也依次为乔灌草混交林区、冷季型草坪区、暖季型草坪区、常绿乔木纯林区；20~40cm 深度土壤 T-C 含量，乔灌草混交林、冷季型草坪、暖季型三区的 T-C 含量只有微量的增加，而常绿乔木纯林区的土壤在经过了 18 个月的时间后甚至出现下降。

不同植物群落所在土壤难氧化有机碳在 0~10cm 深度的土壤增幅最大的为乔灌草混交林区的土壤，在 0~10cm 深度的增幅约为 94%，其他植物群落所在土壤的增幅从大到小依次为：暖季型草坪区、冷季型草坪区、常绿乔木纯林区；而 10~20cm 深度增幅从大到小依次为乔灌草混交林区、冷季型草坪区、暖季型草坪区、常绿乔木纯林；20~40cm 深度土壤，冷季型草坪、暖季型这两个草坪区的难氧化有机碳含量显示出有所增加，而乔灌草混交林区和常绿乔木纯林区这两个区在 20~40cm 深度的土壤开始出现下降。

#### (四) 不同植物群落对所在土壤碳固定和转化效率的影响

不同植物群落土壤 T-C 积累年效率在不同土壤层次的大小顺序一致，均表现为：乔灌草混交林区>冷季型草坪区>暖季型草坪区，但三者差异不显著。

而就难氧化有机碳积累年效率而言，不同植物群落 0~10cm 与 10~20cm 土壤大小顺序一致：乔灌草混交林区>冷季型草坪区>暖季型草坪区，但三者差异不显著；但 20~40cm 的土壤层，冷季型草坪区与暖季型草坪区的难氧化有机碳积累年效率较大，乔灌草混交林区和常绿乔木纯林区都没有年积累效率。

### 参 考 文 献

[1] 方华军，杨学明，张晓平. 农田土壤有机碳动态研究进展[J]. 土壤通报，2003，34(6)：562-568.

[2] 方精云，刘国华，徐嵩龄，等. 中国陆地生态系统碳循环及其全球意义[A]. 王庚辰，温玉璞. 温室气体浓度和排放监测及相关过程[C]. 北京：中国环境科学出版社，1996.

［3］何跃，张甘霖. 城市土壤有机碳和黑碳的含量特征与来源分析［J］. 土壤学报，2006，43（2）：177 -182.

［4］姜培坤. 不同林分下土壤活性有机碳库研究［J］. 林业科学，2005，41（1）：10-13.

［5］焦坤，李忠佩. 红壤稻田土壤溶解有机碳含量动态及其生物降解特征［J］. 土壤，2005，37（3）：272-276.

［6］康博文，刘建军，党坤良，等. 秦岭火地塘林区油松林土壤碳循环研究［J］. Chinese Journal of Applied Ecology，2006，17（5）：759-764.

［7］梁晶，方海兰，郝冠军，等. 上海城市绿地不同植物群落土壤呼吸及因子分析［J］. 浙江农林大学学报，2013，30（1）：22-31.

［8］林晓东，漆智平，唐树梅，等. 海南人工林地、人工草地土壤易氧化有机碳和轻组碳含量初探［J］. 热带作物学报，2012，33（1）：171-177.

［9］王绍强，周成虎，李克让，等. 中国土壤有机碳库及空间分布特征分析［J］. 地理学报，2000，55（5）：533-544.

［10］王清奎，汪思龙，冯宗炜. 杉木纯林与常绿阔叶林土壤活性有机碳库的比较［J］. 北京林业大学学报，2006，28（5）：1-6.

［11］项文化，黄志宏，闫文德，等. 森林生态系统碳氮循环功能耦合研究综述［J］. 生态学报，2006，26（7）：2365-2372.

［12］肖复明，范少辉，汪思龙，等. 湖南会同毛竹林土壤碳循环特征［J］. Scientia Silvae Sinicae，May 2009，45（6）：11-15.

［13］徐侠，王丰，栾以玲，等. 武夷山不同海拔植被土壤易氧化碳［J］. 生态学杂志，2008，27（7）：1115-1121.

［14］徐秋芳，姜增坤. 不同森林植被下土壤水溶性有机碳研究［J］. 水土保持学报，2004，18（6）：84-87.

［15］徐秋芳，姜培坤，沈泉. 灌木林与阔叶林土壤有机碳库的比较研究［J］. 北京林业大学学报，2005，（2）18-22/27.

［16］杨金艳，王传宽. 东北东部森林生态系统土壤碳贮量和碳通量［J］. Acta Ecologica Sinica，2005，25（11）：2877-2882.

［17］张俊华，丁维新，孟磊. 海南热带橡胶园土壤易氧化有机碳空间变异特征研究［J］. 生态环境学报，2010，19（11）：2563-2567.

［18］朱志建，姜培坤，徐秋芳. 不同森林植被下土壤微生物量碳和易氧化态碳的比较［J］. 林业科学研究，2006，19（4）：523-526.

［19］朱珠，包维楷，庞学勇，等. 旅游干扰对九寨沟冷杉林下植物种类组成及多样性的影响［J］. 生物多样性，2006，14（4）：284-291.

［20］Kawahigashi M，Hiroaki S，Kazuhiko Y，et al. 2003. Seasonal changes in organic compounds in soil solutions obtained from volcanic ash soils under different land uses［J］. Geoderma，113：381-396.

［21］Kuhlbusch T A J，Crutzen P J. Black carbon, the global carbon cycle, and atmospheric carbon dioxide Levine J S. Biomass Burning and Global Change［M］. Cambridge MA：MIT Press，1996：160-169.

［22］Lal R. Soil carbon sequestration to mitigate climatechange［J］. Geoderma，2004，123（1）：1-22.

［23］Lefroy R D B，Blair G J，Strong W M. Changes in soil organic matter with cropping as measured by organic carbon fractions and 13C natural isotope abundance［J］. Plant and soil，1993，155（1）：399-402.

［24］Lichter J，Barron S H，Bevacqua C E，et al. Soil carbon sequestration and turnover in a pine forest after six years of atmospheric CO2 enrichment［J］. ECology，2005，86（7）：1835-1847.

［25］Lim B，Cachier H. Determination of black carbon by chemical oxidation and thermal treatment in recent marine and lake sediments and Cretaceous2Tertiary clays [J]. Chemical Geology, 1996, 131 (1-4): 143-154.

[26] Martin H, Chantigny. Dissolved and water-extractable organic matter in soils: a review on the influence of land use and managementpractices[J]. Geoderma, 2003, 113: 357-380.

[27] Piao H C, Hong Y T, Yuan Z Y. Seasonal changes of microbial biomass carbon related to climatic factors in soils from karst areas of southwest China[J]. Biology and Fertility of Soils, 2000, 30(4): 294-297.

[28] Rixon A J. Soil fertility changes in a red-brown earth under irrigated pastures. I. Changes in organic carbon/nitrogen ratio, Cation exchange capacity and pH[J]. Crop and Pasture Science, 1966, 17(3): 317-325.

[29] Schuman G E, Janzen H H, Herrick J E. Soil carbon dynamics and potential carbon sequestration by rangelands[J]. Environmental pollution, 2002, 116(3): 391-396.

[30] Sedjo R A. The carbon cycle and global forest ECosystem [M]//Terrestrial Biospheric Carbon Fluxes:. Springer Netherlands, 1993: 295-307.

[31] SmithV. R.. Moisture, carbon and inorganic nutrient controls of soil respiration at a sub-Antarctic island. Soil biology and biochemistry, 2005, 37: 81-91.

[32] Waksman S A. Influence of microorganisms upon the carbon-nitrogen ratio in thesoil[J]. The Journal of Agricultural Science, 1924, 14(04): 555-562.

[33] Tirol-Padre A, Ladha J K. Assessing the reliability of permanganate-oxidizable carbon as an index of soil labile carbon[J]. Soil Science Society of America Journal, 2004, 68(3): 969-978.

# 第 9 章　园林绿化土壤氮的循环

氮是植物生长发育所必需的营养元素之一，也是土壤肥力中最活跃的元素，是植物生长过程中最重要的限制因子。植物缺氮时，蛋白质、叶绿素的形成受阻，细胞分裂减少，因此植物在不同生育时期表现出不同的缺氮症状；但当土壤中进入过量的氮，氮又成为污染物，是水体富氧化的重要污染源；因此土壤氮素不足或过多都不利于植物生长或生态环境保护，土壤氮含量应该维护在一个正常合理水平，但至今没有统一的标准，只是一个相对的概念。氮肥的最佳施用量，必须根据土壤的类型、气候条件、植物种类与品种、养分配比、施肥技术等措施综合考虑，只有这样才能达到环境友好、经济节约的目的。

上海园林绿化土壤全氮和水解性氮含量和分布特征已经在第 2 章中详细介绍，总体而言，由于不像农田土壤施肥力度大，上海园林绿化土壤氮水平相对较低。本章主要介绍上海园林绿化土壤氮来源、转化以及不同植物群落氮的循环。

## 第一节　园林绿化土壤氮的来源和转化

土壤氮循环指在土壤植物系统中，氮在动植物体、微生物体、土壤有机质、土壤矿物质之间的转化和迁移，包括有机氮的矿化和无机氮的生物固持作用、硝化和反硝化作用、腐殖质形成和腐殖质稳定化作用等。植物吸收土壤中的铵盐和硝酸盐，进而将这些无机氮同化成植物体内的蛋白质等有机氮。植物残体中的有机氮被微生物分解后形成氨，这一过程叫做氨化作用。在有氧的条件下，土壤中的氨或铵盐在硝化细菌和亚硝化细菌作用下最终氧化成硝酸盐，这一过程叫做硝化作用。氨化作用和硝化作用产生的无机氮，都能被植物吸收利用。在氧气不足的条件下，土壤中的硝酸盐被反硝化细菌等多种微生物还原成亚硝酸盐，并且进一步还原成氧化亚氮、一氧化氮、氮气等气态氮，气态氮则逸失到大气中，这一过程叫做反硝化作用。大气中的分子态氮被还原成氨，这一过程叫做固氮作用。没有固氮作用，大气中的分子态氮就不能被植物吸收利用。

### 一、土壤氮的来源

土壤氮的来源主要有大气中分子氮的生物固定、雨水或灌溉水带入的氮、施用有机肥等改良材料以及植物固氮等。

#### (一)大气中分子氮的生物固定

大气和土壤空气中的分子态氮不能被植物直接吸收、同化，必须经过生物固定为有机氮化合物，直接或间接地进入土壤。有固氮作用的微生物可分为三大类，非共生(自生)、共生和联合固氮菌,都需要有机质作为能源。另外具有光合作用能力的蓝绿藻也能自生固氮。自生固氮菌的固氮能力不高。

### (二)雨水和灌溉水带入的氮

大气层发生的自然雷电现象,可使氮氧化成 $NO_2$ 及 $NO$ 等氮氧化物。散发在空气中的气态氮如烟道排气,含氮有机质燃烧的废气,由铵的化合物挥发出来的气体等,通过降水的溶解,最后随雨水带入土壤。全球由大气降水进入土壤的氮,据估计为每年每公顷 $2 \sim 22$kg。随灌溉水带入土壤的氮主要是硝态氮,其数量因地区、季节和降雨量而异。

### (三)施用有机肥和化学肥料

持续施有机肥料、绿化植物废弃物等有机改良材料对提高土壤的氮贮量、改善土壤的供氮能力有重要作用。如对全国生活污泥统计,其全氮含量丰富,平均达 $27.1 \pm 13.5$g/kg。上海生活污泥中氮含量也非常丰富,以上海原程桥生活污泥堆肥为例,含氮丰富,其全氮和不同形态氮含量见表9-1。

表9-1　程桥污水厂污泥氮含量

| 氮含量 | 数值 | 氮含量 | 数值 |
|---|---|---|---|
| 全氮(g/kg) | 32.8 | 铵态氮(mg/kg) | 3392 |
| 水解氮(mg/kg) | 5592 | 硝态氮(mg/kg) | 3.39 |

分别从2002年和2003年连续3年在上海新虹桥绿地和原上海园林科研所单位附属绿地施用程桥污泥后,土壤中全氮和水解性氮含量几乎成倍增加(表9-2)。根据《中国土壤》全氮含量分级,新虹桥绿地土壤没施污泥的全氮含量为0.69g/kg,属于贫瘠水平(0.5~0.75g/kg);连续施用污泥3年后土壤全氮含量为1.82g/kg,达到肥沃水平(1.5~2.0g/kg),接近很肥沃水平(>2.0g/kg)。原科研所附属绿地对照土壤含氮量低,仅为0.59g/kg,属于贫瘠水平(0.5~0.75g/kg),接近很贫瘠(<0.5g/kg);连续施用污泥3年后土壤全氮含量为1.25g/kg,达到较肥沃水平(1.0~1.5g/kg)。

表9-2　两块绿地连续施用污泥3年后对土壤氮元素含量的影响

| 性质 | 新虹桥绿地 | | 科研所附属绿地 | |
|---|---|---|---|---|
| | 对照组 | 施污泥组 | 对照组 | 施污泥组 |
| 全氮(g/kg) | 0.69 | 1.82 | 0.59 | 1.25 |
| 水解性氮(mg/kg) | 78.1 | 155 | 41.3 | 73.0 |

注:新虹桥绿地是2005年7月测定结果,科研所绿地是2006年7月测定结果。

从表9-2也可以看出,园林绿化土壤施用含氮丰富的有机肥料后土壤中氮的累积速率非常快,但土壤中氮也不是含量越高越好,否则会成为新的污染源。一方面园林绿化养护需要积极施肥以提高土壤氮含量,另一方面要防止土壤中氮含量过高。因此可以根据肥料中氮含量以及在土壤中累积的速度来控制肥料的用量。根据氮负荷计算出污泥的用量(表9-3):如根据美国EPA方法关于污泥中氮的矿化率,计算出污泥土地用量为 $36t/hm^2$ ;根据欧盟CEN/TR方法计算出的污泥土地用量为 $32t/hm^2$ ;而根据表9-2中上海2块绿地连续施用污泥3年后土壤氮元素累积的速度，折算出上海绿地中污泥用量为 $20t/hm^2$，既能满足植物生长的养分需求，又能控制土壤氮元素含量在环境安全范围内。

**表9-3　基于氮负荷不同方法估算的污泥用量**

| 基于氮负荷的不同估算方法 | 污泥估算用量（$t/hm^2$） | 基于氮负荷的不同估算方法 | 污泥估算用量（$t/hm^2$） |
|---|---|---|---|
| 美国 EPA 方法 | 36 | 污泥绿地长期试验结果 | 20 |
| 欧盟 CEN/TR 方法 | 32 | | |

### （四）植物固氮作用

由于固氮植物与根瘤菌形成的共生体系是生态系统中有效氮的主要来源，园林绿地生态系统的良性循环和可持续发展离不开固氮植物在培肥地力等方面所起的重要作用。随着人们对生态保护和环境治理的日益重视，挖掘并利用固氮植物资源越来越成为农业、林业、牧业和生态环境保护行业感兴趣的研究课题，尤其是在退化生态系统修复、干旱瘠薄地土壤改良和土地资源可持续利用方面，固氮植物的应用越来越广泛并日益受到重视，有关固氮植物资源挖掘和利用方面的研究课题也越来越多。

根据上海园林绿地的类型和分类，综合考虑地域、建成时间、规模、功能等因素，有祥亮（2009年）等对上海植物园等20余处园林绿地调查结果显示：上海绿地共生固氮植物有37属83种；其中，非豆科固氮树种4属12种，豆科固氮植物33属71种。非豆科植物根瘤形状基本为球形珊瑚状；豆科固氮植物的根瘤主要为球形、近球形、柱形、分叉和分枝状等。上海地区广泛栽培、生长良好的树种，如合欢、紫藤、杨梅、江南桤木等固氮酶活性都较高，大于 $10.00\mu mol/(g \cdot h)$，其中江南桤木更高达 $22.84\mu mol/(g \cdot h)$，表明其有较高的固氮能力。另外，一些新优植物如染料木、花叶胡颓子、多花紫藤、常春油麻藤等酶活性也都超过 $15.00\mu mol/(g \cdot h)$，表现出良好的固氮效果。

有祥亮（2010年）等综合考虑植物肥田指标（固氮效率、落叶含氮量）和生长指标（年相对高、径生长量），将上海地区29种固氮树种的固氮特性划分为4种类型，分别为：

（1）固氮效率、落叶含氮量高，生长量大：江南桤木、胡颓子、花叶胡颓子、常春油麻藤、紫藤、染料木。这6种植物的高固氮效率与快速的高、径生长有较强的一致性，可以说，高固氮带来了高生长。落叶分解后释放的氮素多，在维持土壤肥力、促进绿地生态系统的物质循环和养分平衡方面起着重要作用。

（2）固氮效率、落叶含氮量高或中等，生长量中等：合欢、杨梅、多花木蓝。合欢固氮效率、落叶含氮量均高，但生长量偏小；杨梅仅落叶含氮量高；多花木蓝仅固氮效率高。3种植物对土壤改良有一定功效，但不如第一类明显。

（3）固氮效率、落叶含氮量中等，生长量中等或小：紫穗槐、华东木蓝、鱼鳔槐、锦鸡儿、树锦鸡儿、红花锦鸡儿、牛奶子、美丽胡枝子、多花胡枝子、红花刺槐、胡枝子、黑荆、桤木、伞房决明。这14种植物改良土壤功效一般。

（4）固氮效率中等，落叶含氮量低，生长量中等或小：杭子梢、马棘、中华胡枝子、银合欢、白刺花、黄檀。这6种植物氮输出率较高，落叶归还的氮素较少，落叶肥田效率低。这可能与落叶前氮素养分回流植物体多少有关。

鉴于园林植物的固氮特性，因此在植物树种选择或配置时可以适当考虑优先选用固氮植物，有利于培肥土壤。

## 二、土壤中氮的转化

大气中的分子氮经过生物和非生物固定进入土壤后，其主要形态是无机态氮和有机态氮。土壤无机态氮主要为铵态氮和硝态氮，是植物能直接吸收利用的生物有效态氮。有机氮是土壤氮的主要存在形态，一般占土壤全氮的95%以上，土壤中各种形态的氮素处在动态的转化之中。

### （一）有机氮的矿化

占土壤全氮含量95%以上的有机氮，必须经微生物的矿化作用，才能转化成无机氮。矿化过程主要分两个阶段：第一阶段氨基化阶段，主要是复杂的含氮化合物经过微生物酶的系列作用，逐级分解而形成简单的氨基化合物的过程；第二阶段是氨化阶段，主要是各种简单的氨基化合物在微生物作用下分解成氨的过程。

以上海程桥污水厂污泥堆肥产品为例，从表9-1可以看出，该污泥氮的含量非常丰富。其中全氮为32.8g/kg，铵态氮含量为3392mg/kg，硝态氮为3.39mg/kg，有机氮含量 = 32.8 - (3392+3.39)/1000≈29.41g/kg，可见该污泥有机氮含量也很丰富。根据美国EPA报道的关于污泥的有机氮矿化率（表9-4）以及表9-2中2块绿地连续3年施用程桥污泥后土壤氮的实际累积速率，可以计算出程桥污泥中有机氮的矿化速率在0.03%~0.1%之间（表9-5）。

表9-4　污泥有机氮矿化率指数

| 污泥施用后时间（年） | 稳定的初级污泥或非活性污泥 | 好氧消解污泥 | 厌氧消解污泥 | 污泥堆肥 |
|---|---|---|---|---|
| 0~1 | 0.40 | 0.30 | 0.20 | 0.10 |
| 1~2 | 0.20 | 0.15 | 0.10 | 0.05 |
| 2~3 | 0.10 | 0.08 | 0.05 | 0.03 |

表9-5　程桥污泥有机氮矿化量计算

| | 年份 | 有机氮初始量（kg/hm²） | 矿化率（%） | 矿化的有效氮（kg/hm²） | 剩余的有机氮（kg/hm²） |
|---|---|---|---|---|---|
| 第一次施用污泥 | 第一年（0~1） | 900 | 0.1 | 90 | 810 |
| | 第二年（1~2） | 810 | 0.05 | 40.5 | 769.5 |
| | 第三年（2~3） | 769.5 | 0.03 | 23.09 | 746.41 |
| 第二次施用污泥 | 第一年（1~2） | 900 | 0.1 | 90 | 810 |
| | 第二年（2~3） | 810 | 0.05 | 40.5 | 769.5 |
| | 第三年（3~4） | 769.5 | 0.03 | 23.09 | 746.41 |

表9-6则是美国EPA研究报道的美国植物的单位土地的氮吸收典型值，可能土地类型、气候不一，上海当地园林植物单位土地的氮吸收值存在差异，但美国是基于大量应用试验得

出的结论，对缺少前期数据积累的上海园林绿化土壤同样值得借鉴。

表9-6　美国典型植物单位土地的氮吸收典型值[kg/(hm² · a)]

| 植物种类 | 植物名称 | 吸收典型值 |
|---|---|---|
| 草料作物 | 紫花苜蓿 | 220~670 |
| | 雀麦草 | 130~220 |
| | 黑麦草 | 180~280 |
| | 果园草 | 250~350 |
| | 高牛毛草 | 145~325 |
| 树木类型 | 混合阔叶林 | 东部森林：225<br>南部森林：280<br>五大湖区森林：110 |
| | 红松 | 东部森林：110 |
| | 白云杉 | 东部森林：225 |
| | 白杨 | 东部森林：110 |
| | 火炬松 | 南部森林：225~280 |
| | 杂交白杨 | 五大湖区森林：110<br>西部森林：300 |
| | 花旗松 | 西部森林：225 |

**（二）铵的硝化**

有机氮矿化释放的氨在土壤中转化为铵离子，一部分被带负电荷的土壤黏粒表面和有机质表面功能基吸附，另一部分被植物直接吸收利用，此外，土壤中的大部分铵离子还可通过微生物的作用氧化成亚硝酸盐和硝酸盐。

**（三）无机态氮的生物固定**

矿化作用生成的铵态氮、硝态氮和某些简单的氨基态氮，通过微生物和植物的吸收同化，成为生物有机体组成部分，称为无机氮的生物固定。而形成的有机氮化合物，则可再次经过氨化和硝化作用，进行新的土壤氮循环。

**（四）铵离子的矿物固定**

土壤中涉及无机态氮循环的另一种方式则是铵离子的矿物固定，主要是指离子直径大小与2:1型黏粒矿物晶架表面空穴大小接近的铵离子，陷入晶架表面的空穴内，暂时失去了它的生物有效性，转化为固定态铵的过程。

## 三、影响土壤氮循环的主要因素

在土壤氮转化过程中，矿化和硝化作用是使土壤有机氮转化为有效氮的过程。反硝化和化学脱氮是使土壤有效氮遭受损失的过程，黏粒矿物对氮的矿物固定是使土壤有效氮转化为无效或迟效态氮的过程。根据土壤中氮的循环过程或阶段，影响土壤氮循环的主要因素有以下两点。

### (一)土壤 C/N

通常认为，土壤有机物质 C/N 大于 30：1，则在其矿化作用的最初阶段不可能对植物产生供氮效果，反而有可能使植物的缺氮现象更为严重。但如有机物质的 C/N 小于 15：1 时，在其矿化作用一开始，它所提供的有效氮量则会超过微生物同化量，使植物有可能从有机质矿化过程中获得有效氮的供应。

2011 年对上海辰山植物园、世纪公园、长风公园和世博公园 48 个土壤样品的分析结果显示，土壤 C/N 在 5.9~20.8 之间，平均为 11.1±2.7。从图 9-1 C/N 分布频率可以看出，C/N 大于 15 的样品有 4 个，占到 8.33%。从中可以看出，上海绿地基本是靠有机物质矿化过程中获得氮，这是和上海园林绿化土壤氮含量相对较低直接相关，进一步说明上海绿地增施氮肥的必要性。

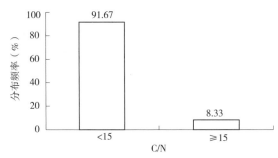

图 9-1　上海 4 座公园的 C/N 分布频率

### (二)施肥

施肥促使土壤有机物质的矿化作用表现在：一方面施用新鲜有机物质如绿化植物废弃物、有机肥后，由于新鲜的有机能源物质促进了微生物的繁殖和活动，或改变了微生物区系，或有微生物产生的酶作用于腐殖质所致，激发了土壤原来有机质的分解，增强了有机氮的矿化作用。另一方面，施用无机氮肥后，无机氮被微生物利用，促使原来有机质氮矿化、释放，施用的氮越多，原来有机氮矿化释放氮也越多；此外，施用无机氮后促进植物根系发育，增强了土壤有机氮的分解、释放，从而通过根系的生物作用促进氮吸收。

## 第二节　植被类型对园林绿化土壤氮循环的影响

在上海辰山植物园选择乔木—灌木—草坪(地被)、暖季型草坪、冷季型草坪、常绿乔木和灌木 5 个典型植被类型，从 2011 年 8 月到 2013 年 2 月夏、冬两季对土壤氮含量进行定位跟踪测定。采样点的分布状况及基本信息见第 8 章的图 8-12 和表 8-16。

### 一、乔灌草群落土壤氮分布及消长规律差异比较

#### (一)土壤总氮 T-N 分布及消长规律差异

#### 1. 土壤总氮(T-N)随不同时间变化规律

乔灌草群落土壤总氮(T-N)和硝态氮分布及消长规律差异显示(图 9-2)，从 2011

年夏季的第一次采集土壤，经过 2011 年冬后、2012 年夏季、2012 年冬后，土壤中 T-N 含量有着比较明显的变化和差异。2011 年夏季的 T-N 含量最低，只有 0.150g/kg，而至 2012 年夏季达到了 0.314g/kg，之后开始下滑，至 2012 年冬后下降至 0.271g/kg。同样是冬后，2012 年的 T-N 含量高于 2011 年 T-N 含量，而 2011 年夏季与 2012 年夏季的 T-N 含量达两倍的差别。2012 年冬后 T-N 与 2012 年夏季 T-N 差异不显著，而上述两个季节与 2011 年冬季之间差异显著。对于乔灌草群落来说，一般乔木的氮回收率低于灌木，灌木低于草坪，测定 T-N 含量能够反映这 3 种不同植被组成的土壤的整体情况，而影响这个群落 T-N 含量的主要因素为乔木、灌木、草坪的枯叶返回土壤，以及人工施肥。对于辰山植物园而言，枯叶返回土壤仍然受到园区管理人员清扫落叶的频率这一因素的影响，因而，对于两个年度之间存在的差异，需要综合分析这几个因素才能得到更加全面的结论。

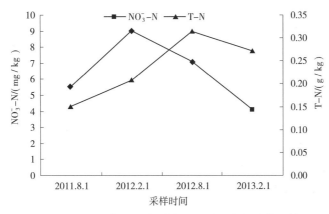

图 9-2　乔灌草 T-N 与硝态氮随时间变化趋势比较

### 2. 不同土壤层次的 T-N 变化规律

如表 9-7 所示，T-N 在乔灌草群落土壤中随着层数的变化情况，采样层次分为三层，0~10cm 为第一层，10~20cm 为第二层，20~40cm 为第三层。3 个层次的 T-N 含量是一个不断递减的过程，对于不同的时间段，其变化规律与总体变化规律大致相似，即表层土壤中的 T-N 含量为最高，中层土壤的 T-N 含量其次，而最深层土壤 T-N 含量最低。第一层次与第二层次的差异不显著，第二层次与第三层次之间同样没有显著性差异，但第一层次与第三层次之间有显著性差异。

表 9-7　乔灌草 T-N 不同采样层次变化

| 采样层次<br>（cm） | T-N（g/kg） | | | | 平均值 | 显著水平<br>5% | LSD |
|---|---|---|---|---|---|---|---|
| | 2011 年夏季 | 2011 年冬后 | 2012 年夏季 | 2012 年冬后 | | | |
| 0~10 | 0.190 | 0.276 | 0.490 | 0.439 | 0.349 | A | |
| 10~20 | 0.162 | 0.151 | 0.442 | 0.246 | 0.250 | AB | 0.192 |
| 20~40 | 0.125 | 0.202 | 0.162 | 0.200 | 0.172 | B | |

### (二)硝态氮分布及消长规律差异

#### 1. 硝态氮随不同时间变化规律

从图9-3硝态氮随时间的变化趋势可以发现，在2011年夏季时硝态氮含量只有5.54mg/kg，而经过2011年冬后，经过一个波峰，达到9.03mg/kg，之后平稳下滑，至2012年冬后达到了一个波谷，为4.09mg/kg。从图中可以发现两个年度夏天的硝态氮含量几乎没有差异，而到了冬季，两个年度的硝态氮含量有着比较大的差异。从整体趋势上来看，乔灌草群落的T-N变化曲线与硝态氮之间有相似性。

#### 2. 硝态氮随土壤层次不同变化规律

由表9-8可知，硝态氮在乔灌草群落土壤中随采样层次的加深含量稳定下降，明显发现表层土壤的硝态氮含量最高，中层土其次，而最深层的土壤硝态氮含量较低。不同年度间也为这一总体的规律。与T-N的差异性不同的是，第三层，即20~40cm与前两层土壤之间都有显著差异。显示在乔灌草群落土壤中，硝态氮含量随着层数的增加显著地减少，其减少程度超过总体T-N的减少程度。

表9-8 乔灌草群落土壤硝态氮不同采样层次变化

| 采样层次(cm) | $NO_3^--N/(mg/kg)$ | | | | 平均值 | 显著水平 | LSD |
|---|---|---|---|---|---|---|---|
| | 2011年夏季 | 2011年冬后 | 2012年夏季 | 2012年冬后 | | 5% | |
| 0~10 | 7.35 | 13.74 | 13.00 | 6.15 | 10.06 | a | |
| 10~20 | 5.87 | 10.25 | 9.08 | 4.70 | 7.47 | a | 2.95 |
| 20~40 | 4.47 | 6.06 | 3.16 | 2.76 | 4.11 | b | |

### (三)T-N以及硝态氮总体消长规律差异

如图9-3所示，T-N以及硝态氮消长情况总体同步，局部有细微差异。硝态氮在2011年冬后季达到最高峰，而T-N的最高峰出现在了2012年夏季。分析曲线可以发现，硝态氮含量变化波动曲线显著高于T-N总体的变化情况。

## 二、暖季型草坪群落土壤氮分布及消长规律差异比较

### (一)T-N分布及消长规律差异

#### 1. T-N随不同时间变化规律

由图9-3暖季型草土壤T-N与$NO_3^--N$不同季节变化趋势可知，4个时间段的土壤含量的差异并不是特别显著。这4个时间段中，2011年冬后为其最低值，这个波谷的T-N值为0.178mg/kg；而从2011年夏天，到2012年夏天，到2012年冬后，这3个时间段的T-N含量相差并不大，基本都维持在0.25g/kg左右。同一个季节不同年度之间的差异比较显著，这个特点集中在了2011年冬后和2012年冬后，而2011年夏天和2012年夏天的T-N含量相差不多。从差异显著性上进行分析，2012年度之中的两次测定，即夏天和冬后之间差异显著，而2012年和2013年之间的差异并不显著，从而可以发现在暖季型草坪群落中，T-N随年度的变化没有特别大的差异，而同一年度之间的季节差异比较显著。

## 2. 不同土壤层次的 T-N 变化规律

由表 9-9 暖季型草坪土壤 T-N 不同采样层次变化可知，T-N 在暖季型草坪土壤中随层次的加深含氮量稳定下降，从 0～10cm 采样层次的 0.353g/kg 至 10～20cm 的 0.233g/kg 至 20～40cm 的 0.199g/kg，我们可以明显发现表层土壤的 T-N 含量最高，中层土其次，而最深层的土壤的 T-N 含量比较低。至于差异，0～10cm 表层土壤与 10～20cm 中层土壤之间没有显著差异，而到了最深层的土壤 20～40cm 可以得到其与比较浅的两层之间都有比较显著的差异。由此可以得出，不同层次对于 T-N 含量有着比较显著的影响，对于暖季型草坪来说，其层次的变化与乔灌草群落的趋势几乎没有太大的差异。

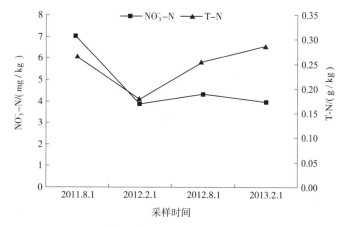

图 9-3 暖季型草土壤 T-N 与 $NO_3^-$-N 不同季节变化趋势

表 9-9 暖季型草坪土壤 T-N 不同采样层次变化

| 采样层次(cm) | T-N(g/kg) | | | | 平均值 | 显著水平 | LSD |
|---|---|---|---|---|---|---|---|
| | 2011 年夏季 | 2011 年冬后 | 2012 年夏季 | 2012 年冬后 | | 5% | |
| 0～10 | 0.300 | 0.244 | 0.436 | 0.431 | 0.353 | a | |
| 10～20 | 0.266 | 0.153 | 0.256 | 0.259 | 0.233 | ab | 0.092 |
| 20～40 | 0.245 | 0.158 | 0.164 | 0.228 | 0.199 | b | |

### (二)硝态氮分布及消长规律差异

#### 1. 硝态氮随不同时间变化规律

从图 9-3 可知硝态氮随时间的变化情况，2011 年夏季的硝态氮含量最高，达到了 6.92mg/kg；而经过 2011 年冬后，进入一个低谷，为 3.86mg/kg，之后平稳，至 2012 年冬后达到了另一个波谷，为 3.96mg/kg。4 个时间段内，从 2012 年开始，其硝态氮的含量稳定在一个水平值上，显示暖季型草坪的硝态氮含量稳定。从差异显著性分析，2011 年冬后，2012 年夏季，2012 年冬后的硝态氮没有显著差异。

#### 2. 硝态氮随土壤层次不同变化规律

从表 9-10 可以发现，硝态氮的变化情况与 T-N 基本相似，土壤硝态氮含量随层数的增加而减少。从时间上来说，不同的取样时间的变化趋势与总体变化趋势没有显著区别，显示与时间的关系不大，对于显著性来说，0~10cm 层次显著高于 10~20cm、20~40cm。暖季型草坪的土壤硝态氮表聚较明显。

表 9-10    暖季型草硝态氮不同采样层次变化

| 采样层次（cm） | NO$_3^-$-N（mg/kg） | | | | 平均值 | 显著水平 | LSD |
| --- | --- | --- | --- | --- | --- | --- | --- |
| | 2011 年夏季 | 2011 年冬后 | 2012 年夏季 | 2012 年冬后 | | 5% | |
| 0~10 | 9.98 | 5.40 | 7.42 | 6.70 | 7.38 | a | |
| 10~20 | 5.53 | 3.49 | 4.41 | 3.66 | 4.27 | b | 1.26 |
| 20~40 | 6.10 | 3.28 | 2.74 | 2.74 | 3.712 | b | |

### （三）T-N 以及硝态氮总体消长规律差异

如图 9-4 所示，T-N 以及硝态氮总体消长随时间变化情况，与乔灌木群落土壤的变化规律相似的是，T-N 和硝态氮的变化趋势保持一致，T-N 和硝态氮的最底峰都出现在 2011 年冬后，T-N 的含量影响硝态氮的含量。

## 三、冷季型草坪群落土壤氮分布及消长规律差异比较

### （一）T-N 分布及消长规律差异

### 1. T-N 随不同时间变化规律

从图 9-4 冷季型草坪土壤 T-N 与 NO$_3^-$N 不同季节变化趋势可发现，4 个时间段的曲线经历了先抑后扬的过程，总体来说，冬季是冷季型草坪生长季节，不利于土壤全氮的积累，夏季则有利于土壤全氮的积累，冷季型草坪冬天茂盛而导致其在夏天出现氮的积累现象也比较明显。

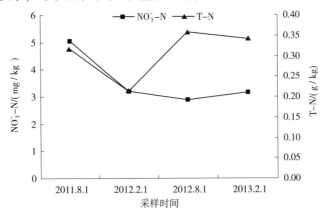

图 9-4    冷季型草坪土壤 T-N 与 NO$_3^-$-N 不同季节变化趋势

### 2. 不同土壤层次的 T-N 变化规律

从表 9-11 可以发现不同的土壤层次所对应的 T-N 的含量明显不同，表层土壤的 T-N 含量最高，中层土其次，最深层的土壤的 T-N 含量较低。对于不同的时间，大体上都与总体的变化情况类似，说明 T-N 不同层次的变化规律与时间之间没有显著区别。从差异显著性的角度来进行分析，冷季型草坪 3 个层次的差异显著性与之前两个群落，特别是与暖季型草坪的差异显著性的区别很小。

表 9-11　冷季型草坪群落 T-N 不同采样层次变化

| 采样层次 (cm) | T-N(g/kg) | | | | 平均值 | 显著水平 | LSD |
|---|---|---|---|---|---|---|---|
| | 2011 年夏季 | 2011 年冬后 | 2012 年夏季 | 2012 年冬后 | | 5% | |
| 0~10 | 0.353 | 0.275 | 0.510 | 0.508 | 0.411 | a | |
| 10~20 | 0.369 | 0.200 | 0.397 | 0.357 | 0.331 | ab | 0.094 |
| 20~40 | 0.275 | 0.191 | 0.264 | 0.250 | 0.245 | b | |

### （二）硝态氮分布及消长规律差异

#### 1. 硝态氮随不同时间变化规律

从图 9-4 中可以发现，4 个时间段的硝态氮变化情况，2011 年夏季的硝态氮含量最高，达到 5.06mg/kg，之后继续平稳下滑，至 2012 年冬后为 3.16mg/kg，但是总体与前两个阶段保持在一个比较相似的水平上。在差异显著性问题上，与暖季型草坪相似的是，后 3 个时间段的硝态氮没有显著变化。对于不同的季节情况，除了 2011 年的显著比较高，冬季的两个时间段相似。

#### 2. 硝态氮随土壤层次不同变化规律

从表 9-12 发现硝态氮在冷季型草坪群落土壤中随层次的加深含量稳定下降，3 个不同采样层次的大小与之前的相似，最上层的最高，而中层土壤处于中间水平，而到了最底层的硝态氮含量非常低。对于不同采样时期来说，变化差异不明显，对于差异显著性来说，表层土壤与其他两个层次之间都有显著差异，而 10~20cm 和 20~40cm 之间没有显著差异，这与暖季型草坪变化规律也相同。

表 9-12　冷季型草坪硝态氮不同采样层次变化

| 采样层次 (cm) | NO₃⁻N(mg/kg) | | | | 平均值 | 显著水平 | LSD |
|---|---|---|---|---|---|---|---|
| | 2011 年夏季 | 2011 年冬后 | 2012 年夏季 | 2012 年冬后 | | 5% | |
| 0~10 | 5.25 | 4.17 | 4.78 | 4.15 | 4.59 | a | |
| 10~20 | 4.75 | 2.66 | 2.24 | 3.12 | 3.19 | b | 0.96 |
| 20~40 | 5.12 | 2.99 | 2.27 | 2.69 | 3.27 | b | |

### （三）T-N 以及硝态氮总体消长规律差异

如图 9-5 所示，T-N 以及硝态氮总体消长随时间变化情况可知，T-N 以及硝态氮消长情况总体走势大体相同。T-N 和硝态氮都在 2011 年冬后达到了其最低峰，不同的是 2012 年夏季硝态氮维持在低谷，而 T-N 达到了其高峰。

## 四、常绿乔木群落土壤氮分布及消长规律差异比较

### （一）T-N 分布及消长规律差异

#### 1. T-N 随不同时间变化规律

由图 9-5 可以得知，与上述 3 个群落土壤 T-N 缓步下滑，从一开始的 2011 年夏季的 0.347g/kg，下降到 2013 年 2 月的 0.234g/kg，土壤全氮以消耗为主，与有机碳变化趋势一致。

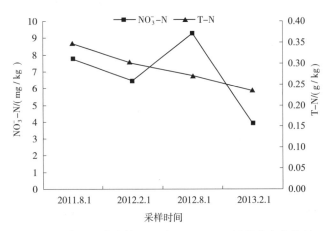

图 9-5　常绿乔木土壤 T-N 与 NO₃⁻-N 不同季节变化趋势

### (二)不同土壤层次的 T-N 变化规律

表 9-13 常绿乔木群落 T-N 不同采样层次变化表明，与上述几个群落之间的情况相似，其 4 个时间段的层数变化情况与总体情况基本相似，对于常绿乔木来说，其整个四季的情况比较稳定，其不同采样层次的变化情况也符合其他不同群落的特点。

表 9-13　常绿乔木群落 T-N 不同采样层次变化

| 采样层次(cm) | T-N(g/kg) | | | | 平均值 | 显著水平 | LSD |
|---|---|---|---|---|---|---|---|
| | 2011 年夏季 | 2011 年冬后 | 2012 年夏季 | 2012 年冬后 | | 5% | |
| 0~10 | 0.350 | 0.379 | 0.326 | 0.340 | 0.349 | a | |
| 10~20 | 0.350 | 0.306 | 0.218 | 0.277 | 0.288 | ab | 0.081 |
| 20~40 | 0.344 | 0.256 | 0.271 | 0.159 | 0.258 | b | |

### (二)硝态氮分布及消长规律差异

#### 1. 硝态氮随不同时间变化规律

土壤中硝态氮含量随时间变化情况如图 9-6 所示：2011 年夏季的硝态氮含量 7.76mg/kg；而经过 2011 年冬后，经过一个波谷，为 6.48mg/kg；之后上升，至 2012 年夏季达到了一个波峰，为 9.29mg/kg；随后继续下降，达到最低值，为 3.91mg/kg。常绿乔木群落的硝态氮的变化波动非常大，其 3 个时间段的差异互相之间都为显著，总体表现为夏季高于冬季。

#### 2. 硝态氮随土壤层次不同变化规律

从表 9-14 中发现硝态氮在常绿乔木群落土壤中随层次的加深含量稳定下降，3 个不同采样层次的大小与之前的相似，最上层的最高，而中层土壤处于中间水平，而到了最底层的硝态氮含量非常低。

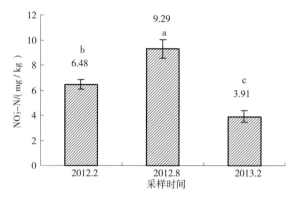

图9-6　常绿乔木硝态氮不同季节方差分析

表9-14　常绿乔木硝态氮不同采样层次变化

| 采样层次（cm） | $NO_3^-N$ (mg/kg) | | | | 平均值 | 显著水平 | LSD |
|---|---|---|---|---|---|---|---|
| | 2011年夏季 | 2011年冬后 | 2012年夏季 | 2012年冬后 | | 5% | |
| 0~10 | 11.02 | 8.55 | 16.08 | 5.22 | 10.22 | a | |
| 10~20 | 8.08 | 6.01 | 10.98 | 3.84 | 7.23 | ab | 3.59 |
| 20~40 | 5.98 | 5.69 | 5.05 | 3.29 | 5.00 | b | |

### （三）T-N以及硝态氮总体消长规律差异

如图9-6所示，T-N以及硝态氮总体消长随时间变化情况可见，T-N以及硝态氮消长情况总体走势相同。T-N和硝态氮都在2011年夏季保持在一个比较高的含量水平上，其2012年两者同时下降；不同之处在于T-N之后的两个时间点继续下降；到2012年冬后达到最低点；而硝态氮于2012年夏天经历一个上升的最高峰，之后同样下降到了最低点。

## 五、灌木群落土壤氮分布及消长规律差异比较

### （一）T-N分布及消长规律差异

#### 1. T-N随不同时间变化规律

由图9-7灌木群落土壤T-N随时间变化趋势可知，2011年夏季的T-N含量为0.733g/kg，而经过需肥量较大的芍药、牡丹的生长，至2011年冬后，降低到了0.513g/kg，之后由于施用了有机肥开始上升，至2012年冬后达到了一个比较高的水平，为2.00g/kg，极显著高于2011年冬后的土壤T-N，这也说明日常养护中施肥的重要性。

#### 2. 不同土壤层次的T-N变化规律

如表9-15灌木群落T-N不同采样层次变化所示，灌木群落土壤的T-N含量随着土层的加深不断下降，这与上述4个群落情况相似，不同的采样时间所反映的土壤的层数规律与总体相似，3层土壤的T-N基本都遵循这一规律；对于显著性，表层土壤与中层土壤之间没有显著差异，但显著高于底层土壤。

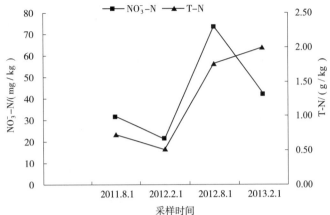

图 9-7　灌木群落土壤 T-N 与 $NO^-_3$-N 不同季节变化趋势

表 9-15　灌木群落 T-N 不同采样层次变化

| 采样层次(cm) | T-N(g/kg) | | | | 平均值 | 显著水平 | LSD |
|---|---|---|---|---|---|---|---|
| | 2011 年夏季 | 2011 年冬后 | 2012 年夏季 | 2012 年冬后 | | 5% | |
| 0~10 | 1.07 | 0.664 | 1.84 | 2.64 | 1.55 | a | |
| 10~20 | 0.747 | 0.503 | 1.75 | 2.23 | 1.31 | ab | 0.38 |
| 20~40 | 0.559 | 0.444 | 1.72 | 1.57 | 1.07 | b | |

### (二)硝态氮分布及消长规律差异

#### 1. 硝态氮随不同时间变化规律

图 9-7 显示灌木群落土壤中硝态氮含量同样有非常明显的差异。2011 年夏季的硝态氮含量为 31.82mg/kg，而经过 2011 年冬后，经过一个波谷，为 21.23mg/kg，之后显著上升，至 2012 年夏季达到了一个波峰，为 73.72mg/kg，然后再缓慢回落。从表 9-15 中可以得出，同样是冬季，但是 2011 年冬后的硝态氮含量只有 2012 年的一半，而 2011 年夏季与 2012 年夏季的 T-N 含量相差也是两倍。从差异性分析来看，2012 年夏季的硝态氮显著高于 2011 年冬后的硝态氮含量。灌木群落的各时期的硝态氮高于其他 4 个群落。

#### 2. 硝态氮随土壤层次不同变化规律

由表 9-16 灌木群落硝态氮不同采样层次变化可知，硝态氮在灌木群落土壤中随层次的加深含量总体呈下降态势，但在最深层次的硝态氮含量仍然显著高于其他各个群落值。对于不同时间段的趋势相似，但是对于相关显著性的情况来说，灌木群落的各个层次之间都没有显著差异，与其他群落形成鲜明反差。

表 9-16　灌木群落硝态氮不同采样层次变化

| 采样层次(cm) | $NO^-_3$-N(mg/kg) | | | | 平均值 | 显著水平 | LSD |
|---|---|---|---|---|---|---|---|
| | 2011 年夏季 | 2011 年冬后 | 2012 年夏季 | 2012 年冬后 | | 5% | |
| 0~10 | 68.58 | 38.40 | 84.69 | 34.17 | 56.46 | a | |
| 10~20 | 33.07 | 20.68 | 73.98 | 42.79 | 42.63 | a | 24.50 |
| 20~40 | 12.81 | 12.93 | 68.10 | 46.07 | 34.98 | a | |

### (三)T-N 以及硝态氮总体消长规律差异

如图 9-7 所示，T-N 以及硝态氮总体消长随时间变化情况可知，T-N 以及硝态氮消长情况总体走势相同。T-N 和硝态氮都在 2011 年夏季的含量水平上至 2011 年冬后两者同时下降，并于 2012 年夏季又同时上升至一个高峰，不同之处在于 T-N 之后继续上升，而硝态氮于 2012 年夏天开始经历又一个下降的低峰。

## 六、五种不同群落土壤氮差异性比较

### (一)5 种不同群落土壤 T-N 差异性比较

5 种不同群落随着时间的变化规律基本相同(图 9-8)，2011 年冬后除乔灌草群落外其余4 个群落均略低，至 2012 年夏季以及 2012 年冬后相对较高。乔灌草群落 2011 年夏季较低，与其他群落不同；常绿群落与其他群落不同，4 个时期不断降低，灌木群落的 T-N 显著高于其他群落，可见其 T-N 含量非常高。

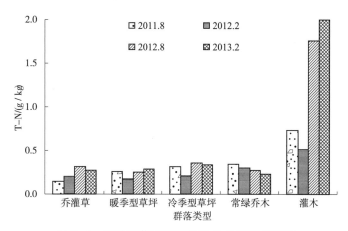

图 9-8　五种群落不同时期 T-N 总体变化趋势

### (二)5 种不同群落硝态氮差异性比较

5 种群落土壤硝态氮与 T-N 相似(图 9-9)，2011 年冬后除乔灌草群落外其余 4 个群落均略低，至 2012 年夏季以及 2012 年冬后相对较高。乔灌草群落 2011 年夏季较低，与其他群落不同；2013 年 2 月的灌木群落仍然保持比较高的值，而其他群落相对较低，乔灌草群落和常绿乔木群落比暖季型及冷季型草坪群落略高，暖季型及冷季型草坪群落的土壤硝态氮各时期相对变化不大。

### (三)5 种不同群落土壤 T-N 累积差异比较

比较各群落的土壤 T-N 的增幅差异(表 9-17)，乔灌草群落表土层增幅最大，其他群落除常绿乔木群落外，表土层均有一定幅度的增加，且均为表土层增幅最大，暖季型草坪和冷季型草坪 10cm 以下的土层均为负增长，随着土层的加深，负增长的幅度更大。

以 2013 年 2 月与 2012 年 2 月测定结果比较，常绿灌木群落各层仍为负增长，其余 4 个群落除灌木群落受人为施肥影响，3 个群落的各土层均有不同程度的土壤全氮积累，乔灌草群落增幅小于 2 年内的增幅。

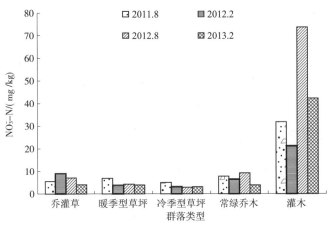

图9-9 五种群落不同时期硝态氮总体变化趋势

表9-17 不同植物群落土壤T-N累积差异

| 群落类型 | 采样深度（cm） | T-N（g/kg） | | | | 增幅（%） | |
|---|---|---|---|---|---|---|---|
| | | 2011.8 | 2012.2 | 2012.8 | 2013.2 | 同季增幅 | 2年增幅 |
| 乔灌草 | 0~10 | 0.19 | 0.28 | 0.49 | 0.44 | 58.87 | 131 |
| | 10~20 | 0.16 | 0.15 | 0.44 | 0.25 | 63.32 | 51.89 |
| | 20~40 | 0.12 | 0.11 | 0.16 | 0.20 | 83.43 | 60.07 |
| 暖季型草坪 | 0~10 | 0.30 | 0.24 | 0.44 | 0.43 | 76.92 | 43.82 |
| | 10~20 | 0.27 | 0.15 | 0.26 | 0.26 | 69.97 | -2.51 |
| | 20~40 | 0.25 | 0.16 | 0.16 | 0.23 | 43.99 | -6.95 |
| 冷季型草坪 | 0~10 | 0.35 | 0.27 | 0.51 | 0.51 | 84.94 | 44.11 |
| | 10~20 | 0.37 | 0.20 | 0.40 | 0.36 | 78.10 | -3.33 |
| | 20~40 | 0.27 | 0.19 | 0.26 | 0.25 | 31.20 | -8.99 |
| 常绿乔木 | 0~10 | 0.35 | 0.38 | 0.33 | 0.34 | -10.35 | -2.96 |
| | 10~20 | 0.35 | 0.31 | 0.22 | 0.28 | -9.42 | -20.74 |
| | 20~40 | 0.34 | 0.26 | 0.27 | 0.16 | -37.76 | -53.70 |
| 灌木 | 0~10 | 1.07 | 0.66 | 1.84 | 2.64 | 297 | 147 |
| | 10~20 | 0.75 | 0.50 | 1.75 | 2.23 | 344 | 199 |
| | 20~40 | 0.56 | 0.44 | 1.72 | 1.57 | 254 | 181 |

## 七、上海典型植物群落氮循环规律

### （一）土壤含氮量与不同年度以及季节的关系

从5个群落的T-N以及硝态氮的变化趋势中，硝态氮作为T-N中的一个组成部分与T-N的变化趋势十分相似，并且当T-N含量增加或减少时硝态氮变化更加明显。不同季节的T-N含量和硝态氮含量的差异比较显著，常绿乔木群落的T-N含量逐年下降，表明更应注重日常养护中施肥管理；其余 4 个群落土壤 T-N 总体趋势逐年增加，但是，除灌木群落外，各群落的土壤全氮和硝态氮含量水平较低。同时，部分群落的土壤硝态氮的变化曲线的波动要显著大于 T-N。

**（二）土壤含氮量与不同群落的关系**

通过比较不同群落的氮含量变化情况，从整体来看，暖季型草坪和冷季型草坪之间的变化趋势非常相似，在最后两个时间段是两种草坪的硝态氮保持平稳，而 T-N 都保持高位，表明这两种草坪土壤氮的情况非常一致。对于灌木土壤和常绿乔木土壤，其 T-N 和硝态氮的变化非常巨大，同乔灌草群落相似的是，其 T-N 和硝态氮的变化情况保持同步，显示这几种含乔木的土壤相关性非常好。对于常绿乔木来说，由于其周年常绿的特点，以及硝态氮的相对稳定，故 T-N 的变化幅度较其他几种群落更加稳定，比含有落叶乔木的乔木灌木草坪群落以及灌木群落更加稳定。另外从氮含量来说，灌木群落的值显著高于其他群落，鉴于其硝态氮含量显著高，分析认为其人工施肥的量比较大。

**（三）土壤含氮量与不同采样层次的关系**

对于 T-N 随着层次的变化情况，5 种群落的情况非常相似，其相邻层次之间都没有显著差异，而 $10\sim20cm$ 与 $20\sim40cm$ 存在显著差异，表明随着层次的增加土壤的 T-N 含量稳步减少。而对于硝态氮来说，除了灌木群落的显著性都不明显外，其他 4 种群落第一层次与其他层次之间存在非常显著的差异。

**（四）土壤 T-N 量与硝态氮量的关系**

不同群落土壤 T-N 和硝态氮之间有着非常紧密的联系，在灌木群落中，硝态氮含量比其他 4 种群落显著高，而 T-N 含量也同样显著高，对于这 5 种群落，T-N 的变化曲线与硝态氮的变化情况大致相似，表明这两者之间有着显著的相关性，这一特点显著出现在乔木群落中，而对于草坪群落，相关性并不好，推测有其他的因素影响了 T-N 的变化情况。

# 参 考 文 献

[1] 方海兰. 城市典型绿地土壤质量与污泥绿地消纳[D]. 同济大学，2010.

[2] 李菊梅，王朝辉. 有机质、全氮和可矿化氮在反映土壤供氮能力方面的意义[J]. 土壤学报，2003，40（2）：232-238.

[3] 王军辉，方海兰，黄懿珍，等. 程桥污水厂污泥来源堆肥产品的绿地利用可行性探讨[J]. 上海交通大学学报（农业科学版），2005，23（4）：424-429.

[4] 王振，张京伟，张德顺. 上海地区落叶含氮量丰富的高效固氮树种选择[J]. 中国园林，2011（4）：70-73.

[5] 项文化，黄志宏，闫文德，等. 森林生态系统碳氮循环功能耦合研究综述[J]. 生态学报，2006，26（7）：2365-2372.

[6] 有祥亮，张京伟，张德顺，等. 29 种固氮树种生长量与固氮效率相关性研究[J]. 江西农业学报，2009，21（11）：33-35.

[7] 有祥亮，张德顺，张京伟，等. 上海地区 29 种固氮树种固氮特性综合评价[J]. 天津农业科学，2010，16（2）：8-12.

[8] 张京伟，有祥亮，王奎玲，等. 上海园林绿地结瘤固氮植物资源及其固氮酶活性的初步研究[J]. 上海

交通大学学报(农业科学版), 2010, 28(2): 171-177.

[9] 张京伟, 有祥亮, 郗金标, 等. 上海市园林绿地共生固氮植物资源调查[J]. 浙江农业学报, 2010, 22
(1): 62-68.

[10] De Vries W I M, Reinds G J, Gundersen P E R, et al. The impact of nitrogen deposition on carbon
sequestration in European forests and forest soils[J]. Global Change Biology, 2006, 12(7): 1151-1173.

[11] Hungate B A, Dukes J S, Shaw M R, et al. Nitrogen and climate change[J]. Science, 2003, 302(5650):
1512-1513.

[12] Lal R. Soil carbon sequestration to mitigate climate change[J]. Geoderma, 2004, 123(1): 1-22.

[13] Reich P B, Hobbie S E, Lee T, et al. Nitrogen limitation constrains sustainability of ECosystem response to
CO$_2$[J]. Nature, 2006, 440(7086): 922-925.

[14] Rixon A J. Soil fertility changes in a red-brown earth under irrigated pastures. I. Changes in organic carbon/
nitrogen ratio, Cation exchange capacity and pH[J]. Crop and Pasture Science, 1966, 17(3): 317-325.

[15] Waksman S A. Influence of microorganisms upon the carbon-nitrogen ratio in thesoil[J]. The Journal of
Agricultural Science, 1924, 14(04): 555-562.

[16] United States Environmental Protection Agency. Land application of Sewage Sludge-A Guide for Land Appliers
on the Requirements of the Federal Standards for the Use or Disposal of SewageSludge(40 CFR Part 503. EPA/
831-B-93-002b). Washington, D C: Office of Environment and Compliance Assurance, 1994.

# 第10章　园林绿化土壤温室气体排放和影响因子

传统施肥在增加土壤肥力的同时，也增加 $CO_2$、$N_2O$ 的排放并增加氮、磷污染的潜在风险。现代土壤培肥措施不仅注重土壤肥力提高，更注重将经济效益、生态效益和环境效益三者有机结合，即将传统的土壤碳氮等肥力要素与整个生物地球化学循环以及生态系统固碳减排有机地结合起来。

$CO_2$、$CH_4$ 和 $N_2O$ 是主要的温室气体，又以大气中 $CO_2$ 浓度对气候的影响最引人关注。$CO_2$ 在大气中的存留寿命为 5~200 年，辐射强迫 $1.46W/m^2$，对全球温室效应的相对贡献为 50%~60%。$CH_4$ 是地球大气中含量最高的有机气体，是一种仅次于 $CO_2$ 的重要温室效应气体之一，其对温室效应的贡献可达 15%。氧化亚氮($N_2O$)是一种受人类活动影响的重要温室气体，由于 $N_2O$ 在大气中的驻留时间长达 140 年，其温室效应是等质量 $CO_2$ 的 310 倍，在增温贡献中约占 6%。

能源消耗即化石燃料的燃烧是我国 $CO_2$ 排放的主要来源之一，其中城市的能源活动占据了 70% 以上。中国 $CH_4$ 排放主要来源于农业活动、能源活动和废弃物处置，农业活动是 $CH_4$ 的最大排放源，包括反刍动物肠道发酵(29.70%)和水稻种植(19.73%)等；能源活动是 $CH_4$ 的第二大排放源，包括煤炭开采和矿后活动(20.71%)和生物质燃烧排放(6.26%)等；废弃物处置排放 $CH_4$ 约占 22.52%。中国 $N_2O$ 排放主要来自农业活动，占 92.4%，能源活动和工业生产过程分别占 5.8% 和 1.8%。

温室气体排放导致全球气候变化加剧，控制温室气体排放是全人类共同担负的艰巨任务。城市化水平的提高导致温室气体排放增加，据国际能源署(IEA)估测，城市地区在 2006 年贡献了 67% 的能源需求及 71% 能源相关的 $CO_2$ 排放，截止到 2030 年 $CO_2$ 排放水平将增加到 76%。随着我国经济的高速发展，城市化进程加快，城镇居民的生活水平将大幅度提高，同时使得城市能源消耗增加，温室气体排放加剧。

土壤是大气温室气体的重要源和汇，主要温室气体 $CO_2$ 和 $N_2O$ 都直接或间接与这个系统有关。城市中园林绿化土壤虽面积有限，但在城市中分布广泛，其对温室气体影响虽不能与面积广阔的森林或农田土壤相比，但作为城市生态系统重要组成要素，城市里的园林绿化土壤及植被不仅仅具备传统的景观和生态服务功能，其对区域或者局部温室气体的影响同样值得关注。

## 第一节　上海园林绿化土壤呼吸

土壤呼吸指未被扰动的土壤产生 $CO_2$ 的所有代谢作用，主要包括三个生物学过程(即土壤微生物呼吸、根系呼吸和土壤动物呼吸)和一个非生物学过程(即含碳物质的化学氧化作用)。土壤呼吸主要来自根系呼吸和土壤微生物异氧呼吸，其余部分主要来自于土壤微生物对有机质的分解作用，而来自土壤动物呼吸和土壤化学氧化过程较少，一般很少考虑。

土壤呼吸是陆地生态系统碳循环的一个重要组成部分，大气中的 $CO_2$ 通过光合作用进入陆地生态系统，这部分 $CO_2$ 要通过多个过程返回到大气，其中生态系统呼吸是 $CO_2$ 从生态系统释放到大气中的主要途径，它包括植物器官的呼吸以及土壤微生物和动物的呼吸，其中土壤呼吸可以占到生态系统呼吸的 60%～90%。土壤呼吸一方面是表征土壤质量和土壤肥力的指标，另一方面也是土壤生物活性和土壤透气性的指标，一定程度上反映了土壤养分转化与供应能力，是土壤生态系统营养循环与能量转化的外在表现，所以测定土壤呼吸有很重要的意义。

不同植物群落对土壤呼吸有重要的影响，全球主要群落类型间土壤呼吸速率存在明显差异，植被变化是影响土壤呼吸速率的重要因子。如所有生态系统中草地的土壤呼吸排放量最高。草地一般比邻近的农田土壤呼吸速率高25%；森林转化为草地土壤呼吸速率约有20%的差异，草地年土壤呼吸速率比针叶林和阔叶林高。相同类型的土壤，阔叶林土壤呼吸速率比针叶林高。在相同的立地条件下(气候状况和土壤本底相同)，植被变化对土壤呼吸有重要影响，它是通过影响枯落物数量和质量、根呼吸速率、土壤状况及小气候条件等进而影响土壤呼吸。如根呼吸在土壤呼吸中占有很大的比例，土壤呼吸和根系生物量之间呈正相关，草地根呼吸占土壤呼吸的比例为17%～60%，温带森林为40%～50%，相对于森林，草地植被会把大部分的光合产物分配到根系；土壤呼吸速率的季节变化与地上生物量，尤其是地上绿色部分活体重量的季节动态呈极显著相关；植被覆盖的变化改变了土壤温度和湿度条件，可通过影响土壤小气候来影响土壤呼吸。这些影响机制并不是独立影响土壤呼吸，而是综合地影响土壤呼吸。地上植被差异会使得土壤环境因子出现差异，导致土壤呼吸强度出现差别；地上植被不同，会相应改变所在土壤小气候以及地下土壤生物、非生物环境，从而对土壤呼吸造成影响。

土壤呼吸早在19世纪末就开始研究，但长期以来，土壤呼吸的研究主要集中在农地、草地和林地土壤上，对城市土壤呼吸的研究很少。开展城市绿地土壤呼吸研究，对城市小气候以及生态环境调控具有重要影响。

## 一、不同植物群落土壤呼吸季节变化

选择上海植物园和共青森林公园2座典型绿地的10个典型植物群落，包括4种草坪、4种乔木林和2种灌木林，植物群落、植被组成和土壤理化性质见第8章的表8-6和表8-7，采用CFX-2开放式呼吸测定系统进行土壤呼吸速率测定。

### (一)不同植物群落土壤呼吸速率季节动态变化

10种植物群落土壤呼吸速率有明显的季节变化(图10-1)，均呈单峰曲线，其最大值出现在6～9月，最小值出现在12月至翌年3月。百慕大草坪土壤的呼吸速率变化范围为 $0.13～3.47\mu mol/(m^2 \cdot s)$，黑麦草百慕大混播草坪为 $1.16～5.95\mu mol/(m^2 \cdot s)$，金桂群落为 $0.92～4.43\mu mol/(m^2 \cdot s)$，紫荆群落为 $0.89～3.76\mu mol/(m^2 \cdot s)$，香樟群落为 $0.73～6.43\mu mol/(m^2 \cdot s)$，香榧银杏群落为 $0.72～3.64\mu mol/(m^2 \cdot s)$，结缕草草坪为 $0.93～8.27\mu mol/(m^2 \cdot s)$，狗牙根草坪为 $1.21～9.27\mu mol/(m^2 \cdot s)$，雪松群落为 $1.05～3.86\mu mol/(m^2 \cdot s)$，银杏群落为 $0.99～5.58\mu mol/(m^2 \cdot s)$。从总体上看，10种植物群落全年土壤呼吸平均速率由小到大的顺序为百慕大草坪<紫荆群落<香榧—银杏群落<雪松群落<金桂群落<香樟群落<银杏群落<黑麦草—百慕大混播草坪<结缕草草坪<狗牙根草坪。10种植物群落土壤的呼吸速率的季节变化与气温、5cm地温和10cm地温的变化趋势相似，其中百慕大草坪、

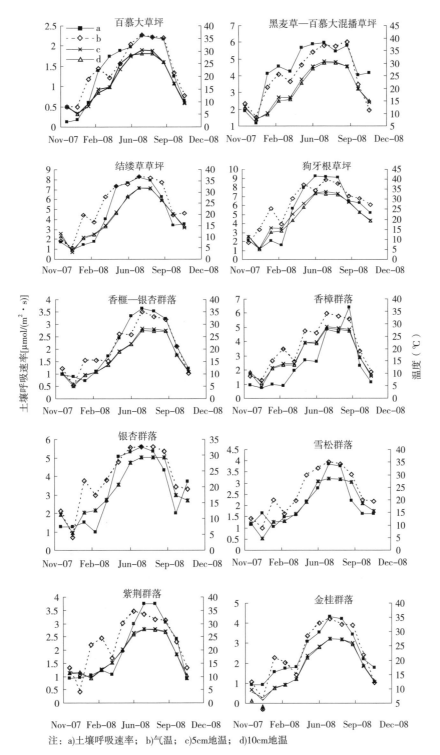

注：a)土壤呼吸速率；b)气温；c)5cm地温；d)10cm地温

**图10-1　10种植物群落土壤呼吸速率、气温、5cm地温和10cm地温季节变化**

黑麦草百慕大混合群落均与地温的趋势较吻合。土壤呼吸速率的最高值和最低值分别出现在温度最高和最低的月份，随着温度的逐渐升高，土壤呼吸速率逐渐变大。

与同地带的其他研究相比，上海绿地植物群落土壤呼吸的季节变化基本相似，土壤呼吸、气温、5cm 和 10cm 地温的季节变化均呈单峰曲线，其最大值出现在 6～9 月，最小值出现在 12 月至翌年 3 月。如福建格氏栲天然林、格氏栲人工林和杉木人工林土壤呼吸速率季节变化均呈单峰曲线，最大值出现在 5～6 月，最小值出现在 12 月至翌年 1 月；鼎湖山季风常绿阔叶林、针阔叶混交林和马尾松林的土壤呼吸速率变化为 7 月最高，12 月至翌年 2 月最低；湖南会同杉木人工林土壤呼吸速率从 1～7 月随温度上升递增，7 月达到年呼吸速率最大值，8～12 月呈逐渐递减的趋势。

### (二)不同植物群落的土壤呼吸速率

#### 1. 乔木

4 种乔木林全年土壤呼吸平均速率大小存在差异，落叶阔叶纯银杏林群落>常绿阔叶纯香樟林群落>常绿针叶纯雪松林群落和常绿落叶阔叶香榧—银杏混交林群落。不同的森林生态系统，土壤呼吸速率有所不同，不同植被类型之间土壤呼吸速率存在差异。乔木林土壤呼吸的季节差异可能与其森林植被有关，在相同立地条件下也就是气候状况和土壤本底相同，植被的差异对土壤呼吸有重要的影响，它可通过影响凋落物数量和质量、根呼吸速率、土壤状况及小气候条件等进而影响土壤呼吸。香榧—银杏群落是常绿落叶阔叶混交林，郁闭度比其他 3 种纯林大，可能通过遮挡日光的作用改变了林内小气候使温度相对较低，使其比其他两种常绿阔叶纯香樟林群落和落叶阔叶纯银杏林群落的土壤呼吸速率小；常绿针叶纯雪松林群落不仅凋落物少，而且凋落物分解速率慢，所以其土壤呼吸速率小；常绿林的凋落物比落叶林少，减少了土壤生物呼吸的来源，所以常绿阔叶纯香樟林群落比落叶阔叶纯银杏林群落的土壤呼吸速率小。杨玉盛(2004 年)等总结在林地中，针叶林比邻近生长的阔叶林呼吸速率要低近 10%；Hudgens(1997 年)等也观察到阔叶林的土壤呼吸速率比附近松树人工林的高；刘惠(2007 年)等研究发现果园土壤呼吸速率大于针叶林；王旭(2007 年)等发现生长季山杨白桦混交次生林土壤释放 $CO_2$ 的量比阔叶红松林的多。

#### 2. 草坪

草坪类型不同，其土壤呼吸的季节变化有所差异，全年由小到大依次为百慕大草坪<黑麦草—百慕大混播草坪<结缕草草坪<狗牙根草坪。其中百慕大草坪土壤的呼吸速率在观测期间一直最小，尤其在冬季，百慕大草坪土壤呼吸基本为 0；在 12 月至翌年 4 月，黑麦草—百慕大混播草坪土壤的呼吸速率最大；而在 5～8 月，狗牙根草坪土壤的呼吸速率最大，其次为结缕草。草坪土壤呼吸的季节差异可能与其生长习性有关，除黑麦草外其他草坪均为暖季型草坪，它们生长的最适温度为 25～35℃，从 5 月起上海温度变化适宜其生长，暖季型草坪土壤呼吸速率随着温度升高有加快趋势。而黑麦草—百慕大混播草坪由于黑麦草是冷季型草坪，其最适宜的生长温度是 15～25℃，在 12 月至翌年 4 月百慕大草坪生长减弱甚至停止；但黑麦草生长旺盛，相应土壤呼吸速率也高，到了 5 月以后，黑麦草的生长受到抑制，但混播的百慕大已开始生长，其土壤呼吸速率随温度升高而升高的趋势变缓。相对其他草坪而言，黑麦草—百慕大混播草坪一年生长期内的土壤呼吸速率基本维持在一个相对平衡水

平。造成百慕大草坪和其他3种草坪土壤呼吸速率的差异可能受到土壤本身性质的影响。从表8-7可知道，由于百慕大草坪是开放式草坪，受到人为的严重践踏，因此其碳、氮含量及容重、pH等理化性质明要比其他3种土壤差，其土壤呼吸也最低；而狗牙根草坪的碳、氮含量及pH等理化性质是4种草坪中最好的，其土壤呼吸相对也最高。张东秋（2005年）等也总结指出，土壤呼吸受土壤性质影响，当土壤碳和氮含量高时，其土壤呼吸相对也会增强。由此可见，在城市中，践踏等人为因素干扰了土壤理化性质进而影响其土壤的呼吸速率。

### 3. 灌木

目前，已有报道的土壤呼吸研究大多集中在森林和草原群落或生态系统上，对灌木丛的土壤呼吸研究较少。本次研究仅选择了金桂和紫荆2种灌木丛，其中金桂的土壤平均呼吸速率$[2.46\mu mol/(m^2 \cdot s)]$略高于紫荆$[2.00\mu mol/(m^2 \cdot s)]$，这可能跟金桂是常绿树种、枝叶生长茂盛等有一定关系。但由于选择的灌木丛种类较少，不同灌木丛种类土壤呼吸差异及影响机制还需进一步深入研究。

### 4. 不同植物群落比较

方差分析表明，在整个监测期间10种植物群落平均土壤呼吸速率的总体差异极为显著（$P<0.01$）。狗牙根草坪最高，为$5.51\mu mol/(m^2 \cdot s)$，是香樟群落的2.20倍，是呼吸速率最低的百慕大草坪的3.72倍。多重比较的结果表明（表10-1），各植物群落之间总体存在极显著差异，草坪的土壤呼吸速率远远大于乔木林和灌木丛的土壤呼吸速率。Raich和Tufekcioglu（2000年）总结发现草地土壤呼吸速率比邻近森林高20%~25%；Aslam（2000年）等发现土壤呼吸排放最高的是草地；吴建国（2003年）等发现草地年呼吸量比针叶林和阔叶林高。草坪直接暴露在空气中，太阳直接辐射，并且由于草坪的枯落物和腐殖质层薄，上海草坪土壤有机质含量普遍低，使其中的土壤易变碳容易被微生物分解，所以它们土壤呼吸速率最大；而乔木林和灌木丛冠层的作用，树冠对强烈的太阳直接辐射具有遮挡、吸收作用，使周围环境降温，同时也间接地阻止了树冠下的空气与外界空气间的交换，使蒸发出的水汽不容易扩散出去，该空间的相对湿度较高；另外，植被能通过土壤有机质、土壤微生物、土壤结构和根呼吸影响土壤呼吸。

已有报道证实，相对草地而言林地绿量大，具有明显的遮阴、降温、增湿作用，对小气候的调节能力更佳，因此从城市生态效益角度，宜多建植乔木少建草坪。而对城市不同植物群落土壤呼吸特征的研究表明，城市不同植物群落中以草坪的土壤呼吸速率最大，乔木林和灌木丛相对较小。城市绿地中不同植物群落的土壤呼吸速率进一步验证城市绿地中提高林地比例的重要意义，多种植乔木有利于缓解城市温室效应。

表10-1 不同植物群落土壤呼吸速率多重比较

| 群落类型 | 土壤呼吸速率$[\mu mol/(m^2 \cdot s)]$ | 群落类型 | 土壤呼吸速率$[\mu mol/(m^2 \cdot s)]$ |
|---|---|---|---|
| 狗牙根草坪 | 5.51±3.09A | 金桂群落 | 2.46±1.21BCD |
| 结缕草草坪 | 4.53±2.80AB | 雪松群落 | 2.08±0.93CD |
| 黑麦草—百慕大混播草坪 | 4.19±1.55ABC | 香榧—银杏群落 | 2.08±1.23CD |
| 银杏群落 | 3.25±1.83ABCD | 紫荆群落 | 2.00±1.13D |
| 香樟群落 | 2.35±1.87BCD | 百慕大草坪 | 1.48±0.89D |

注：不同大写字母表示差异达到0.05显著水平。

## 二、不同植物群落土壤呼吸速率日变化

### (一)乔木林土壤呼吸速率日变化

由图10-2可看出,香樟群落和香榧—银杏群落土壤呼吸速率日变化动态为单峰曲线:除了香樟群落4月土壤呼吸速率日变化比较复杂外,其他变化规律大致相同,即在清晨时相对较低,之后逐步提高,14:00~16:00左右达到最大值,之后又逐渐降低。而香樟群落4月土壤呼吸速率日变化最大值出现在11:00,与土温和气温的变化趋势不太一致,可能是由于当日阴天所致,说明可能还存在其他因子调控土壤呼吸的日变化。

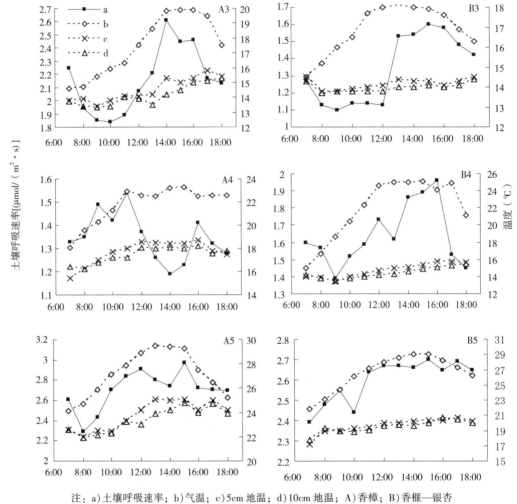

注:a)土壤呼吸速率;b)气温;c)5cm地温;d)10cm地温;A)香樟;B)香榧—银杏

图10-2  2种乔木林土壤呼吸速率、气温、5cm地温和10cm地温日变化

日变化范围的大小反映了2种乔木林的土壤呼吸速率在不同月份日变化范围存在差异。其中香樟群落土壤呼吸速率3月的日变化范围为1.84~2.61μmol/(m²·s),4月为1.19~1.54μmol/(m²·s),5月为2.29~2.97μmol/(m²·s),大小顺序为4月土壤呼吸速率<3月土壤呼吸速率<5月土壤呼吸速率。香榧—银杏群落3月的土壤呼吸速率日变化范围为

$1.10 \sim 1.60 \mu mol/(m^2 \cdot s)$，4月为$1.39 \sim 1.96 \mu mol/(m^2 \cdot s)$，5月为$2.39 \sim 2.70 \mu mol/(m^2 \cdot s)$，大小顺序为3月土壤呼吸速率<4月土壤呼吸速率<5月土壤呼吸速率。香樟群落3月和5月的土壤呼吸日变化幅度比香榧—银杏群落大，4月比香榧—银杏群落小。2种乔木林不同月份土壤日呼吸速率的变化也可能与其生长习性有关，樟树是常绿乔木，一般春天新叶长成后老叶才开始脱落，而在上海4月份正好是香樟新老叶更替的时期。

由图10-3还可看出，2种乔木林3个月内气温、5cm地温和10cm地温的日变化也呈单峰曲线，10cm地温<5cm地温<气温，变幅在$0.7 \sim 10.1 ℃$，与土壤呼吸速率日变化的趋势基本一致，两种乔木林的气温、5cm地温和10cm地温均是3月<4月<5月。这与川西亚高山针叶林、东北温带次生林和落叶松的土壤呼吸日变化结果相似，与气温和地温的日变化一致。

本研究表明，百慕大草坪、黑麦草—百慕大混播草坪、香樟群落和香榧—银杏群落的土壤呼吸速率、气温、5cm地温和10cm地温的日变化均呈单峰曲线，土壤呼吸速率的日变化动态与气温、5cm和10cm地温的变化动态基本一致，这与多数自然群落土壤呼吸速率日变化的研究结果相似，说明城市绿地土壤和自然群落的具有一致性，即温度对土壤呼吸的影响起主要作用。城市土壤呼吸速率日变化最大值一般出现在下午12：00～16：00，虽然土壤呼吸速率日变化最大值出现的具体时间在不同研究地、不同土地利用方式或植被类型上有所不同，但其土壤呼吸速率日变化最大值出现时间基本和温度最大值出现的时间一致。如草原群落土壤呼吸速率日变化明显，土壤呼吸速率的最大值一般出现在午后13：00～15：00，与温度的变化有着较好的一致性；六盘山林区典型的天然次生林、农田、草地和人工林土壤呼吸速率随着温度升高逐渐升高，最大值一般在13：00～15：00，北京山地温带森林秋季的土壤呼吸速率日变化在12：00～16：00最高。

比较研究发现，乔木林土壤呼吸速率日变化最大值比草坪出现延后，并且草坪气温、5cm地温和10cm地温的日变化幅度比乔木林大，这可能主要是地表凋落物层和冠层影响的结果。一方面乔木林相对于草坪凋落物多，导致土壤$CO_2$的释放受阻，延迟了土壤呼吸速率日变化最大值出现的时间，土壤凋落物层影响土壤$CO_2$的释放，去掉凋落物层后，矿质土壤呼吸速率增加；另一方面乔木林有冠层，对调节小气候有一定作用，对土壤温度的变化相对于没有冠层的草坪有延迟作用。

### （二）草坪土壤呼吸速率日变化

由图10-3可看出，百慕大草坪和黑麦草—百慕大混播草坪土壤呼吸速率日变化动态为单峰曲线，且3个月的变化规律大致相同，即在清晨时相对较低，之后逐步提高，12：00～15：00左右达到最大值，之后又逐渐降低。

日变化范围的大小反映了2种草坪土壤呼吸速率日变化范围在不同月份存在差异。其中百慕大草坪土壤呼吸速率3月的日变化范围为$1.12 \sim 1.90 \mu mol/(m^2 \cdot s)$，4月$1.50 \sim 2.02 \mu mol/(m^2 \cdot s)$，5月为$1.70 \sim 2.84 \mu mol/(m^2 \cdot s)$，大小顺序为3月土壤呼吸速率<4月土壤呼吸速率<5月土壤呼吸速率。黑麦草—百慕大混播草坪3月的土壤呼吸速率日变化范围为$3.82 \sim 8.26 \mu mol/(m^2 \cdot s)$，4月为$5.08 \sim 12.20 \mu mol/(m^2 \cdot s)$，5月为$3.65 \sim 7.07 \mu mol/(m^2 \cdot s)$，大小顺序为3月土壤呼吸速率<5月土壤呼吸速率<4月土壤呼吸速率。2种草坪土壤日呼吸速率在不同月份的差异可能与草坪生长习性有关，到了5月随着上海温度的升

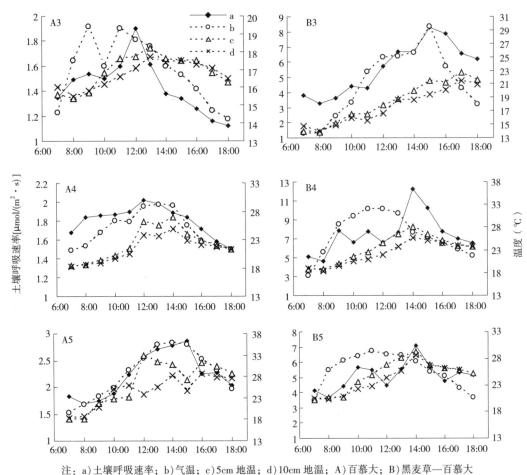

注：a) 土壤呼吸速率；b) 气温；c) 5cm 地温；d) 10cm 地温；A) 百慕大；B) 黑麦草—百慕大

**图 10-3　2 种草坪土壤呼吸速率、气温、5cm 地温和 10cm 地温日变化**

高，冷季型黑麦草的生长受到抑制，其土壤呼吸的速率反而比 4 月低。

　　2 种草坪出现土壤呼吸速率最大值的时间不同，百慕大草坪在 3 月和 4 月的最大土壤呼吸速率出现在 12：00 左右，比最高气温或地温出现时间提前，到 5 月最大土壤呼吸速率推迟到 15：00 左右，与最高温度出现的时间基本一致。而黑麦草趋势相反，在 3 月最大呼吸速率出现在 15：00 左右，与最高温度出现的时间基本一致，之后最大呼吸速率时间相对提前，4 月、5 月出现在 14：00 左右。草坪土壤日呼吸速率最大值出现时间不一致也可能和草坪生长习性有关，百慕大草坪是典型的暖季型草坪，在 3 月、4 月气温还未到其最适宜的生长温度，其最大土壤呼吸速率出现时间比最高温度出现时间早，而到 5 月最大呼吸速率和最高温度出现的时间基本一致；而黑麦草是典型的冷季型草坪，在 3 月最大呼吸速率和最高温度出现的时间基本一致，当 4 月、5 月天气逐渐回暖，随着温度的升高，黑麦草的生长反而受到抑制，其土壤呼吸速率相应也降低，因此最大呼吸速率的时间比最高温度出现时间提前。由此可见，草坪类型不同其最大呼吸速率出现的时间也不同。

　　由图 10-2 可看出，黑麦草—百慕大混播草坪的土壤呼吸速率明显高于百慕大草坪（$P <$ 0.01）。除了草坪植被组成、土壤微生物活性以及土壤物理和化学特性的不同外，人为干扰

也是造成两种草坪呼吸差异的主要原因之一。从表8-7可知，百慕大草坪的土壤容重高达1.59Mg/m³，因为是开放性的草坪，受人为严重践踏，可能影响草坪根系生长进而降低其呼吸速率。

此外，2种草坪3个月内气温、5cm地温和10cm地温的日变化也呈单峰曲线，10cm地温<5cm地温<气温，变幅在2.2~16.4℃，与土壤呼吸速率日变化的趋势基本一致。其中百慕大草坪的气温、5cm地温和10cm地温分别是3月<4月<5月；而黑麦草—百慕大混播草坪的气温、5cm地温和10cm地温分别是3月<5月<4月；这与国内草原群落日变化趋势相似，都与温度的日变化有着较好的一致性，但同时也受到其他因子的较大影响。

**(三)城市绿地不同植物群落土壤呼吸总体特征**

**1. 上海城市绿地土壤呼吸速率呈明显的日变化和季节变化**

上海城市绿地土壤呼吸速率日变化动态为不规则的单峰曲线，最高值一般出现在12：00~16：00左右；土壤呼吸速率呈明显地季节性变化，最大值出现在6~9月，最小值出现在12月至翌年3月。

**2. 不同植物群落土壤呼吸速率有明显的差异**

乔木林、灌木丛的土壤呼吸速率显著小于草坪；乔木林的土壤呼吸速率中常绿针叶纯林和常绿阔叶混交林<常绿阔叶纯林<落叶阔叶纯林；草坪的土壤呼吸速率中冷暖季混播型草坪<暖季型草坪。

# 第二节　土壤呼吸速率的影响因子

土壤呼吸是一个复杂的生物学过程，受到诸多因素影响。在全球尺度上，植被改变只是影响土壤呼吸的次要因素，同时影响有机物的生产和消耗的因素如温度、湿度和土壤基本性质才是调控土壤呼吸速率的最主要因素。影响土壤呼吸的因素可以分为非生物因子、生物因子和人为因素。非生物因子主要有土壤温度、土壤湿度、土壤透气性、土壤有机质含量、pH、气温、大气湿度、大气压、风速、降水、大气$CO_2$浓度等；生物因子包括植被、土壤动物、土壤微生物和土壤生物学属性等；人为因素包括土地利用、施肥、灌溉和环境污染等。其中最主要的影响因素是温度、湿度、大气$CO_2$浓度、土壤有机质和人为因素。

选择本章第一节表10-1中上海植物园和共青森林公园10种典型植物群落，分季度进行土壤采集(2008年2月、5月、8月和11月)，共4次，每个取样点取0~10cm表层土壤，分别测定其微生物生物量碳、可溶性碳、轻组有机质、有机质、全氮、pH值、容重和孔隙度等基本理化性质，了解气候条件和土壤基本理化性质对绿地土壤呼吸的影响。

## 一、温度对土壤呼吸的影响

### 1. 温度对土壤呼吸的影响

土壤温度是影响土壤呼吸的主要环境因素，一般认为土壤呼吸速率与温度之间存在较明显的指数关系，其中$R_S = \alpha e^{\beta T}$是应用较多的指数模型之一，式中$R_S$为土壤呼吸速率；$T$为温度(℃)；$\alpha$为土壤温度0℃时的土壤呼吸速率；$\beta$为温度敏感系数。

图 10-4 是气温、5cm 地温和 10cm 地温对土壤呼吸速率的影响规律，土壤呼吸速率与气温、5cm 地温和 10cm 地温均能用指数模型拟合，并呈极显著正相关（$P<0.01$），土壤呼吸速率与 5cm 地温的相关性最大。本研究中土壤呼吸速率与气温、5cm 地温和 10cm 地温之间用指数模型拟合的效果在低温时要好于高温时，温度较低时，土壤呼吸速率的散点聚集在拟合曲线附近，随着温度的升高，土壤呼吸速率的散点发散开来。这说明，在温度较低时土壤呼吸速率的大小更依赖温度的变化。

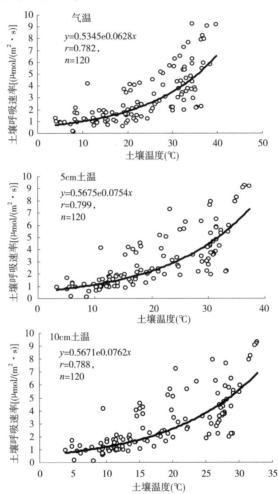

**图 10-4　土壤呼吸速率与气温、5cm 地温和 10cm 地温的相关性**

### 2. 温度对不同植物群落土壤呼吸的影响

由表 10-2 可看出，10 种植物群落的土壤呼吸速率（RS）与气温、5cm 地温和 10cm 地温的相关性均达到了极显著水平（$P<0.01$）。植物群落类型不同，其土壤呼吸速率与不同温度之间相关系数大小也不同，其中百慕大草坪、黑麦草—百慕大混播草坪以及结缕草草坪土壤的呼吸速率与气温之间的相关系数最大；狗牙根草坪、紫荆群落、雪松群落和银杏群落的土壤呼吸速率与 5cm 地温之间的相关系数最大；金桂群落、香樟群落和香榧—银杏群落的土壤呼吸速率与 10cm 地温之间的相关系数最大。

表 10-2　不同植物群落土壤呼吸与温度的关系

| 群落类型 | | $R_s = \alpha e^{\beta T}$ | $r$ |
|---|---|---|---|
| 百慕大草坪 | $T_a$ | $Rs = 0.1317e^{0.0899T}$ | $0.892**$ |
| | $T_5$ | $Rs = 0.1868e^{0.0957T}$ | $0.842**$ |
| | $T_{10}$ | $Rs = 0.1791e^{0.0977T}$ | $0.842**$ |
| 黑麦草—百慕大混播草坪 | $T_a$ | $Rs = 1.5260e^{0.0390T}$ | $0.809**$ |
| | $T_5$ | $Rs = 1.4912e^{0.0483T}$ | $0.767**$ |
| | $T_{10}$ | $Rs = 1.6423e^{0.0461T}$ | $0.747**$ |
| 金桂群落 | $T_a$ | $Rs = 0.6752e^{0.0522T}$ | $0.941**$ |
| | $T_5$ | $Rs = 0.6779e^{0.0669T}$ | $0.964**$ |
| | $T_{10}$ | $Rs = 0.6693e^{0.0680T}$ | $0.966**$ |
| 紫荆群落 | $T_a$ | $Rs = 0.5234e^{0.0515T}$ | $0.862**$ |
| | $T_5$ | $Rs = 0.4522e^{0.0739T}$ | $0.967**$ |
| | $T_{10}$ | $Rs = 0.4343e^{0.0762T}$ | $0.967**$ |
| 香樟群落 | $T_a$ | $Rs = 0.4610e^{0.0699T}$ | $0.905**$ |
| | $T_5$ | $Rs = 0.4338e^{0.0860T}$ | $0.945**$ |
| | $T_{10}$ | $Rs = 0.3992e^{0.0912T}$ | $0.950**$ |
| 香榧—银杏群落 | $T_a$ | $Rs = 0.5739e^{0.0551T}$ | $0.902**$ |
| | $T_5$ | $Rs = 0.5506e^{0.0696T}$ | $0.949**$ |
| | $T_{10}$ | $Rs = 0.5198e^{0.0735T}$ | $0.955**$ |
| 结缕草草坪 | $T_a$ | $Rs = 0.7295e^{0.0657T}$ | $0.944**$ |
| | $T_5$ | $Rs = 0.8615e^{0.0767T}$ | $0.939**$ |
| | $T_{10}$ | $Rs = 0.8826e^{0.0759T}$ | $0.936**$ |
| 狗牙根草坪 | $T_a$ | $Rs = 0.6486e^{0.0688T}$ | $0.901**$ |
| | $T_5$ | $Rs = 0.784e^{0.0769T}$ | $0.944**$ |
| | $T_{10}$ | $Rs = 0.8616e^{0.0759T}$ | $0.943**$ |
| 雪松群落 | $T_a$ | $Rs = 0.7749e^{0.0392T}$ | $0.837**$ |
| | $T_5$ | $Rs = 0.8684e^{0.0437T}$ | $0.846**$ |
| | $T_{10}$ | $Rs = 0.8505e^{0.0448T}$ | $0.837**$ |
| 银杏群落 | $T_a$ | $Rs = 0.6652e^{0.0617T}$ | $0.849**$ |
| | $T_5$ | $Rs = 0.7304e^{0.0696T}$ | $0.876**$ |
| | $T_{10}$ | $Rs = 0.7260e^{0.0706T}$ | $0.870**$ |

注：$r_{0.01} = 0.6614$；$n = 12$。

### 3. 土壤呼吸速率的温度敏感性

$Q_{10}$是常用的反映土壤呼吸对温度变化敏感性的指标，指温度每升高 10℃时土壤呼吸速率增加的倍数。由表 10-3 可以看出，本研究地气温、5cm 地温和 10cm 地温的 $Q_{10}$ 值分别为 1.87、2.12 和 2.14。群落类型不同，其土壤呼吸对温度的敏感程度也不同，$Q_{10}$ 值在 1.34～2.66 之间，其中百慕大草坪的 $Q_{10}$ 值最大，雪松群落的最小。3 种暖季型草坪土壤呼吸的 $Q_{10}$ 在 1.93～2.66，而混播草坪的 $Q_{10}$ 只有 1.48～1.60，说明暖季型草坪对温度敏感性相对较高，而混播草坪由于有冷暖两种草坪类型适宜在不同的季节生长，降低了温度对其生长影响，相应也降低温度对其呼吸速率影响；4 种乔木林中香樟群落土壤呼吸的 $Q_{10}$ 最大，为 2.01～2.49，雪松群落最小，说明针叶林雪松群落对温度敏感性相对较小，阔叶林较大。

全球土壤呼吸的 $Q_{10}$ 一般在 2.0～2.4，平均值为 2.0，高纬度地区大于低纬度地区。本研究中，4 种草坪土壤呼吸的 $Q_{10}$ 值在 1.34～2.66，这与亚热带其他研究者报道结果相似，比温带森林(2.0～3.5)和草原(2.0～3.0)的 $Q_{10}$ 值偏低，这可能是上海地区常年平均气温在 15℃ 以上所致。而已有研究表明，当试验地温度高于 15℃ 时，温度对土壤呼吸的影响减弱，因此在上海地区温度对土壤呼吸的影响相对迟钝。植物群落类型不同，其土壤呼吸对温度的敏感程度也不同。4 种乔木林对温度敏感性存在差异，其中针叶林雪松群落对温度的敏感性最小(1.34～1.56)，常绿阔叶林香樟群落对温度的敏感性最大(2.01～2.49)，说明森林植被通过影响小气候条件中的温度进而影响土壤呼吸。但 4 种乔木林中土壤呼吸最大的是落叶阔叶林银杏群落，温度并不是森林植被影响土壤呼吸的单一因素，可见森林植被影响土壤呼吸的机理比较复杂。

4 种草坪对温度的敏感程度即 $Q_{10}$ 值差异明显。其中百慕大和结缕草等暖季型草坪 $Q_{10}$ 值相对大，黑麦草—百慕大混播草坪 $Q_{10}$ 值也相对较小，而土壤呼吸对温度的敏感性在很大程度决定着全球气候变暖对土壤净释放 $CO_2$ 的影响程度，$Q_{10}$ 值越大，在全球气候变暖条件下，$CO_2$ 释放量也越大。这在温室效应显著的城市小环境中影响也更明显，因为城市气温相对高，$Q_{10}$ 越大越有利于 $CO_2$ 的释放，暖季型单一性草坪比混播草坪对温度更敏感，可能释放更多的 $CO_2$。因此可以利用不同草坪生长习性和混播技术应用来降低草坪的 $Q_{10}$，减少 $CO_2$ 的释放；而且混播草坪还能保持四季常绿，生态景观效果也更佳。由此可见，混播草坪的人工合理建植不但能美化城市景观，还可减少土壤呼吸的季节变动，减少温度对其影响和 $CO_2$ 释放，增强草坪调节小气候和缓解温室效应的能力，对维持城市生态环境质量有积极作用，也值得在城市管理中进行推广应用。

表 10-3　不同植物群落 $Q_{10}$ 值

| $Q_{10}$ | $T_a$ | $T_5$ | $T_{10}$ |
| --- | --- | --- | --- |
| 上海城市绿地 | 1.87 | 2.12 | 2.14 |
| 百慕大草坪 | 2.46 | 2.60 | 2.66 |
| 黑麦草—百慕大混播草坪 | 1.48 | 1.60 | 1.59 |
| 金桂群落 | 1.69 | 1.95 | 1.97 |
| 紫荆群落 | 1.67 | 2.09 | 2.14 |
| 香樟群落 | 2.01 | 2.36 | 2.49 |
| 香榧—银杏群落 | 1.73 | 2.01 | 2.09 |
| 结缕草草坪 | 1.93 | 2.15 | 2.14 |

（续）

| $Q_{10}$ | $T_a$ | $T_5$ | $T_{10}$ |
|---|---|---|---|
| 狗牙根草坪 | 1.99 | 2.16 | 2.14 |
| 雪松群落 | 1.34 | 1.55 | 1.56 |
| 银杏群落 | 1.85 | 2.01 | 2.03 |

## 二、土壤含水率对土壤呼吸的影响

采用通用线性回归模型（$R_S = a + bw$，式中 $R_S$ 为土壤呼吸速率；$w$ 为土壤湿度；$a$ 和 $b$ 为参数）对整个研究期间的土壤含水率和土壤呼吸速率进行相关性分析（表10-4），发现上海市绿地群落土壤呼吸速率与土壤含水率无明显相关性。一般在自然气候尤其是降雨量小的地区，土壤呼吸速率与其含水率相关性显著；而上海常年雨水丰富，土壤水分充足，所以土壤含水率不是土壤呼吸的主要限制因子。不同植物群落土壤呼吸速率与土壤含水率的相关性存在差异，金桂群落和雪松群落的土壤呼吸速率（$R_S$）与土壤含水率的相关性达到了极显著水平（$P < 0.01$），紫荆群落、香樟群落和香榧—银杏群落的土壤呼吸速率（$R_S$）与土壤含水率的相关性达到了显著水平（$P < 0.05$），而其他植物群落的土壤呼吸速率与土壤含水率之间均无明显的相关性。总体来说，4种草坪的土壤呼吸速率均与土壤含水率没有显著相关性，而乔木林和灌木林中除了银杏群落外均与土壤含水率存在相关性。可能是城市绿地中草坪受人为活动影响较多，是养护最为精细、浇水量最大的绿地类型，草坪土壤含水率相对较高，同时草坪本身也有很好的保湿作用，这可能是城市草坪土壤呼吸受含水率影响迟钝的主因。

表10-4　不同植物群落土壤呼吸与土壤含水率的关系

| 群落类型 | $R_S = a + bw$ | $r$ |
|---|---|---|
| 上海城市绿地 | $R_S = 7.2403w + 1.5978$ | 0.134 |
| 百慕大草坪 | $R_S = -6.7923w + 2.5779$ | 0.221 |
| 黑麦草—百慕大混播草坪 | $R_S = -72.538w + 19.405$ | 0.569 |
| 金桂群落 | $R_S = 69.626w - 13.356$ | 0.737** |
| 紫荆群落 | $R_S = -33.337w + 9.2595$ | 0.610* |
| 香樟群落 | $R_S = -39.816w + 9.0132$ | 0.631* |
| 香榧—银杏群落 | $R_S = -17.446w + 4.9546$ | 0.625* |
| 结缕草坪 | $R_S = -28.683w + 10.84$ | 0.329 |
| 狗牙根草坪 | $R_S = -43.237w + 15.768$ | 0.367 |
| 雪松群落 | $R_S = 35.675w - 3.6259$ | 0.787** |
| 银杏群落 | $R_S = -17.1w + 6.4265$ | 0.339 |

注：$r_{0.01} = 0.6614$，$r_{0.05} = 0.5324$；$n = 12$。

## 三、其他因素对土壤呼吸的影响

### 1. 土壤理化性质对土壤呼吸的影响

土壤理化性质影响着土壤呼吸的变化。有研究认为，土壤类型比植物类型对土壤微生物的生物量和活性影响更大。分析土壤有机碳、全氮、碳氮比、pH、容重和孔隙度与土壤呼吸速率的相关关系，发现它们均与土壤呼吸速率的相关性不显著(表10-5)。这可能是因为样地相互邻近，同属一种土壤类型，各自的土壤理化性质差别不大，土壤呼吸速率的差别源于地表植被的不同以及人为活动干扰，土壤理化性质虽然不能总体解释土壤呼吸速率的大小，但是可以解释部分土壤呼吸速率的变化规律。如百慕大草坪受人为踩踏严重，容重最大，土壤有机碳含量最少，土壤呼吸速率最小；黑麦草—百慕大草坪和狗牙根草坪土壤有机碳含量较大，土壤呼吸速率较大；紫荆群落的全氮最大，土壤呼吸速率较小；但雪松群落的土壤有机碳含量最大，而土壤呼吸速率却较小。

表10-5　土壤呼吸速率与土壤理化性质的相关关系

|  | 全 C | 全 N | 碳/氮 | pH | 容重 | 孔隙度 |
|---|---|---|---|---|---|---|
| $r$ | 0.236 | −0.148 | 0.474 | 0.191 | −0.078 | 0.056 |
| n | 10 | 10 | 10 | 10 | 10 | 10 |

### 2. 大气 $CO_2$ 浓度对土壤呼吸的影响

大气 $CO_2$ 浓度升高有可能通过生态系统中的各种生理过程来增加输入土壤的碳量，使土壤成为一个潜在的碳汇，有可能缓解大气 $CO_2$ 浓度的升高；但另一方面土壤碳量的增加，提高了微生物的活性，土壤呼吸加强，土壤碳输出增加。对大气 $CO_2$ 浓度与土壤呼吸的关系进行研究(表10-6)，发现大气 $CO_2$ 浓度与土壤呼吸速率有极显著负相关关系；不同植物群落大气 $CO_2$ 浓度与土壤呼吸速率相关关系存在差异。在观测期间，狗牙根草坪、雪松群落、香榧—银杏群落和紫荆群落大气 $CO_2$ 浓度与土壤呼吸速率有显著负相关关系；而其他群落相关性不显著。该研究结果与部分报道的研究结果相似，如瑞士黑麦草收割后，在其上测定的土壤呼吸比对照降低8%；$CO_2$ 浓度升高后，冷杉根呼吸降低。但是也有很多研究结果发现随着大气 $CO_2$ 浓度升高，土壤呼吸速率也跟着加快，他们认为大气 $CO_2$ 浓度的升高会使土壤碳量增加，使微生物活性提高并且能促进植物根茎生长，从而使土壤呼吸作用加强。

表10-6　土壤呼吸与大气 $CO_2$ 浓度的相关关系

| 植物群落 | $r$ | n | 植物群落 | $r$ | n |
|---|---|---|---|---|---|
| 上海城市绿地 | −0.399** | 120 | 香榧—银杏群落 | −0.710* | 12 |
| 百慕大草坪 | −0.593 | 12 | 结缕草草坪 | −0.545 | 12 |
| 黑麦草—百慕大混播草坪 | −0.532 | 12 | 狗牙根草坪 | −0.736* | 12 |
| 金桂群落 | −0.522 | 12 | 雪松群落 | −0.688* | 12 |
| 紫荆群落 | −0.736* | 12 | 银杏群落 | −0.255 | 12 |
| 香樟群落 | −0.529 | 12 | | | |

注：* $P<0.05$ 显著相关；** $P<0.01$ 显著相关。

### 3. 土壤易变碳对土壤呼吸的影响

土壤易变碳(主要指微生物生物量碳、可溶性碳和轻组有机碳等)容易被土壤中的微生物分解，是土壤呼吸的来源，在适宜的温度和湿度条件下，土壤易变碳是土壤呼吸的主要限制因素。对土壤微生物生物量碳、可溶性碳和轻组有机碳与土壤呼吸速率的关系进行分析（表10-7），发现微生物生物量碳与土壤呼吸速率有显著正相关关系；可溶性碳与土壤呼吸速率有显著负相关关系；而轻组有机质和轻组有机碳与土壤呼吸速率相关性不显著。微生物生物量碳是易变有机碳的良好指标，具有更高的周转速率，尽管多数土壤中稳定性碳占绝大部分，但由于周转速率较慢，对土壤呼吸的贡献很小，甚至可以忽略；已有研究表明土壤呼吸与可溶性碳的关系比较复杂，存在很大的不确定性，正相关、负相关甚至不相关均有可能，可溶性碳周转快，不仅受土壤微生物的影响，而且受降水、径流等因素的影响。研究期间，降水多的月份温度相对较高，土壤呼吸作用较大，而可溶性碳受到雨水冲刷，显示了土壤呼吸与其的负相关关系。

表 10-7　土壤呼吸速率与土壤易变碳的相关关系

|  | MBC | DOC | LFOM | LFOC |
|---|---|---|---|---|
| $r$ | 0.347[*] | −0.407[*] | −0.247 | −0.224 |
| n | 40 | 30 | 10 | 10 |

[*] $P<0.05$ 显著相关。

# 第三节　典型植被群落土壤温室气体排放特征及影响因素

为了解上海园林绿化土壤温室气体排放的总体特征，特选择上海辰山植物园乔木—灌木—草坪(地被)、常绿乔木(纯林)、灌木、冷季型草坪和暖季型草坪 5 种典型的植被类型，采样点的分布状况及基本信息见第 8 章的图 8-12 和表 8-16。利用中科院大气物理所研究改装的气象色谱仪能同时分析 $CH_4$、$CO_2$ 和 $N_2O$ 三种温室气体，充分提高了仪器的利用效率。从 2011 年 12 月至 2012 年 11 月，每月定期测定 5 种植物群落土壤 $CH_4$、$CO_2$ 和 $N_2O$ 三种温室气体排放量(图 10-5)，采样地温室气体排放的收集见图 10-6，实验室的测定见图 10-7。

图 10-5　静态箱初步设计实物图(左：静态箱箱体，右：静态箱底座)

图 10-6　辰山植物园温室气体测定试验工作图

图 10-7　样品采集气袋及 Agilent 6890GC 气象色谱仪

## 一、三种温室气体的排放量

### 1. 甲烷(CH₄)

从 2011 年 12 月到 2012 年 11 月，辰山植物园乔灌混交林分、暖季型草地、冷季型草地、落羽杉林分、灌木林地的 $CH_4$ 平均排放通量分别为 $0.00002\mu mol/(m^2\cdot s)$、$-0.00028\mu mol/(m^2\cdot s)$、$0.00004\mu mol/(m^2\cdot s)$、$-0.00006\mu mol/(m^2\cdot s)$ 和 $0.00047\mu mol/(m^2\cdot s)$。除灌木林地及冷季型草地个别测定日外，5 个不同植物园区域的 $CH_4$ 基本呈现负排放(图 10-8)。灌木林地在 2012 年 7 月份之后出现 $CH_4$ 正排放，是由于在 4 月份施入大量有机肥造成，随着有机肥被微生物的降解活动的发生，$CH_4$ 通量逐渐转为负排放值。而冷季型草地个别采样时间点出现 $CH_4$ 正排放，可能与当日的天气有关，该采样时间点土壤较为湿润，应为植物园日常管理浇水造成，$CH_4$ 排放通量随着土壤水分含量的增加由吸收转为排放。

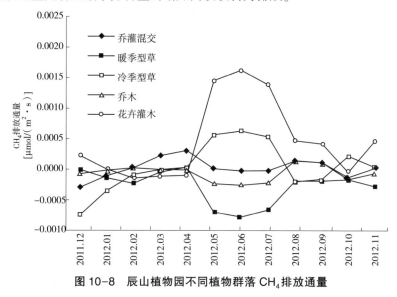

图 10-8  辰山植物园不同植物群落 $CH_4$ 排放通量

### 2. 二氧化碳(CO₂)

辰山植物园乔灌混交林分、暖季型草地、冷季型草地、落羽杉林分和灌木林地 5 种植物群落的 $CO_2$ 平均排放通量分别为 $1.49\mu mol/(m^2\cdot s)$、$2.76\mu mol/(m^2\cdot s)$、$2.70\mu mol/(m^2\cdot s)$、$2.48\mu mol/(m^2\cdot s)$ 和 $4.23\mu mol/(m^2\cdot s)$(图 10-9)。5 种不同土地利用方式的呼吸速率的变化与温度的变化基本一致，在 8 月份左右，气温升至最高温，呼吸速率亦升到最大值。其中草地与灌木林地 $CO_2$ 平均排放通量较大，这与第一节中上海植物园和共青森林公园测定的不同植物群落的土壤呼吸变化规律基本一致。

### 3. 氧化亚氮(N₂O)

辰山植物园乔灌混交林分、暖季型草地、冷季型草地、落羽杉林分和灌木林地 5 种典型植物群落的 $N_2O$ 平均排放通量分别为 $2.32\times10^{-5}\mu mol/(m^2\cdot s)$、$3.71\times10^{-5}\mu mol/(m^2\cdot s)$、$8.13\times10^{-5}\mu mol/(m^2\cdot s)$、$10.9\times10^{-5}\mu mol/(m^2\cdot s)$ 和 $23.1\times10^{-5}\mu mol/(m^2\cdot s)$(图 10-10)。其中以灌木林地变化较为明显，$N_2O$ 平均排放通量显著高于其他植被类型样地。

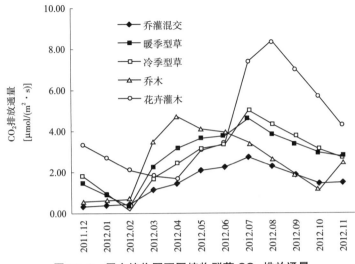

图 10-9　辰山植物园不同植物群落 $CO_2$ 排放通量

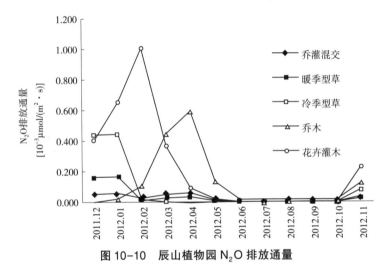

图 10-10　辰山植物园 $N_2O$ 排放通量

## 二、三种温室气体的排放总量

对辰山植物园 5 种典型植被类型进行了一年温室气体监测后，其年排放总量见表 10-8。其中土壤呼吸程度草地高于乔木及乔灌草植被类型样地，辰山植物园各植被类型样地 $CH_4$ 呈现吸收值或排放接近为 0，$N_2O$ 年排放总量均较低。由于在采样过程中，灌木林分与 2012 年 4 月份后施入大量的有机肥，导致灌木植被类型的样地 $CH_4$ 年排放总量呈现正的吸收值，且其土壤呼吸强度显著高于其他植被利用类型样地。

表 10-8　辰山植物园 5 种典型植被类型温室气体年排放总量

| | 乔灌草 | 草地 | 草地 | 乔木 | 灌木 |
|---|---|---|---|---|---|
| $CH_4$ 年排放总量 $[kg/(hm^2 \cdot yr)]$ | 0.0228 | −1.11 | −0.127 | −0.282 | 1.72 |
| $CO_2$ 年排放总量 $[kg/(hm^2 \cdot yr)]$ | 18.9 | 31.4 | 35.0 | 24.4 | 56.8 |
| $N_2O$ 年排放总量 $[kg/(hm^2 \cdot yr)]$ | 0.315 | 0.475 | 1.04 | 1.50 | 3.47 |

以乔灌草及乔木植被类型样地温室气体年排放总量及两种草地植被类型年排放总量进行辰山植物园总温室气体排放的估算，森林植被类型 $CH_4$、$CO_2$ 及 $N_2O$ 年排放平均值约为 $-0.13kg/(hm^2 \cdot yr)$，$21.7kg/(hm^2 \cdot yr)$ 及 $0.91kg/(hm^2 \cdot yr)$；草地植被类型 $CH_4$、$CO_2$ 及 $N_2O$ 年排放平均值约为 $-0.62kg/(hm^2 \cdot yr)$、$33.2kg/(hm^2 \cdot yr)$ 及 $0.76kg/(hm^2 \cdot yr)$。辰山植物园规划面积为 $207hm^2$，而森林覆盖面积约占其面积的 60%，草地覆盖面积约为 40%，其总温室气体年排放情况为 $CH_4$ 年排放总量约为 $-50.5kgC$，土壤呼吸 $CO_2$ 年排放总量约为 1.48tC，$N_2O$ 年排放总量约为 0.1kgN。

辰山植物园对甲烷具有明显的吸收作用，土壤呼吸强度较强，植物生长旺盛，可以通过植物的光合作用固存大量的碳，氧化亚氮排放总量很小。总体而言，辰山植物园对减缓温室气体排放具有积极作用。

### 三、温室气体排放的影响因素分析

#### 1. 土壤含水量对温室气体排放的影响

土壤水分与土壤的氧化还原电位、土壤孔隙度、pH 及微生物活性等直接相关。据有些研究表明，在一定的水分含量范围内，温室气体排放与土壤含水量具有一定的相关性。土壤长期淹水可导致大量的 $CH_4$ 排放，土壤水分的变化将会明显改变 $CH_4$ 的排放量。随着土壤水分含水量增加，$CH_4$ 排放量亦会随之增大。在本研究样地，土壤水分偏低，$CH_4$ 排放较低，$CH_4$ 排放与土壤含水量无显著相关性（图 10-11）。

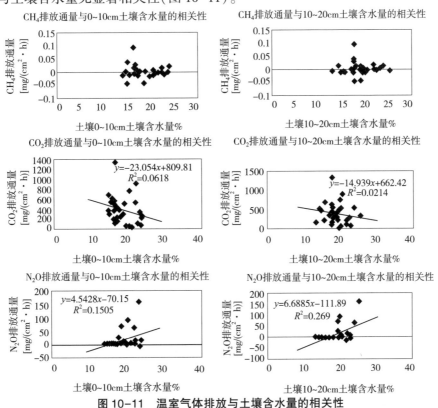

**图 10-11　温室气体排放与土壤含水量的相关性**

从图 10-11 还可以看出，土壤含水量变化对 $CO_2$ 产生和排放影响的相关性不显著，甚至是负相关关系，这和本章第二节的表 10-5 中研究结果比较一致，也可能跟上海本身降雨丰富，而且辰山土壤本身质地黏重，排水性能不好也有一定关系。

土壤含水量变化对 $N_2O$ 产生和排放影响的研究表明，不同含水量情况下，$N_2O$ 排放也不相同。特别是用乙炔抑制技术证明了在播种前后，气候干燥而土壤含水量较低的情况下，$N_2O$ 产生主要来自于硝化过程；降雨后，土壤含水量较高时，$N_2O$ 主要是通过反硝化过程产生；而在农田中等含水量情况下，土壤微生物的硝化和反硝化作用产生的 $N_2O$ 大约各占一半。本研究结果表明，$N_2O$ 的排放随着土壤含水量的增加而增大（图 10-11）。

**2. 土壤温度对温室气体排放的影响**

土壤产生与排放 $CO_2$、$CH_4$ 和 $N_2O$ 等温室气体的过程，是陆地生态系统碳氮循环的一个重要过程，是土壤碳氮库的主要输出途径。土壤温度不仅控制着土壤碳动力学的主导因子，土壤中有机碳的分解、微生物的活性随着土壤温度的升高而提高。大多数产甲烷菌微生物的活动最适温度为 $35\sim37℃$，在土壤条件受到严格控制且温度低于最适温度时产甲烷菌微生物的活性随着土壤温度的升高而提高，因此甲烷排放与温度密切相关。在本研究中，甲烷排放与温度成正相关关系（图 10-12）。

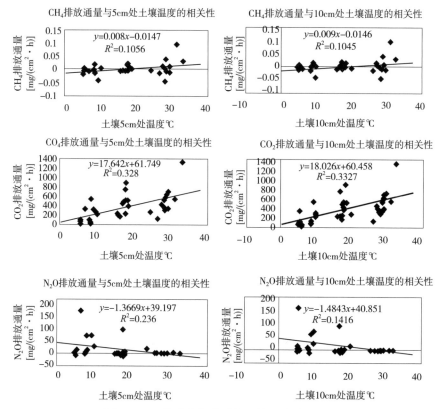

**图 10-12 温室气体排放与土壤温度的相关性**

温度是调节和控制诸多生物地球化学过程的关键因子，全球气候变暖必将对这些过程产生影响。土壤呼吸作为陆地生态系统碳循环的重要环节之一，温度的变化将会影响陆地碳循环的源汇功能。土壤呼吸最终产物是温室气体，又将对全球气候变化产生反馈影响。本研究结果表明，辰山植物园不同利用类型的土壤的 $CO_2$ 排放通量与土壤温度(5cm、10cm 处土壤温度)呈线性正相关关系(图 10-12)。

土壤中 $N_2O$ 的生成主要是由于微生物的参与，通过硝化和反硝化作用来完成的。温度不仅影响 $N_2O$ 的生物学产生过程，还影响和调节 $N_2O$ 在土壤中的物理学传输速率。在本研究中，温度是旱地土壤 $N_2O$ 排放规律的主要控制因子，$N_2O$ 排放通量与温度呈现一个负的线性相关性(图 10-12)。

## 参 考 文 献

[1] 常宗强，史作民，冯起，等．黑河流域山区牧坡草地土壤呼吸的时间变化及水热因子影响[J]．应用生态学报，2005，16(9)：1603-1606.

[2] 房秋兰，沙丽清．西双版纳热带季节雨林与橡胶林土壤呼吸[J]．植物生态学报，2006，30(1)：97-103.

[3] 郝瑞军，方海兰，车玉萍．上海典型植物群落土壤微生物生物量碳、呼吸强度及酶活性比较[J]．上海交通大学学报(农业科学版)，2010，28(5)：442-448.

[4] 黄国宏，陈冠雄，韩冰．土壤含水量与 $N_2O$ 产生途径研究[J]．应用生态学报，1999，10(1)：53-56.

[5] 黄树辉，吕军．农田土壤 $N_2O$ 排放研究进展[J]．土壤通报，2004，35(4)：516-522.

[6] 梁晶，方海兰，郝冠军，等．上海城市绿地不同植物群落土壤呼吸及因子分析[J]．浙江农林大学学报，2013，30(1)：22-31.

[7] 刘惠，赵平，林永标，等．华南丘陵区不同土地利用方式下土壤呼吸[J]．生态学杂志，2007，26(12)：2021-2027.

[8] 孙倩，方海兰，刘鸣达，等．上海典型植物群落冬季土壤呼吸特征及其影响因子[J]．上海交通大学学报(农业科学版)，2009，27(3)：231-234(241).

[9] 孙倩，方海兰，梁晶，等．上海典型城市草坪土壤的呼吸特征[J]．生态学杂志，2009，28(8)：1572-1578.

[10] 王跃思．一台气相色谱仪同时测定陆地生态系统 $CO_2$，$CH_4$ 和 $N_2O$ 排放[J]．环境污染治理技术与设备，2003，4(10)：84-90.

[11] 王小国，朱波，王艳强，等．不同土地利用方式下土壤呼吸及其温度敏感性[J]．生态学报，2007，27(5)：1960-1968.

[12] 王旭，周广胜，蒋延玲，等．山杨白桦混交次生林与原始阔叶红松林土壤呼吸作用比较[J]．植物生态学报，2007，31(3)：348-354.

[13] 吴建国，张小全，徐德应．六盘山林区几种土地利用方式土壤呼吸时间格局[J]．环境科学，2003，24(6)：23-32.

[14] 向珊珊，王国兵，罗治建，等．次生栎林和人工松林土壤呼吸对温度敏感性的室内模拟[J]．生态学杂志，2008，27(8)：1296-1301.

[15] 徐娇．南京城市绿地不同植被类型土壤呼吸的研究[D]．南京林业大学硕士学位论文，2009.

[16] 徐星凯，周礼恺．土壤源 $CH_4$ 氧化的主要影响因子与减排措施[J]．生态农业研究，1999，7(2)：18-22.

[17] 杨晶，黄建辉，詹学明，等．农牧交错区不同植物群落土壤呼吸的日动态观测与测定方法比较[J]．植物生态学报，2004，28(3)：318-325.

[18] 杨玉盛，董彬，谢锦升，等．森林土壤呼吸及其对全球变化的响应[J]．生态学报，2004，24(3)：

583-591.

[19] 杨玉盛，陈光水，王小国，等．中亚热带森林转换对土壤呼吸动态及通量的影响[J]．生态学报，2005，25(7)：1684-1690.

[20] 易志刚，蚁伟民，周国逸，等．鼎湖山三种主要植被类型土壤碳释放研究[J]．生态学报，2003，23(8)：1673-1678.

[21] 张东秋，石培礼，张宪洲．土壤呼吸主要影响因素的研究进展[J]．地球科学进展，2005，20(7)：778-785.

[22] 周志田，成升魁，刘允芬，等．中国亚热带红壤丘陵区不同土地利用方式下土壤 $CO_2$ 排放规律初探[J]．资源科学，2002，24(2)：83-87.

[23] Adachi M, Bekku YS, Rashidah W, et al. Differences in soil respiration between different tropical ecosystems[J]. Applied Soil Ecology, 2006, 34：258-265.

[24] Aslam T, Choudhary MA, Saggar S. Influence of land-use management on CO2 emissions from a silt loam soil in New Zealand[J]. Agriculture, Ecosystems and Environment, 2000, 77：257-262.

[25] Arunachalam. A., Kusun. Influerce of gap size and soil properties on microbial biomass in a subtropical humid forest of North-east India[J]. Plant Soil, 2000, 223：185-193.

[26] Aslam T, Choudhary MA, Saggar S. Influence of land-use management on $CO_2$ emissions from a silt loam soil in New Zealand[J]. Agriculture, Ecosystems and Environment, 2000, 77：257-262.

[27] Bonan GB. The microclimates of a suburban Colorado (USA) landscape and implications for planning and design[J]. Landscape and Urban Planning, 2000, 49：97-114

[28] Boone RD, Nadelhoffer KJ, Ganary JD, *et al*. Roots exert a strong influence on the temperature sensitivity of soil respiration[J]. *Nature*, 1998, 396：570-572.

[29] Boone R D. Light fraction soil organic matter：Origin and contribution to net nitrogenmineralization[J]. Soil Biology and Biochemistry, 1994, 26：1459-1468.

[30] Epron D, Dantec V, Dufrene E, et al. Seasonal dynamics of soil carbon dioxide efflux and simulated rhizosphere respiration in a beach forest[J]. Tree Physiology, 2001, 21：145-152.

[31] Freibauer A, Mark D. A. Rounsevell, Pete Smith, et al. Carbon sequestration in the agricultural soils of Europe[J]. Geoderma, 2004, 122：1-23.

[32] Davidson EA, Verchot LV, Cattanio JH, *et al*. Effects of soil water content on soil respiration in forests and cattle pastures of eastern Amazonia[J]. *Biogeochemistry*, 2000, 48：53-69.

[33] Hudgens E, Yavitt JB. Land-use effects on soil methane and carbon dioxide fluxes near Ithaca, New York[J]. Ecosci, 1997, 4：214-222.

[34] Janssens IA, Lankreijer H, Matteucci G, *et al*. Productivity overshadows temperature in determining soil and ecosystem respiration across European forests[J]. Global Change Biology, 2001, 7：269-278.

[35] Khomik M, Arain M, McCaughey J H. Temporal and spatial variability of soil respiration in a borealmixedwood forest[J]. Agricultural and Forest Meteorology, 2006, 140：244-256.

[36] Koponen, H.T., L. Flöjt, P. J. Martikainen. Nitrous oxide emissions from agricultural soils at low temperatures：a laboratory microcosm study [J]. Soil Biology and Biochemistry, 2004, 36 (5)：757-766.

[37] Linn D M, Doran J W. Effects of water-filled pore space on carbon dioxide and nitrous oxide production in tilled and nontilled soils[J]. Soil Science Society of America Lournal, 1984, 48：1267-1272.

[38] Maier CA, Kress LW. Soil $CO_2$ evolution and root respiration in 11 year-old loblolly pine (*Pinus taeda*) plantations as affected by moisture and nutrient availability[J]. Canadian Journal of Forest Research, 2000,

30: 347-359.

［39］Raich JW, Tufekcioglu A. Vegetation and soil respiration: Correlations and control［J］. Biogeochemistry, 2000, 48: 71-90.

［40］Raich JW, Potter CS. Global patterns of carbon dioxide emissions from soils［J］. Global Biogeochemical Cycles, 1995, 9: 23-36.

［41］Schlesinger WH, Andrews JA. Soil respiration and the global carbon cycle［J］. Biogeochemistry, 2000, 48: 7-20.

［42］SmithV. R. . Moisture, carbon and inorganic nutrient controls of soil respiration at a sub-Antarctic island［J］. Soil biology and biochemistry, 2005, 37: 81-91.

［43］Steinkamp, R. , K. Butterbach-Bahl, and H. Papen. Methane oxidation by soils of an N limited and N fertilized spruce forest in the Black Forest, Germany［J］. Soil Biology and Biochemistry, 2001, 33（2）: 145-153.

［44］Wildung RE, Garland TR. , Buschbom RL. The interdependent effect of soil temperature and water content on soil respiration rate and plant root decomposition in arid grassland soils［J］. Soil Biology and Biochemistry, 1975, 7: 373-378.

# 第11章 土壤水分特征和"水库"库容

随着城市化进程加快，城市不透水面积剧增，改变了城市水分自然循环过程，有研究表明，土壤完全封闭，其土壤蓄水量损失 24.62 万 $m^3/km^2$。不透水路面增加城市地表径流，导致城市洪涝现象频发，我国有 60.68% 城市发生不同程度的积水内涝，其中 64.32% 的城市发生过 3 次以上的内涝。我国城市内涝频发，除城市排水管网设计滞后外，城市绿地雨水蓄积能力差也是主要原因之一。最新出台的《国务院关于加强城市基础设施建设的意见》（国发〔2013〕36 号）强调"提升城市绿地汇聚雨水、蓄洪排涝、补充地下水、净化生态等功能"，由此可见，城市绿地对城市水源涵养的重要调节作用已引起国家的重视，但其中有一个重要技术环节可能被大家所忽略，即城市绿地的涵养水源作用主要通过土壤入渗才能实现。土壤是布满大大小小孔隙的疏松多孔体，其对水分具有良好的蓄、运、保、调的功能，称为"土壤水库"。城市绿地作为城市中唯一的自然可透水层，绿地对土壤水分的调节主要通过土壤水库的动态调节和静态涵养功能来实现。土壤吸收其上方雨水以及周围硬质路面的径流来消减地表径流并补充土壤水和地下水，既可减少城市排水管网压力，又提高绿地水分含量，降低灌溉用水，对降低城市地表径流、减缓洪涝和提高雨洪利用具有重要意义。

为此本章主要介绍上海中心城区绿地土壤、典型新建绿地——上海辰山植物园土壤的入渗、水分特征以及土壤水库库容等基本特性，并从不同植被类型和不同压实方式进行重点分析，为维护和改善上海绿地水分管理和海绵型城市建设提供技术依据。

## 第一节 上海中心城区绿地土壤入渗和水分特征

采样范围集中在黄浦区、徐汇区、长宁区、原静安区、普陀区、原闸北区、虹口区、杨浦区和浦东新区 9 个中心城区以及上海植物园、辰山植物园、滨江森林公园、共青森林公园和上海动物园 5 座市属公园。现场共测定 114 个样地土壤入渗率，并从 114 个采样点中选定32 个采样点进行了水分特征的测定。

### 一、土壤入渗率

土壤入渗率是土壤质量的重要评价指标之一，一般用饱和导水率来表示，其好坏直接影响到地表产流量大小和对土壤水分的补给强弱，也是评价土壤水分调节能力的重要指标之一。土壤入渗率偏高和偏低都不利于植物的生长，一般以 $30 \sim 360mm/h$ 为宜。根据日本对绿化建设工程土壤入渗率的划分标准：小于 10mm/h 为极不良；$10 \sim 30mm/h$ 为不良；$30 \sim 100mm/h$ 为良好；$100 \sim 360mm/h$ 为优；而大于 360mm/h 为过大。

上海绿地土壤入渗率变化范围为 $0 \sim 96.76mm/h$，均值为 3.49mm/h，土壤入渗率极低，且变化范围大。通过对上海绿地土壤入渗率的频率分布研究表明（图11-1）：上海绿地土壤入渗率普遍较差，94.74%土壤入渗率为极低，有5.26%的土壤入渗率甚至为0，3.51%的土壤入渗率为不良，仅1.75%的土壤入渗率表现为良好，由此可见，土壤入渗率是上海城市绿地土壤质量主要障碍因子之一。

土壤入渗率低不但直接影响植物根系生长，土壤容易积水导致植物死亡。而且土壤入渗率低直接导致排水不畅，容易形成地表径流，降低绿地雨水蓄积和排涝的能力，消减绿地对水源的涵养能力，增强上海城市雨水排放压力。上海绿地土壤入渗能力差严重制约了上海绿地在"海绵"城市建设中的作用，是以后上海绿地土壤改良的重点方向。

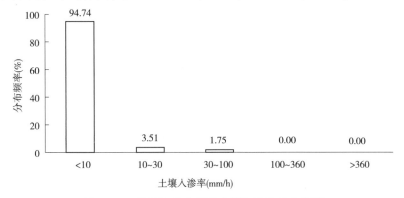

图11-1 公园和公共绿地土壤入渗率分布频率

## 二、土壤水分特征

### 1. 绿地土壤水分特征曲线

土壤水分特征曲线是反映土壤水分数量和能量间的关系，也反映土壤持水状况及能力，是研究土壤持水和耐旱能力的重要依据之一。在全市114个采样点中，选取32个具有代表性的采样点进行水分特征曲线测定。其水分特征曲线如图11-2所示。随着土壤水吸力的增加，土壤含水量逐渐降低，在低水吸力段（$<5\times10^5$Pa）土壤水分变化较大，随着水吸力的增大，土壤

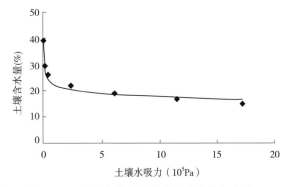

图11-2 公园和公共绿地土壤水分特征曲线

含水量变化相对减少，在高水吸力（$>15\times10^5$Pa）段趋于平缓。利用Gardner模型$\theta=AS^{-B}$对绿地土壤水分特征曲线进行拟合，其中$\theta$为土壤含水量，$S$为土壤水吸力，$A$值为拟合参数，表示曲线的高低，反映土壤持水能力大小，$A$值越大，则持水能力越大，$B$值为拟合参数，反映土壤水吸力变化时，土壤含水量变化程度快慢。绿地土壤水分特征曲线拟合方程为：$\theta=21.992S^{-0.096}$，拟合效果较好（$R^2=0.945$），$A$值偏低，仅为21.992，说明绿地土壤持水能力差；$B$值为0.096，偏低，说明绿地土壤随着土壤吸力的增加，其含水量变化较大，不利于土壤水分的存储。

### 2. 土壤田间持水量

田间持水量是土壤中悬着毛管水达到最大量时的土壤含水量，是土壤不受地下水影响所能保持水量的最大值，是土壤所能稳定保持的最高土壤含水量，也是对植物有效的最高土壤水含量，常用来作为灌溉上限和计算灌水定额的指标，对园林绿化及抗旱有着指导意义。一般认为土壤水吸力为 $0.3 \times 10^5 Pa$ 时对应的含水量为田间持水量。选取全市 32 个具有代表性的采样点进行田间持水量测定。上海绿地土壤田间持水量变化范围为 142~338g/kg，均值为 246±48.05g/kg，土壤田间持水量良好。从图 11-3 上海绿地土壤田间持水量的频率分布图可以看出，15.62% 的土壤田间持水量偏低，84.38% 的土壤田间持水量属于中等水平，表明上海绿地土壤田间持水量普遍良好。

### 3. 土壤凋萎含水量

土壤凋萎含水量是指植物开始永久凋萎时土壤的含水量，是土壤中植物可利用水分的下限，是土壤水分重要参数之一，对城市绿地建设和绿地改良都有重要意义，其大小一般与土壤质地、土壤盐分浓度有关，而一般认为土壤水吸力为 $15 \times 10^5 Pa$ 时对应的含水量为凋萎含水量。对上述 32 个采样点进行凋萎含水量测定。上海绿地土壤凋萎含水量变化范围为 80.29~236g/kg，均值为 170±38.71g/kg，土壤凋萎含水量偏高。上海绿地土壤凋萎含水量的频率分布如图 11-4 所示，仅 3.12% 的土壤凋萎含水量较低，96.88% 的土壤凋萎含水量偏高，甚至 25% 的土壤凋萎含水量超过 200g/kg，土壤凋萎含水量普遍较高，不利于植物对水分的吸收，是上海绿地土壤普遍存在的主要障碍因子之一。

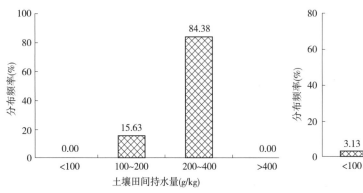
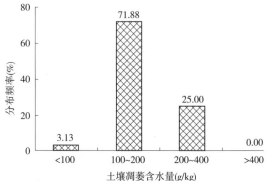

图 11-3　公园和公共绿地土壤
田间持水量频率分布

图 11-4　公园和公共绿地土壤
凋萎含水量频率分布

### 4. 土壤有效水含量

土壤有效水是植物可利用的水，它是土壤水分特征的一个重要指标，直接反映土壤能够被植物利用的水分含量。一般田间持水量为有效水上限，凋萎含水量为有效水下限，两者之差作为土壤有效最大含水量。上海绿地土壤有效水含量变化范围为 49.37~112g/kg，均值为 76.52±6.52g/kg，有效水含量偏低。上海绿地土壤有效水含量的频率分布如图 11-5 所示，有效含量集中在 40~120g/kg 之间，其中 56.25% 的土壤有效水含量属于低水平，43.75% 的土壤有效水含量属于中等水平。总体来看，上海绿地土壤有效水含量偏低，通过前面的分析得知上海土壤凋萎含水量普遍偏高，这也是导致上海绿地土壤有效水含量偏低的最直接原因。

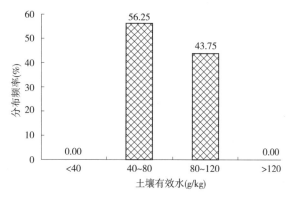

图 11-5　公园和公共绿地土壤有效水含量频率分布

# 第二节　上海中心城区绿地土壤"水库"库容及分布

选择以浦西为主的上海中心城区典型公园和公共绿地为研究对象，每个行政区选择2～3个典型公园和公共绿地，共选取中心城区 19 个公园和公共绿地，根据公园和公共绿地面积以及植被类型分布确定采样点，采集 0～30cm 表层土壤，共采集 114 个样品，对土壤总库容、水分现存量、剩余蓄水空间、土壤滞洪库容、死库容以及有效库容进行总体分析。各水库库容的测定方法如下：

土壤水分特征曲线采用高速离心机测定，将饱和后的土样于不同转速下（1000、2000、5000、8000、11000、13500r/min，对应的土壤水吸力分别为 $0.09×10^5$、$0.38×10^5$、$2.35×10^5$、$6.04×10^5$、$11.43×10^5$、$17.22×10^5$Pa）离心 60min，使水分达到平衡后测定不同吸力下土壤体积含水量，每个样品重复测定 3 次。土壤田间持水量和凋萎含水量根据土壤水分特征曲线计算得出，一般将土壤吸力为 $15×10^5$Pa 时的含水量作为凋萎含水量，将土壤吸力为 $0.1×10^5$Pa 时的含水量作为田间持水量。土壤各水库库容计算公式为：

$$W = 0.1×θ×h$$
$$W_t = 0.1×θ_s×h$$
$$W_c = 0.1×θ_c×h$$
$$W_f = 0.1×θ_f×h$$
$$W_d = 0.1×θ_w×h$$
$$W_r = W_t - W_c$$
$$W_y = W_f - W_d$$
$$W_h = W_t - W_f$$

其中：$W$ 为土壤水库库容（mm）；$θ$ 为土壤水分（体积）常数（%）；$h$ 为土层厚度（cm）；$W_t$ 为土壤水库总库容（mm）；$θ_s$ 为土壤饱和持水量（%）；$W_c$ 为土壤水库现存量（mm）；$θ_c$ 为土壤含水率（%）；$W_f$ 为田间持水量对应的库容（mm），相当于有效库容和死库容之和；$θ_f$ 为田间持水量（%）；$W_d$ 为土壤死库容（mm）；$θ_w$ 为土壤凋萎含水量（%）；$W_r$ 为土壤剩余蓄水空间（mm）；$W_y$ 为有效库容（mm）；$W_h$ 为滞洪库容（mm）。由于上海属于冲积平原，地下水位较高，土壤有效层较浅，一般在 70cm 左右就出现地下水，故本研究取土层厚度 60cm 计算土壤各水库库容。

## 一、土壤总库容

### 1. 全市绿地土壤总库容概况

总库容是土壤在完全饱和时的蓄水量，是反映土壤涵养水源和调节水分循环的一个重要参数，也是评价土壤最大蓄水能力的指标之一。上海绿地土壤水库库容监测点如图11-6所示，土壤总库容见表11-1，其最大值为370mm，最小值为242mm，均值为295±25.03mm。土壤总库容变异系数仅为8.49%，说明中心城区不同公园和公共绿地土壤总库容整体变化不大，总库容量相对较稳定。

图11-6　土壤采样点分布

表11-1　上海中心城区土壤水库库容概况

| 水库库容 | 最大值<br>（mm） | 最小值<br>（mm） | 均值<br>（mm） | 标准差<br>（mm） | 变异系数<br>（%） |
|---|---|---|---|---|---|
| 总库容 | 370 | 242 | 295 | 25.03 | 8.51 |
| 水分现存量 | 292 | 107 | 223 | 27.72 | 12.42 |
| 剩余蓄水空间 | 190 | 22.51 | 71.62 | 32.32 | 45.13 |

与一般林地土壤相比，上海中心城区绿地土壤水库总容量偏低，一般林地土壤水库均值高达393mm，上海中心城区绿地土壤水库总库容平均为295mm，仅为林地的75.06%。虽然与一般林地土壤相比，上海中心城区绿地土壤水库总库容量偏低，但总量可观。按照已调查的中心城区典型公园和公共绿地的水库库容总量为依据，若按上

海浦西中心城区现有绿地面积为 6375hm² 估算，那么整个浦西中心城区绿地土壤可蓄积水分的总库容量估算值约为 $1.88 \times 10^7 m^3$；若按整个上海现有绿地总面积为125741hm² 估算，则上海整个绿地系统可蓄积水分的总库容量高达 $3.70 \times 10^8 m^3$。由此可见，虽然上海单位面积绿地土壤水库库容不高，但就整个城市绿地土壤而言，其蓄水总量可观，是一个天然的大型蓄水水库。

### 2. 不同植被类型土壤总库容

不同植被类型土壤总库容存在差异(图 11-7)，其中乔木地土壤总库相对最高，为302±19.77mm；其次是灌木地土壤，为 301±26.61mm；草地土壤总库容最低，为 277±20.50mm，是乔木地土壤总库容的 91.71%。乔木地与灌木地土壤总库容差异不显著，但两者与草地土壤总库容均差异显著($P<0.05$)，这与吴庆贵(2012 年)等研究培江流域丘陵区不同植被类型水源涵养能力结果一致。

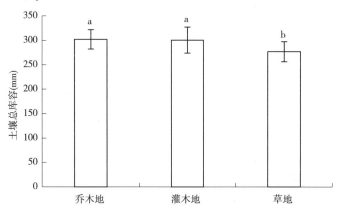

图 11-7  不同植被类型土壤总库容

## 二、土壤水分现存量

### 1. 全市绿地土壤水分现存量概况

土壤水分现存量是指土壤实时的储水量，随着降雨、灌溉和蒸发的变化而时刻变化，是反映土壤的实时水库库容。上海中心城区土壤水分现存量见表 11-1，水分现存量最大值为292mm，最小值为 107mm，均值为 223±27.72mm，水分现存量占总库容比例较高，为75.70%。这可能是土样采集时正好是上海的雨季，降雨频繁，加上绿地养护经常灌溉，故土壤水分含量较高，从而导致土壤水分现存量相对较高。水分现存量变异系数也不高，为12.43%，说明中心城区各公园和公共绿地土壤水分现存量相差不大。

### 2. 不同植被类型土壤水分现存量

不同植被类型土壤水分现存量差异不显著(图 11-8)，其中草地土壤水分现存量相对最大，为 225±20.03mm；其次是乔木，为 224±28.92mm；灌木地相对最小，为 221±31.87mm。由此可见，各植被类型土壤水分现存量基本相同，这可能是由于同一区域同一绿地土壤接受的降雨或灌溉水分是相同的，并且采样时间正好在雨季，土壤中的水分含量丰富，故各植被类型土壤水分现存量高且差异不显著($P>0.05$)。

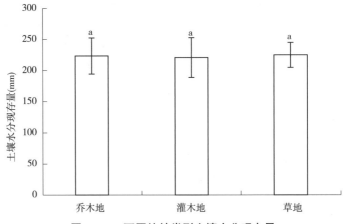

**图 11-8　不同植被类型土壤水分现存量**

### 三、土壤剩余蓄水空间

#### 1. 全市绿地土壤剩余蓄水空间概况

土壤剩余蓄水空间是指土壤水库总库容与土壤水分现存量间的差值，是反映土壤当前状态还能容纳的水分库容。上海中心城区绿地土壤剩余蓄水空间见表 11-1，剩余蓄水空间最大值为 190mm，最小值为 22.52mm，均值为 71.60±27.72mm，仅占总库容的 24.30%，土壤剩余蓄水空间较小，可再容纳的水库库容低。这也从侧面说明上海绿地土壤消减城市瞬时洪峰的作用有限，不利于绿地土壤对雨水的调节和再分配。土壤剩余蓄水空间变化范围相对较大，变异系数高达 45.12%，说明上海中心城区不同公园和公共绿地土壤剩余蓄水空间变化较大。

由于上海中心城区绿地土壤水分现存量较大，土壤中水分含量高，从而导致土壤剩余蓄水空间小，土壤可再容纳的水分含量低，直接影响绿地土壤蓄洪排涝能力，严重阻碍绿地土壤消减城市瞬时洪涝生态功能的发挥。而土壤水分现存量过大，还易引起土壤长时间积水严重，直接影响植物生长甚至导致部分植物死亡，也直接影响城市绿地的景观效果。

同样根据现场调查的土壤剩余蓄水空间估算，那么上海浦西中心城区绿地土壤可瞬时排涝达 $4.56×10^6 m^3$；整个上海绿地蓄洪排涝总量高达 $9.00×10^7 m^3$。虽然单位面积的上海绿地蓄洪排涝能力有限，但就全市绿地而言，其对城市的瞬时洪涝缓解意义重大。

#### 2. 不同植被类型土壤剩余蓄水空间

不同植被类型土壤剩余蓄水空间存在差异（图 11-9），其中灌木地土壤剩余蓄水空间相对最高，为 79.81±36.13mm；其次是乔木地土壤，为 78.63±31.44mm；草地土壤最低，为 52.07±17.25mm。各植被类型土壤剩余蓄水空间总体偏低，灌木、乔木和草地分别占总库容的 26.53%、26.03% 和 18.79%，故各植被类型土壤可再容纳的水库库容低，对消减城市瞬时洪峰的能力较弱。灌木地与乔木地土壤剩余蓄水空间差异不显著（$P>0.05$），而灌木地、乔木地与草地土壤剩余蓄水空间差异显著（$P<0.05$），这与土壤总库容量的趋势一致。

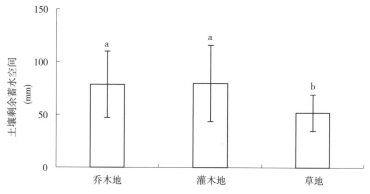

图 11-9　不同植被类型土壤剩余蓄水空间

## 四、土壤滞洪库容

### 1. 全市绿地土壤滞洪库容概况

滞洪库容是饱和持水量与田间持水量间的差值所对应的库容,当土壤水分含量高于田间持水量时,多余水分能短时间内蓄于土壤中,并最终通过蒸发进入大气或入渗进入地下补给地下水,滞洪库容表征土壤水库在短时间内能够储存水分的能力,是降雨或灌溉水进入土壤的主要通道,可以快速将降雨或灌溉水转换为土壤滞洪库容,并在重力作用下变为壤中流,从而在土壤各水库中再次分配,对减少城市降雨瞬时洪涝和维持地下水平衡具有重要意义。根据水分特征曲线可以计算出土壤滞洪库容,上海中心城区绿地土壤滞洪库容见表11-2。上海中心城区绿地土壤滞洪库容最大值为157mm,最小值为57.83mm,均值为92.99±24.48mm,仅占土壤总库容的31.56%。城区绿地土壤滞洪库容偏低,可能是由于上海城市绿地土壤入渗能力普遍较低,阻碍水分下渗,不能充分发挥绿地土壤蓄洪排涝功能,这也是当前各大城市绿地普遍存在的共性问题。滞洪库容变异系数较大,为26.33%,说明中心城区不同区域绿地滞洪库容差别较大。

上海中心城区绿地土壤滞洪库容偏低,在雨季容易形成地表径流,绿地土壤的排涝功能受到严重制约。这可能是由于滞洪库容脆弱性较高,其中表层土更明显,极易受外界干扰,而城市在不断扩张过程中,经过人工改造的城市不透水路面的急剧增加,改变了水分的自然循环,阻碍了雨水下渗,形成土壤水库"有库无水",从而导致城区绿地土壤滞洪库容的萎缩。

表 11-2　上海中心城区土壤水库常数

| 水库常数 | 最大值<br>(mm) | 最小值<br>(mm) | 均值<br>(mm) | 标准差<br>(mm) | 变异系数<br>(%) |
|---|---|---|---|---|---|
| 滞洪库容 | 157 | 57.8 | 93.0 | 24.5 | 26.3 |
| 死库容 | 173 | 66.9 | 131 | 26.2 | 20.0 |
| 有效库容 | 110 | 51.9 | 80.2 | 12.4 | 15.5 |

### 2. 不同植被类型土壤滞洪库容

不同植被类型对土壤滞洪库容有一定影响(图11-10),灌木地土壤滞洪库容最大,为

113±25.05mm；其次是乔木地土壤，为91.60±18.70mm；草地土壤最小，为78.4mm，仅为灌木地土壤滞洪库容的69.6%，这与谢莉（2012年）等研究浙江安吉主要植被类型土壤水库库容结果一致。由此可见，灌木地和乔木地土壤对消减城市瞬时蓄洪排涝能力高于草地土壤。各植被类型土壤滞洪库容总体偏低，分别占其总库容的37.47%、30.32%和28.29%，对城市瞬时蓄洪排涝能力相对较弱。不同植被类型土壤滞洪库容差异显著，其中乔木地、草地土壤与灌木地土壤滞洪库容差异显著（$P<0.05$），而乔木地与草地土壤滞洪库容差异不显著（$P>0.05$），这可能是由于不同植被类型土壤在绿地养护管理方式不同所导致的，如灌木土壤经常翻耕疏松，土壤大孔隙含量高，土壤的下渗能力强，而乔木林下和草坪地上的人为休闲和娱乐活动较多而导致的人为践踏相对较大，致使土壤板结，降低了土壤中的大孔隙含量，阻碍了土壤水分的下渗，降低了土壤滞洪库容。

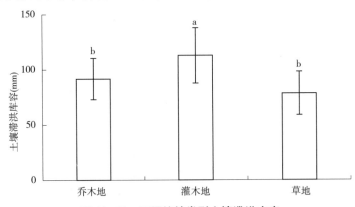

图11-10　不同植被类型土壤滞洪库容

## 五、土壤死库容

### 1. 全市绿地土壤死库容概况

死库容是相当于土壤凋萎含水量时调控深度下的蓄水量，是植物不能利用的土壤水库容，为无效水，死库容越大，植物可利用的水分越低。上海中心城区绿地土壤死库容变化范围为66.9～173mm，均值高达131±26.17mm，占总库容的44.46%，土壤总库容中接近一半的库容量为无效水，不能被植物利用，这也是上海中心城区植物易干旱，需要经常性灌溉的原因之一。与林地相比，上海中心城区绿地土壤死库容较高，一般的林地土壤死库容仅为97.8mm，林地死库容仅占其总库容的27.16%。上海中心城区绿地土壤死库容变异系数不大，说明不同区域绿地土壤死库容波动不大，含量均较高，也说明土壤死库容高是上海绿地普遍的现象。

### 2. 不同植被类型土壤死库容

不同植被类型对土壤死库容影响不明显（图11-11），其中乔木地土壤死库容相对最大，为138±26.17mm；其次是灌木地土壤，为130±23.38mm；草地土壤死库容相对最小，为125±28.88mm；各植被类型土壤死库容总体偏大，分别占其总库容的45.57%、43.11%和45.03%，故各植被类型土壤中能被植物直接吸收利用的水库库容量低。乔木地、灌木地和草地土壤死库容差异不显著（$P>0.05$）。

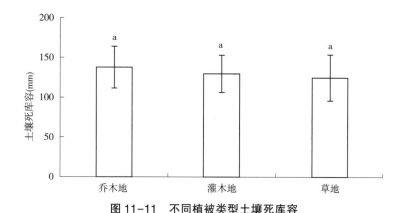

图 11-11　不同植被类型土壤死库容

## 六、土壤有效库容

### 1. 全市绿地土壤有效库容概况

有效库容是田间持水量与凋萎含水量间差值所调控深度下的库容，是植物可直接吸收和利用的库容，表征土壤水分的有效性。上海中心城区绿地土壤有效库容见表 11-2，其变化范围为 51.9~110mm，均值仅为 80.20±12.40mm，土壤有效库容总量较低，仅占总库容的27.22%，占整个土壤水库的比例偏低，这与一般林地报道的土壤有效库容占总库容 50% 以上比例相差较大。有效库容变异系数不大，为 15.46%，说明中心城区各绿地土壤有效库容差异较小，土壤有效库容低是上海绿地普遍的现象。上海中心城区绿地土壤有效库容低，导致植物可吸收和利用的库容量低，未能真正有效发挥土壤水库作为供给和调节植物生长所需水分功能，故上海中心城区每年都需要花费大量的财力和物力对绿地进行灌溉来满足植物对水分生长的需求。

上海城区绿地土壤有效库容低，接近一半的总库容是土壤无效水，土壤中可被绿地植被利用的水分含量低，导致植物不耐旱，在旱季极易缺水，不但需要人为频繁灌溉导致绿地养护耗水严重，而且即使进行灌溉也不能有效缓解植物缺水现象，这主要是由于植物需水是连续的过程，而灌溉或降雨仅仅为植物间断性供水。因此，灌溉或降雨只能暂时解决绿地植物的需水问题，而不能真正提高土壤有效水含量，要提高绿地的水分利用率，还必须从提高土壤有效水入手。

同样根据现场调查的土壤有效库容总量估算，上海浦西中心城区绿地土壤可为植物提供的有效库容总量达 $5.11 \times 10^6 m^3$，整个上海绿地土壤可为植物提供的有效库容总量高达 $1.01 \times 10^8 m^3$，绿地土壤蓄积的有效库容不仅大大降低了植物对灌溉水的需求，而且降低了城市绿地植物养护成本。同样，虽然单位面积的上海绿地有效库容有限，但就整个绿地蓄积的雨水而言，对降低灌溉水量是非常可观的。

### 2. 不同植被类型土壤有效库容

不同植被类型对土壤有效库容有一定影响（图 11-12），其中灌木地土壤有效库容最大，为 89.89±12.82mm；其次是乔木地土壤，为 79.62±11.43mm；草地土壤最小，为 72.90±7.58mm。各植被类型土壤有效库容分别占其总库容的 29.89%、26.35% 和 26.31%，由此可见，灌木地土壤水库库容中有效库容含量相对较高，乔木和草地土壤相对较低。各植被类型土壤有效库容占总库容总体偏低，这主要是由于各植被类型土壤死库容含量高，故各植被类型土壤中水库库容仅很少一部分能被植物吸收利用，不同植被类型土壤中水分的有效性偏低，各植被类型在生长发育过程中需要人为经常灌溉才能满足其基本生长需求，特别是草地土壤需水量最大。不同植被类型土壤有效库容差异显著，其中灌木地与乔木地、草地土壤有效库容差异显著（$P<0.05$），而乔木和草地差异不显著（$P>0.05$），这可能是由于灌木地土壤疏松，土壤结构良好，土壤孔隙含量高，蓄水和释水能力强。

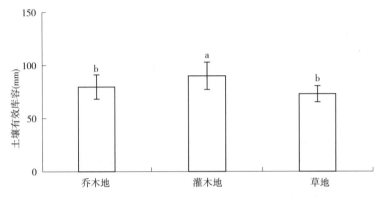

**图 11-12  不同植被类型土壤有效库容**

## 七、土壤水库库容相关性分析

土壤水库总库容、水分现存量和剩余蓄水空间相关性分析如表 11-3 所示，结果表明，总库容、水分现存量和剩余蓄水空间两两相关性极显著（$P<0.01$）。其中，水分现存量与剩余蓄水空间呈极显著负相关，相关性最好，相关系数高达 0.663；其次是总库容与剩余蓄水空间呈极显著正相关，相关系数为 0.558；总库容与水分现存量呈极显著正相关，相关系数相对最小，为 0.252。由此可见，土壤剩余蓄水空间随着总库容含量的增加而增加，随着水分现存量的增加而降低。

**表 11-3  土壤各水库库容间相关性系数**

| | 总库容 | 水分现存量 | 剩余蓄水空间 |
|---|---|---|---|
| 总库容 | 1 | 0.252 ** | 0.558 ** |
| 水分现存量 | 0.252 ** | 1 | -0.663 ** |
| 剩余蓄水空间 | 0.558 ** | -0.663 ** | 1 |

## 八、土壤水库常数相关性分析

土壤滞洪库容、死库容和有效库容的相关性分析如表 11-4 所示，其中土壤滞洪库容与有效库容呈极显著正相关（$P<0.01$），相关系数高达 0.814，相关性较好；而死库容与有效库容、滞洪库容呈负相关，且相关性不显著（$P>0.05$），相关系数较低。由此可见，土壤有效库容随着土壤滞洪库容的增加而显著增加。

表11-4 土壤各水库常数间相关性系数

|  | 死库容 | 有效库容 | 滞洪库容 |
|---|---|---|---|
| 死库容 | 1 | -0.024 | -0.317 |
| 有效库容 | -0.024 | 1 | 0.814** |
| 滞洪库容 | -0.317 | 0.814** | 1 |

# 第三节 典型新建绿地——辰山植物园的"水库"特征

上海辰山植物园是为了配合2010年世博会在中国上海召开而配套新建的植物园,规划前的土壤调查已显示土壤物理性质是其主要障碍因子。为此,辰山植物园在建设过程中还专门采用了冬天土壤冻晒、机械松土以及添加有机基质等改土措施,但植物园建成后还是发生了大面积土壤积水和不少植物死亡的现象,而旱季植物却缺水严重,导致园区植物养护耗水量剧增。辰山植物园分五大洲植物区和各类特色专类园,其中南美区、大洋洲区、欧洲区、非洲区和北美区5大园区在建设过程中使用挖机、推机、碾压机等大型机械进行土壤堆高,土壤特征以机械压实为主;华东区、春景园、槭树园、旱生园和儿童园等专类园以休闲娱乐为主,土壤特征以人为践踏为主;温室和月季园不管是建设过程还是公园开放后,机械和人为压实少。

## 一、土壤入渗率

### 1. 辰山植物园土壤入渗率概况

辰山植物园土壤入渗率现场监测点见表11-5,共监测52个样点,包括17个压实监测点。土壤入渗率见表11-6,辰山植物园土壤入渗率变化范围差异更大,分布在0~104mm/h,平均仅为3.52±14.32mm/h。

依据日本绿化土壤入渗率的划分等级:>100mm/h为Ⅰ级(优),30~100mm/h为Ⅱ级(良),10~30mm/h为Ⅲ(不良),<10mm/h为Ⅳ(极不良),那么辰山植物园土壤入渗率非常差。只有月季园的1个监测点为104mm/h,达到了Ⅰ级(优);其余样点(98.08%)都为Ⅳ级(极不良);而岩石区和春景园的2个监测点为0;这就不难解释辰山植物园建成后发生大面积水和部分植物死亡现象。

表11-5 土壤采样点分布情况

| 采样点 | 采样个数 | 压实采样点 | 采样点 | 采样个数 | 压实采样点 |
|---|---|---|---|---|---|
| 南美植物区 | 4 | 2(MC) | 春景园 | 5 | 0 |
| 大洋洲植物区 | 4 | 2(MC) | 槭树园 | 2 | 1(N) |
| 温室区 | 1 | 1(N) | 月季园 | 2 | 1(N) |
| 欧洲植物区 | 4 | 2(MC) | 木犀园 | 3 | 0 |
| 非洲植物区 | 3 | 1(MC) | 金缕梅园 | 3 | 0 |

（续）

| 采样点 | 采样个数 | 压实采样点 | 采样点 | 采样个数 | 压实采样点 |
|---|---|---|---|---|---|
| 北美植物区 | 5 | 2（MC） | 旱生植物园 | 2 | 0 |
| 岩石区 | 3 | 1（MT） | 儿童植物区 | 4 | 1（MT） |
| 华东区系园 | 7 | 3（MT） | 总计 | 52 | 17 |

注：MC 表示机械压实；MT 表示人为践踏；N 表示干扰少。

表 11-6　土壤入渗率

| 参数 | 变化范围 | 均值 | 标准差 | CV |
|---|---|---|---|---|
| 入渗率（mm/h） | 0～104 | 3.52 | 14.32 | 4.07 |

### 2. 不同植被类型土壤入渗率

辰山植物园不同植被类型土壤的入渗率存在差异（图 11-13），其中灌木地和乔木地差异显著（$P<0.05$），草地、竹林地、裸地之间入渗率差异不显著。灌木地土壤平均入渗率为 13.43mm/h，其次为竹林地 3.07mm/h，最差为裸地 0.09mm/h，各植被类型土壤入渗率大小顺序为灌木>竹林>草地>乔木>裸地。其中灌木类型中月季园的土壤入渗是最大的，达到了 104mm/h（表 11-6），由于各种类型植被的土壤粒径含量基本一致，月季园之所以土壤入渗好，可能月季园是重点改造的专类园，因此土壤改良力度相对较大，施用了大量有机基质有关，说明提高有机质含量能有效改善土壤入渗和持水能力。

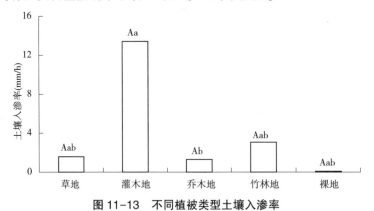

图 11-13　不同植被类型土壤入渗率

### 3. 不同压实土壤入渗率

不同压实土壤入渗率见图 11-14，干扰少土壤入渗最大，为 5.44mm/h；其次是人为践踏，为 1.47mm/h；机械压实土壤最小，为 1.00mm/h，机械压实与人为践踏土壤差异不显著，干扰少与机械压实、人为践踏差异显著。

## 二、土壤水分特征

### 1. 辰山植物园土壤水分特征概况

辰山植物园土壤质量含水率差别较大（表 11-7），分布在 115～471g/kg 之间，平均为 240±63.4g/kg；饱和含量持水量在 233～612g/kg 之间，平均为 336±74.2g/kg；田间持水量在 222~509g/kg，平均为 305±61.4g/kg；土壤水分含量之间差别较大。

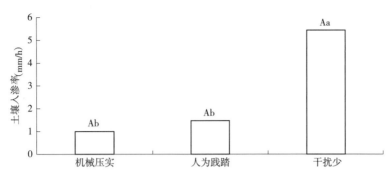

图 11-14　不同压实土壤入渗率

表 11-7　辰山植物园土壤基本性质

| 参数 | 变化范围 | 均值 | 标准差 | CV |
|---|---|---|---|---|
| 质量含水率(g/kg) | 115~471 | 240 | 63.4 | 0.26 |
| 饱和持水量(g/kg) | 233~612 | 336 | 74.2 | 0.22 |
| 田间持水量(g/kg) | 222~509 | 305 | 61.4 | 0.20 |

### 2. 不同植被类型土壤水分特征

辰山植物园不同植被类型土壤水分特征曲线差异明显(图 11-15)，随着土壤水吸力的增加，土壤含水量逐渐降低，在低水吸力段($<5\times10^5$Pa)土壤水分变化较大，随着水吸力的增大，土壤含水量变化相对减少，在高水吸力段($>15\times10^5$Pa)趋于平缓。相同水吸力下，灌木地含水量最大，裸地最小，土壤含水量大小关系为灌木地>乔木地>草地>竹林地>裸地。将实测数据按 Gardner 模型 $\theta=AS^{-B}$ 进行拟合，所得方程均达到极显著($P<0.01$)水平，各参数见表 11-8。一般参数 A 表示曲线的高低，也就是土壤持水能力大小，A 值越大，则持水能力强，各土壤持水量力大小关系为灌木地>乔木地>草地>竹林地>裸地。B 值反映土壤水吸力变化时，土壤含水量的变化程度快慢，灌木地土壤水分变化最快，而竹林地变化最慢。AB 值是反映土壤供水能力或抗旱性，AB 值越大，则土壤供水能力越好或土壤抗旱能力越强。不同植被类型土壤的供水能力大小关系为灌木地>乔木地>草地>裸地>竹林地。

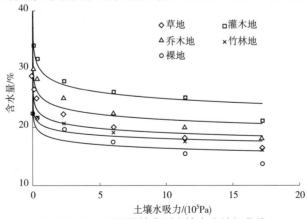

图 11-15　不同植被类型土壤水分特征曲线

通过水分特征曲线我们对不同植被类型土壤的有效水含量进行计算（表11-8），从中可知，灌木地土壤有效水含量最大为68.98g/kg，其次是乔木地55.59g/kg，竹林地最差，各植被类型土壤有效水大小关系为灌木地>乔木地>草地>裸地>竹林地。所有植被类型的土壤有效水占整个田间持水量比例仅在16.26%~22.31%之间，比中国其他地区的林地或水稻田要低得多，但凋萎系数含水量却要高，和南京等城市土壤表现出凋萎系数含水量增加而有效含量降低的趋势基本一致。这进一步证实城市土壤凋萎系数含水量增加，有效含水量降低是城市绿地在雨季易发生积水而在旱季植物易干旱的主要原因。

表11-8　Gardner模型水分特征曲线拟合参数及土壤有效水

| 土壤类型 | Gardner模型拟合参数 | | | | Gardner模型关系式 | 田间持水量（g/kg） | 有效水（g/kg） | 占田间持水量比例(%) |
|---|---|---|---|---|---|---|---|---|
| | A | B | AB | $R^2$ | | | | |
| 草地 | 21.6291 | 0.0548 | 1.1853 | 0.8269 | $\theta=21.6291S^{-0.0548}$ | 231 | 44.58 | 19.26 |
| 灌木地 | 28.8370 | 0.0640 | 1.8456 | 0.8518 | $\theta=28.8370S^{-0.0640}$ | 312 | 68.98 | 22.31 |
| 乔木地 | 24.4845 | 0.0606 | 1.4838 | 0.8543 | $\theta=24.4845S^{-0.0606}$ | 263 | 55.59 | 21.11 |
| 竹林地 | 20.0345 | 0.0453 | 0.9076 | 0.8981 | $\theta=20.0345S^{-0.0453}$ | 212 | 34.36 | 16.26 |
| 裸地 | 18.5500 | 0.0537 | 0.9961 | 0.7753 | $\theta=18.5500S^{-0.0537}$ | 198 | 37.50 | 18.95 |

## 三、土壤总库容

### 1. 辰山植物园土壤总库容概况

辰山植物园土壤各水库样点分布见表11-9，辰山植物园绿地土壤总库容最大值为367mm（表11-10），最小值仅为216mm，均值为276±30.38mm，其变异系数较低，各园区的总库容量变化不大。辰山植物园绿地土壤水库容量偏低，与自然林地相比，辰山植物园绿地土壤水库表现出不一样的特性，总容量偏低，不如已有报道的林地土壤总库容含量高，如东北林地同土层的总库容量为307mm。导致辰山植物园土壤总库容低的原因有：一是辰山植物园地下水位偏高，非饱和带土层浅，可蓄水土层浅，一般森林土壤蓄水土层厚度为1m；二是我国所有新建绿地的共性问题，为快速绿化而大量使用重型机械，导致土壤压实板结，降低了土壤的蓄水、持水能力，从而消减了绿地土壤水库的总库容量。由此可见，辰山植物园绿地土壤未能充分发挥其水分蓄积的生态功能。

表11-9　辰山植物园土壤采样点分布

| 采样区域 | 植被类型样点数 | | | | | 压实类型样点数 | | |
|---|---|---|---|---|---|---|---|---|
| | 乔木地 | 灌木地 | 草地 | 竹林地 | 裸地 | 机械压实 | 人为践踏 | 无压实 |
| 南美区 | 1 | — | — | — | — | 1 | — | — |
| 大洋洲区 | 2 | — | 1 | — | — | 3 | — | — |
| 欧洲区 | 1 | — | 1 | — | — | 2 | — | — |
| 非洲区 | 2 | — | — | — | — | 2 | — | — |
| 北美区 | — | — | 2 | — | — | 2 | — | — |

（续）

| 采样区域 | 植被类型样点数 | | | | | 压实类型样点数 | | |
|---|---|---|---|---|---|---|---|---|
| | 乔木地 | 灌木地 | 草地 | 竹林地 | 裸地 | 机械压实 | 人为践踏 | 无压实 |
| 岩石区 | — | — | 1 | — | 1 | 1 | 1 | — |
| 温室区 | — | — | 1 | — | — | — | — | 1 |
| 华东园 | 3 | — | 2 | 2 | — | — | 7 | — |
| 春景园 | 1 | 1 | — | — | — | — | 2 | — |
| 槭树园 | 2 | — | — | — | — | — | 2 | — |
| 月季园 | — | 2 | — | — | — | — | — | 2 |
| 金缕梅园 | 2 | — | — | — | — | — | 2 | — |
| 旱生园 | 1 | 1 | — | — | — | — | 2 | — |
| 儿童园 | 1 | — | 1 | — | — | — | 2 | — |

表 11-10　辰山植物园土壤水库库容的统计分析

| 土壤库容 | 最大值（mm） | 最小值（mm） | 平均值（mm） | 标准差（mm） | 变异系数 |
|---|---|---|---|---|---|
| 总库容 | 367 | 216 | 276 | 30.38 | 0.11 |
| 死库容 | 201 | 105 | 167 | 24.10 | 0.14 |
| 滞洪库容 | 152 | 24.79 | 64.56 | 27.35 | 0.42 |
| 有效库容 | 72.47 | 21.88 | 43.95 | 10.59 | 0.24 |

## 2. 不同植被类型土壤总库容

不同植被类型土壤总库容如图 11-16 所示，其中灌木地土壤总库容最大，为 $317 \pm 48.09$ mm；其次是乔木地土壤，为 $276 \pm 20.15$ mm；裸地土壤总库容最小，仅为 $230 \pm 10.12$ mm，是灌木地土壤总库容的 72.55%，这主要是由于裸地土壤表层易形成结壳，阻碍了雨水或灌溉水进入土壤中，降低了土壤库容量。各植被类型土壤总库容的大小关系为灌木地>乔木地>草地>竹林地>裸地。不同植被类型土壤总库容存在一定差异，其中灌木地与乔木地、草地、竹林地以及裸地差异极显著（$P<0.01$），乔木地与草地、竹林地差异不明显（$P>0.05$），除了竹林地与裸地差异不明显（$P>0.05$），其他植被类型土壤均与裸地差异显著（$P<0.05$），这与谢莉（2012 年）等研究灌木和乔木地土壤总库容显著高于裸地土壤结果相一致。由此可见，植被能提高土壤水分存储能力，如赵世伟（2002 年）等也验证了不管是自然植被还是人工植被都对提高土壤蓄水持水有显著作用，其主要原因可能是植被根系的穿插改善了土壤结构，增加土壤大孔隙，提高土壤入渗能力；而裸地土壤表层易形成结壳，阻碍了雨水或灌溉水进入土壤中，降低了土壤库容量。而乔木地和灌木地土壤各水库库容量较草地和竹林地均有所增加，草地除了人为践踏压实严重的影响因素外，主要是由于乔、灌木地通过植物层、落叶层以及土壤根系层共同作用，改善了土壤结构，增加了土壤入渗能力和持水能力，从而可以蓄积土壤水分、补充地下水。

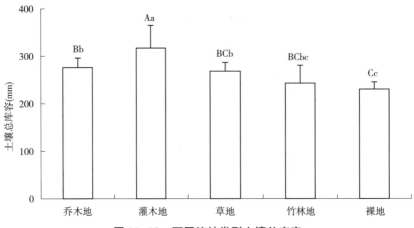

图 11-16 不同植被类型土壤总库容

### 3. 不同压实土壤总库容

压实对土壤水库的总库容影响明显(图 11-17),无压实的土壤总库容最大,为 333±43.77mm;其次是人为践踏,为 273±17.60mm;机械压实的土壤总库容最低,为 259±29.04mm。随着压实程度的增加,土壤总库容逐渐降低,这主要是压实降低了土壤总孔隙度,降低了土壤的蓄水能力。不同压实方式的土壤总库容具有一定差异性,无压实土壤与人为践踏、机械压实差异极显著($P<0.01$)。压实土壤平均总库容较未压实土壤降低了 25.14%,裸地比各植被类型的平均土壤总库容降低了 19.80%。由此可见,压实对土壤库容的影响程度要大于植被类型.其实不同植被类型的土壤水库差异也与压实直接相关。相对而言,草坪人为践踏严重,土壤压实也重;灌木人为践踏少,压实程度轻。就不同压实方式而言,无压实土壤水库库容量较大,机械压实和人为践踏土壤各水库库容偏低,压实降低了土壤总库容。压实增加了地表径流,导致土壤蓄水能力下降,造成绿地土壤水库库容萎缩,严重制约绿地土壤对雨水下渗和蓄积功能,这与杨金玲(2008 年)等研究南京城市不同压实程度土壤水库库容结果基本一致。

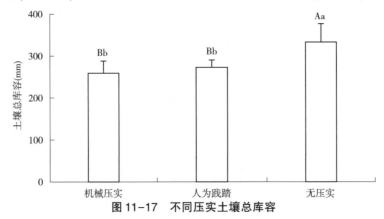

图 11-17 不同压实土壤总库容

## 四、土壤滞洪库容

### 1. 辰山植物园土壤滞洪库容概况

辰山植物园土壤滞洪库容最大值仅为 152mm(表 11-10),最小值为 24.79mm,均值为

64.56±27.35mm，占总库容的24.43%，土壤滞洪库容较低，不利于绿地土壤蓄洪排涝，从而增加了城市瞬时洪涝，特别是在雨季，降低了绿地土壤容纳和疏导水分的能力，这是辰山植物园雨后容易发生严重积水的主要原因，也是近几年城市瞬时洪涝现象频繁发生原因之一。各园区的滞洪库容变异系数高达0.42，变化较大，可能由于不能园区的养护方式的差异所导致的，如机械化施工和人为践踏会压实土壤，降低滞洪库容，而翻耕和增施有机肥则有效增加滞洪库容。

**2. 不同植被类型土壤滞洪库容**

不同植被类型土壤滞洪库容如图11-18所示，可见，辰山植物园不同植被类型土壤滞洪库容偏低。其中灌木地土壤滞洪库容最大，为89.68±53.65mm；其次是乔木地，为65.69±22.59mm；裸地最小，为43.95±15.21mm；各植被类型土壤滞洪库容大小关系为灌木地>乔木地>草地>竹林地>裸地，这与谢莉（2012）等研究不同植被类型土壤滞洪库容结果相似。灌木地和乔木地土壤滞洪库容较大，主要原因是灌木地和乔木地土壤疏松，大孔隙度相对较多，易于土壤水分下渗；裸地由于压实较严重，土壤易板结，形成结壳，同时会减少土壤大孔隙和孔隙的连续性，阻碍水分的下渗，从而降低土壤滞洪库容。不同植被类型土壤滞洪库容具有一定的差异性，其中灌木地与草地和裸地差异显著（$P<0.05$），而乔木地、草地、竹林地、裸地之间差异不显著（$P>0.05$）。

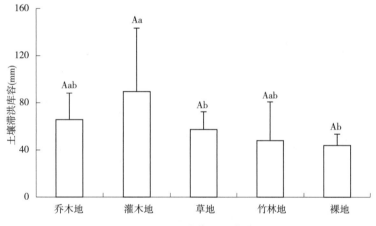

**图11-18　不同植被类型土壤滞洪库容**

**3. 不同压实土壤滞洪库容**

压实对土壤滞洪库容影响较大（图11-19），无压实土壤滞洪库容最大，为110±45.63mm，压实的土壤滞洪库容较低，机械压实和人为践踏的土壤滞洪库容分别为59.44±22.82mm和58.38±19.36mm，分别为无压实土壤的54.00%和53.04%。这是由于压实降低了土壤中的大孔隙含量，阻碍了雨水下渗通道；压实还易形成土壤结皮，降低土壤孔隙度，减少土壤孔隙的有效性，阻碍了水分的蓄积和下渗，降低了土壤滞洪库容。不同压实方式土壤滞洪库容差异显著，其中无压实土壤与机械压实、人为践踏差异极显著（$P<0.01$），而机械压实和人为践踏差异不显著（$P>0.05$）。

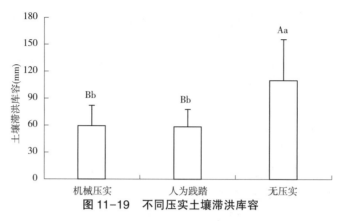

图 11-19 不同压实土壤滞洪库容

## 五、土壤死库容

### 1. 辰山植物园土壤死库容概况

辰山植物园绿地土壤死库容最大值高达 201mm（表 11-10），最小值为 105mm，均值为 167±24.10mm，占总库容的 60.61%，而一般林地土壤死库容占总库容的比例为 12%~37%。由此可见，辰山植物园绿地土壤死库容占的比例较高，很大部分库容不能被植物吸收利用。各园区的土壤死库容变化较小，其变异系数为 0.14。辰山植物园土壤的死库容占总库容的比例却远高于一般林地，如辰山为 60.61%，而一般林地土壤为 12%~37%；主要受辰山植物园土壤含砂量低、黏粒含量高的内因以及压实严重的外因的双重影响。

### 2. 不同植被类型土壤死库容

不同植被类型土壤死库容如图 11-20 所示，各植被类型土壤死库容总体偏高，其中灌木地土壤死库容最大，为 173±26.46mm，裸地相对最小为 151±9.23mm，各植被类型土壤死库容大小关系为灌木地>草地>乔木地>竹林地>裸地。不同植被类型土壤对土壤死库容影响不大，各植被类型土壤死库容差异不显著（$P>0.05$）。

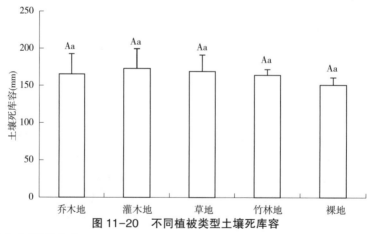

图 11-20 不同植被类型土壤死库容

### 3. 不同压实土壤死库容

压实对土壤死库容影响不明显（图 11-21），人为践踏的土壤死库容最大，为 172±22.68mm；其次是无压实，为 161±17.87mm；机械压实的土壤死库容最低，为 159±

25.29mm，这是由于压实增加了土壤的凋萎含水量，故压实可以增加土壤死库容量。辰山植物园绿地土壤不同压实方式的土壤死库容差异不显著（$P>0.05$），可能是由于辰山植物园绿地土壤本身的死库容量已经偏大，导致压实对死库容的影响程度不显著。

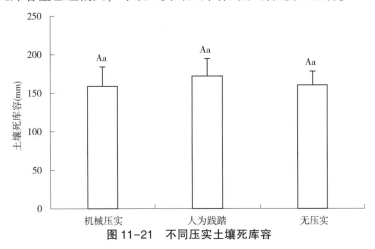

图 11-21 不同压实土壤死库容

## 六、土壤有效库容

### 1. 辰山植物园土壤有效库容概况

辰山植物园绿地土壤有效库容最大值仅为 72.47mm（表 11-10），最小值为 21.88mm，均值为 43.95±10.59mm，仅为总库容的 15.95%；而研究报道的江西红壤有效库容约占总库容的 50%，可见，辰山土壤有效库容较低，能被植被吸收利用的库容量低。这正解释了辰山植物园在建成后，在雨季发生了大面积积水和不少植物死亡；而在旱季植物却缺水严重，导致园区植物养护耗水量大增，植物长势不佳的现象。

### 2. 不同植被类型土壤有效库容

不同植被类型土壤有效库容如图 11-22 所示，各植被类型土壤死库容都较低，其中灌木地土壤有效库容最大，仅为 54.23±19.92mm；其次是乔木地土壤，为 44.74±7.56mm；竹林地最小，为 30.78±12.58mm，是灌木地土壤有效库容的 57.76%，竹林地土壤有效库容偏低是由于竹林地土壤死库容相对较大；各植被类型土壤有效库容大小关系为灌木地>乔木地>草地>裸地>竹林地。不同植被类型土壤有效库容存在差异，灌木地与草地、裸地、竹林地差异极显著（$P<0.01$），与乔木地差异不显著（$P>0.05$），另外乔木地、草地、裸地以及竹林地 4 种植被类型间土壤有效库容差异不显著（$P>0.05$）。

### 3. 不同压实土壤有效库容

压实对土壤有效库容影响较大（图 11-23），无压实土壤有效库容最大，为 62.20±16.06mm；其次是人为践踏，为 42.23±8.87mm；机械压实最小，为 40.81±6.97mm，是无压实土壤有效库容的 65.61%。由于压实易形成土壤结皮、阻塞表层土壤孔隙。降低了土壤入渗能力，从而降低土壤有效库容，并随着压实程度的增加，土壤有效库容逐渐降低，压实不利于城市绿地土壤的蓄洪排涝。不同压实方式土壤有效库容差异显著，其中无压实土壤与机械压实、人为践踏之间差异极显著（$P<0.01$），但机械压实和人为践踏之间差异不显著（$P>0.05$）。

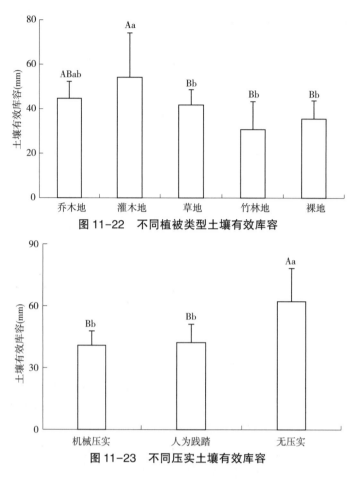

图 11-22  不同植被类型土壤有效库容

图 11-23  不同压实土壤有效库容

## 七、辰山植物园土壤水库影响因子分析

辰山植物园各园区的基本理化性质如表 11-11 所示，由表 11-12 可以看出，土壤总库容与土壤入渗率（$K_{fs}$）、非毛管孔隙度、毛管孔隙度、总孔隙度、有机质和质量含水率存在显著正相关；与土壤密度（容重）呈显著负相关；而与土壤黏粒、砂粒和粉砂粒相关性不显著，其中土壤毛管孔隙度、总孔隙度和土壤密度（容重）与土壤总库容相关性较好，相关系数均超过了 0.735。

表 11-11  辰山植物园土壤基本理化性质

| 采样区域 | 入渗率（mm/h） | 含水率（%） | 土壤密度（Mg/m³） | 非毛管孔隙度（%） | 毛管孔隙度（%） | 总孔隙度（%） | 黏粒（%） | 砂粒（%） | 粉砂粒（%） | 有机质（g/kg） |
|---|---|---|---|---|---|---|---|---|---|---|
| 南美区 | 0.64 | 19.57 | 1.39 | 3.01 | 43.70 | 46.71 | 39.05 | 2.65 | 58.30 | 12.47 |
| 大洋洲区 | 1.09 | 16.54 | 1.38 | 2.94 | 44.84 | 47.78 | 35.53 | 2.38 | 62.09 | 16.29 |
| 欧洲区 | 3.77 | 16.17 | 1.46 | 3.86 | 41.93 | 45.79 | 29.44 | 2.24 | 68.32 | 11.98 |
| 非洲区 | 0.39 | 20.51 | 1.43 | 3.89 | 42.41 | 46.30 | 29.39 | 16.66 | 53.95 | 16.46 |

（续）

| 采样区域 | 入渗率（mm/h） | 含水率（%） | 土壤密度（Mg/m³） | 非毛管孔隙度（%） | 毛管孔隙度（%） | 总孔隙度（%） | 黏粒（%） | 砂粒（%） | 粉砂粒（%） | 有机质（g/kg） |
|---|---|---|---|---|---|---|---|---|---|---|
| 北美区 | 0.67 | 23.53 | 1.59 | 3.03 | 38.35 | 41.37 | 32.16 | 11.93 | 55.91 | 13.57 |
| 岩石区 | 0.03 | 22.74 | 1.56 | 1.77 | 37.17 | 38.94 | 39.00 | 5.00 | 56.00 | 19.34 |
| 温室区 | 6.25 | 26.61 | 1.28 | 7.13 | 43.67 | 50.81 | 37.62 | 1.47 | 60.91 | 38.32 |
| 华东园 | 2.40 | 22.12 | 1.44 | 4.01 | 41.89 | 45.90 | 35.02 | 6.78 | 58.20 | 17.33 |
| 春景园 | 0.26 | 26.63 | 1.46 | 3.45 | 43.09 | 46.54 | 43.15 | 2.26 | 54.59 | 40.26 |
| 槭树园 | 0.92 | 23.35 | 1.31 | 5.27 | 45.04 | 50.31 | 33.27 | 2.42 | 64.31 | 33.01 |
| 月季园 | 56.24 | 35.71 | 1.09 | 7.23 | 50.82 | 58.06 | 36.11 | 5.49 | 58.40 | 51.14 |
| 金缕梅园 | 1.35 | 23.26 | 1.33 | 4.92 | 43.81 | 48.73 | 40.95 | 2.48 | 56.57 | 36.45 |
| 旱生园 | 1.65 | 28.25 | 1.33 | 4.85 | 44.13 | 48.98 | 42.27 | 2.48 | 55.25 | 29.47 |
| 儿童园 | 3.38 | 24.01 | 1.53 | 3.21 | 39.55 | 42.75 | 39.47 | 2.97 | 57.56 | 27.51 |

表11-12 辰山植物园土壤水库与土壤理化指标相关性系数

| 土壤参数 | 总库容 | 死库容 | 滞洪库容 | 有效库容 |
|---|---|---|---|---|
| 入渗率 | 0.572** | -0.182 | 0.618** | 0.534** |
| 质量含水率 | 0.382* | 0.152 | 0.186 | 0.323 |
| 土壤密度(容重) | -0.735** | -0.064 | -0.563** | -0.605** |
| 非毛管孔隙度 | 0.482** | -0.022 | 0.431* | 0.384* |
| 毛管孔隙度 | 0.772** | 0.148 | 0.532** | 0.607** |
| 总孔隙度 | 0.758** | 0.106 | 0.557** | 0.597** |
| 黏粒 | -0.161 | 0.661** | -0.556** | -0.543** |
| 砂粒 | -0.221 | -0.611** | 0.248 | 0.080 |
| 粉砂粒 | 0.330 | 0.039 | 0.212 | 0.355* |
| 有机质 | 0.502** | 0.229 | 0.243 | 0.361* |

\* $P<0.05$；\*\* $P<0.01$。

从表11-12还可看出：土壤死库容与砂粒含量呈显著负相关，与黏粒含量呈极显著正相关。同时从表11-12也可知，辰山植物园中除美洲植物园和北美植物园中土壤含砂量略高外，其余土壤含砂量均小于6.78%；而土壤黏粒含量均较高，在29.4%~43.2%之间，这也是造成辰山植物园土壤死库容总体偏高的内因。

土壤滞洪库容与土壤入渗率、毛管孔隙度、总孔隙度和非毛管孔隙度呈显著正相关；与土壤密度(容重)、黏粒含量呈显著负相关。其中，土壤滞洪库容与土壤入渗率相关性最好，相关系数最大，为 0.618；土壤入渗率越大，降雨或灌溉的水分下渗越多，故其滞洪库容越大。

土壤有效库容与土壤入渗率、毛管孔隙度、总孔隙度、非毛管孔隙度、粉砂粒和有机质呈显著正相关；与土壤密度（容重）和黏粒含量呈极显著负相关。

由此可见，土壤的物理性质是影响土壤水库的关键因子，改善土壤物理性质是提高土壤水库库容量的重要技术手段，增加土壤毛管孔隙度、总孔隙度以及降低土壤密度（容重）对改善城市绿地土壤总库容具有积极作用，这与孙艳红（2006 年）等研究的林地土壤结论相一致。土壤有机质含量也显著影响辰山植物园绿地土壤的总库容和有效库容，Hudson（1994年）研究也表明，土壤有机质增加 1%，其土壤有效水持水能力提高 3.7%，充分证明土壤有机质能提高城市绿地土壤雨水蓄洪作用。

# 第四节  提高绿地土壤雨水蓄积和排放能力

由于全上海市绿地，尤其是严重压实的上海辰山植物园，土壤均存在雨水入渗排放能力差、水库库容和有效水含量有限等缺陷，不但直接影响植物生长和绿地景观效果发挥，也严重制约了城市绿地在海绵城市建设中的贡献力，因此提高绿地土壤雨水蓄积和排放能力非常重要。为此，选择上海典型新建绿地——上海辰山植物园，进行不同配比改良的跟踪试验，探寻能有效提高绿地雨水蓄积和排放能力的技术对策，为上海海绵城市建设提供技术依据。

根据辰山植物园土壤质地黏粒含量高、含砂量低的特点，以及园林植物喜欢砂壤土的特性，设计理想的土壤质地类型以砂壤土为主，并配置了不同改良材料的配比方（表 11-13），总共设计 3 组配比，每组 3 块试验田，每块试验田面积为 3m×4m。各处理土壤经过 180d 的自然状态下，测定土壤入渗、水分特征和水库。

表 11-13  不同配比土壤

| 处理 | 材料（体积比） |
| --- | --- |
| CK（对照） | 100%土 |
| 配比 1 | 土：绿化植物废弃物：有机肥＝80：30：8 和 0.5kg/m³ 脱硫石膏 |
| 配比 2 | 土：砂：绿化植物废弃物：有机肥＝30：50：30：8 和 0.5kg/m³ 脱硫石膏 |

## 一、土壤入渗率

从图 11-24 可以看出，配比 2 土壤入渗率最大，高达 104mm/h，达到了 I 级（优）；其次为配比 1，为 44.22mm/h，达到了 II 级（良好）；CK 土壤入渗率最小，为 5.45mm/h，为极不良水平，仅为配比 1、配比 2 的 12.32%、5.22%。各配比土壤入渗率差异显著，配比 1、配比 2 与 CK 土壤入渗率达到了极显著差异（$P<0.01$），由此可见，绿化植物废弃物、有机肥、脱硫石膏以及砂子共同作用可显著提高土壤入渗率，并以砂子的效果最明显。

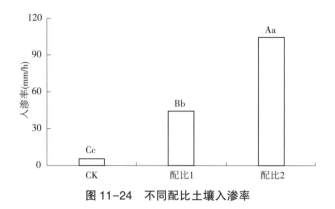

图 11-24　不同配比土壤入渗率

## 二、土壤水分特征曲线

不同处理土壤水分特征曲线见图 11-25，各处理土壤水分特征曲线均随着土壤水吸力的增加而降低，各处理土壤在低吸力段($<5\times10^5$Pa)曲线下降较快，说明土壤水分变化较大，随着吸力的增大，曲线渐渐平缓，特别是在高吸力段($>15\times10^5$Pa)趋于平缓，说明随着吸力的增大，土壤水分含量变化逐渐减小。各处理土壤均可用 Gardner 模型进行拟合，拟合方程见表 11-14，各拟合方程均达到拟合优度，而配比 1 和配比 2 的拟合效果优于 CK。拟合参数 A 值大小关系为配比 1>CK>配比 2，说明各处理土壤在不同吸力下土壤水分大小关系为配比 1>CK>配比 2，拟合参数 B 值大小关系为配比 2>配比 1>CK，说明配比 2 土壤水分随着吸力的增加土壤水分降低最快，土壤的持水能力相对较低。

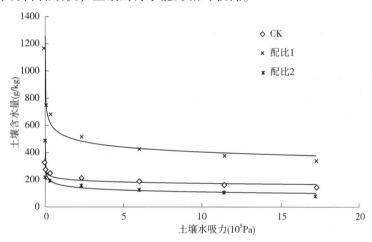

图 11-25　不同配比土壤水分特征曲线

表 11-14　不同配比土壤水分特征曲线参数

| 处理 | Gardner 模型拟合参数 | | | 拟合方程 |
| | A | B | $R^2$ | |
| --- | --- | --- | --- | --- |
| CK | 20.90 | 0.080 | 0.868 | $\theta=20.900S^{-0.080}$ |
| 配比 3 | 53.74 | 0.123 | 0.969 | $\theta=53.738S^{-0.123}$ |
| 配比 4 | 16.14 | 0.163 | 0.981 | $\theta=16.141S^{-0.163}$ |

### 三、土壤总库容

不同配比土壤总库容如图 11-26 所示，各配比土壤总库容较 CK 明显增加。其中配比 1 总库容最大，为 436mm；其次配比 2，为 319mm；CK 总库容最小，仅为 280mm，配比 1 和配比 2 较 CK 土壤总库容分别增加了 55.93% 和 14.11%。不同配比土壤总库容差异明显，其中配比 1 与配比 2 差异显著（$P<0.05$），CK 与配比 1、配比 2 差异极显著（$P<0.01$），由此可见，各改良材料显著增加土壤总库容。

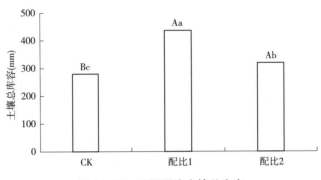

图 11-26　不同配比土壤总库容

### 四、土壤滞洪库容

不同配比土壤滞洪库容如图 11-27 所示，各配比土壤滞洪库容较 CK 明显增加。其中配比 2 土壤滞洪库容最大，为 177mm；其次是配比 1，为 170mm；CK 土壤滞洪库容最小，仅为 82.05mm；配比 1 和配比 2 较 CK 土壤滞洪库容分别增加了 108% 和 115%，土壤滞洪库容增幅明显。各配比土壤滞洪库容差异明显，其中 CK 与配比 1、配比 2 达到了极显著差异（$P<0.01$），而配比 1 和配比 2 差异不显著（$P>0.05$），因此，各改良材料共同作用对土壤滞洪库容改善显著，其中砂子和绿化植物废弃物对土壤的入渗改善效果显著，可有效促进水分的下渗，从而增加土壤滞洪库容能力。

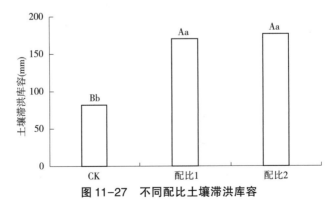

图 11-27　不同配比土壤滞洪库容

### 五、土壤死库容

不同配比土壤死库容如图 11-28 所示，其中配比 1 土壤死库容最大，为 164mm；其次是 CK，为144mm；而配比2土壤死库容最小，为75.40mm，配比2较 CK 土壤死库容降低了47.73%。各配比土壤死库容存在差异，其中配比2与配比1、CK 差异极显著（$P<0.01$），而配比1与 CK 差异不显著（$P>0.05$），由此可见，砂子对降低土壤死库容效果明显。

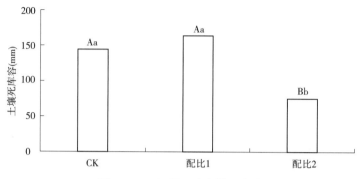

**图 11-28　不同配比土壤死库容**

## 六、土壤有效库容

不同配比土壤有效库容如图 11-29 所示，各配比土壤有效库容较 CK 有所增加。其中配比1土壤有效库容最大，为102mm；其次是配比2，为66.94mm；而 CK 土壤有效库容最小，为53.25mm，配比1土壤有效库容较 CK 提高了91.17%，配比2较 CK 提高了25.71%。各配比土壤有效库容存在差异，其中配比1与配比2、CK 存在极显著差异（$P<0.01$），配比2与 CK 存在显著差异（$P<0.05$），由此可见，各改良材料能显著改善土壤有效库容，其中绿化植物废弃物效果优于砂子。

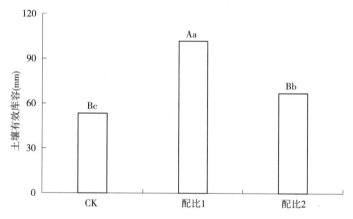

**图 11-29　不同配比土壤有效库容**

## 七、提高绿地土壤雨水蓄积和排放能力对策

受机械碾压和人为践踏等干扰，城市绿地普遍压实严重，导致土壤物理性质退化，不但严重阻碍植物正常生长发育，而且严重制约城市绿地雨水蓄积和排放功能的发挥。而绿化植物废弃物、草炭、有机肥和脱硫石膏等改良材料综合利用能有效提高绿地土壤的入渗能力，改善土壤水分特征，提高绿地土壤总库容、滞洪库容和有效库容，降低土壤死库容，对提高

绿地雨水蓄积能力和排放能力有积极作用。以本章中第二节的水库库容测定结果为例，整个上海市绿地土壤总库容平均值为 $295\pm25.00$ mm，按照上海市绿地面积 $125741$ hm$^2$ 估算，整个上海绿地系统可蓄积水分的总库容量高达 $3.70\times10^8$ m$^3$；若按照配比 1 对整个上海市绿地进行改良，整个上海市绿地土壤的可蓄积水分的总库容量可达到 $5.48\times10^8$ m$^3$，那么整个上海市绿地系统能增加 $1.78\times10^8$ m$^3$ 的蓄水量，增加的蓄水量是非常惊人的，能有效发挥绿地对海绵城市建设的贡献力。

# 参 考 文 献

[1] 陈华. 生态型雨水排水系统在上海的应用及发展[J]. 给水排水，2011，37(4)：41-44.

[2] 方海兰，陈玲，黄懿珍，等. 上海新建绿地的土壤质量现状和对策[J]. 林业科学，2007，43(z1)：89-94.

[3] 方海兰. 城市土壤生态功能与有机废弃物循环利用[M]. 上海：上海科学技术出版社，2014.

[4] 黄荣珍，杨玉盛，张金池，等. 不同林地类型土壤水库蓄水特性研究[J]. 水土保持通报，2005，25(3)：1-5.

[5] 刘霞，张光灿，李雪蕾，等. 小流域生态修复过程中不同森林植被土壤入渗与贮水特征[J]. 水土保持学报，2004，18(6)：1-5.

[6] 史学正，梁音，于东升，等."土壤水库"的合理调用与防洪减灾[J]. 水土保持学报，1999，5(3)：1-6

[7] 孙艳红，张洪江，程金花，等. 缙云山不同林地类型土壤特性及其水源涵养功能[J]. 水土保持学报，2006，20(2)：106-109.

[8] 王勤，张宗应，徐小牛. 安徽大别山库区不同林分类型土壤特性及其涵养水源功能[J]. 水土保持学报，2003，17(3)：59-62.

[9] 王永英，段文标. 小兴安岭南坡 3 种林型林地水源涵养功能评价[J]. 中国水土保持科学，2011，9(5)：31-36.

[10] 巍强，张秋良，代海燕，等. 大青山不同林地类型土壤特性及其水源涵养功能[J]. 水土保持学报，2008，22(2)：111-115.

[11] 伍海兵，方海兰. 绿地土壤入渗及其对城市生态安全的重要性[J]. 生态学杂志，2015，34(3)：894-900.

[12] 吴庆贵，邹利娟，吴福忠，等. 培江流域丘陵区不同植被类型水源涵养功能[J]. 水土保持学报，2012，26(6)：254-258.

[13] 谢莉，陈三雄，彭庭国，等. 浙江安吉主要植被类型土壤水库库容特性研究[J]. 亚热带水土保持，2012，24(3)：14-18.

[14] 杨金玲，张甘霖. 城市"土壤水库"库容的萎缩及其环境效应[J]. 土壤，2008，40(6)：992-996.

[15] 张彪，谢高地，薛康，等. 北京城市绿地调蓄雨水径流功能及其价值评估[J]. 生态学报，2011，31(13)：3839-3845.

[16] 赵世伟，周印东，吴金水. 子午岭北部不同植被类型土壤水分特征研究[J]. 水土保持学报，2002，16(4)：119-122.

[17] 郑荣伟，冯绍元，郑艳侠，等. 北京通州区典型农田土壤水分特征曲线测定及影响因素分析[J]. 灌溉排水学报，2011，30(3)：77-81.

[18] Alaoui A, Goetz. Dye tracer and infiltration experiments to investigate flow[J]. Geoderma, 2008(144)：279-286.

[19] Bernatzky A. The effects of trees on the urban climate // Trees in the 21st Century [M]. Berkhamster: Academic Publishers, 1983: 59-76.

[20] Craul PJ. Urban soil in landscape design[M]. Canada: John Wiley & Sons, Inc., 1992.

[21] DA Silva A P, Kay B D, Perfect E. Characterization of the least limiting water range ofsoils[J]. Soil Science Society of America Journal, 1994(58): 1775-1781.

[22] Franzluebbers A J. Water infiltration and soil structure related to organic matter and its stratification with depth [J]. Soil and Tillage Research, 2002(66): 197-205.

[23] Gill S E, Handley JF, Ennos A R, et al. 2007. Adapting cities for climate change: the role of the green infrastructure[J]. Built Environment, 33(1): 115-113.

[24] Halvorson JJ, McCool DK, King LG, et al. Soil compaction over-winter changes to tracked-vehicle ruts, Yakima Training Center, Washington[J]. Journal of Terramechanics, 2001(38): 133-151.

[25] Haws NW, Liu BW, Boast CW, et al. Spatial variability and measurement scale of infiltration rate on an agriculturallandscape[J]. Soil Science of America Journal, 2004, 68(6): 1818-1826.

[26] Hudson BD. Soil organic matter and available water capacity[J]. *J Soil Water Conserve*, 1994, 49: 189-194.

[27] Jim CY. Soil compaction as a constraint to tree growth in tropical and subtropical urbanhabitats [J]. Environmental Conservation, 1993, 20(1): 35-49.

[28] Lipiec J, Hakansson I. Influences of degree of compactness and matric water tension on some important plant growth factors[J]. Soil Till. Res. 2000(53): 87-94.

[29] Palese AM, Vignozzi N, Celano G, et al. Influence of soil management on soil physical characteristics and water storage in a mature rainfed olive orchard[J]. Soil & Tillage Research, 2014(144): 96-109.

[30] Tyagi JV, Qazi N, Rai SP, et al. Analysis of soil moisture variation by forest cover structure in lower western Himalayas, India[J]. Journal of Forestry Research, 2013(24): 317-324.

[31] Yang JL, Zhang GL. Water infiltration in urban soils and its effects on the quantity and quality ofrunoff[J]. J Soils Sediments, 2011(11): 751-761.

[32] Zisa R P, Halverson H G, Stout B B. Establishment and early growth of conifers on compacted soils in urban areas[M]. U. S.: Department of Agriculture, Forest Service, Northeastern Forest Experiment Station, 1980.

# 第12章 园林绿化土壤调查、分析和评价方法

之前很大篇幅介绍了上海园林绿化土壤不同于自然地带性土壤的特性，关于园林绿化土壤调查、分析和评价的方法基本是沿用土壤学科经典和传统方法。当然由于园林绿化土壤的特殊性要求，特别是住建部标准《绿化种植土壤》(CJ/T 340—2016)、林业标准《绿化用表土保护技术规范》(LY/T 2445—2015)等标准的颁布和实施，一些符合园林绿化应用的方法和评价指标已经成为全国性的标准，也是本书专门引用的方法和指标。本书之前部分章节已经介绍了相关的土壤调查、分析和评价方法，本章就不再赘述，主要介绍之前没有涉及的内容。

## 第一节 园林绿化土壤调查方法

园林绿化土壤的调查方法基本等同于地带性土壤方法，分析样品也是多点混合采集样品，但基于园林绿化土壤自身特点，本书得出的许多数据结论也采用了不同于自然土壤传统的调查方法。

### 一、布点原则

一方面园林土壤人为干扰严重，很多为人为配制土壤，很小的地块有可能土壤样品差别很大；另一方面，为造景需要，种植的园林植物千差万别，由于植物长期影响，即使绿地建设时土壤本底条件基本一致，但经过长期种植，不同植物群落下土壤性质差别很大。因此园林绿化土壤布点不仅仅考虑到地形、地势等影响，一定要考虑植物和土壤本底的差别。一般要求每个混合样点至少8个样点；对于差异较大地块，至少应采10个混合样点。同时采样点分布宜用蛇形法(即S型法)，农业或环保行业上常用的梅花点法和网格法对园林土壤并不适用。本书涉及的主要采样点见图12-1。

### 二、采样密度

由于园林绿化土壤变异大，因此采样密度应大于自然土壤采集。本书采样密度遵循以下原则：每块绿地至少采集一个混合样点；一般每2000m²采一个样；小于2000m²按一个样品计；绿化面积>30000m²可以根据现场实际情况适当放宽采样密度，取样点相应增加；土质不均匀适当增加采样密度。

### 三、采样深度

采样深度主要根据分析指标和植物种类来区分。

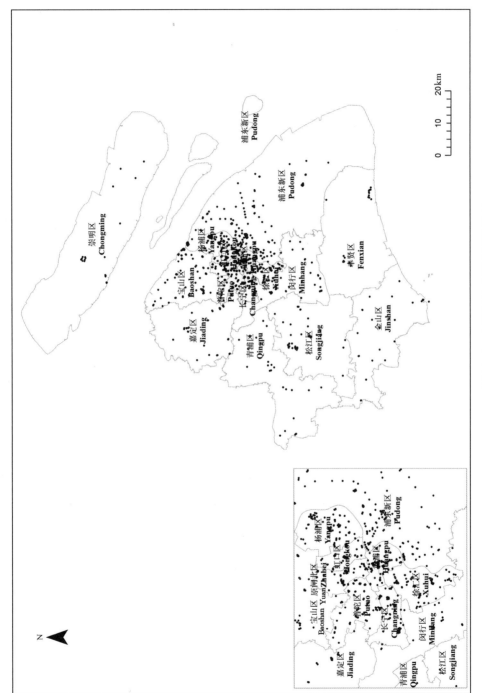

图12-1 上海绿地土壤主要采样点

一般分析样品基本采集 0~20cm 或 0~30cm 表层土；物理性质主要采集的表层样；考虑有机污染物含量较低，且富集在表层土壤中，一般采集 0~2cm 或 0~5cm 的表层样。

植物主要根据植物根系可能达到的深度，一般绿地或者种植草本植物或小灌木绿地采 0~30cm 层土样；如果种植高大乔灌木的绿地采 0~30cm 和 30~60cm 两层，也可根据需要采更深的层次，但最深以见地下常水位为止。另外乔木和中大灌木也可以根据根系的多、中、少分 2~3 个层次采集根系附近土样，使分析数据更能直接反映植物根系周边土壤的肥力状况。

## 四、采样时间

为减少对绿地践踏和干扰，采样应避开暴雨或炽热阳光，宜在土壤干湿度适宜时进行。错开施肥季节，减少人为干扰。

# 第二节　园林绿化土壤分析的方法

为确保数据的可比性，本书分析方法基本采用有现成的国内标准或者国外相关标准的方法，对没有专门标准的，则采用通用的分析方法，本书各项土壤指标采用分析方法具体见下表。

## 一、采用的标准分析方法

主要参考林业有关土壤的各种检测分析标准，具体见表 12-1。

表 12-1　园林绿化土壤所采用的标准分析方法

| 指标 | 指标名称 | 测试方法 | 参考标准 |
|---|---|---|---|
| 常规指标 | pH | 电位法 | LY/T 1239 |
| | EC | 电导法 | LY/T 1251 |
| | 有机质 | 重铬酸钾氧化-外加热法 | LY/T 1237 |
| | 阳离子交换量（CEC） | 乙酸铵交换法 | LY/T 1243 |
| | 全氮 | 半微量开氏法 | LY/T 1228 |
| | 全磷 | NaOH 熔融-钼锑抗比色法 | LY/T 1232 |
| | 全钾 | NaOH 熔融-火焰光度计法 | LY/T 1234 |
| | 水解性氮（N） | 碱解-扩散法 | LY/T 1228 |
| | 全盐量 | 质量法 | LY/T 1251 |
| | 8 项离子组成 | 比色、比浊 | |
| 有效态元素 | 有效磷（P） | AB-DTPA 浸提/ICP-OES | DB31/T 661 |
| | 速效钾（K） | | |
| | 有效钙（Ca） | | |
| | 有效镁（Mg） | | |

（续）

| 指标 | 指标名称 | 测试方法 | 参考标准 |
|---|---|---|---|
| 有效态<br>元素 | 有效硫（S） | | |
| | 有效铁（Fe） | | |
| | 有效锰（Mn） | | |
| | 有效钼（Mo） | | |
| | 有效铜（Cu） | | |
| | 有效锌（Zn） | | |
| | 交换性钠（Na） | | |
| | 有效钒（V） | | |
| | 有效钴（Co） | AB-DTPA 浸提/ICP-OES | DB31/T 661 |
| | 有效铝（Al） | | |
| | 有效硒（Se） | | |
| | 有效砷（As） | | |
| | 有效镉（Cd） | | |
| | 有效铬（Cr） | | |
| | 有效铅（Pb） | | |
| | 有效镍（Ni） | | |
| | 有效汞（Hg） | | |
| | 可溶性氯（Cl） | 水饱和浸提/ICP-OES | DB31/T 661 |
| | 有效硼（B） | 水饱和浸提/ICP-OES | DB31/T 661 |
| 重金属<br>总量 | 总砷（As） | 酸消解-电感耦合等离子体发射光谱法 | HJ 350—2007 附录 A |
| | 总镉（Cd） | 石墨炉原子<br>吸收分光光度法 | GB/T 17141 |
| | | 酸消解-电感耦合等离子体发射光谱法 | HJ 350—2007 附录 A |
| | 总铬（Cr） | 火焰原子<br>吸收分光光度法 | HJ 491 |
| | 总铅（Pb） | 石墨炉原子<br>吸收分光光度法 | GB/T 17141 |
| | | 酸消解-电感耦合等离子体发射光谱法 | HJ 350—2007 附录 A |
| | 总镍（Ni） | 火焰原子吸收分光光度法 | GB/T 17139 |
| | | 酸消解-电感耦合等离子体发射光谱法 | HJ 350—2007 附录 A |
| | 总汞（Hg） | 冷原子吸收分光光度法 | GB/T 17136 |
| | 总铜（Cu） | 火焰原子吸收<br>分光光度法 | GB/T 17138 |
| | | 酸消解-电感耦合等离子体发射光谱法 | HJ 350—2007 附录 A |
| | 总锌（Zn） | 火焰原子吸收<br>分光光度法 | GB/T 17138 |
| | | 酸消解-电感耦合等离子体发射光谱法 | HJ 350 附录 A |

（续）

| 指标 | 指标名称 | 测试方法 | 参考标准 |
|---|---|---|---|
| | 质地 | 密度计法 | LY/T 1225 |
| 物理指标 | 土壤密度 | 环刀法 | |
| | 总孔隙度 | 环刀法 | LY/T 1215 |
| | 非毛管孔隙度 | 环刀法 | |
| 有机污染物 | 总石油烃（TPH） | 萃取浓缩/GCFID | USEPA 8015C |
| | 多环芳烃（PAHs） | 萃取浓缩/GC-MS | USEPA 8270D |
| | 有机苯环挥发烃（TAVOH） | 吹扫捕集/GC-MS | HJ 605—2011 |

### 2. 采用的非标准分析方法

由于很多土壤学指标尤其是生物指标还没有上升为标准方法，主要选用通用或者常规的分析方法，具体见表12-2。

表12-2　园林绿化土壤所采用的非标准分析方法

| 指标分类 | 指标名称 | 测试方法 | 简要步骤 |
|---|---|---|---|
| 生物指标 | 过氧化氢酶 | 高锰酸钾滴定法 | 1小时内土样中 0.1mol/L KMnO$_4$ml/g |
| | 碱性磷酸酶 | 磷酸苯二钠比色法 | 37℃下，24h 内土样中 Phenol mg/g |
| | 脲酶 | 靛酚蓝比色法 | 为37℃下，24h 内土样中 NH4$^+$-N mg/g |
| 生物指标 | 脱氢酶 | 三苯基四氮唑氯化物（TTC）比色法 | 脱氢酶活性单位为37℃下，24h 内土样中 TPF mg/g |
| | 转化酶 | 3，5-二硝基水杨酸比色法 | 以葡萄糖计 |
| | 细菌 真菌 放线菌 | 稀释平板计数 | 用培养基培养后计数 |
| | 微生物 群落 | PCR 及变性梯度凝胶电泳（DGGE） | 微生物 16SrDNA 分析 |
| | 微生物 生物量碳 | 氯仿熏蒸提取法 | 提取液中的有机碳含量用费恩法测定，根据熏蒸和未熏蒸处理土样提取液中有机碳含量之差，乘以转换系数 2.64，求得土壤样品中微生物生物量碳含量 |
| 不同 形态碳 | 黑碳 | 采用 Lim 等介绍方法 | 先后用 HCl、HF 和 HCl 进行酸处理；然后加入 5∶1 的 K$_2$Cr$_2$O$_7$∶H$_2$SO$_4$ 氧化处理去除有机碳，烘干，以除去样品中的吸附水和部分结合水；最后用 CHN 元素分析仪（Flash EA1112，意大利）测定黑碳含量 |
| | 可溶性碳 | TOC 测定仪 | 用水土比 1∶2 提取-TOC 测定仪测定 |
| | 轻组有机碳 | 重铬酸钾容量法 | 溴化钠-重液处理后重铬酸钾容量法测定 |

（续）

| 指标分类 | 指标名称 | 测试方法 | | 简要步骤 |
|---|---|---|---|---|
| | 入渗率 | Guelph 渗透仪 | | 采用 28K1 Guelph 渗透仪现场测定 |
| 物理指标 | 水分特征曲线田间持水量凋萎含水量有效水 | 离心机法 | | 日本 KOKUSAN 公司生产的 H-1400F 高速离心机测定 |
| 重金属 | 重金属形态 | Tessler | | 用不同的浸提步骤分开提取可交换态、碳酸盐结合态、铁锰水合态氧化物结合态、有机物和硫化物结合态以及残渣态 5 种形态，然后用原子吸收或等离子发射光谱仪测定 |
| 温室气体 | $CO_2$ $CH_4$ $NO_2$ | 辰山植物园 | 密度气室法 | 引进中科院大气物理所研究改装的气象色谱仪，对其进样、分析气路和阀驱动系统进行了改造，实现了 $CH_4$、$CO_2$ 和 $N_2O$ 三种温室气体的同时分析，适用于大规模的陆地生态系统温室气体排放观测实验 |
| | $CO_2$ | 上海植物园、共青森林公园 | 动态气室法 | 测定前剪掉呼吸室覆盖处地上的植物，确保呼吸室与土壤紧密结合不可漏气，用 CFX-2 开放式呼吸测定系统，待呼吸室内气体交换平衡后记录数据，3 次重复 |

# 第三节　园林绿化土壤评价标准

土壤评价标准直接关系到土壤质量优劣的评估，园林绿化土壤作为土壤的一种特殊类型，对于园林绿化土壤的常规指标，基本是沿用土壤学上比较经典或者常用的评价标准，而对于具有园林绿化土壤特色或者基于园林绿化土壤相关检测标准测定的结果，则引用相应标准的评价指标。

## 一、引用土壤学经典或常用的评价标准

### （一）单项元素评价

#### 1. 基本理化性质和营养元素

其中 pH、质地都是参考土壤学经典的分级标准；而有机质、水解性氮、有效磷、速效钾和有效钙 5 个指标评价根据《中国土壤》土壤养分分级标准，具体划分等级见表 12-3。

表 12-3 《中国土壤》土壤养分指标分级标准

| 分级 | 有机质（g/kg） | 水解性氮（mg/kg） | 有效磷（mg/kg） | 速效钾（mg/kg） | 有效钙（mg/kg） |
|---|---|---|---|---|---|
| 1 | >40 | >150 | >40 | >200 | >1000 |
| 2 | 30~40 | 120~150 | 20~40 | 150~200 | 700~1000 |
| 3 | 20~30 | 90~120 | 10~20 | 100~150 | 500~700 |
| 4 | 10~20 | 60~90 | 5~10 | 50~100 | 300~500 |
| 5 | 6~10 | 30~60 | 3~5 | 30~50 | <300 |
| 6 | <6 | <30 | <3 | <30 | – |

### 2. 重金属

土壤重金属总量则采用上海土壤环境背景值为评价标准；单项重金属污染评价主要参考国家标准《土壤环境质量标准》（GB 15618—1995）中的二级或三级作为评价标准；具体见表 12-4。

表 12-4 土壤重金属评价标准（mg/kg）

| 项目 | | As | Cd | Cr | Cu | Hg | Ni | Pb | Zn |
|---|---|---|---|---|---|---|---|---|---|
| 背景值 | 浦东 | 9.56 | 0.16 | 74.27 | 29.30 | 0.11 | 36.33 | 28.10 | 82.16 |
| | 上海 | 8.76 | 0.12 | 74.88 | 28.37 | 0.092 | 31.19 | 25.35 | 83.68 |
| 土壤质量标准 | 二级 | 25 | 0.60 | 250 | 200 | 1 | 60 | 350 | 300 |
| | 三级 | 30 | 1.0 | 400 | 400 | 1.5 | 200 | 500 | 500 |

重金属单项污染指数法则采用以下计算公式：

$$P_i = C_i / S_i$$

式中：$P_i$ 为土壤中污染物 $i$ 的环境质量指数；$C_i$ 为污染物 $i$ 的实测值；$S_i$ 为污染物 $i$ 的评价标准。

### 3. 有机污染物

鉴于目前我国土壤尚未有多环芳烃总量的限值标准，多环芳烃（PAHs）部分参考了 Maliszewska-Kordybach 分类标准；总石油烃（TPH）参考了《展览会用地土壤环境质量评价标准（暂行）（HJ 350—2007）》限值要求（<1000mg/kg）；另外也参考了美国迪士尼关于绿化种植土标准，要求总石油烃≤50mg/kg，有机苯环挥发烃≤0.5mg/kg。

### （二）综合评价

#### 1. 综合肥力

计算采用修正的内梅罗（Nemoro）公式：

$$P = \sqrt{\frac{(\overline{P_i})^2 + (P_{i\min})^2}{2} \times \frac{(n-1)}{n}}$$

式中 $P$ 为土壤综合肥力系数，$P_i$ 为土壤各属性分肥力系数，$\overline{P_i}$ 为土壤各属性分肥力系数的平均值，$P_{i\min}$ 为各分肥力系数中最小值。综合肥力系数的评价为：$P \geq 2.7$ 土壤很肥沃；2.7~1.8 肥沃；1.8~0.9 中等；<0.9 土壤贫瘠。

### 2. 综合污染指数

为全面反映各污染物对土壤的作用，突出高浓度污染物对环境质量的影响，采用了目前较普遍使用的内梅罗综合污染指数法。其计算公式为：

$$P_{综} = \left\{ \left[ (C_i/S_i)^2_{max} + (C_i/S_i)^2_{ave} \right] / 2 \right\}^{\frac{1}{2}}$$

式中：$(C_i/S_i)_{max}$ 为土壤污染中污染指数的最大值；$(C_i/S_i)_{ave}$ 为土壤污染中污染指数的平均值。分级标准为：P<1 未污染；1≤P<2 轻度污染；2≤P<3 中度污染；P≥3 重度污染。

### 3. 潜在生态危害指数

具体见第 4 章第一节。

## 二、园林绿化土壤相关标准采用的评价标准

### 1. 有效态营养元素

有效态营养元素采用上海市地方标准《园林绿化工程种植土壤质量验收规范》（DB31/T 769—2013）的评价标准，具体见表 12-5。

表 12-5　园林绿化土壤营养指标技术要求

| 序号 | 营养控制指标 | 技术要求（mg/kg） |
|---|---|---|
| 1 | 有效镁（Mg） | 50~280 |
| 2 | 有效硫（S） | 25~500 |
| 3 | 有效铁（Fe） | 4~350 |
| 4 | 有效锰（Mn） | 0.6~25 |
| 5 | 有效铜*（Cu） | 0.3~8 |
| 6 | 有效锌*（Zn） | 1~10 |
| 7 | 有效钼（Mo） | 0.04~2 |

*：铜、锌这里作为微量营养元素；若作为重金属控制指标，应参见表 12-6。

### 2. 有效态重金属

有效态重金属采用上海市地方标准《园林绿化工程种植土壤质量验收规范》（DB31/T 769—2013）的评价标准，具体见表 12-6。

表 12-6　园林绿化土壤潜在障碍因子控制指标技术要求

| 重金属指标 | 污染等级（mg/kg） | | |
|---|---|---|---|
| | I 级 | II 级 | III 级 |
| 有效砷（As） | <1 | <1.2 | <1.8 |
| 有效镉（Cd） | <0.8 | <1.0 | <1.2 |
| 有效铬（Cr） | <10 | <15 | <25 |
| 有效铅（Pb） | <30 | <35 | <50 |
| 有效汞（Hg） | <1 | <1.2 | <1.5 |

（续）

| 重金属指标 | 污染等级（mg/kg） | | |
| --- | --- | --- | --- |
| | Ⅰ级 | Ⅱ级 | Ⅲ级 |
| 有效镍（Ni） | <5 | <8 | <12 |
| 有效锌（Zn） | <8 | <12 | <20 |
| 有效铜（Cu） | <6 | <12 | <20 |

注：小于Ⅰ级表示清洁；Ⅰ级到Ⅱ级间表示轻度污染；Ⅱ级到Ⅲ级间表示中度污染；大于Ⅲ级表示重度污染。

表12-7　园林绿化土壤潜在障碍因子控制指标技术要求

| 潜在障碍控制指标 | | 技术要求 | |
| --- | --- | --- | --- |
| 物理指标 | 压实 | 密度（Mg/m³）（有地下构筑物除外） | <1.35 |
| | | 非毛管孔隙度（%） | 5~25 |
| 水分障碍 | | 最大含水量 | <田间持水量 |
| | | 最小含水量 | >稳定凋萎含水量 |
| | | 入渗率（K/λ）（mm/h） | 10~360 |
| 盐害 | | 可溶性氯*（Cl）/（mg/L） | <180 |
| | | 交换性钠（Na）/（mg/kg） | <120 |
| 硼害 | | 有效硼*（B）/（mg/L） | <1 |

注：* 水饱和浸提。

# 参 考 文 献

[1] 方海兰，徐忠，张浪，等．园林绿化土壤质量标准及其应用[M]．北京：中国林业出版社，2016．

[2] 方海兰，徐忠，张浪，等．绿化种植土壤[S]．中华人民共和国城镇建设行业标准（CJ/T 340—2016），北京：中国标准出版社．

[3] 方海兰，梁晶，沈烈英，等．绿化用表土保护和再利用技术规范[S]．林业行业标准（LY/T 2445—2015），北京：中国标准出版社．

[4] 管群飞，方海兰，沈烈英，等．园林绿化工程种植土壤质量验收规范[S]．上海市地方标准（DB31/T 769—2013），北京：中国标准出版社．

[5] 关松荫．土壤酶及其研究法[M]．北京：中国农业出版社，1987，274-339．

[6] 郝冠军，郝瑞军，沈烈英，等．世博会规划区典型绿地土壤肥力特性研究[J]．上海农业学报，2008，24（4）：14-19．

[7] 李天杰．土壤环境学[M]．北京：高等教育出版社，1996，80-81．

[8] 刘廷良，高松武次郎，作濑裕之．日本城市土壤的重金属污染研究[J]．环境科学研究，1996，9（2）：47-51．

[9] 鲁如坤．土壤农业化学分析方法[M]．北京：中国农业科技出版社，1999．

[10] 廖晓勇，陈同斌，武斌，等．典型矿业城市的土壤重金属分布特征与复合污染评价——以"镍都"金昌市为例[J]．地理研究，2006，25（5）：843-852．

[11] 王云．上海市土壤环境背景值[M]．北京：中国环境科学出版社，1992，37．

[12] 张万儒．森林土壤分析方法[M]．北京：中国标准出版社，1999．

[13] 周礼恺. 土壤酶学[M]. 北京：科学出版社，1987. 267-277.

[14] LimB, Cachier H. Determination of black carbon by chemical oxidation and thermal treatment in recent marine and lake sediments and Cretaceous-Tertiary clays[J]. Chemical Geology, 1996, 131(124)：143-154.

[15] Song JZ, Peng PA, Huang WL. Black carbon and kerogen in soils and sediments, 1. Quantification and characterization[J]. Environmental Science and Technology, 2002, 36 (18) ：3960-3967.

[16] Tessler A, Campbell PGC, M Blsson. Sequential extraction procedure for the speciation of particulate trace metal[J]. Analytical Chemistry, 1979, 51(7)：844-851.

# 第13章 园林绿化土壤数字地图

传统的土壤调查首先通过野外调查建立区域土壤与环境关系模型，然后通过手工根据航片或地形图等将不同的土壤或土壤组合绘制在空间范围上，我国两次土壤普查也是采用这种方法。传统土壤调查存在准确性和效率两方面缺陷，首先手工制图会在空间和属性上简化土壤图；而且周期长，如美国的 1∶24000 土壤图的更新周期大约为 100 年，精度却只有 50%~60%。常规土壤调查已不能满足信息时代环境模型和土地管理模型所需的详细土壤信息。

近些年信息技术的发展为土壤制图提供了新的技术手段。尤其在 20 世纪 60 年代发展起来地理信息系统(GIS)。它是一门融计算机技术、测绘科学、遥感、应用数学、信息科学、地球科学于一身的综合和集成的信息技术，为采集、测量、存储、分析、管理、显示、传播和应用与地理有关的数据提供了有效手段。经过数十年的发展，GIS 已经从只有少数专业人士才懂的应用系统，成为日益走向大众的专业软件，其优势在于能够直观地展示复杂的地理信息，同时具有强大的空间分析能力。

利用 GIS 技术制图在农业上已经发展很成熟，如全国 1∶400 万分类土壤类型分布图于 1998 年由中国科学院南京土壤研究所编制完成，国内不少省(自治区、直辖市)、市、区、县将 GIS 应用于自己本区域内的土壤质量评价和管理研究；胡月明(2003 年)利用 GIS 对长春市郊农地土壤肥力的综合评价。GIS 还应用于土壤学研究，如揣小伟等(2011 年)利用 GIS 研究江苏省 1985 年和 2005 年表层土壤有机碳密度变化以及土地利用变化对表层土壤有机碳密度的影响；李晶等(2007 年)利用 GIS 技术计算黄土高原土地生态系统的水土保持价值。但 GIS 技术在我国绿化土壤上应用却很少见报道。相比较而言，全球国际大都市如巴黎、法兰克福、伦敦、东京几乎都建立有本地区系统的生态环境资料数据库，尤其是城市土壤的环境资料数据库，通过城市土壤背景环境质量监测系统的建立，在城市规划时既考虑发挥城市功能，又确保城市居住安全和环境安全。如美国哥伦比亚在 1976 年就建立自己城市绿地土壤质量分布图，纽约 1983 年建立了城市公园绿地土壤质量分布图。

随着城市建设的不断发展，人们对城市生态环境的要求也越来越高。而数字化城市管理更加快了绿地土壤的信息化、现代化建设，不仅可以为城市绿地土壤的科学化管理提供依据，同时也为生态环境的发展与建设提供更为有力的保障。基于上海城市绿地对上海生态环境质量的重要性，自 2007 年起，上海绿化工作者就开始上海绿化数字地图的制订和应用，到 2009 年首次建立上海中心城区绿地土壤肥力数字地图，并随之不断予以完善。土壤监测指标从 2007 年的 14 项拓展到 2014 年的 36 项，对绿地土壤质量监测技术和评价指标日趋完善、全面、系统；覆盖区域从 2007 年以上海中心城区的公园、公共绿地和道路绿地 3 种典型绿地为主，到 2014 年覆盖郊区绿地、林地，几乎覆盖整个上海市绿地。通过测定城市绿地土壤 36 项基本监测指标，配以土壤采集样点地理位置，建成集空间信息、属性信息为一体的上海市绿地土壤监测 GIS 系统，提供土壤监测采样点空间分布查询，各类监测数据查询，利用已有采样点的各类监测数据，对全市土壤指标分布情况进行模拟预测，为绿地土壤的科学化管理提供更为有力的依据。

# 第一节　上海市绿地土壤地理信息系统建设

## 一、建设环境

上海市绿地土壤地理信息系统建设依托上海市地理信息共享平台搭建，以上海市政务公众网和电子政务云平台为网络和硬件支撑系统。服务端操作系统采用微软公司 Windows Server 2008 企业版，数据库软件采用 Oracle 公司的 Oracle 11g(标准版)，GIS 系统软件采用 Arc GIS 10.2 for Server 为运行环境。

## 二、系统应用架构

上海市绿地土壤地理信息系统采用 B/S 的方式，以其有效的处理能力来实现绿地土壤的规划和管理。系统基于全球最大的 GIS 厂商 ESRI 的嵌入式二次开发组件 Arc GIS Server 和 Flex 开发，后台数据使用 ORACLE 企业级数据库进行维护和管理，并通过 ESRI 的空间数据引擎( Arc GIS SDE)访问其中的地理信息数据。整个系统具有集中数据管理、多客户端并发操作、响应及时、应用性强等特点，可以为城市绿地土壤的科学化管理提供很好的服务。

### 1. 系统技术架构

上海市绿地土壤地理信息系统在技术上采用标准三层体系结构，引入面向角色的用户管理和实体对象关系模型的概念。客户端界面采用 Java 语言基于 Arc Server 组件开发。空间数据和属性数据存储于 SQL Server 企业级数据库中，通过空间数据库引擎 Arc SDE 进行访问，保证系统的高效和分布部署。同时，系统采用关系数据库技术，建立地理信息系统数据库，通过 Arc SDE 空间数据库引擎架构空间数据库，实现多个系统的同时调用和不同系统的数据交换。数据库采用行业应用最广、成熟度高的关系型数据库 Oracle。其技术路线如图 13-1 所示。

### 2. 系统数据架构

(1) Arc SDE 数据库技术

ArcSDE 是一个用于访问存储于关系数据库管理系统( RDBMS)中的海量多用户地理数据库的服务器软件产品，是 Arc GIS 中所集成的一部分。Arc SDE 是 ESRI 的空间数据库引擎，用于对海量空间数据及其属性数据的管理和驱动，为并发访问的多客户端提供快速、安全的数据服务。Arc SDE 在多用户和分布式 GIS 系统中起着基础作用。Arc GIS 的基础之一是访问任意格式的 GIS 数据并同时利用来自多源数据库管理系统和文件数据集。而 Arc SDE 就是一个融合了 Arc GIS 软件的逻辑性和 RDBMS 的信息管理能力的网关。

有了 Arc SDE，GIS 软件( Arc Info，Arc View，Arc IMS 等)可以直接处理 DBMS 中的空

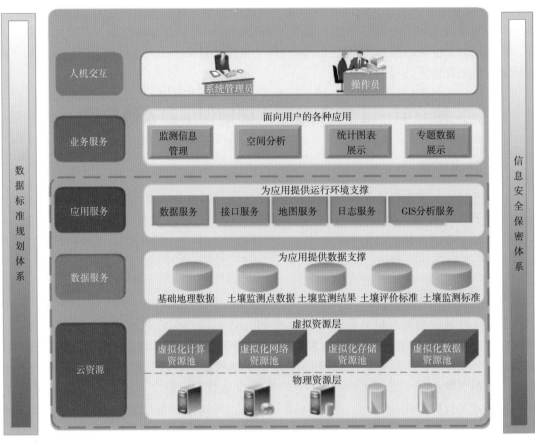

**图 13-1 上海市绿地土壤地理信息系统逻辑架构图**

间数据。Arc SDE 支持工业标准的 DBMS 平台（如：ORACLE，SQL Server，DB2，Informix 等），同时引入了其独有的异步缓冲机制和协同操作机制，使得空间数据服务的响应效率空前提高，真正起到了"引擎"的作用，而非仅仅是提供一种空间数据存储方式而已。另外，Arc SDE 具有丰富的客户端可供用户选用，如：Arc Info，Arc View，Arc IMS，Arc Objects 等。同时，还提供了开放的 API 应用编程接口供用户或开发商开发自己的客户端应用或产品。

从空间数据管理的角度来看，Arc SDE 可看成是一个连续的空间数据模型，借助这一模型，我们可用关系型数据库 RDBMS 管理空间数据。在 RDBMS 中融入空间数据后，Arc SDE 可以提供对空间、非空间数据进行高效率操作的数据库服务。由于 Arc SDE 采用的是 B/S 体系结构，大量用户可同时并发地对同一数据进行操作。

（2）Arc SDE 的主要功能特点

ArcSDE 是 Arc GIS 专用的地理数据共享服务器，支持对所有地理数据库类型（矢量、栅格、测量、地形、地理模型、数据库纲要、元数据等）的全面的地理信息管理，地理数据以记录的形式存储，数据可以在整个网络上共享；Arc SDE 是一个高效的地理数据服务器，通过 Arc SDE 的空间索引可以在庞大的地理数据中快速地查找出指定区域的数据子集，从而实现地理数据的快速处理；由于数据库的强大的数据处理能力，加上 Arc SDE 独特的空间索引机制，每个数据集的数据量不再受到限制，Arc SDE 可以处理海量的无缝地理数据，使数据的集中管理成为可能，降低了数据维护费用；Arc SDE 采用了数据库技术，可以通过对数据库的备份，备份地理信息数据，也可以通过 Arc SDE 的数据备份功能来备份 Arc SDE 的数据，从而保证了数据安全。

（3）系统数据构成

上海市城市绿地土壤地理信息系统主要包含基础地理数据、绿地分布数据、土壤监测采样点数据、土壤监测指标数据等信息。各种信息以地理空间为基础，GIS 为载体，集中整合在同一个应用系统中。其中，基础地理数据主要包括上海市全市范围内的道路、行政边界等数据（地形数据）；城市绿地分布数据主要包括：绿地 ID 码、地块名称/地址、绿地面积以及位置信息等，与上海市绿化和市容管理局建设有的"绿化林业遥感与地理信息系统"数据相衔接；土壤监测采样点信息包括：采样编号、采样日期、采样点位置信息、采样深度等。土壤监测指标信息主要包括：

①物理指标

质地、土壤密度（容重）、非毛管孔隙度（通气孔隙度）、入渗率、田间持水量、凋萎含水量、有效水、机械组成（黏粒<0.002mm、粉砂粒 0.05～0.002mm、砂粒 2～0.05mm）。

②化学指标

pH、电导率（EC）、有机质、水解性氮（N）、有效磷（P）、速效钾（K）、有效钙（Ca）、有效镁（Mg）、有效硫（S）、有效铁（Fe）、有效锰（Mn）、有效钼（Mo）、有效铜（Cu）、有效锌（Zn）、有效砷（As）、有效镉（Cd）、有效铬（Cr）、有效铅（Pb）、有效汞（Hg）、有效镍（Ni）、有效钒（V）、有效钴（Co）、有效硒（Se）、有效钠（Na）、有效硼（B）、有效铝（Al）、可溶性氯。

③有机污染物指标

多环芳烃（PAHs）、石油烃（TPH）。

④综合评价指标

主要养分综合肥力（6 项指标）、营养指标综合肥力（12 项指标）、理化指标综合肥力（15 项指标）和综合污染指数。

以上各项指标的分级基本参照之前章节介绍的评价标准，即《中国土壤》对土壤基本理化性质和土壤养分分级标准（见表 2-1）以及上海市地方标准《园林绿化工程种植土壤质量验收规范》（DB31/T 769—2013）对各项技术指标的分级标准。

**3. 系统管理结构**

（1）系统用户管理

①组织机构管理

组织机构管理统一管理系统的组织机构，支持任意级机构层次。组织机构采用树形显示，可通过拖拽方式灵活的调整机构的所属关系。可保留机构变更的历史并准确的回溯。

主要提供机构、岗位信息的维护功能。可以建立多个根机构，每个机构下可以有多个子机构或者岗位。岗位下可以建立子岗位，体现岗位的汇报和层级关系，从而能灵活地授权系统维护和使用机构权限。

②机构人员管理

系统中的人员至少隶属于一个机构，也可在多个机构下，分配到一个或者多个岗位。一个岗位可设置一个对应职务，一个职务可设置到多个岗位上标识这些岗位的共性。工作组则类似于一个临时性的机构，但工作组不能全新的增加一个人员只能选择已有的人员，且这些人员可来自不同的机构，同样的工作组下可以设置多个的岗位。各个组织对象如机构、岗位、人员、工作组、职务上可设置权限集(角色)用于赋权给属于这个机构对象下的人员，从而灵活地配置系统数据维护人员的权限。

③角色管理

角色是一个重要的对象，也可以成为权限集，表示系统中权限一个子集，用于控制用户可以使用的功能集合，赋予用户一个角色表示给用户一定功能的使用权限。角色的分配本身赋予某些用户，员工，机构等之外，还可向角色授予可访问某些功能，模块，表单，视图等资源的权限。拥有某角色的用户可访问角色被授予资源的权限。一个用户最终拥有的权限取决于员工以及通过所隶属的组织对象获取到的角色的并集，此外还在员工上设置特别的权限控制，从而准确配置不同角色的使用权限，确保数据的安全性和可控性。

(2)日志管理

①日志记录

日志记录功能需要定时地记录系统当前工作状态，其时隙可根据历史故障或报警统计数据进行更改。

②报表生成

报表生成功能是根据用户的需要、选定时间范围、选定特定设备、按照规定格式输出系统的部分历史工作状态记录。

③文件操作

日志记录和报表生成功能最终都是以文件形式输出，所以该模块必须具有访问本地计算机文件系统的接口。日志记录与报表生成模块可以通过文件操作接口完成新建文件、读写旧文件等常规文件操作。

(3)运行参数管理

系统自带有一套默认的运行参数，在用户没有更改的情况下，系统会自动加载默认参数。使用者在对系统的工作原理有一定了解之后，可以根据当前的特殊需要，通过系统配置模块对系统的运行参数进行更改，其中用户的更改必须在预设的安全范围以内。用户通过对系统运行参数的更改形成一套自己定制的系统运行方案，而该方案可能更适合用户的需求。系统允许用户修改的运行参数包括日志文件记录时间、信息分发处理方案、数据分析、方案等主要算法的相关参数。

**4. 系统功能实现**

(1)基本地图操作

系统提供地图操作基本功能模块，为了方便用户的操作，提高用户体验，系统提供两种图形操作模式：一是功能按钮方式，提供高度集成的一体化功能菜单，实现漫游、放大、缩小、全景、前一视图、后一视图等功能，实现图形的无级缩放。二是鼠标操作方式，提供拉框放大、缩小，鼠标滚轮无极缩放等操作。方便浏览地理基础信息、绿地分布信息、土壤监测采样点信息等，具体见图13-2。

系统同时将给出鼠标点所在的坐标，当鼠标停留在图标上即可进行动态显示相关名称等信息。鹰眼功能是地图浏览的补充，为用户提供地图查看的全局性。鹰眼视图中反映当前地图视野在全区的区位，同时通过对鹰眼视图中取景框的移动，地图将会显示相应区位的信息，给用户提供导航功能面积。并用红色方框标记出当前用户窗口显示地图对应方位与全市的相对位置，方便全图导航定位。

系统支持窗口地图打印功能，可以将地图窗口中当前显示的内容导出为JPG或BMP图片，供用户自由排版打印。系统能为用户提供操作方便的图纸打印工具，支持多种黑白或彩色打印机、绘图仪等大幅面输出。支持单幅按比例、按范围打印预览和成图，支持按所需图层、范围、比例要求输出。

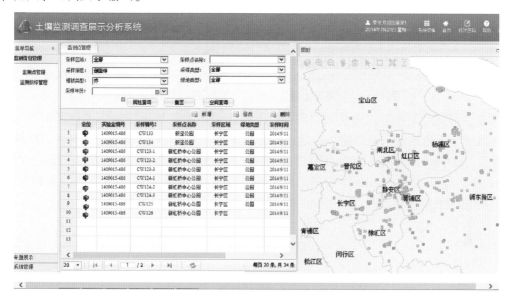

**图13-2　上海市绿地土壤地理信息系统界面**

（2）土壤监测指标查询

图文的交互功能强大，这是地理信息系统最基本的特征。地理信息系统的建设必须根据土壤监测管理工作的特点，充分利用数据库技术，将空间数据与属性数据以及其他相关数据相互关联，系统高度集成，这样才可以有效地实现信息的查询与数据的统计，具体见图13-3。

由于土壤监测数据具有明显的地理空间特征，因此，在系统中不仅提供通过各类属性信息的查询，实现空间定位的功能，而且还提供任意空间信息查询功能，从而满足不同用户的需求。

系统提供对土壤监测点基本信息和土壤环境监测信息以及分析评价结果导出的功能，导出时可以根据设置的导出项，提交选择项，针对性的导出相关信息。从而进行进一步的数据分析与处理。

## 三、绿地土壤制图特点

由于园林绿化土壤是散落在城市各个角落，而且园林绿化土壤差异性大，很小地块，绿

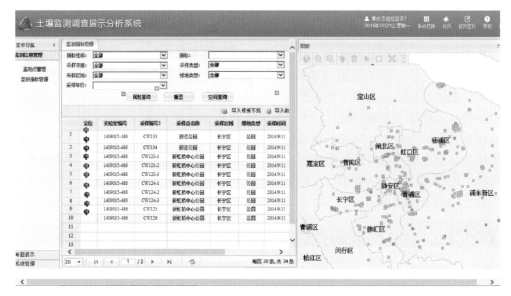

图 13-3　上海市土壤绿地地理信息系统监测指标查询图

地土壤质量可能千差万别，为此用农田土壤上普遍采用的克里格插值法进行制图不一定适宜，上海绿化土壤地图采用的是单点定点定位方法进行制图。两种方法的差异可以比较以下2 张地图，其中图 13-4 是利用克里格插值法制作的上海绿地土壤 pH 分布图，图 13-5 是单点制作的上海绿地土壤 pH 分布图，虽然图 13-5 没有覆盖整个上海市，美观度不如图 13-4，但更能代表上海绿地土壤的实际情况。

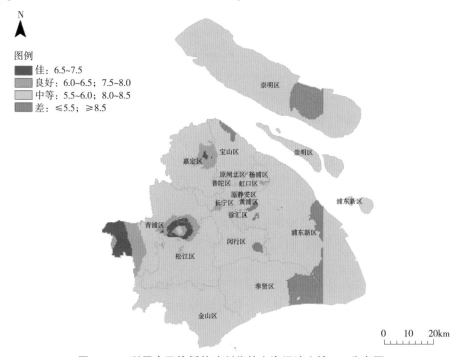

图 13-4　利用克里格插值法制作的上海绿地土壤 pH 分布图

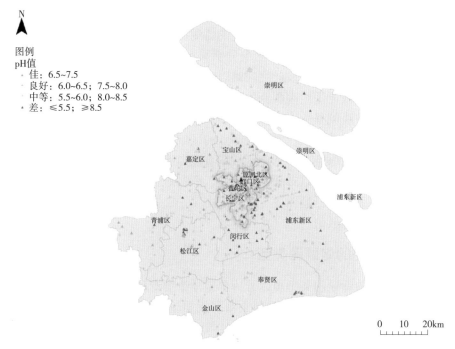

图例
pH值
佳: 6.5~7.5
良好: 6.0~6.5; 7.5~8.0
中等: 5.5~6.0; 8.0~8.5
差: ≤5.5; ≥8.5

图 13-5　单点制作的上海绿地土壤 pH 分布图

# 第二节　土壤质量数字地图制作

制作绿地土壤质量数字化地图，可提高土壤质量可视性，有利于全面掌握绿地土壤并提高管理技术水平。

## 一、土壤监测数据的专题图制作

在土壤监测采样点分布值研究中，主要有两种专题图的制作，分别为采样点分布图和采样点热度图。

### 1. 系统采样点分布图绘制

绘制采样点分布图是必不可少的，它一方面能把元素含量在地理空间的变化规律形象直观地反映在图上（见附图 1），还可度量制图区域内任何区域的大致含量范围，这是其他方法无可替代的；另一方面，它是开展土壤环境质量评价，估算环境容量，进行环境区划与规划，生态经济规划与区划，地方病病因的分析等的基础性图件。

另外由于对整个上海市绿地土壤调查主要集中于 9 个中心城区，为了显示度更高，对于中心城区的分布图专门用鹰眼表示出来（见附图 2），其他各类图也专门用鹰眼表示。

### 2. 系统采样点热度图绘制

热点图是通过使用不同的标志将图或页面上的区域按照受关注程度的不同加以标注并呈现的一种分析手段，标注的手段一般采用颜色的深浅、点的疏密以及呈现比重的形式，不管使用哪种方式最终得到的效果是一样的，那就是，眼前豁然开朗。

热点分析用于识别具有统计显著性的热点和冷点，能够找到空间上高聚类、低聚类的分布位置。对土壤监测数据来说，针对某一特定的监测指标，可以查看其在某指定区域的聚集情况。当图层包含大量点要素时，在地图上分别显示每个要素的效果不是很好。这种情况下，点要素通常会相互重叠，使得彼此之间难以区分。即使没有出现重叠，当同时显示成百上千个点时，通常也难以或无法用肉眼获取重要信息。

解决此问题的一种方法就是生成热点图。热点图通过使用彩色区域表示地图上各点的方法来反映地图上点要素的地理密度。集中最多点的区域往往也是最大的热点区域；另外，可以使用用于表示热点区域的颜色对高密度区域或者热点图进行符号化。具体见附图3。

对于系统生成的专题图，可以对颜色、标注、图例等各项属性进行图形定制，并进行自定义的输出或打印。在系统的专题图中，任意点击某一位置，可相应显示该位置通过数学模型进行模拟预测的土壤指标数值。

## 二、土壤监测数据的专题图类型

绿地土壤监测数据的专题图类型可以分为单指标浓度专题图、单污染指数专题图、综合污染指数专题图、肥力综合指数专题图和土壤环境质量单项超标（预警）展示专题图五类。对某一单项或多项指标数据，可实现多年的对比展示。根据用户实际的业务需求，系统可以对数据展示内容进行进一步的扩展。

### 1. 绿地土壤单指标浓度专题图

对于一个或多个监测点，某项监测项目浓度分布情况和信息的查看。了解施肥对土壤养分变化及环境质量的影响等，为推进土壤科学的利用和发展提供准确依据。

根据对整个上海绿地的37项评价指标，有些指标如重金属 Cr 和 Hg 在上海所有绿地土壤中含量均较低，基本没有超标，因此就没有专门进行制图；而有些指标，如土壤水分特征，因为监测样本没有足够多，也没有专门进行制图。主要对以下一些重要指标以及存在不同等级的指标进行专门制图，上海整个绿地单项制图指标如下。

（1）pH 值：见附图 4。

（2）电导率（EC 值）：见附图 5。

（3）土壤密度（容重）：见附图 6。

（4）总孔隙度：见附图 7。

（5）非毛管孔隙度（通气孔隙度）：见附图 8。

（6）有机质：见附图 9。

（7）水解性氮：见附图 10。

（8）有效磷：见附图 11。

（9）速效钾：见附图 12。

（10）有效硫：见附图 13。

### 2. 绿地土壤单污染指数专题图

通过不同评价方式和计算面积的方式，计算单污染指数。在信息列表详细显示监测点的名称、所属区县、该单项污染指数的评价及对超标情况的说明，配合着图层的渲染，可以直观的了解到单项污染情况，正确评价污染程度，对于已污染超标的地区，根据所属的行政区划及时地做出处理方案等，为宏观决策做出支持。

由于上海绿地土壤中主要是铜和锌超标，因此专门绘制了铜和锌的污染分布图，分别见附图14和附图15。

### 3. 土壤综合污染指数专题图

通过不同的评价方式和计算面积的方式，计算综合污染指数。在信息列表详细显示监测点的名称、所属区县、综合项污染指数的评价及对超标情况的说明，配合着图层的渲染，可以直观地了解到监测点的综合污染情况。上海绿地综合污染分布图见附图16，其中综合污染指数超标主要是铜、锌引起的。

### 4. 土壤肥力综合指数图

土壤综合肥力包括土壤主要养分指标和理化指标。土壤肥力的高低直接影响作物生长，从而影响生态环境好坏。通过对土壤肥力的综合评价了解土壤主要指标的种类、含量以及分布，直观地了解到不同地区监测点的综合肥力情况，决定是否对该监测点进行植物种植等。上海绿地土壤主要养分分布图见附图17，从中可以形象看出，上海大部分绿地土壤养分贫瘠。

### 5. 土壤环境质量预警图

通过不同的评价方式和面积计算方式以及对监测项目里的一个单项指标的设定，制作土壤环境质量预警图，查看信息列表和专题图及图例，可以直观地了解到不同地区监测点的单项预警情况，对于预警监测点的环境保护和规划等提供依据，为宏观决策做支持。由于铜、锌含量超标以及养分贫瘠是上海绿地土壤主要障碍因子之一，因此分别编制上海绿地土壤有效铜、有效锌和主要养分的预警图，具体见附图18、附图19和附图20。

由于上海中心绿地中五大毒害重金属(砷、镉、铬、铅和汞)含量不超标，虽然锌、铜有不同程度累积，但其毒害程度相对小且本身也是植物生长所需的微量元素，因此综合而言，目前上海绿地土壤重金属危害程度相对不大。但过量的锌、铜对植物和人体的危害也非常严重，如过量的锌、铜会破坏植物细胞结构和正常代谢，影响对其他养分吸收使植物正常生长受阻，植物易畸形甚至死亡；过量的锌、铜会引起人体腹痛、肿胀、出血、呕吐、贫血，严重时也会导致死亡。虽然绿地中锌、铜不直接进入食物链，但由于绿地特别是公园绿地土壤与人接触非常密切，土壤会通过扬尘等形式进入人体；而儿童在绿地中玩耍更直接接触土壤，甚至会直接入口；加上上海绿地土壤铜、锌累积速率较高；因此上海绿地土壤锌、铜的危害同样不可忽视。正因为锌、铜在人为活动比较密集地带容易累积而且潜在危害不容忽视，在欧美等发达国家对庭院、公共绿地中锌、铜含量进行严格控制。对于红色标识处于预警状态的土壤样点应重点关注。

## 参 考 文 献

[1] 揣小伟，黄贤金，赖力，等．基于GIS的土壤有机碳储量核算及其对土地利用变化的响应[J]．农业工程学报，2011，27(9)：1-6．

[2] 胡月明，章家恩，吴谷丰，等．基于GIS长春市郊农地土壤肥力综合评价[J]．生态科学，2003，22(1)：018-020．

[3] 计算机软件著作权，绿地土壤质量监测GIS系统，2015SR255554．

［4］李晶，任志远.基于 GIS 的陕西黄土高原土地生态系统水土保持价值评价［J］.中国农业科学，2007，40（12）：2796-2803.

［5］王良杰，赵玉国，郭敏，等.基于 GIS 与模糊数学的县级耕地地力质量评价研究［J］.土壤，2010，42（1）：131-135.

［6］王善勤，周勇，张甘霖.基于 GIS 的中国土壤分类专家系统设计［J］.土壤学报，2005，42（5）：705-711.

［7］朱阿兴，李宝林，杨琳，等.基于 GIS、模糊逻辑和专家知识的土壤制图及其在中国应用前景［J］.土壤学报，2005，42（5）：844-851.

［8］庄卫民.土壤调查与制图技术：理论·方法·应用［M］.北京：中国农业科技出版社，1995.

附图 1（不带鹰眼）：

上海绿地土壤采样点分布

N

图例

• 短期采样点
• 长期采样点

附图 2（带鹰眼）：

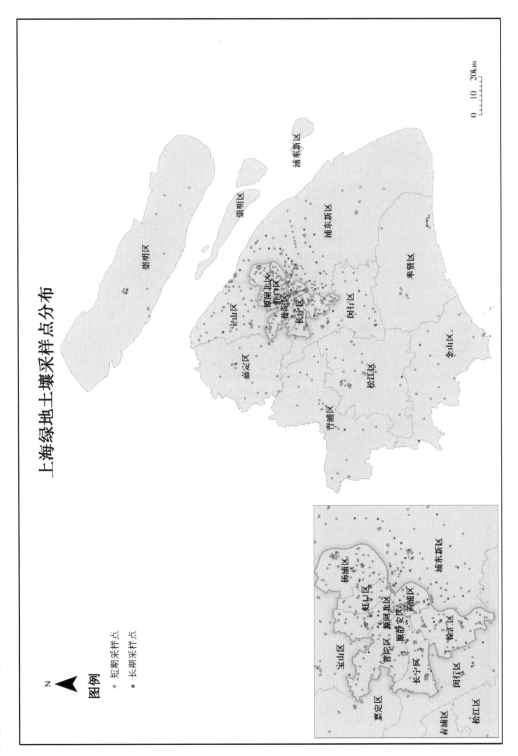

上海绿地土壤采样点分布

图例

· 短期采样点

· 长期采样点

附图3（带鹰眼）：

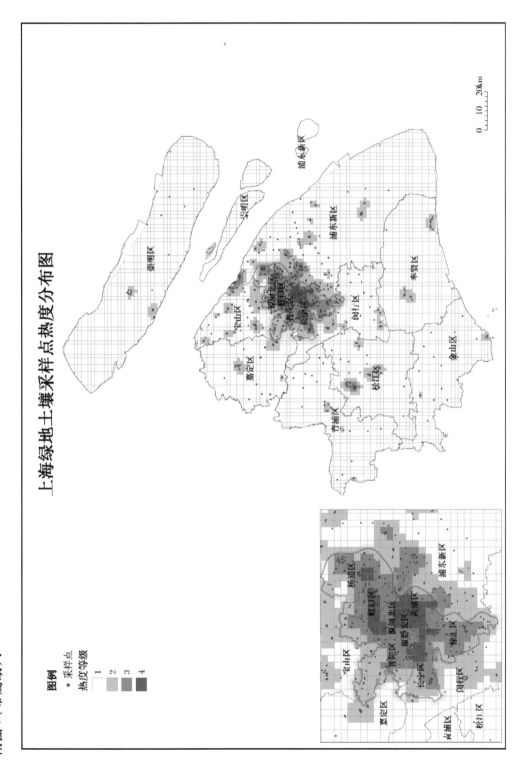

上海绿地土壤采样点热度分布图

**图例**

• 采样点

热度等级
1
2
3
4

附图 4：

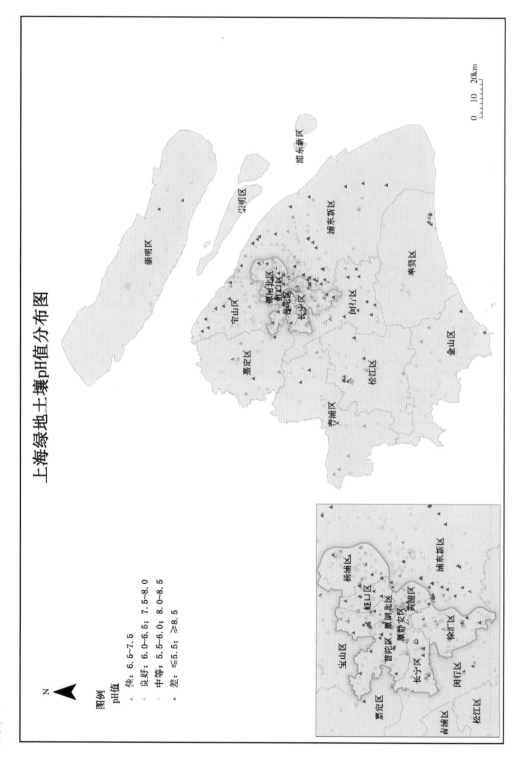

上海绿地土壤pH值分布图

图例
pH值
△ 优：6.5~7.5
▲ 良好：6.0~6.5；7.5~8.0
▲ 中等：5.5~6.0；8.0~8.5
▲ 差：≤5.5；≥8.5

附图 5：

上海绿地土壤电导率分布图

N

图例
电导率　mS/cm
▲ 优：0.5~1.0
▲ 良好：0.35~0.5；1.0~1.2
▲ 中等：0.12~0.35；1.2~1.8
▲ 差：≤0.12；≥1.8

附图 6:

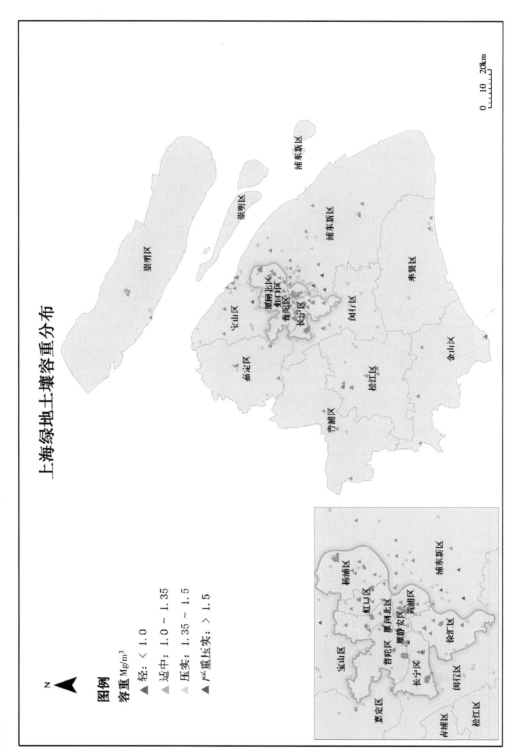

上海绿地土壤容重分布

N

图例

容重 Mg/m³

▲ 轻: < 1.0
▲ 适中: 1.0 ~ 1.35
▲ 压实: 1.35 ~ 1.5
▲ 严重压实: > 1.5

附图 7：

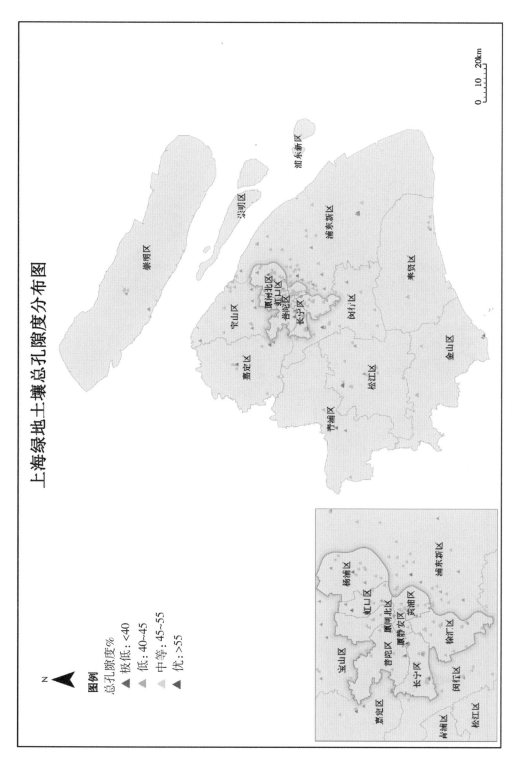

上海绿地土壤总孔隙度分布图

N

图例
总孔隙度%
▲ 极低：<40
▲ 低：40~45
▲ 中等：45~55
▲ 优：>55

附图 8:

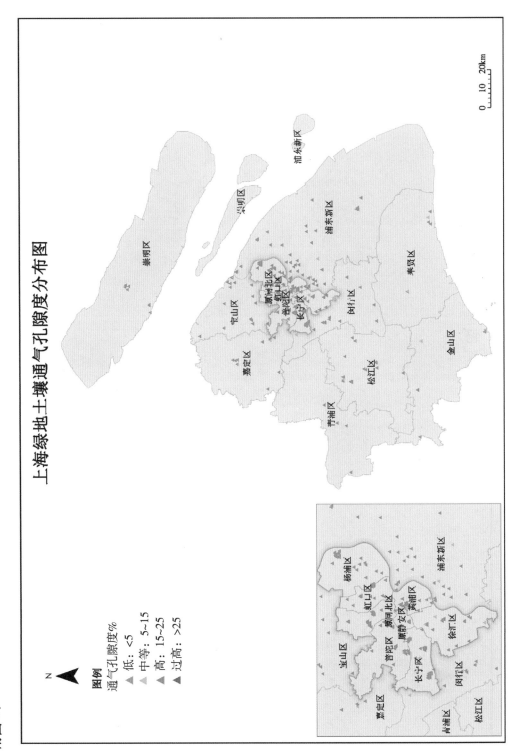

上海绿地土壤通气孔隙度分布图

N

图例

通气孔隙度%
▲ 低：<5
▲ 中等：5~15
▲ 高：15~25
▲ 过高：>25

0  10  20km

附图 9：

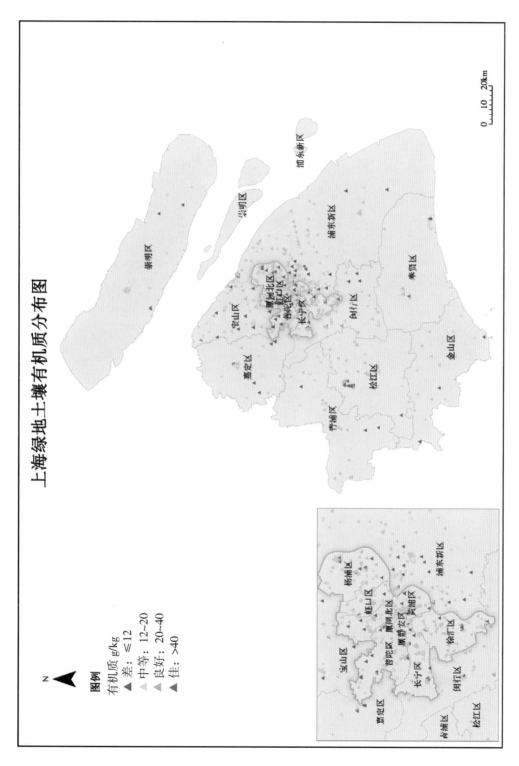

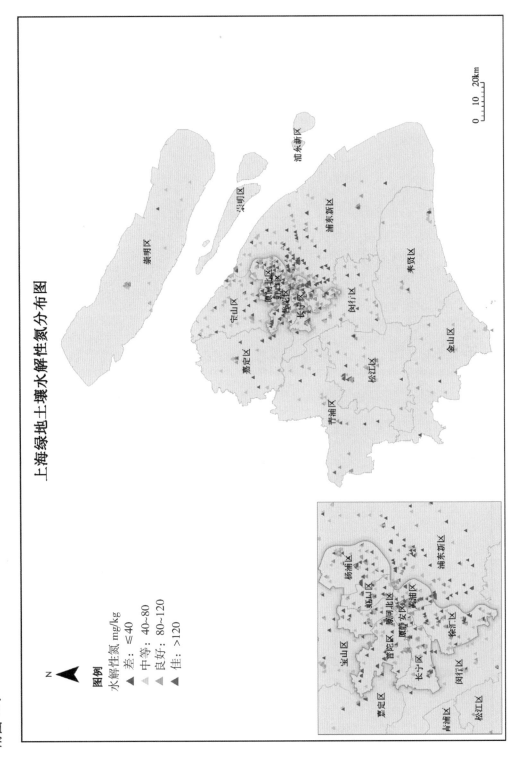

上海绿地土壤水解性氮分布图

图例
水解性氮 mg/kg
差: ≤40
中等: 40~80
良好: 80~120
佳: >120

附图 10:

附图 11:

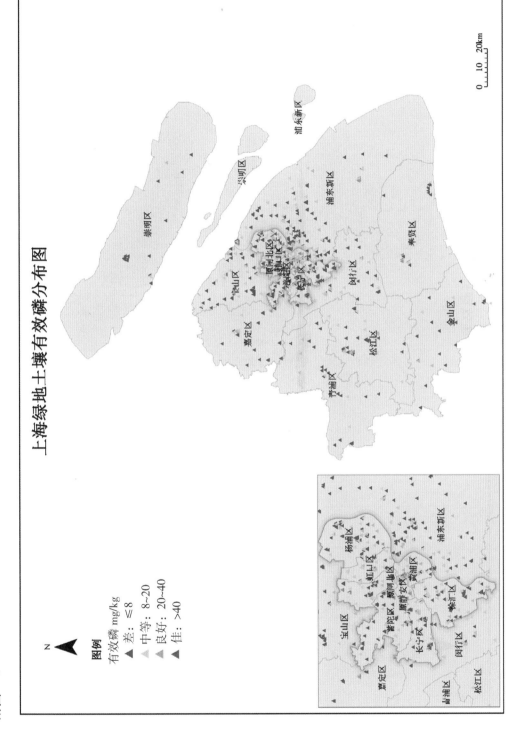

上海绿地土壤有效磷分布图

**图例**

有效磷 mg/kg
▲ 差: ≤8
▲ 中等: 8~20
▲ 良好: 20~40
▲ 佳: >40

附图 12：

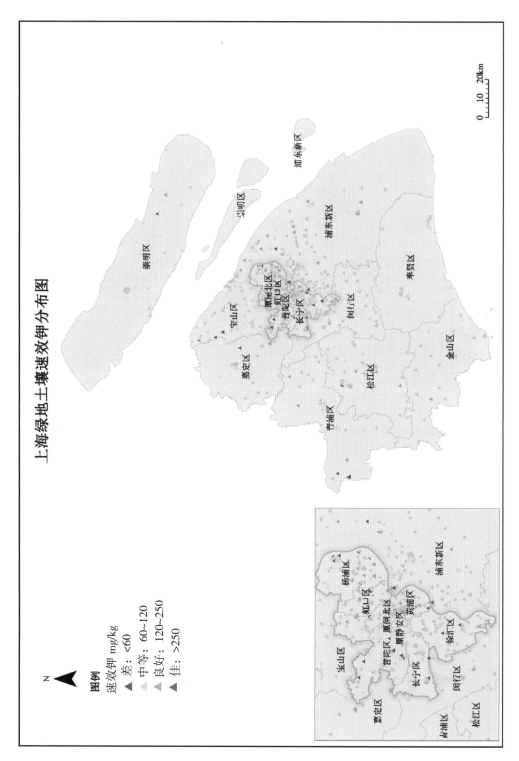

上海绿地土壤速效钾分布图

N

**图例**

速效钾 mg/kg
▲ 差：<60
▲ 中等：60~120
▲ 良好：120~250
▲ 佳：>250

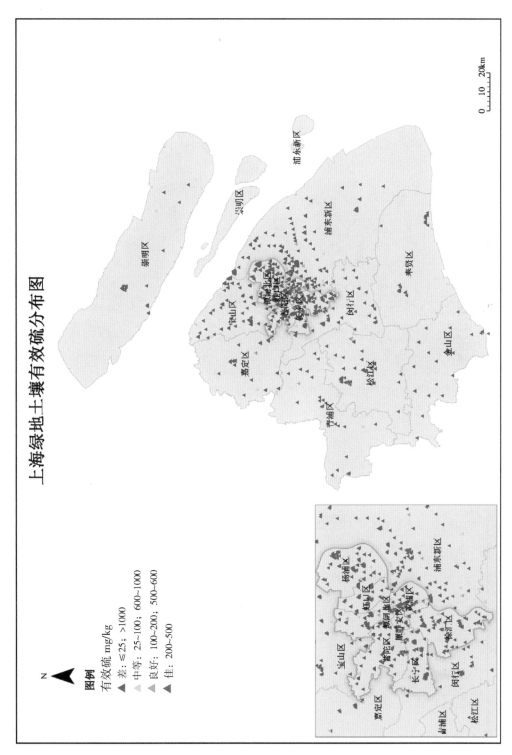

附图13：

上海绿地土壤有效硫分布图

N

**图例**

有效硫 mg/kg
▲ 差：≤25；>1000
▲ 中等：25~100；600~1000
▲ 良好：100~200；500~600
▲ 佳：200~500

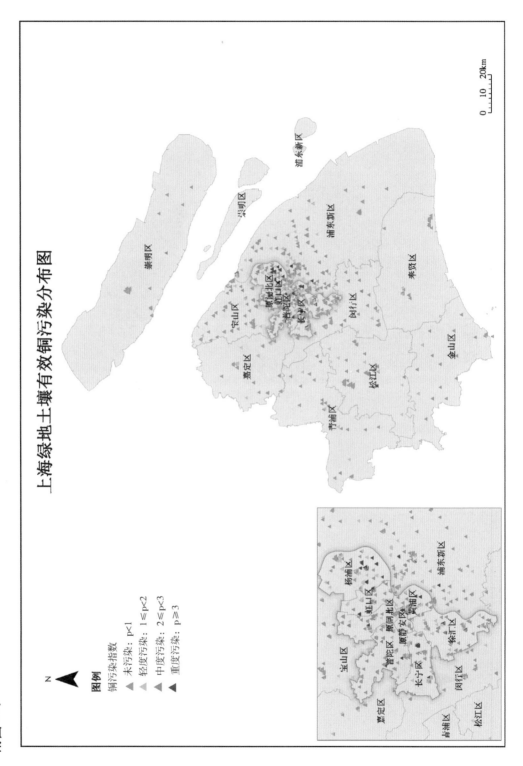

附图 14：

上海绿地土壤有效铜污染分布图

N

**图例**

铜污染指数
△ 未污染：p<1
△ 轻度污染：1≤p<2
△ 中度污染：2≤p<3
▲ 重度污染：p≥3

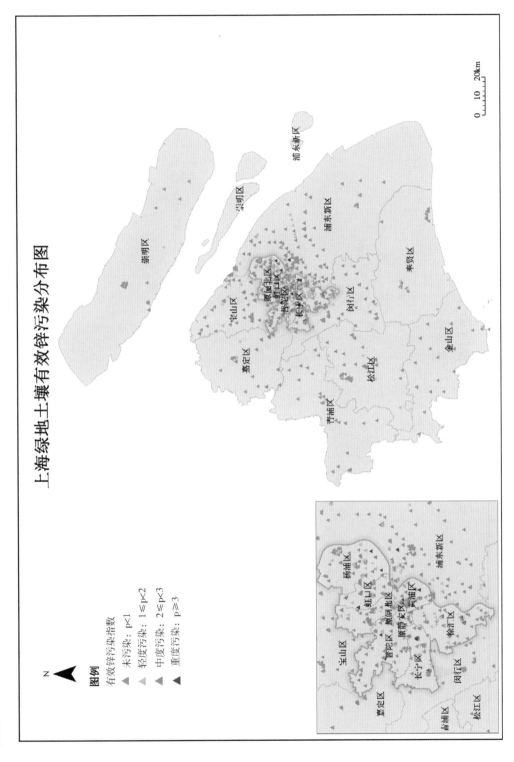

附图 15：上海绿地土壤有效锌污染分布图

**图例**

有效锌污染指数
△ 未污染：p<1
△ 轻度污染：1≤p<2
△ 中度污染：2≤p<3
▲ 重度污染：p≥3

附图 16：

上海绿地土壤综合污染分布图

图例

综合污染指数

▲ 未污染：p<1

▲ 轻度污染：1≤p<2

▲ 中度污染：2≤p<3

▲ 重度污染：p≥3

附图 17：

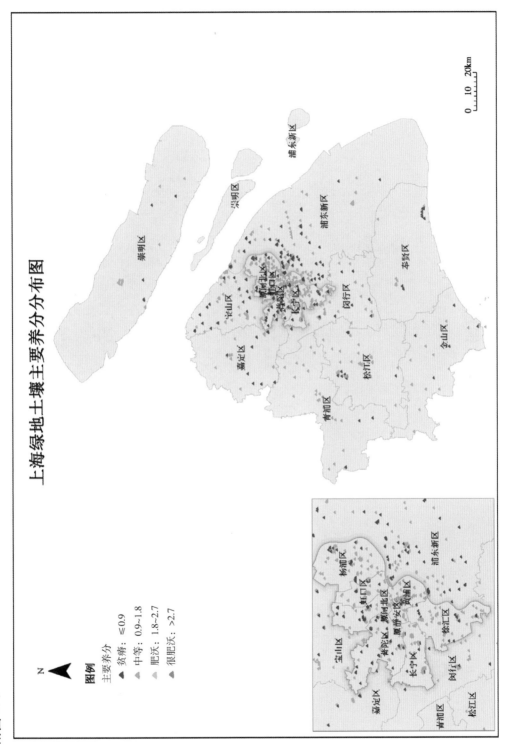

上海绿地土壤主要养分分布图

N

**图例**

主要养分

▲ 贫瘠：≤0.9
▲ 中等：0.9～1.8
▲ 肥沃：1.8～2.7
▲ 很肥沃：>2.7

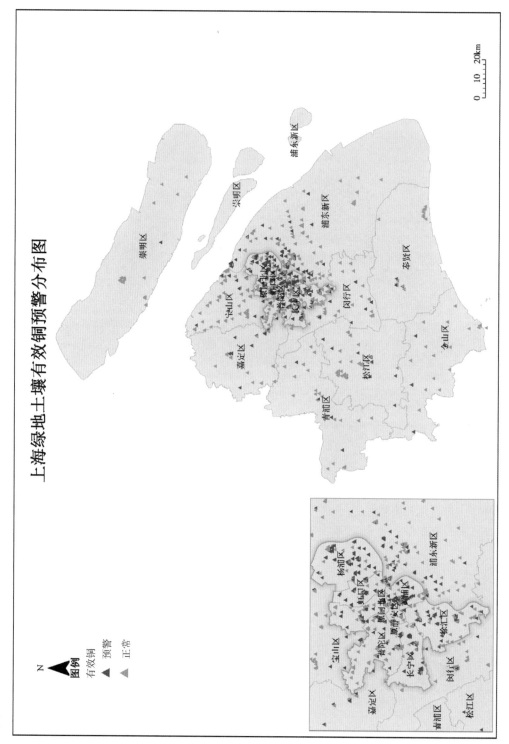

附图18: 上海绿地土壤有效铜预警分布图

附图 19：

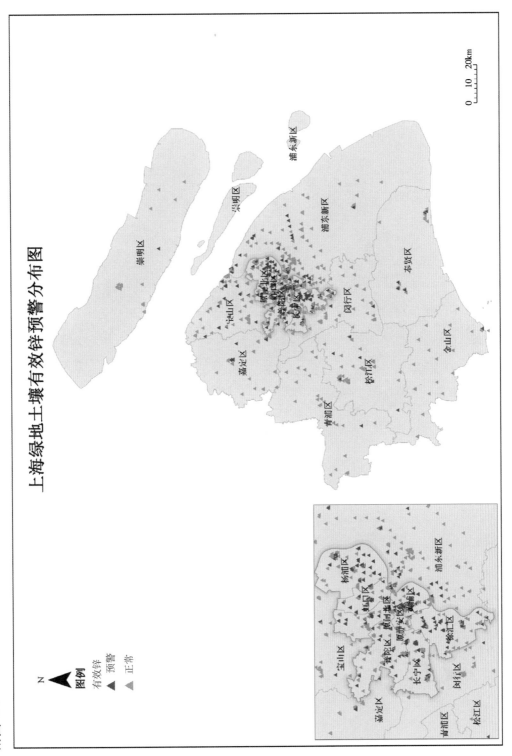

上海绿地土壤有效锌预警分布图

N

图例

有效锌

▲ 预警

▲ 正常

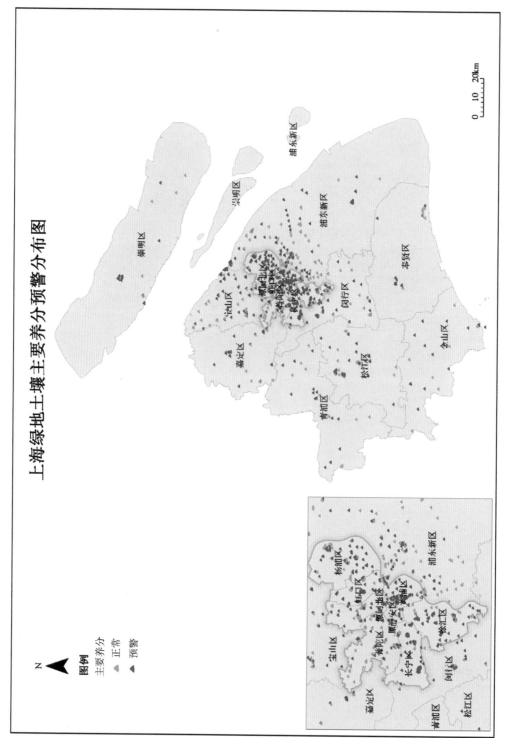

附图 20：

上海绿地土壤主要养分预警分布图

图例

主要养分
- ▲ 正常
- ▲ 预警

# 致　谢

本专著是二十余年上海市园林绿化土壤科研、调查、检测的工作总结，相关工作得到了上海市绿化和市容管理局各级领导、兄弟单位同行和上海市园林科学规划研究院历任领导和同事的长期支持和帮助，也得到了以下表格中项目的持续资助。因为涉及单位和人员太多，在此恕不一一特别指出专门感谢，正因为有您们的支持和帮助，才使我们能长期致力于上海园林绿化土壤研究和应用，也才有本专著出版。若本书能对上海绿化行业发展有所借鉴，都离不开你、我、他——长期支持和帮助本项目相关工作的单位和同仁共同的贡献。

| 序号 | 项目名称 | 编号 | 资助单位 |
|------|----------|------|----------|
| 1 | 上海大型景观绿地土壤质量调查与改良对策 | 2002-1 | 原上海市绿化局 |
| 2 | 景观公路绿化土壤质量评价与植物生长改良关键技术研究 | 2004-1 | 浦东公路管理署 |
| 3 | 临港工业园区植物立地条件调查与对策研究 | 2006-3 | 上海临港建设发展有限公司 |
| 4 | 上海城市绿地土壤质量数据库的建立 | 沪农科攻字（2007）第 10-1 号 | 上海市农委 |
| 5 | "世博区域生态规划和生态要素配置关键技术研究"：世博园区土壤肥力调查分析 | 05DZ05814 | 上海市科委 |
| 6 | 世博园区地下空间土壤质量评价与改良对策 | 2007-1 | 上海世博局 |
| 7 | 上海辰山植物园土壤动态检测与改良技术 | 重科 2008-003 | 上海市建委 |
| 8 | 辰山植物园土方工程质量改良实施方案研究 | 2008-005 | 2008 年辰山指挥部专项 |
| 9 | 上海城市污染（受损）土处置与修复关键技术研究 | 重科 2008-006 | 上海市建委 |
| 10 | 辰山植物园土壤质量演替规律和生态修复技术 | G102402 | 上海辰山植物园 |
| 11 | 绿化工程土壤质量评价、标准制定和质量控制对策 | 2009-2 | 上海市绿化和市容（林业）工程管理站 |
| 12 | 园林绿化土壤质量检测见证取样管理对策研究与应用 | — | |
| 13 | 2013 年上海市绿化工程土壤-质量抽查 | — | |
| 14 | 2014 上海市年绿化工程土壤质量抽查 | — | |
| 15 | 2014 年上海典型绿地土壤质量监测保障体系 | 2014-1 | 上海市绿化和市容局 |
| 16 | 2015 年上海典型绿地土壤质量监测保障体系 | 2015-1 | 上海市绿化和市容局 |
| 17 | 上海绿地土壤质量监测共享平台的建设 | 16DZ2293700 | 上海市科委 |